计算机科学丛书

原书第4版

软件测试
一个软件工艺师的方法

[美] 保罗 C. 乔根森（**Paul C. Jorgensen**）著

马琳 李海峰 译

Software Testing

A Craftsman's Approach Fourth Edition

机械工业出版社
China Machine Press

图书在版编目（CIP）数据

软件测试：一个软件工艺师的方法（原书第 4 版）/（美）保罗 C. 乔根森（Paul C. Jorgensen）
著；马琳，李海峰译 . —北京：机械工业出版社，2017.10（2020.4 重印）
（计算机科学丛书）
书名原文：Software Testing: A Craftsman's Approach, Fourth Edition

ISBN 978-7-111-58131-4

I. 软⋯　II. ① 保⋯　② 马⋯　③ 李⋯　III. 软件工具 - 测试 - 教材　IV. TP311.562

中国版本图书馆 CIP 数据核字（2017）第 246261 号

本书是经典的软件测试教材。书中对基础知识、方法提供了系统的综合阐述，既涉及基于模型的
开发，又介绍了测试驱动的开发，做到了理论与实践的完美结合，反映了软件标准和开发的最新进展
和变化。

出版发行：机械工业出版社（北京市西城区百万庄大街 22 号　邮政编码 100037）
责任编辑：陈佳媛　　　　　　　　　　　　责任校对：李秋荣
印　　刷：三河市宏图印务有限公司　　　　版　　次：2020 年 4 月第 1 版第 3 次印刷
开　　本：185mm×260mm　1/16　　　　　印　　张：21
书　　号：ISBN 978-7-111-58131-4　　　　定　　价：79.00 元

凡购本书，如有缺页、倒页、脱页，由本社发行部调换
客服热线：（010）88378991　88361066　　　　投稿热线：（010）88379604
购书热线：（010）68326294　88379649　68995259　　读者信箱：hzjsj@hzbook.com

版权所有·侵权必究
封底无防伪标均为盗版
本书法律顾问：北京大成律师事务所　韩光 / 邹晓东

文艺复兴以来，源远流长的科学精神和逐步形成的学术规范，使西方国家在自然科学的各个领域取得了垄断性的优势；也正是这样的优势，使美国在信息技术发展的六十多年间名家辈出、独领风骚。在商业化的进程中，美国的产业界与教育界越来越紧密地结合，计算机学科中的许多泰山北斗同时身处科研和教学的最前线，由此而产生的经典科学著作，不仅擘划了研究的范畴，还揭示了学术的源变，既遵循学术规范，又自有学者个性，其价值并不会因年月的流逝而减退。

近年，在全球信息化大潮的推动下，我国的计算机产业发展迅猛，对专业人才的需求日益迫切。这对计算机教育界和出版界都既是机遇，也是挑战；而专业教材的建设在教育战略上显得举足轻重。在我国信息技术发展时间较短的现状下，美国等发达国家在其计算机科学发展的几十年间积淀和发展的经典教材仍有许多值得借鉴之处。因此，引进一批国外优秀计算机教材将对我国计算机教育事业的发展起到积极的推动作用，也是与世界接轨、建设真正的世界一流大学的必由之路。

机械工业出版社华章公司较早意识到"出版要为教育服务"。自 1998 年开始，我们就将工作重点放在了遴选、移译国外优秀教材上。经过多年的不懈努力，我们与 Pearson，McGraw-Hill，Elsevier，MIT，John Wiley & Sons，Cengage 等世界著名出版公司建立了良好的合作关系，从他们现有的数百种教材中甄选出 Andrew S. Tanenbaum，Bjarne Stroustrup，Brian W. Kernighan，Dennis Ritchie，Jim Gray，Afred V. Aho，John E. Hopcroft，Jeffrey D. Ullman，Abraham Silberschatz，William Stallings，Donald E. Knuth，John L. Hennessy，Larry L. Peterson 等大师名家的一批经典作品，以"计算机科学丛书"为总称出版，供读者学习、研究及珍藏。大理石纹理的封面，也正体现了这套丛书的品位和格调。

"计算机科学丛书"的出版工作得到了国内外学者的鼎力相助，国内的专家不仅提供了中肯的选题指导，还不辞劳苦地担任了翻译和审校的工作；而原书的作者也相当关注其作品在中国的传播，有的还专门为其书的中译本作序。迄今，"计算机科学丛书"已经出版了近两百个品种，这些书籍在读者中树立了良好的口碑，并被许多高校采用为正式教材和参考书籍。其影印版"经典原版书库"作为姊妹篇也被越来越多实施双语教学的学校所采用。

权威的作者、经典的教材、一流的译者、严格的审校、精细的编辑，这些因素使我们的图书有了质量的保证。随着计算机科学与技术专业学科建设的不断完善和教材改革的逐渐深化，教育界对国外计算机教材的需求和应用都将步入一个新的阶段，我们的目标是尽善尽美，而反馈的意见正是我们达到这一终极目标的重要帮助。华章公司欢迎老师和读者对我们的工作提出建议或给予指正，我们的联系方法如下：

华章网站：www.hzbook.com

电子邮件：hzjsj@hzbook.com

联系电话：（010）88379604

联系地址：北京市西城区百万庄南街 1 号

邮政编码：100037

华章教育

华章科技图书出版中心

译 者 序

Software Testing: A Craftsman's Approach, Fourth Edition

人总是会犯错的。在软件的开发过程中，有些错误是显式的，它们可以由编译器发现，而更多的错误却是难以发现甚至难以重现的。如何确保软件产品在实际工作中"不出错"，是我们时刻都要面对的一个非常现实的问题。然而，如何在茫茫代码中找到这些错误？如何评价软件测试的结果？测试后的软件是否还残留有缺陷？残留的缺陷对软件有什么影响？这些问题都缺少一个统一的答案，更多的是依靠个人经验。因此，我们认为，软件开发人员应该是软件测试的行家，软件测试人员也应该是软件开发的高手。将这些个人经验整理成有指导意义的资料并共享，这对于软件测试来说显得尤为重要。

原著作者 Paul C. Jorgensen 一直在数学系和计算机系授课，同时还有 20 多年的工业软件开发和管理经验，这些经历使得他能够很好地理解软件测试。本书就是他融合近年来在软件测试教学工作中的心得体会编写而成的。在第 3 版的译者序中，我们曾这样形容这本书："对软件测试理论与技术介绍得层次分明、全面精到；以若干实例为线索展开内容、循序渐进，便于读者掌握；在很多章节的最后，通过深入的对比和讨论，深刻地阐述和总结了在软件测试中普遍存在的实际问题，精辟深刻；此外，原书在语言上还经常不拘一格，多有诙谐灵动之处。"随着第 4 版的发布，我们看到了作者更为深刻的认识和更为流畅的表达。这一版重新规划了篇章结构，同时根据美国相关标准的要求，扩充了路径测试章节中复杂条件测试和修正的条件判定覆盖率指标等内容，另外，这一版新增了许多紧跟时代、有实用价值的内容。新增的"软件技术评审"章节（第 22 章）是基于一个软件开发公司 20 多年来的实际经验撰写的；"软件复杂度"章节（第 16 章）增加了对面向对象编程和系统层面测试的复杂度的处理；在"测试用例的评估"章节（第 21 章）中，则增加了对愈发普及的变异测试的介绍，用以同漏洞挖掘和故障注入方法进行对比。

本书第 1～7 章和附录由李海峰翻译，第 8～23 章由马琳翻译，马琳对全书进行了统稿。翻译在某种程度上是再创作的过程，我们在忠实于原文的同时，针对软件测试工作所包含的各种理论与技术的细节进行了深入的整理和推敲。对基础理论和技术概念尽可能采用相关学科的主流说法，对新技术和新名词尽可能使用当前业界流行的说法，以期更标准、更科学和更易于理解地表达原文。对举例时讲述的故事，则力求通俗流畅，以保持原书的语言风格。

好的作品必然是经过了反复修改才日臻完善的，译著也是一样。由于时间有限，我们无法对所有细节都反复推敲，加上知识水平和实际工作经验有限，不当之处在所难免，恳请读者和同行批评指正。

译者

2017 年 7 月于哈工大

　　此次再版，我们增加了四章新内容，同时更加深入地讨论了基于路径的测试，从而拓展了本书 18 年以来一直侧重基于模型测试的传统。此前本书已经再版三次，经过了 18 年的教学和业界使用的检验。借助精心挑选的简单易懂的实例，本书把理论与实践紧密地结合在一起。此外，很多第 3 版中的内容被合并、重组在一起，使全书内容更加简洁流畅。把很多面向对象软件测试的内容和过程软件测试（procedural software testing）整合在一起形成了一个有机的整体。还有就是针对美国联邦航空管理局和美国国防部有关标准的要求，在"路径测试"一章中扩充了复杂条件测试（complex condition testing）和修正的条件判定覆盖率（modified condition decision coverage）指标等内容。

　　这一版新增加的章节如下：

- 软件技术评审（第 22 章）。侧重软件技术检验，这实际上被视为"静态测试"，而本书的前三版一直侧重于讨论如何利用精心挑选的测试用例来执行代码的"动态测试"。本章内容实际上来自一个软件开发公司 20 多年来的产业实践经验，该公司具有完善的技术评审流程。

- 附录。附录中给出了一套完整的用例集（采用 UML），可以针对典型的客户需求实现实际产业开发所要求的技术检验。其中包括用例标准、用例故障严重程度定义、潜在问题的技术检验事项表，以及典型评审报告和最终报告的格式文档。

- 基于模型的综合系统测试（第 17 章）。由系统构成复杂系统的问题相对还是较新的（始于 1999 年）。软件测试从业人员现在是在追随几位大学研究人员的步伐，主要关注如何界定一个由若干系统构成的复杂系统。这一章介绍了"泳道事件驱动 Petri 网"，在表达能力上接近著名的状态图方法。有了它就可以对复杂系统实施基于模型的测试。

- 软件复杂度（第 16 章）。目前大部分文献都仅考察了在单元层面上的圈复杂度（cyclomatic，也称为 McCabe）。本章从两个方面拓展了对单元层面复杂度的考量，引进了两种集成层面上的复杂度。对面向对象编程和系统层面的测试来说，需要涉及对复杂度的处理。在任何层面上，对复杂度的考量都是提升设计、编码、测试和维护工作的重要手段。保持一种一致的软件复杂度表述，对每个阶段都有很大的促进作用。

- 测试用例的评估（第 21 章）。新增的这一章要研究一个难题：如何评估一个测试用例集？测试覆盖性是长期以来为人所接受的指标，但是其中总有一定程度的不确定性。古罗马关于"谁来守卫卫兵"的问题，在此变成了"谁来评估测试"的问题。十几年来，变异测试（mutation testing）逐渐成为一种解决方案，所以本章对其效果和贡献进行了介绍，同时也介绍了另外两种方法：漏洞挖掘（fuzzing）和故障注入（fault insertion）。

　　做了 47 年的软件开发人员和大学教授，我认为自己的软件测试知识既有深度也有广度。在大学里，我一直在数学系和计算机系授课，同时我还有 20 多年的工业软件开发和管理经验，这些经历使我能够很好地编写和改进我的软件测试教程并不断加深对于软件测试的理解。在我讲到书本以外的内容时，我经常会不断地产生新的看法。所以，我把本书的出版视为我对软件测试领域做出的一点贡献。最后，我还要感谢我的三位同事 Roger Ferguson 博士、Jagadeesh Nandigam 博士和 Christian Trefftz 博士，感谢他们在面向对象测试这几章的撰写中给予我的巨大帮助。

　　非常感谢！

Paul C. Jorgensen

于密歇根州罗克福德市

数 学 基 础

测 试 概 述

为什么要测试？最主要的目的有两个：一是对质量或可接受性做出评判，二是发现存在的问题。之所以要测试，是因为人经常会出错，特别是在软件领域和采用软件控制的系统中，这个问题尤为突出。本章给出软件测试的总体知识框架。

1.1 基本概念

在许多软件测试方面的文献中，名词术语的使用都比较混乱（有时候前后不统一），究其原因，可能是因为测试技术在近几十年中不断地演化进步，而且文献作者的造诣也各有千秋。国际软件测试认证委员会（ISTQB）提出了一个全面的测试术语列表（见 http://www.istqb.org/downloads/glossary.html）。全书所采用的术语同 ISTQB 术语表一致，并且也符合电子电气工程师学会（IEEE）计算机协会 1983 年所颁布的技术标准（IEEE，1983）。这里我们首先来研究几个有用的术语。

- **错误**（error）：人是会出错的。错误的同义词是过失（mistake）。编程时出的错我们称之为 bug。错误很容易传递和放大，比如需求分析时出的错在系统设计时有可能会被放大，而且在编码时还会被进一步放大。
- **故障**（fault）：故障是错误的后果。更确切地说，故障是错误的具体表现形式，比如文字叙述、统一建模语言（UML）图表、层次结构图、源代码等。类似于把编程错误称为 bug，故障的一个很好的同义词是缺陷（defect）（见 ISTQB 术语表）。故障可能难以捕获。比如一个遗漏错误所导致的故障可能只是在表象上丢掉了一些应有的内容。这里给我们的启发是有必要把故障进一步细分为过失故障和遗漏故障。如果在表象中添加了不正确的信息，这是过失故障；而未输入正确的信息，则是遗漏故障。在这两类故障中，遗漏故障更难检测和纠正。
- **失效**（failure）：代码执行时发生故障就会导致失效。失效具有两个很微妙的特征：1）失效只出现在程序的可执行表象中，通常是源代码，确切地说是加载后的目标代码；2）这样定义的失效只和过失故障有关。那么如何处理遗漏故障所对应的失效呢？进一步说，对于不轻易被执行的故障，或者长期不执行的故障，情况又会怎样呢？实施代码审查（见第 22 章）能够找出故障来避免失效。实际上，好的代码审查同样能检查出遗漏故障。
- **事故**（incident）：当失效发生时，用户（或客户，测试人员）可能明显察觉到，也可能察觉不到。事故是与失效相关联的症状，它警示用户有失效发生了。
- **测试**（test）：测试显然要考虑到错误、故障、失效和事故等诸多问题。测试就是利用测试用例来试验软件。测试有两个明确的目标：找出失效和证实软件执行的正确性。
- **测试用例**（test case）：每个测试用例都有一个用例标识，并针对一项程序行为。每个测试用例还包括一组输入和期望输出。

图 1-1 给出了一个软件测试的生命周期模型。从图中可以看出，在软件开发阶段，有三

个地方可能会产生错误，由此引发的故障将会传递到后续开发过程中。故障解决阶段实际上
也是一处可能产生错误（以及新故障）的地方。如果实施了一个修复操作会导致原先正确的软件出现异常行为，这样的修复就是不完善的。本书后面在讨论回归测试时还要进一步研究这个问题。

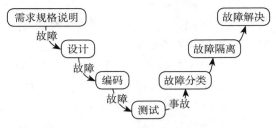

图 1-1　软件测试的生命周期

从这一系列术语可以看出，测试用例在测试中占核心地位。测试的过程还可以进一步细分为若干独立的步骤：测试计划制订、测试用例开发、测试用例运行，以及测试结果评估等。本书的重点就是研究如何构造有效的测试用例集合。

1.2　测试用例

软件测试的精髓是为被测对象找到一组测试用例。测试用例是（或者应该是）被承认的工作产品。一个完整的测试用例包括测试用例标识符、简短的目的描述（例如一个业务规则）、前置条件描述、实际的测试用例输入、期望输出、期望的后置条件描述和执行记录。执行记录主要用于测试管理，可以包括执行测试的日期、执行人、针对的软件版本，以及测试是否通过。

测试用例的输出部分常常会被忽视。这是很不应该的，因为输出通常是测试用例最难的部分。比如我们假设你正在测试一个软件，针对美国联邦航空管理局（FAA）的航线限制和当天的气象数据，这个软件要给飞机确定最佳航线。然而你又怎么知道这个最佳航线到底是什么呢？可能会有各种各样的答案。从学术角度来看，任何问题都一定会有一个确切的答案。从行业角度来看，可以采用"参考测试"（reference testing）的办法，由专家用户来参与系统的测试。对于给定的一组测试用例输入，由这些专家来评判系统的输出是否可以接受。

运行测试用例包括建立必要的前置条件，给出测试用例输入，观察输出结果，将实际输出与期望输出进行比较，然后在保证预期后置条件成立的情况下，判断测试能否通过。由此可以看出，测试用例显然是非常有价值的，至少和源代码一样珍贵。所以，也需要对测试用例进行开发、审查、使用、管理和保存。

1.3　利用维恩图来理解软件测试

从本质上讲，测试关心的是软件的行为，而软件行为同软件（或系统）开发人员所常用的面向程序代码的视角并没有直接关系。此处最明显的差别在于：代码侧重于"软件是什么"，而行为则关注"软件干什么"。一直困扰测试人员的一个难点问题是：基础性的文档通常都是由开发人员编写，并且为开发人员服务的，所以这些文档就很自然地强调程序代码方面的信息而不是软件行为信息。本节将给出一个简单的维恩图来说明软件测试中的一些很微妙的问题。

我们先来看看程序的行为空间（注意，此处我们专注研究的是测试的本质）。对于给定的程序及其规格说明，考察其规格说明所规定的行为集合 S 和编程实现的行为集合 P。图 1-2 给出了规格行为和实现行为之间的关系。在程序的所有可能行为中，规定行为都在圆圈 S 内，所有实际实现的行为都在圆圈 P 中。利用这个维恩图，可以清楚地看到测试人员所

遇到的问题。如果某些规定行为未经编程实现，情况会怎样呢？用前面提到的术语来讲，这些是遗漏故障。类似地，如果编程实现的某些行为不是规格说明所规定的，情况又会怎样呢？这些就是过失故障，或者在满足了规格说明之后又发生的错误。S 与 P 的交集（图中的橄榄球型区域）是"正确"的部分，即那些按规定实现的行为。对测试的一个很好的认识是：测试就是要确定按规定实现的程序行为到底有多少。（需要补充的是，正确性仅仅是针对确定的规格说明和具体的程序实现而言的。正确性是相对的，而不是绝对的。）

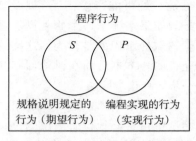

图 1-2   程序的规定行为与实现行为

在图 1-3 中，新圆圈代表测试用例集合。注意，它同程序行为全空间以及各个行为集合之间存在些许不同。一个测试用例要引发一个程序行为，这里请数学家们谅解这种表述中的不严密性。所以考察集合 S、P 和 T 之间的关系可以看到：可能会存在测试不到的规定行为（2 号区和 5 号区），测试到的规定行为（1 号区和 4 号区），以及对应于未规定行为的测试用例（3 号区和 7 号区）。

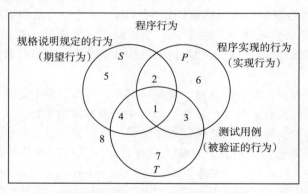

图 1-3   规定行为、实现行为和测试行为

类似地，也会有测试不到的实现行为（2 号区和 6 号区），测试得到的实现行为（1 号区和 3 号区），以及对应于未实现行为的测试用例（4 号区和 7 号区）。

在维恩图中，每一个区域都很重要。如果某些规定行为没有相应的测试用例，那测试就是不完备的。如果有测试用例对应的是未规定行为，则会产生几种可能：此测试用例设计得不恰当，或者规格说明不够充分，又或者测试人员故意要确认规定不该发生的行为确实不会发生。（就我个人的经验来讲，好的测试人员经常会有意设计最后一种情况的测试用例。这也是在进行规格说明和系统设计评审时吸收有经验的测试人员参与的重要原因。）

至此我们已经可以看清把软件测试称为技艺或工艺的原因了：测试人员怎样才能尽可能地扩大所有行为集合的交集（1 号区）呢？也就是说，应该如何确定集合 T 中的测试用例呢？最简单的回答就是：遵循测试方法来构造测试用例。这个思路给了我们一种方法来比较各种测试方法的有效性，详见第 10 章。

1.4   构造测试用例

构造测试用例有两种基本方法，传统上称为功能测试和结构测试。但用基于规格说明的测试和基于代码的测试则能表述得更确切些，所以本书将采用这两个名称。每种方法都有几种不同的测试用例构造方法，通常也称为测试方法。就方法体系而言，两个测试人员采用相同方法设计出的测试用例应该是相似的（等效的）。

1.4.1 基于规格说明的测试

基于规格说明的测试最初叫作功能测试的原因是：任何程序均可视为将其输入定义域中的值映射到其输出值域的函数（函数、定义域、值域等概念见第 3 章）。工程领域普遍采用这种思想，因为工程系统常被当作黑盒子来研究，这样就产生了另一个同义词——黑盒测试。黑盒里的内容（具体实现）不为外界所知，黑盒的功能完全通过其输入与输出来表述（如图 1-4 所示）。在《Zen and the Art of Motorcycle Maintenance》一书中，Robert Pirsig 把这种观点称为"罗曼蒂克的理解方式"（Prisig，1973）。很多时候我们仅用黑盒知识就足够了。实际上，这也是面向对象的主要思想。举例来说，多数人仅凭黑盒知识就能开汽车了。

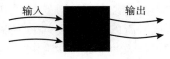

图 1-4　工程师的黑盒方法

对基于规格说明的测试来说，构造测试用例时唯一可用的信息是软件规格说明书。因此，基于规格说明的测试用例有两个突出的优点：1）测试用例与软件的具体实现方法无关，所以即使实现方式发生改变，测试用例仍然有用；2）测试用例的开发可以同软件的实现并行开发，这样可以缩短整个项目的开发周期。不利的方面是，基于规格说明的测试用例常常存在两个问题：测试用例之间会存在严重的冗余，而且还可能有测试不到的地方。

图 1-5 给出了用两种基于规格说明的测试方法所构造的测试用例结果。方法 A 比方法 B 构造的测试用例集合要大一些。要注意的是，这两种方法构造的测试用例集合均完全包含在规定行为集合中。由于此类方法基于所规定的行为，所以不会测试到规定之外的行为。在第 8 章中将针对第 2 章的示例比较不同的基于规格说明测试方法所构造的测试用例。

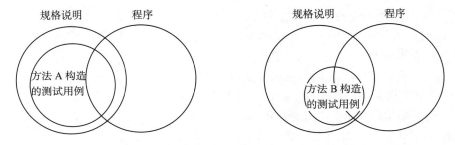

图 1-5　两种基于规格说明的测试用例构造方法的比较

从第 5 章至第 7 章，我们将介绍主要的基于规格说明的测试方法，包括边界值分析法、健壮性测试法、最坏情况分析法、特殊值测试法、输入（定义域）等价类法、输出（值域）等价类法和基于决策表的测试等。这些方法的共同思想是，以被测对象的定义信息为基础。第 3 章中介绍的数学基础知识将首先用于基于规格说明的测试方法。

1.4.2 基于代码的测试

基于代码的测试是另一种基本的测试用例构造方法。与黑盒测试相对，这种方法有时也被称为白盒（甚至透明盒）测试。透明盒的说法也可能更为恰当，因为这两者最根本的区别在于黑盒中的具体实现目前是已知的并被用于构造测试用例。能够"透视"黑盒内部的能力使测试人员可以根据功能的具体实现方式来构造测试用例。

　　基于代码的测试有很强的理论性。为真正理解基于代码的测试，必须熟悉线性图论的基本概念（见第 4 章）。利用这些基本概念，测试人员可以精确描述被测试对象。鉴于其深厚的理论基础，基于代码的测试允许定义和使用测试覆盖指标。测试覆盖指标能够明确地表示软件被测试的程度，并且使测试管理更有实际意义。

　　图 1-6 是用两种基于代码的测试方法构造的测试用例情况。跟上个例子一样，方法 A 比方法 B 构造出的测试用例集合更大。那么较大的测试用例集合就一定比小些的好吗？这是个好问题。基于代码的测试方法可以很好地回答这个问题。通过仔细观察可以看出，对这两种方法来说，所构造的测试用例集合全部包含于实现行为集合内。由于方法本身就是基于程序的，所以它不能发现未实现的行为。而且容易看出，基于代码的测试用例集合一定会小于实现行为的全集。在第 10 章中，我们将比较几种基于代码的测试方法所构造的测试用例集合。

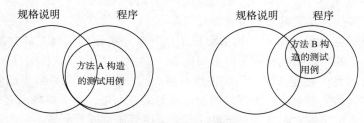

图 1-6　两种基于代码的测试用例构造方法的比较

1.4.3　两种测试方法的对比

　　对于这两种测试用例构造方法来说，我们自然要问哪一种更好呢？如果你研读了大量相关文献，就会发现每种方法都有许多"追随者"。

　　前面给出的维恩图能够有效地解决这场争论。回想一下：这两种方法的根本出发点都是要构造测试用例（见图 1-7）。基于规格说明的测试方法只利用规格说明来构造测试用例，而基于代码的测试方法则把程序源代码（具体实现）作为构造的依据。后面的章节将说明：单独使用任何一种方法都是不够全面的。从程序行为来看：即使所有的规定行为都没有实现，基于代码的测试用例也发现不了这个问题。反过来也是如此，如果程序实现了未规定行为，基于规格说明的测试用例也发现不了。（木马病毒就是此种未规定行为的例证。）结论是这

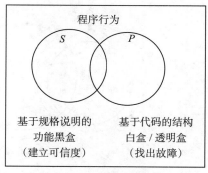

图 1-7　测试用例的来源

两种测试方法都必不可少。经验丰富的测试专家会很明智地把两种方法结合起来，既能够获得基于规格说明测试法所提供的可信度，也能获得基于代码测试法所提供的覆盖度量。现在通过引入基于代码测试方法的测试覆盖指标，前面提到的困扰即基于规格说明方法的冗余与测不全问题就都迎刃而解了。

　　最后利用维恩图可以进一步回答这个问题。测试用例集合 T、规定行为集合 S 以及实现行为集合 P 之间是什么关系呢？显然，测试用例集合 T 是由采用的测试用例构造方法所决定的。在此，一个重要问题是这个方法在多大程度上是适当的（或有效的）？再回顾一下前

面的讨论，审视一下从错误到故障，到失效，再到事故的因果链。如果能够了解易犯的错误都是什么，也知道在待测程序中容易出现什么样的故障，那么就完全可以利用这些信息来选用更恰当的测试用例构造方法。这就是测试之所以成为一种技艺的关键所在。

1.5　故障的分类

我们对错误和故障的定义取决于过程与产品之间的区分：过程指的是如何做事，产品指的是过程的最终结果。软件测试与软件质量保证（SQA）的共同点在于软件质量保证办法一般是通过改进过程来提升产品。从这种意义上讲测试则显然更加关注产品。软件质量保证更关心如何减少开发过程中的错误，而测试则更关心如何发现产品中的故障。明确定义故障的类型对这两种思想都有积极作用。有几种故障分类方法：依照出现错误的开发阶段分类，依照对应失效的后果分类，依照解决故障的难度分类，依照不处理错误的风险分类等。我更喜欢根据失效出现的频率来分类，具体可分为：一过性的、间歇性的、反复或持续不断的。

如果希望更全面地了解故障的类型，请参阅 "IEEE Standard Classification for Software Anomalies"（IEEE，1993）。（在这份资料中，软件异常被定义为 "与预期的偏离"，这同我们的定义十分接近。）这个 IEEE 标准围绕 4 个阶段（另一种软件生命周期模型）定义了详细的异常处理过程，这 4 个阶段是异常的识别、调查、行动和处置。表 1-1 至表 1-5 给出了一些有用的异常，其中的大部分均引自 IEEE 标准，但我也补充了一些自认为重要的软件异常情况。

表 1-1　输入 / 输出故障

故障类型	举　　例
输入故障	不接受正确的输入
	接受了不正确的输入
	描述有错或缺少描述
	参数有错或缺少参数
输出故障	格式有错
	结果有错
	正确结果产生的时间有错（太早、太迟）
	不完整或遗漏结果
	不合逻辑的结果
	拼写 / 语法错误
	修饰词错误

表 1-2　逻辑故障

部分情况被遗漏
某些情况重复出现
极端条件被忽略
解释有错
条件有遗漏
出现了无关的条件
测试了错误变量
不正确的循环迭代
错误的操作符（如用 "<" 代替了 "≤"）

因为软件审查的主要目的是找出故障，所以审查项目清单（见第 22 章）是故障分类的另一个好方法。Karl Wiegers 在他的网站 http://www.processimpact.com/pr_goodies.shtml 上给出了一套极好的软件审查项目清单。

表 1-3　计算故障

不正确的算法
遗漏计算
不正确的操作数
不正确的操作
括号错误
精度不够（四舍五入，截断）
错误的内置函数

表 1-4　接口故障

不正确的中断处理
I/O 时序有错
调用了错误的过程
调用了不存在的过程
参数不匹配（类型、个数）
类型不兼容
过度的包含

表 1-5   数据故障

不正确的初始化	不正确的数据维数
不正确的存储 / 访问	不正确的下标
错误的标志 / 索引值	不正确的类型
不正确的打包 / 拆包	不正确的数据范围
使用了错误的变量	传感器数据超限
错误的数据引用	计数次数差 1
数据比例或单位错误	不一致的数据

1.6   测试的层次

至此，我们还尚未涉及关于测试的一个关键概念——抽象的层次。在软件开发生命周期瀑布模型中，测试的层次反映着抽象的层次。尽管瀑布模型有一定的欠缺，但在划分测试层次和描述各层次目标时依然是一种有用的方法。图 1-8 给出了一种瀑布模型的图形结构，这种结构在 ISTQB 中被称为 V 模型，可以强调测试与设计在层次上的对应关系。特别是对基于规格说明的测试来说，图中所定义的三个层次（需求规格说明、概要设计和详细设计）直接对应于测试的三个层次——系统测试、集成测试和单元测试。

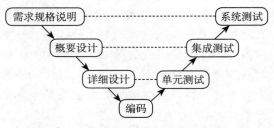

图 1-8   瀑布模型中的抽象和测试的层次划分

测试层次同基于规格说明测试与基于代码测试之间存在着切实的对应关系。大部分工程人员均认同这样的观点：基于代码测试更适合应用在单元层次，而基于规格说明测试更适合应用在系统层次。通常情况的确如此，但这种对应关系可能是需求规格说明、概要设计和详细设计不同阶段所产生的不同基本信息所造成的。为基于代码测试定义的构造在单元层次上的意义被广泛认可，而在集成层次上和系统层次上类似的构造才刚刚问世。在本书的第 11章至第 17 章中，将开发这种构造以支持对传统软件和面向对象软件在集成层次上和系统层次上的基于代码测试。

1.7   习题

1. "我们没有去做本该做好的事情，却做了本不该我们做的事情。"请用维恩图来表达这句话的具体含义。
2. 逐一介绍图 1-3 中的 8 个区。你能用你曾编写过的软件来举例说明各种情况吗？
3. 一个关于软件开发的有趣故事：某程序员开发一个工资管理程序。在逻辑设计上，这段程序中应该在生成工资支票之前检查员工身份编号。如果这个员工不在这个公司工作了，该程序就会被严重破坏。请利用错误、故障和失效等概念来分析这个问题，并且说明最恰当的测试方法是什么。

1.8   参考文献

IEEE Computer Society, *IEEE Standard Glossary of Software Engineering Terminology*, 1983, ANSI/IEEE Std 729-1983.

IEEE Computer Society, *IEEE Standard Classification for Software Anomalies*, 1993, IEEE Std 1044-1993.

Pirsig, R. M., *Zen and the Art of Motorcycle Maintenance*, Bantam Books, New York, 1973.

程序示例

从第 5 章至第 9 章将用 3 个程序实例来描述各种单元测试方法，这 3 个程序分别是三角形问题（软件测试界的经典问题），复杂逻辑函数——NextDate 问题（给出第二天的日期），以及一个典型的管理信息系统应用问题——佣金问题。将这 3 个程序结合在一起，可以呈现出单元层次上软件测试所能遇到的绝大多数问题。在第 11 章至第 17 章讨论较高层次测试时要用到另外 4 个程序：简化的自动柜员机（ATM）系统 SATM；货币转换器，一个典型基于图形用户界面（GUI）的事件驱动式应用；Saturn 汽车风挡雨刷控制器；以及车库门控制器，可以用来阐述"系统的系统"（复杂系统）中的一些问题。

为了研究基于代码的测试，本章给出了 3 个单元层次程序实例的伪代码。第 11 章至第 17 章将在系统层面上给出 SATM 系统、货币转换器、雨刷控制器以及车库门控制器的描述。这些应用将采用有限状态自动机、事件驱动 Petri 网、状态图以及统一建模语言（UML）来进行建模。

2.1 通用伪代码

伪代码是表现程序源代码的一种"独立于语言"的形式。这里采用的伪代码均借用了一些 Visual Basic 语言的要素，设计成了两个层次的结构：单元层次结构和程序组件层次结构。这里的单元既可以理解为传统的组件（过程、函数等），也可以理解为面向对象的组件（类、对象等）。这种处理方法并不是很正规，表达式、变量表和字段描述等很多概念都没有正式定义就使用了。尖括号（<>）中的项表示的是在此位置上可以使用的语言元素。利用伪代码的另外一部分好处在于可以忽略很多无关紧要的细节，本书中我们就用自然语言来表述那些既正式又复杂的条件（见表 2-1）。

表 2-1　通用伪代码

语言单元	通用伪代码结构
注释	'< 说明文字 >
数据结构声明	Type < 类型名称 > < 字段描述列表 > End < 类型名称 >
数据声明	Dim< 变量 >As< 类型 >
赋值语句	< 变量 > = < 表达式 >
输入	Input(< 变量列表 >)
输出	Output(< 变量列表 >)
简单条件	< 表达式 > < 关系操作符 > < 表达式 >
复合条件	< 条件 > < 逻辑连接符 > < 条件 >
序列	语句按串行顺序排列

简单选择	If < 条件 > Then
	　　<then 语句 >
	EndIf

（续）

语言单元	通用伪代码结构
选择	If < 条件 > 　Then<then 语句 > 　Else<else 语句 > EndIf
多重选择	Case < 变量 > Of 　Case 1：< 谓词 > 　　<case 子句 > 　… 　Case n：< 谓词 > 　　<case 子句 > EndCase
计数器控制的循环	For < 计数器 > = < 开始 > To < 结束 > 　< 循环体 > EndFor
预测试循环	While < 条件 > 　< 循环体 > EndWhile
后测试循环	Do 　< 循环体 > Until < 条件 >
过程定义（对函数和面向对象方法均可）	< 过程名称 >（ Input:< 变量列表 >; Output:< 变量列表 >） 　< 主体 > End< 过程名称 >
过程间通信	Call < 过程名称 >（ < 变量列表 >; < 变量列表 >）
类 / 对象的定义	< 名称 >（ < 属性列表 >; < 方法列表 >, < 主体 >） End < 名称 >
单元间通信	msg < 目标对象名 >.< 方法名 > (< 变量列表 >)
对象创建	Instantiate < 类名 >.< 对象名 >(< 属性值列表 >)
对象析构	Delete < 类名 >.< 对象名 >
程序	Program < 程序名称 > 　< 单元列表 > End< 程序名称 >

2.2 三角形问题

　　三角形问题是软件测试文献中最常使用的程序例子。在软件测试 30 年的历程中，一些有重要影响的文献主要有：Gruenberger（1973）、Brown and Lipov（1975）、Myers（1979）、Pressman（1982）及后续版本、Clarke（1983，1984）、Chellappa（1987）和 Hetzel（1988）等。当然还有很多其他文献，但上述这些已足以说明问题了。

2.2.1 问题描述

1. 初级版本

　　三角形程序将接受三个整数输入 a、b 和 c，分别代表三角形的三条边。程序输出为这三条边所构成的三角形的类型，即等边三角形（Equilateral）、等腰三角形（Isosceles）、一般三角形（Scalene）或非三角形四类（NotATriangle），有时也把直角三角形作为第五类，在某些习题中我们也会用到它。

2. 升级版本

三角形程序将接受三个整数输入 a、b 和 c，分别代表三角形的三条边。整数 a、b 和 c 应满足以下条件：

c1. $1 \le a \le 200$	c4. $a < b + c$
c2. $1 \le b \le 200$	c5. $b < a + c$
c3. $1 \le c \le 200$	c6. $c < a + b$

程序的输出是根据三条边所确定的三角形类型：等边三角形（Equilateral）、等腰三角形（Isosceles）、一般三角形（Scalene）或非三角形四类（NotATriangle）。如果任何一个输入数值不能满足 c1、c2 或 c3 这三个条件中的任何一个，程序将会输出一条消息来提示这种情况，例如："Value of b is not in the range of permitted values"（b 的取值不在允许范围之内）。如果 a、b 和 c 的取值均能满足条件 c1、c2 和 c3，程序给出以下 4 种结论之一：

（1）如果三条边全部相同，程序输出结果为等边三角形。

（2）如果恰好有一对边相同，程序输出结果为等腰三角形。

（3）如果不存在相等的取值，程序输出结果为一般三角形。

（4）如果条件 c4、c5 和 c6 中存在不能满足的情况，程序输出结果为非三角形。

2.2.2 三角形问题的讨论

三角形问题在软件测试界能够经久不衰的原因之一在于它包含了既明确而又复杂的逻辑关系。它也十分典型地表现出定义的不完整会如何严重影响客户、开发人员和测试人员之间的有效沟通。第一个版本的规格说明就假设开发人员事先是了解三角形的基本知识的，特别是三角不等式：两边之和必须大于第三边才能构成三角形。选择 200 作为边长的上限完全是为了方便随意取的，在第 5 章构造边界值测试用例时我们还会用到这个限制。

2.2.3 三角形问题的经典实现

作为本书程序示例的第一个，这个三角形程序的"经典"实现很类似于 FORTRAN 语言。图 2-1 给出了这种实现的流程图。图 2-2 给出了升级版的流程图。流程图中各处理框的编号对应于接下来给出的程序伪代码中注释号（类似 FORTRAN）。（此处的编号同 Pressman（1982）所采用的一致。）这种实现形式展示了它的历史传承，在 2-2-4 节中还会给出一种更好的实现。

这里采用变量 match 来记录每对边相等的情况。FORTRAN 风格典型的复杂性被变量 match 表现出来了：可以看出，三个关于三角不等式测试一个都没用到。如果有两条边相等，如 a 和 c，那么只需要测试 a+c 与 b 关系即可。（因为 b 一定大于 0，a+b 一定大于 c，因为 c 与 a 相等。）显然这种方法可以有效减少所需的比较次数。这种实现方法效率高，但也损失了程序的易懂性，测试的难度也加大了。在后面研究程序执行的不可行路径时，我们会发现这还是非常有用。这是本书保留它的最大原因。在此，有 6 条路径可以到达"非三角形"框（12-1 至 12-6），有 3 条达到"等腰三角形"框（15-1 至 15-3）。

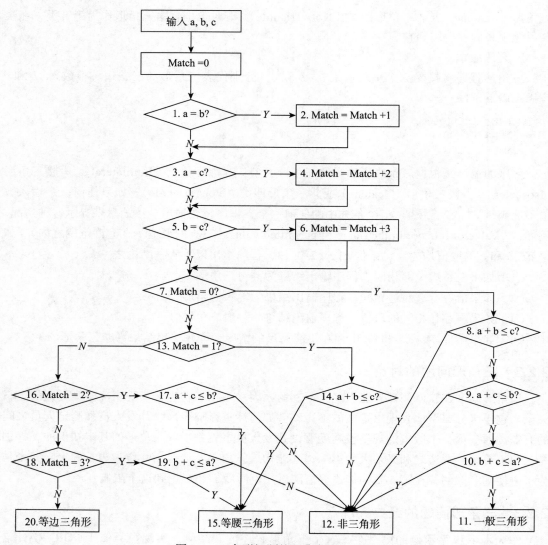

图 2-1 三角形问题的经典实现流程图

下面给出伪代码。

```
Program triangle1 'Fortran-like version
'
Dim a, b, c, match As INTEGER
'
Output("Enter 3 integers which are sides of a triangle")
Input(a, b, c)

Output("Side A is",a)
Output("Side B is",b)
Output("Side C is",c)
match = 0
If a = b                                              '(1)
    Then match = match + 1                            '(2)
EndIf
If a = c                                              '(3)
    Then match = match + 2                            '(4)
```

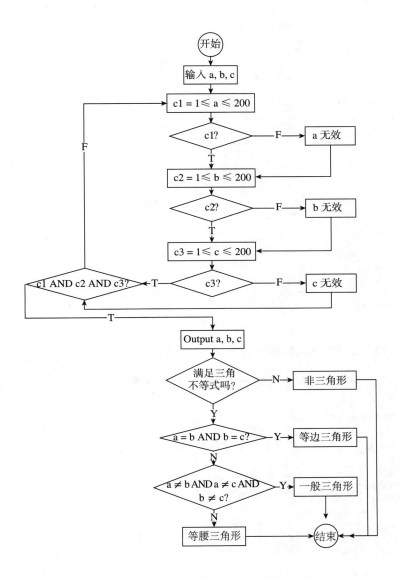

图 2-2 升级版三角形问题的实现流程图

```
EndIf
If b = c                                                    '(5)
   Then match = match + 3                                   '(6)
EndIf
If match = 0                                                '(7)
   Then If (a + b) ≤ c                                      '(8)
           Then Output("NotATriangle")                      '(12.1)
           Else If (b + c) ≤ a                              '(9)
                   Then Output("NotATriangle")              '(12.2)
                   Else If (a + c) ≤ b                      '(10)
                           Then Output("NotATriangle")      '(12.3)
                           Else Output ("Scalene")          '(11)
                        EndIf
                EndIf
        EndIf
    EndIf
```

```
          Else If match = 1                                      '(13)
                 Then If (a + c) ≤ b                             '(14)
                         Then Output("NotATriangle")             '(12.4)
                         Else Output ("Isosceles")              '(15.1)
                      EndIf
                 Else If match=2                                 '(16)
                      Then If (a + c) ≤ b
                            Then Output("NotATriangle")          (12.5)
                            Else Output ("Isosceles")           '(15.2)
                          EndIf
                      Else If match = 3                          '(18)
                          Then If (b + c) ≤ a  '(19)
                          Then Output("NotATriangle")            '(12.6)
                          Else Output ("Isosceles")             '(15.3)
                          EndIf
                      Else Output ("Equilateral")                '(20)
                   EndIf
                EndIf
            EndIf
     EndIf
     '
     End Triangle1
```

2.2.4 三角形问题的结构化实现

```
Program triangle2 'Structured programming version of simpler specification

Dim a,b,c As Integer
Dim IsATriangle As Boolean
'Step 1: Get Input
Output("Enter 3 integers which are sides of a triangle")
Input(a,b,c)
Output("Side A is",a)
Output("Side B is",b)
Output("Side C is",c)
'Step 2: Is A Triangle?'
If (a < b + c) AND (b < a + c) AND (c < a + b)
    Then IsATriangle = True
    Else IsATriangle = False
EndIf
'
'Step 3: Determine Triangle Type
If IsATriangle
    Then If (a = b) AND (b = c)
        Then Output ("Equilateral")
        Else If (a ≠ b) AND (a ≠ c) AND (b ≠ c)
                Then Output ("Scalene")
                Else Output ("Isosceles")
            EndIf
        EndIf
    Else Output("Not a Triangle")
EndIf
End triangle2
```

第三个版本

```
Program triangle3'
Dim a, b, c As Integer
Dim c1, c2, c3, IsATriangle As Boolean
```

```
'Step 1: Get Input
Do
    Output("Enter 3 integers which are sides of a triangle")
    Input(a, b, c)
    c1 = (1 ≤ a) AND (a ≤ 300)
    c2 = (1 ≤ b) AND (b ≤ 300)
    c3 = (1 ≤ c) AND (c ≤ 300)
    If NOT(c1)
        Then Output("Value of a is not in the range of permitted values")
    EndIf
    If NOT(c2)
        Then Output("Value of b is not in the range of permitted values")
    EndIf
    If NOT(c3)
        ThenOutput("Value of c is not in the range of permitted values")
    EndIf
Until c1 AND c2 AND c3
Output("Side A is",a)
Output("Side B is",b)
Output("Side C is",c)
'Step 2: Is A Triangle?
If (a < b + c) AND (b < a + c) AND (c < a + b)
    Then IsATriangle = True
    Else IsATriangle = False

EndIf
'Step 3: Determine Triangle Type
If IsATriangle
    Then If (a = b) AND (b = c)
            Then Output ("Equilateral")
            Else If (a ≠ b) AND (a ≠ c) AND (b ≠ c)
                    Then Output ("Scalene")
                    Else Output ("Isosceles")
                EndIf
        EndIf
    Else Output("Not a Triangle")
EndIf
End triangle3
```

2.3 NextDate 日期函数

三角形程序的复杂性源于输入与正确输出结果之间的关系。下面我们通过 NextDate 函数来讲解另一个复杂问题——输入变量之间的逻辑关系。

2.3.1 问题描述

NextDate 是一个拥有 month、date 和 year 三个输入变量的函数，给出输入日期后面一天的日期。显然变量 month、date 和 year 均取整数值，并且应满足如下条件（年份范围结束在 2012 年是任意选取的，并且是来自第一版）：

c1. $1 \le month \le 12$
c2. $1 \le day \le 31$
c3. $1812 \le year \le 2012$

同处理三角形程序一样，还可以使我们的问题陈述更加明确，要求定义出程序对输入变量 month、day 和 year 无效取值的响应，定义程序对输入变量无效逻辑组合的响应。例如，对每年 6 月 31 日的响应方法。如果条件 c1、c2 或 c3 中有任意一条不满足，则 NextDate 函数应该给出一条输出来提示相应变量的取值不在允许范围内。例如，"Value of month not in the range 1...12"。由于存在许多无效的日－月－年的组合，NextDate 函数根据所有此类情况合并为一个提示信息："Invalid Input Date"。

2.3.2 NextDate 函数的讨论

NextDate 函数之所以复杂有两个原因：一是前面讨论过的输入域复杂性，二是判断某一年是否为闰年的判别规则的复杂性。每一年实际上有 365.2422 天，因此要设立闰年来解决这个"多余天数"的问题。如果每四年一个闰年，还会有一点点的误差。罗马历法（尤其是格里高利教皇之后）采用每一百年调整闰年设置的办法来解决这个问题。方法是，如果年份数值可以被 4 整除，并且不是整世纪年，则该年为闰年；世纪年只有是 400 的倍数时才为闰年（Inglis，1961）。所以，1992 年、1996 年和 2000 年都是闰年，而 1900 年不是。NextDate 函数还能说明软件测试领域的一个常见情况，我们常常能看到 Zipf 定律的具体实例，Zipf 定律说明 80% 的活动发生在 20% 的空间中。留心观察一下这里处理闰年问题需要源代码的量以及在第二种实现形式中检查输入值的有效性所使用的源代码的量。

2.3.3 NextDate 函数的实现

```
Program NextDate1 'Simple version
Dim tomorrowDay,tomorrowMonth,tomorrowYear As Integer
Dim day,month,year As Integer
Output ("Enter today's date in the form MM DD YYYY")
Input (month, day, year)
Case month Of
Case 1: month Is 1,3,5,7,8, Or 10: '31 day months (except Dec.)
 If day < 31
   Then tomorrowDay = day + 1
   Else
    tomorrowDay = 1
    tomorrowMonth = month + 1
 EndIf
Case 2: month Is 4,6,9, Or 11 '30 day months
 If day < 30
   Then tomorrowDay = day + 1
   Else
    tomorrowDay = 1
    tomorrowMonth = month + 1
 EndIf
Case 3: month Is 12: 'December
 If day < 31
   Then tomorrowDay = day + 1
   Else
    tomorrowDay = 1
    tomorrowMonth = 1
    If year = 2012
      Then Output ("2012 is over")
      Else tomorrow.year = year + 1
 EndIf
Case 4: month is 2: 'February
 If day < 28
   Then tomorrowDay = day + 1
   Else
    If day = 28
      Then If ((year is a leap year)
```

```
                Then tomorrowDay = 29 'leap year
                Else 'not a leap year
                  tomorrowDay = 1
                  tomorrowMonth = 3
             EndIf
     Else If day = 29
            Then If ((year is a leap year)
                   Then tomorrowDay = 1

                         tomorrowMonth = 3
                   Else 'not a leap year
                      Output("Cannot have Feb.", day)
                  EndIf
          EndIf
     EndIf
 EndIf
EndCase
Output ("Tomorrow's date is", tomorrowMonth, tomorrowDay, tomorrowYear)
End NextDate

Program NextDate2    Improved version
'
Dim tomorrowDay,tomorrowMonth,tomorrowYear As Integer
Dim day,month,year As Integer
Dim c1, c2, c3 As Boolean
'
Do
 Output ("Enter today's date in the form MM DD YYYY")
 Input (month, day, year)
 c1 = (1 ≤ day) AND (day ≤ 31)
 c2 = (1 ≤ month) AND (month ≤ 12)
 c3 = (1812 ≤ year) AND (year ≤ 2012)
 If NOT(c1)
   Then Output("Value of day not in the range 1..31")
 EndIf
 If NOT(c2)
   Then Output("Value of month not in the range 1..12")
 EndIf
 If NOT(c3)
   Then Output("Value of year not in the range 1812..2012")
 EndIf
Until c1 AND c2 AND c2

Case month Of
Case 1: month Is 1,3,5,7,8, Or 10: '31 day months (except Dec.)
  If day < 31
     Then tomorrowDay = day + 1
     Else
       tomorrowDay = 1
       tomorrowMonth = month + 1
  EndIf
Case 2: month Is 4,6,9, Or 11 '30 day months
  If day < 30
     Then tomorrowDay = day + 1
     Else
       If day = 30
          Then tomorrowDay = 1
               tomorrowMonth = month + 1
          Else Output("Invalid Input Date")
       EndIf
  EndIf
Case 3: month Is 12: 'December
```

```
    If day < 31
        Then tomorrowDay = day + 1
        Else
          tomorrowDay = 1
          tomorrowMonth = 1
          If year = 2012
              Then Output ("Invalid Input Date")
              Else tomorrow.year = year + 1
          EndIf
    EndIf
Case 4: month is 2: 'February
  If day < 28
      Then tomorrowDay = day + 1
      Else
        If day = 28
          Then
            If (year is a leap year)
                Then tomorrowDay = 29 'leap day
                Else 'not a leap year
                  tomorrowDay = 1
                  tomorrowMonth = 3
            EndIf
          Else
            If day = 29
              Then
                If (year is a leap year)
                    Then tomorrowDay = 1
                        tomorrowMonth = 3
                Else
                  If day > 29
                      Then Output("Invalid Input Date")
                  EndIf
                EndIf
            EndIf
        EndIf
    EndIf
  EndIf
EndCase
Output ("Tomorrow's date is", tomorrowMonth, tomorrowDay, tomorrowYear)
'
End NextDate2
```

2.4 佣金问题

第三个实例佣金问题是典型的商务计算问题，其中包含了计算和决策等步骤，可以引申出许多重要的测试问题。这个例子的主要用途是讨论数据流和基于切片的测试。

2.4.1 问题描述

从前有一位销售人员在亚利桑那州代销密苏里军械制造厂生产的步枪配件，包括枪机（lock）、枪托（stock）和枪管（barrel）。枪机售价 45 美元，枪托售价 30 美元，枪管售价 25 美元。销售人员每个月至少要卖出一个枪机，一个枪托和一个枪管（但是没有必要是一支完整的步枪），而制造厂的生产能力限制销售人员一个月最多只能卖出 70 个枪机、80 个枪托和 90 个枪管。每走访过一个城镇之后，销售人员都要给密苏里军械厂发一封电报，汇报在这一城镇中销售枪机、枪托和枪管的数量。销售人员月末会再发一封很短的电报，通知 "−1 个枪机售出"。这样军械厂就知道当月的销售活动已经结束了，计算销售人员应得的佣金了。

佣金计算方法如下：销售总额 1000 美元以下（含 1000 美元）部分的佣金为 10%，1000 至 1800 美元之间部分的佣金为 15%，超过 1800 美元的部分的佣金为 20%。

2.4.2 佣金问题的讨论

在这个佣金问题示例中，我们一下子就能看明白佣金的计算方法。在现实生活中会遇到其他一些有多个变量的累加函数，例如在填写 us1040 收入报税表时遇到的各种计算就是这样。（所以我们还是继续讨论步枪吧。）这个佣金程序可分为三个部分：输入数据处理部分，验证输入数据的有效性（同三角形问题和 NextDate 函数一样），销售额统计计算部分，以及佣金计算部分。此处我们省略了对输入数据有效性的验证，借用了典型的管理信息系统（MIS）的数据采集功能中所常用的条件循环语句 While 来模拟对电报的处理。

2.4.3 佣金问题的实现

```
Program Commission (INPUT,OUTPUT)
`
Dim locks, stocks, barrels As Integer
Dim lockPrice, stockPrice, barrelPrice As Real
Dim totalLocks,totalStocks,totalBarrels As Integer
Dim lockSales, stockSales, barrelSales As Real
Dim sales,commission : REAL
`
lockPrice = 45.0
stockPrice = 30.0
barrelPrice = 25.0
totalLocks = 0
totalStocks = 0
totalBarrels = 0
`
Input(locks)
While NOT(locks = -1)        'Input device uses -1 to indicate end of data
    Input(stocks, barrels)
    totalLocks = totalLocks + locks
    totalStocks = totalStocks + stocks
    totalBarrels = totalBarrels + barrels
    Input(locks)
EndWhile
`
Output("Locks sold:", totalLocks)
Output("Stocks sold:", totalStocks)
Output("Barrels sold:", totalBarrels)
`
lockSales = lockPrice * totalLocks
stockSales = stockPrice * totalStocks

barrelSales = barrelPrice * totalBarrels
sales = lockSales + stockSales + barrelSales
Output("Total sales:", sales)
`
If (sales > 1800.0)
    Then
        commission = 0.10 * 1000.0
        commission = commission + 0.15 * 800.0
        commission = commission + 0.20 * (sales-1800.0)
    Else If (sales > 1000.0)
            Then
```

```
                commission = 0.10 * 1000.0
                commission = commission + 0.15*(sales-1000.0)
            Else commission = 0.10 * sales
        EndIf
    EndIf
    Output("Commission is $",commission)
    End Commission
```

2.5　SATM 系统

我们需要一个涉及面更广的实例来更好地讨论集成测试和系统测试的有关问题（见图 2-3）。

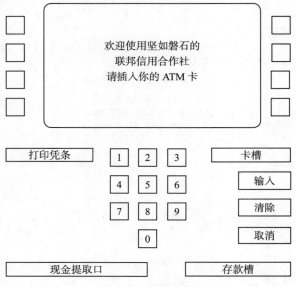

图 2-3　SATM 终端

这里给出的自动柜员机（ATM）实例是极小的，但是它却包含了典型的 CS（客户端 – 服务器）系统中在客户端会涉及的大量功能和交互操作。

2.5.1　问题描述

SATM 系统同银行客户之间的信息沟通采用图 2-4 所示的 15 种界面来实现，系统界面的主要特征如图 2-3 所示。客户可以在 SATM 上选用 3 种银行业务：存款、取款和余额查询。为简单起见，这些业务仅仅用于支票账户。

客户来到 SATM 机前，系统显示界面 1。每个客户使用标有个人账户编号（PAN 码）的银行卡来使用 SATM 机，PAN 码是打开系统内客户账户文件的关键，账户文件中包含了客户姓名和账户信息等内容。如果客户 PAN 码与某个账户文件一致，系统就向客户显示界面 2。如果没有找到相同 PAN 码的账户文件，系统就显示界面 4，并收走该银行卡。

在界面 2 中，系统提示客户输入个人身份编号（PIN 码）。如果所输入的 PIN 码正确（即同账户文件中的信息一致），则系统显示界面 5，否则显示界面 3。这里客户一共有 3 次机会来输入正确的 PIN 码，3 次均失败后，系统将显示界面 4，并收走该银行卡。

处于界面 5 时，客户在界面 5 所显示的选项中选择所需业务。如果要查询余额，系统显示界面 14。如果要存款，系统首先要检查终端控制文件中的一个字段，借此来确定存款信封槽的状态。如果存款信封槽没有问题，系统显示界面 7，获取存款金额。如果有问题，系统显示界面 12。成功输入存款金额后，系统显示界面 13，接收存款信封，处理存款。之后系统显示界面 14。

图 2-4　SATM 的各个界面

如果要取款，系统首先要检查终端控制文件中的取款通道状态字段（判断通道是否可用）。如果通道堵塞，系统显示界面 10；否则显示界面 7，等待客户输入取款金额。成功输入取款金额后，系统还要检查终端文件状态，核实是否有足够的现金。如果现金不足，则显示界面 9，否则进一步处理取款业务。系统检查客户的余额（与余额查询业务的处理过程相同）。如果账户余额不足，则显示界面 8；如果资金充足，则显示界面 11 并付出现金。账户余额被打印在业务凭条上，操作同余额查询业务的处理。客户把钱取走后，系统显示界面 14。

在界面 10、12 或 14 中，如果客户选择"否"，系统会显示界面 15，并退出客户银行卡。从卡槽中取走卡后，系统显示界面 1。在界面 10、12 或 14 中，如果客户选择"是"，系统将显示界面 5，这样客户就可以选择其他业务。

2.5.2　SATM 系统的讨论

在上面给出的系统描述中，有大量的信息都被"隐藏"起来了。比如，细心的读者会发现该 ATM 终端里只有 10 美元面值的钞票（见界面 7）。这个定义可能比我们通常见到的更精确。这是对实际的 ATM 机有意进行的简化（因此取名 SATM）。

其他问题可以通过一系列假设来解决。例如，是否需要定义取款的上限？如果客户能使用多个 ATM 终端，怎样才能防止取款金额超过其账户的实际余额？还会有一些初始化方面的问题，如最初要在机器中放多少现金？如何在系统中添加新客户？为了简单起见，这里对这些实际应用中的具体问题就不再进一步讨论了。

2.6 货币兑换计算器

货币兑换计算程序也是一个事件驱动程序，但它更侧重与图形用户界面（GUI）相关的代码。图 2-5 给出了一个简单的 GUI。

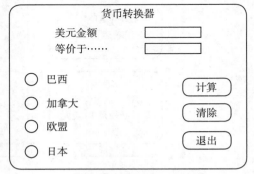

这个应用程序可以将美元转换为下面 4 种货币中的任意一种：巴西雷亚尔、加拿大元、欧元或日元。用"单选按钮"（选项按钮）来选择国别，这些按钮是互斥的。选择了一个国家后，系统的响应是补全的相应提示语。例如，按下了"加拿大"按钮后，"可兑换……"的提示就会变成"可兑换加拿大元"。同时程序还会在可转换金额的输出位置旁边显示一面加拿大国旗。选择币种前后，用户都可以输入美元金额。两项操作完成后，用户可以点击"计算""清除"或"退出"按钮。点

图 2-5 货币转换器图形用户界面

击"计算"会将美元金额转换为所选货币的兑换金额。点击"清除"可以重新设置币种、美元金额、转换金额以及相应的提示。点击"退出"会结束该应用程序。这个货币转换器的例子在第 15 章中很好地说明 UML 描述和面向对象实现。

2.7 雨刷控制器

土星牌汽车风挡雨刷是由一个带刻度盘的控制杆来操控的，其中控制杆有 OFF（关）、INT（间歇）、LOW（低速）和 HIGH（高速）4 个位置，刻度盘有 3 个位置，分别用数字 1、2 和 3 表示。刻度盘位置指示 3 种间歇速度，并且只有控制杆处于 INT 位置时刻度盘位置才有意义。如表 2-2 所示的决策表给出了控制杆位置和刻度盘位置所对应的风挡雨刷的实际工作速度（每分钟摆动的次数）。

表 2-2 控制杆和刻度盘位置所对应的雨刷速度

c1. 控制杆位置	停止	间歇	间歇	间歇	低速	高速
c2. 刻度盘位置	—	1	2	3	—	—
a1. 雨刷速度	0	4	6	12	30	60

2.8 车库门遥控开关

打开车库门的系统有以下几个部分组成：一个驱动马达、一个驱动链、车库门轮距、灯，以及一个电子控制器。系统的大部分是由 110V 的工业电源驱动。几个设备与车库门控制器相连通，这些设备是：一个无线小键盘（通常安装在汽车里），一个安装在车库门外面的数字键盘，以及一个固定在墙上的按钮。此外，还有两个安全设备：一个靠近地板的激光

束和一个障碍传感器。仅仅当车库门正在关闭时，后面两个设备才会运转。如果光束被打断（可能被一个宠物打断），这个门会立即停止，然后反向，直到这个门完全打开。如果当门正在关闭时，遇到了一个障碍（假如一个孩子的三轮车落在了门口），这个门停止，并且反向，直到它完全打开。当门正在关闭或者正在打开时，还有一种方法阻止它运转。任何一种设备（无线键盘，数字键盘和固定在墙上的控制按钮）都会发出一种信号。对任何一种信号的反应都是不同的，即：这个门会停在适当的位置上。任何一种设备发出来的随后的信号会在门停止的相同方向上启动它。有一些传感器可以检测门什么时候移动到一个极限位置，即：完全开着或者完全关闭的状态。当门运转时，灯是亮着的，并且当这个门到下一个极限状态时，灯会持续亮大概 30 秒。

除这个基本的车库门遥控开关之外，这三个指示装置和安全设备是可选的。在第 17 章，这个例子将会被用在系统的系统中的探讨。现在，一个车库门遥控开关的系统建模语言（SysML）环境图如图 2-6 所示。

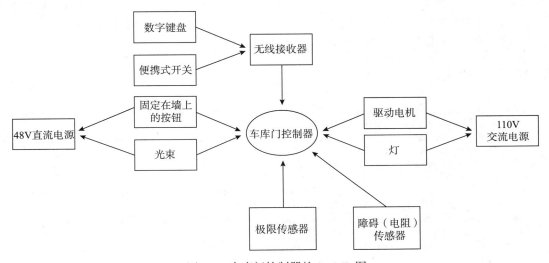

图 2-6　车库门控制器的 SysML 图

2.9　习题

1. 重新考察图 2-1 所给出的三角形程序的经典流程图。变量 match 的取值可以是 4 或 5 吗？有可能依次"执行"方框 1、2、5 和 6 吗？

2. 回顾第 1 章中对程序的规格说明的规定行为和程序实现的实际行为之间关系的讨论。如果仔细研究 NextDate 函数的程序实现，你就会发现一个问题：处理 30 天月份（4 月、6 月、9 月和 11 月）的 CASE 子句中，没有对 day=31 情况的处理。请讨论这个实现是否正确。处理 2 月时，CASE 子句没有对 day=29 情况的处理，请讨论这个实现是否正确。

3. 在第 1 章中曾提到测试用例的一部分是期望输出。请给出 NextDate 函数对 1812 年 6 月 31 日的测试用例的期望输出是什么？为什么？

4. 对三角形问题的一种常见的扩展是检查是否为直角三角形。如果三条边满足勾股定理（即 $c^2=a^2+b^2$），则为直角三角形。此时要求按递增的顺序给出各条边，即应有 $a \leqslant b \leqslant c$。请扩展 Triangle3 程序来处理直角三角形。在后面的习题中还要再次进行这种扩展。

5. 边长分别为 −3、−3 和 5 时，Triangle2 程序会怎么处理呢？请采用第 1 章中给出的思想方法来讨论这个问题。

6. 计算前一天日期的函数 YesterDate 函数是 NextDate 函数的逆函数。对给定的 `year`、`month`、`day`，YesterDate 函数应返回这一天的前一天的日期。把这个问题作为本章中实例的一种扩展，请采用你喜欢的语言（或伪代码）编写一个 YesterDate 程序。

7. 在 GUI 设计中，一部分技巧在于防止用户输入错误。事件驱动式的应用程序特别容易受到输入错误的影响，原因在于各种事件可能以任何顺序出现。在本章给出的 SATM 系统中，用户可能会输入美元金额后就马上点击"计算"按钮，而忘记选择国家。类似地，用户也可能选择国家就马上点击计算按钮，而没忘记输入美元金额。GUI 设计者可以利用一种称为"强制导航"的做法来避免此类问题的发生。在 Visual Basic 语言中可以利用控件的可见性，来实现这一点。请讨论如何实现之。

8. CRC 出版公司的网站 (http://www.crcpress.com/product/isbn/9781466560680) 上提供了本书的一些补充软件，这一系列软件大都是我在为研究生开设的"软件测试"课上使用过的。其中的第一部分是使用 naive.xls 程序（在绝大多数 Microsoft Excel 下都可运行）来测试三角形问题、NextDate 函数和佣金问题。你可以在表格中设定一些测试用例，然后只要点击" Run Test Case"（执行测试用例）按钮就可以运行这些测试用例。利用 naive.xls 程序来以一种直觉（朴素）的方法好好测试一下这三个实例，这是成为测试专家的起点。在这些实例中，每个程序都被有意设置了一些故障。每当你发现了失效，请尽量去推想其中潜在的故障到底是什么。请把你的结果都记录下来，在第 5 章、第 6 章和第 9 章中比较各种测试思想方法时还会用得到。

2.10 参考文献

Brown, J.R. and Lipov, M., Testing for software reliability, *Proceedings of the International Symposium on Reliable Software,* Los Angeles, April 1975, pp. 518–527.

Chellappa, M., Nontraversible paths in a program, *IEEE Transactions on Software Engineering,* Vol. SE-13, No. 6, June 1987, pp. 751–756.

Clarke, L.A. and Richardson, D.J., The application of error sensitive strategies to debugging, *ACM SIGSOFT Software Engineering Notes,* Vol. 8, No. 4, August 1983.

Clarke, L.A. and Richardson, D.J., A reply to Foster's comment on "The Application of Error Sensitive Strategies to Debugging," *ACM SIGSOFT Software Engineering Notes,* Vol. 9, No. 1, January 1984.

Gruenberger, F., Program testing, the historical perspective, in *Program Test Methods,* William C. Hetzel, Ed., Prentice-Hall, New York, 1973, pp. 11–14.

Hetzel, Bill, *The Complete Guide to Software Testing,* 2nd ed., QED Information Sciences, Inc., Wellesley, MA, 1988.

Inglis, Stuart J., *Planets, Stars, and Galaxies*, 4th Ed., John Wiley & Sons, New York, 1961.

Myers, G.J., *The Art of Software Testing,* Wiley Interscience, New York, 1979.

Pressman, R.S., *Software Engineering: A Practitioner's Approach*, McGraw-Hill, New York, 1982.

面向测试人员的离散数学

同软件生命周期的其他活动相比，软件测试更多地依赖于数学描述和数学分析。本章和下一章将给出测试人员所需的数学知识。还是把测试人员类比成技艺师，此处介绍的各种数学方法就是工具，测试技师应该是知道如何用好这些工具的。借助这些工具，测试人员能够严谨、精确和高效地完成工作，所有这些都能提高测试工作质量。在本章标题中，"测试人员的"这个限定词非常重要。因为本章是针对那些只有初浅数学基础知识，或者已经忘了大部分数学知识的测试人员编写的，所以真正的数学家很可能会对本章中不严密的讨论有看法。已经读者很熟悉离散数学的基础知识，可直接跳到下一章学习图论。

一般情况下，离散数学更适于功能测试，而图论更适于结构测试。"离散"这个词会引发一个问题：数学上的非离散又是怎样的呢？在数学上，"离散"的反义词是"连续"，比如像在微积分中那样，但软件开发人员和测试人员很少能用到这些。离散数学包括集合论、函数、关系、命题逻辑和概率论，本章将逐一讨论这些内容。

3.1 集合论

高谈阔论了这么多严格和精确之后，才尴尬地发现，竟然找不到对集合的明确定义。这可就麻烦了，因为集合论是这两章数学内容的核心。数学家对集合的概念进行了重要的区分：朴素集合论与公理集合论。在朴素集合论中，集合被当作是一个基本概念，就像点和线这样的几何学中的基本概念一样。集合的同义词有许多，比如堆、组、束等，这样你可以领悟到其中的含义了吧。集合概念的重要意义在于，它使我们能够把若干个事物作为一组或一个整体来考察。比如，我们可能需要研究正好有 30 天的所有月份（在测试第 2 章的 NextDate 函数时就会用到这个集合）。用集合论的表述方法，这个集合写作：

$$M_1 = \{4\text{ 月，6 月，9 月，11 月}\}$$

读作：M_1 是元素为 4 月、6 月、9 月和 11 月的集合。

3.1.1 集合的成员关系

集合中的各项称作集合的元素或成员，这种成员关系用符号"∈"来标记，例如，4 月 $\in M_1$。如果不是集合的成员，则用符号"∉"来表示，比如：12 月 $\notin M_1$。

3.1.2 集合的定义方法

定义一个集合的方法有三种：简单地列举出各个元素，或者给出一个判别规则，抑或通过其他集合来构造这个集合。列举元素的方法适用于只有少量元素的集合，或元素符合某种简明形式的集合。前面定义集合 M_1 时采用的就是这种方法。可以定义 NextDate 程序中可取的年份的集合为：

$$Y = \{1812，1813，1814，\cdots，2011，2012\}$$

在列举元素来定义集合的方式中，集合元素之间是没有顺序关系的。其原因在后面讨论集合相等时就会弄明白。采用判别规则的方法要复杂一些，这种复杂性有利也有弊。比如可以把 NextDate 函数的允许年份集定义为：

$$Y = \{ year：1812 \leqslant year \leqslant 2012 \}$$

读作：Y 是年份的集合，要求（可以把冒号读作"要求"）年份值介于 1812 和 2012 之间（包含 1812 和 2012）。利用判别规则来定义集合时，规则必须是无歧义的。给定任何一个年份值，就可以判断这个年份是否在集合 Y 当中。

用判别规则来定义集合的优点在于无歧义，这就要求有清晰的表述。有经验的测试人员都遇到过"无法测试的需求"。究其原因，很多时候都可以归结为在判断规则上出现了歧义。比如，在前面的三角形问题中，假设定义一个集合为：

$$N = \{ t：t \text{ 为近似等边的三角形} \}$$

那可以断定边长为（500，500，501）的三角形是 N 的元素，但是对边长为（50，50，51）或（5，5，6）的三角形又该如何判断呢？

用判别规则定义集合的第二个优点在于，某些集合的元素可能很难列举出来，而我们需要使用这样的集合。比如，在佣金问题中，我们可能会对这样的集合感兴趣：

$$S = \{ sales：\text{对该销售额 } sales \text{ 来说，佣金比例应为 15\%} \}$$

想要一一列出这个集合的每个元素不容易实现，但是对于给定的销售额，却可以很容易地使用这个判别规则来处理。

判别规则法的主要缺点是，规则在逻辑上有可能会相当的复杂，特别是需要采用谓词逻辑量词"$\exists$"（存在）和"$\forall$"（所有）来表述时。如果大家都能理解这种表示方法，那精确性就大有用途了。但这些包含逻辑运算符的规则往往都会把客户给搞糊涂了。判别规则法的第二个问题是自引用问题。自引用问题很有意思，但实际上对测试人员用处并不大。在判别规则指代它自己时就是自引用，就会出现死循环的问题。比如塞维利亚理发师问题（Barber of Seville）：塞维利亚的理发师是给所有人理发但不给自己理发的人。

3.1.3　空集

空集记为 $\varnothing$。空集在集合论中占有特殊地位。空集不包含任何元素，所以数学家能给出一大堆关于空集的属性，比如：

- 空集是唯一的，即不存在两个空集（我们姑且接受这种说法）；
- $\varnothing$、$\{\varnothing\}$ 和 $\{\{\varnothing\}\}$ 是不同的集合（我们其实并不需要用到这个性质）。

对我们有用的一点是，当定义集合的是一条永远为假的判别规则时，这个集合就是空集。比如：$\varnothing = \{ year：2012 \leqslant year \leqslant 1812 \}$。

3.1.4　集合的维恩图

有两种传统的用图解表示集合之间关系的方法：维恩图和欧拉图。这两种方法使在本文中已经被表达的概念更加形象化。我的大学数学系教授说，"数学不是图论的函数"。这种说法或许不太正确，但是图表确实很具有表达性，并且更易沟通和理解。然而现在，在讨论规定行为集合和实现行为集合时，常常像在第 1 章中那样把集合画成维恩图。在维恩图中，集合用圆圈来表示，圆圈内部的点表示该集合的元素。这样包含 30 天的月份的集合 M_1 就可以表示成图 3-1 所示的形式。

维恩图最初被约翰维恩图（一个生于 1881 年的英国逻辑学家）设计。大部分维恩图显示两个或三个重叠的圈。（显示一个可以显示所有可能交集的五个集合的维恩图是不可能的。）阴影部分被用于两种截然相反的方式，即：大部分情况下，阴影区域是有意义的子集，但是，阴影部分偶尔也会被表示成一个空的范围。因此，包含一个可以明确表述阴影部分意义的图例是很重要的。维恩图也可以被用在一个代表论域的矩形中。第 1 章的图 1-3 和图 1-4 展示了两个和三个集合的维恩图的例子。当这些圈叠加时，集合之间的关系就推测不出来了；同时，叠加描述了所有可能的交集。最后，没有用图解表示空集的方法。

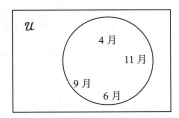

图 3-1   包含 30 天的月份的集合的维恩图

维恩图能够以一种直观的方式表示各种集合关系，但是也会有一些小问题，比如如何表示有限集合与无限集合呢？这两种集合都可以用维恩图来表示，只是对有限集合来说，不要把集内的每个点都对应集合的元素就行了。这不会有什么大问题，了解了这个限制很有用，比如在确定特定集合元素的标签的时候。

维恩图的另一个问题涉及空集：如何来表示一个集合或集合的一部分是空的呢？通常可以用阴影来表示空集部分，但有时也用阴影来强调感兴趣的部分。为了避免混淆这两种情况，更好的办法是给出图例，明确说明阴影部分的含义。

通常情况下，需要把所讨论的所有集合都看作是某个更大集合的子集，这个大集合就称为论域。比如，在第 1 章中就把所有的程序行为当作论域。一般情况下根据所给出的集合可以猜出问题的论域。在图 3-1 中，大多数人会把一年中所有月份构成的集合作为论域。测试人员应该警惕的是，随意假设论域经常会造成混乱。这是引起客户和开发人员之间误解的一个微妙的原因。

3.1.5 集合运算

集合论的大部分表达能力源自对集合的基本运算操作，如并、交和补。其他常用的运算还有相对补、对称差和笛卡儿积。下面逐一定义这些运算。在讨论每个运算时，首先研究论域 U 中两个集合 A 和 B。运算的定义中使用了谓词演算中的逻辑连接符与（∧）、或（∨）、异或（⊕）和非（∼）。

定义

给定集合 A 和 B，各个运算的定义如下。

- A 和 B 的并集是集合 $A \cup B$：$A \cup B = \{x : x \in A \lor x \in B\}$。
- A 和 B 的交集是集合 $A \cap B$：$A \cap B = \{x : x \in A \land x \in B\}$。
- A 的补集是集合 A'：$A' = \{x : x \notin A\}$。
- B 对 A 的相对补是集合 $A - B$：$A - B = \{x : x \in A \land x \notin B\}$。
- A 和 B 的对称差是集合 $A \oplus B$：$A \oplus B = \{x : x \in A \oplus x \in B\}$。

以上集合运算的维恩图如图 3-2 所示。

维恩图直观的表达能力对描述测试用例之间以及被测软件之间的关系十分有用。分析图 3-2 中的维恩图可以看出：

$$A \oplus B = (A \cup B) - (A \cap B)$$

事实也正是这样，此外还可以利用命题逻辑证明这个关系。

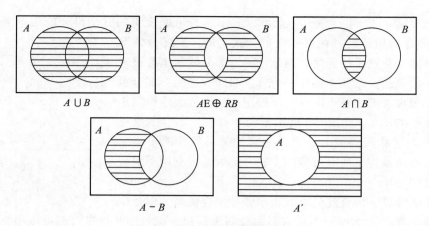

图 3-2   基本集合运算的维恩图

维恩图在软件开发的其他方面也能派上用场：与有向图相结合，就构成了状态图表示法的基础。状态图是 CASE 技术支持的最严格的规格说明方法之一，也是 IBM 公司和 OMG 集团（Object Management Group）为 UML 选定的控制表示方法。

两个集合的笛卡儿积运算（也叫叉积）要复杂一些，它基于有序偶对的概念。有序偶对是两个元素的组合，这两个元素出现的顺序至关重要。无序偶对和有序偶对通常的表示法为：

- 无序偶对记为 (a, b)
- 有序偶对记为 $<a, b>$

二者的差别在于，对于 $a \neq b$，有 $(a, b) = (b, a)$，但是 $<a, b> \neq <b, a>$。这个差别对于第 4 章中的内容十分重要。可以看出，普通图和有向图之间的根本差别恰恰就是无序偶对和有序偶对之间的差别。

定义

两个集合 A 和 B 的笛卡儿积定义为：

$$A \times B = \{ <x, y> : x \in A \wedge y \in B \}$$

维恩图不能表示笛卡儿积，所以这里需要举一个简单的例子来说明一下。设集合 $A = \{1, 2, 3\}$，$B = \{w, x, y, z\}$，则 A 和 B 的笛卡儿积为：

$$A \times B = \{ <1, w>, <1, x>, <1, y>, <1, z>, <2, w>, <2, x>,$$
$$<2, y>, <2, z>, <3, w>, <3, x>, <3, y>, <3, z> \}$$

笛卡儿积同算术运算直接相关。集合 A 的势定义为 A 中元素的个数，记为 $|A|$。（有的人喜欢用 Card(A) 来表示。）给定集合 A 和 B，有 $|A \times B| = |A| \times |B|$。在第 5 章中研究功能测试时，将利用笛卡儿积来描述多输入程序的测试用例。集合笛卡儿积的势的乘法特征意味着这种测试方法会产生大量的测试用例。

3.1.6   集合关系

可以利用集合运算从现有集合构造出有趣的新集合。在进行此类运算时，常常需要了解新集合与已有集合之间的关系。给定两个集合 A 和 B，定义三种基本的集合关系如下：

定义

- 当且仅当 $a \in A \Rightarrow a \in B$ 时，称 A 是 B 的子集，记为 $A \subseteq B$；

- 当且仅当 $A \subseteq B \wedge B - A \neq \varnothing$ 时，称 A 是 B 的真子集，记为 $A \subset B$；
- 当且仅当 $A \subseteq B \wedge B \subseteq A$ 时，称 A 和 B 相等，记为 $A = B$。

用文字来叙述就是，如果 A 的每个元素也是 B 的元素，则 A 是 B 的子集。要成为 B 的真子集，A 必须首先是 B 的子集，而且 B 中必须包含不属于 A 的元素。最后，如果 A 与 B 互为子集，则 A 和 B 相等。

3.1.7　集合划分

集合的划分是一种非常特殊的情况，对软件测试人员来说至关重要。日常生活中有很多类似集合划分的情况。比如，把一个办公区域分割成多个独立办公室，这是空间上的划分；把一个州分成若干个行政区，这是行政区域的划分等。从这两个例子中可以看出，"划分"的含义是把一个整体分割成若干小的部分，并保证所有的事物都会出现在某个部分中，没有遗漏。集合划分的正式定义如下。

定义

给定集合 A 和一组 A 的子集 A_1，A_2，$\cdots$，A_n，当且仅当 $A_1 \cup A_2 \cup \cdots \cup A_n = A$，且 $i \neq j \Rightarrow A_i \cap A_j = \varnothing$ 时，称这些子集是 A 的一个划分。

由于划分实际上是一组子集的集合，因此也经常把单个子集称为划分的元素。

对于测试人员来说，集合划分定义中的两部分内容都十分重要：第一部分保证了集合 A 的每个元素都会出现在某个子集中，第二部分保证了 A 中没有任何元素会同时出现在两个子集中。

这一点在行政分区的例子中表现得非常好：每个行政区都设有立法委员，不存在设两个立法委员的区。拼图游戏是另一个很好的划分实例。实际上，集合划分的维恩图就常常画成类似拼图的样子，如图 3-3 所示。

集合划分的概念对测试人员非常有用，因为划分定义的这两个性质保证了对测试的两个重要要求：完备性（每个事物都在某个确定地方）和无冗余性。对功能测试来说，其固有的缺点就是缺漏和冗余这两个问题：有些

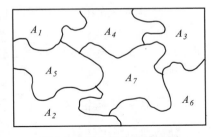

图 3-3　集合划分的维恩图

东西始终测试不到，而有些又被反复地测试。如何找到恰当的划分是功能测试的一大难点。比如，在三角形问题中，论域是所有正整数三元组的集合。（这实际上是正整数集与其自身的三次笛卡儿积。）对此论域可以有 3 种划分方法：

（1）划分成：三角形和非三角形；

（2）划分成：等边三角形、等腰三角形、一般三角形和非三角形；

（3）划分成：等边三角形、等腰三角形、一般三角形、直角三角形和非三角形。

乍看起来这三种划分方法好像都是可行的，但是仔细一研究就会发现最后一种划分形式有一个问题。一般三角形和直角三角形这两类并不是不相交的（比如，边长为 3、4、5 的三角形既是一般三角形也是直角三角形）。

3.1.8　集合恒等

把集合运算和集合关系结合在一起，能推导出一系列重要的集合恒等关系，利用这些恒等关系可以大大简化复杂的集合表达式。数学系的学生通常是要亲自推导出这些恒等关系，

而这里只是简单地列出这些等式（见表 3-1），并偶尔用一下。

3.2   函数

函数的概念对软件开发和软件测试都至关重要。在功能分解的整个方法体系当中，就使用了函数的数学概念。不严格地讲，函数把多个集合的元素关联起来了。比如，在 NextDate 函数中，给定日期的函数是其下一天的日期；在三角形问题中，三个输入整数的函数是以此为边长的三角形的种类；而在佣金问题中，销售人员的佣金是销售额的函数，销售额又是枪机、枪托和枪管销售量的函数；SATM 系统中的函数要更复杂一些，这自然也会使测试变得更加复杂。

表 3-1   集合的恒等关系

定律名称	表达式
同一律	$A \cup \varnothing = A$ $A \cap U = A$
支配律	$A \cup U = U$ $A \cap \varnothing = \varnothing$
幂等律	$A \cup A = A$ $A \cap A = A$
自反律	$(A')' = A$
交换律	$A \cup B = B \cup A$ $A \cap B = B \cap A$
结合律	$A \cup (B \cup C) = (A \cup B) \cup C$ $A \cap (B \cap C) = (A \cap B) \cap C$
分配律	$A \cup (B \cap C) = (A \cup B) \cap (A \cup C)$ $A \cap (B \cup C) = (A \cap B) \cup (A \cap C)$
德摩根定律	$(A \cup B)' = A' \cap B'$ $(A \cap B)' = A' \cup B'$

任何程序都可以看作是把输出同输入关联起来的函数。在函数的数学表达形式中，所有的输入是函数的定义域，所有输出构成了函数的值域。

定义

给定集合 A 和 B，函数 f 是 $A \times B$ 的一个子集，对于 a_i、$a_j \in A$，b_i、$b_j \in B$ 和 $f(a_i) = b_i$，$f(a_j) = b_j$，则有：$b_i \neq b_j \Rightarrow a_i \neq a_j$。

像这样的形式化定义有些过于简洁了，所以要进一步仔细研究一下。函数 f 的输入是集合 A 的元素，输出是集合 B 的元素。在以上定义中，函数 f "表现良好"，其含义是 A 的任何元素永远都不会与 B 的多个元素相对应。（如果出现了这种一个对应多个的情况，那怎么来测试这样的函数呢？这是非确定性的一个示例。）

3.2.1   定义域与值域

在前面给出的函数定义中，集合 A 是函数 f 的定义域，集合 B 是值域。由于从输入到输出的对应关系呈现出一种"天然"的顺序，因此不难看出函数 f 实际上是一个有序偶对的集合，第一项来自定义域，第二项来自值域。以下是两种常见的函数表示法：

$$f: A \rightarrow B$$
$$f \subseteq A \times B$$

在这个函数定义中没有对集合 A 和 B 做出任何约束，所以可以有 $A = B$，A 或 B 也可以是其他集合的笛卡儿积。

3.2.2   函数类型

函数还可以进一步通过具体映射来加以描述。在下面的定义中，从函数 $f: A \rightarrow B$ 出发，定义集合为：

$$f(A) = \{ b_i \in B: 对于 a_i \in A，则有 b_i = f(a_i)\}$$

这个集合有时也称为集合 A 在函数 f 下的像。

定义

- 当且仅当 $f(A) = B$，f 是 A 到 B 上的函数。

- 当且仅当 $f(A) \subset B$（注意：这里是 B 的真子集），f 是 A 到 B 中的函数。
- 当且仅当对于任何 a_i，$a_j \in A$ 且 $a_i \neq a_j \Rightarrow f(a_i) \neq f(a_j)$，$f$ 是 A 到 B 的一对一映射函数。
- 当且仅当存在 a_i，$a_j \in A$ 且 $a_i \neq a_j$ 可以使得 $f(a_i) = f(a_j)$，f 是 A 到 B 的多对一映射函数。

用自然语言来解释上面的定义就是：如果 f 是 A 到 B 上的函数，则可以断定 B 的每个元素都会与 A 的某个元素相对应。如果 f 是 A 到 B 中的函数，则 B 中至少有一个元素不与 A 的元素对应。一对一映射函数保证了函数对应的唯一性：定义域中的不同元素不能对应于值域中的同一元素。（可以看出，这是前面提及的函数"表现良好"的反情况。）如果函数不是一对一映射的，就是多对一映射的，即多个定义域元素可以映射到相同的值域元素上。从这些定义上看，所谓要求函数"表现良好"就是要防止出现一对多映射的情况。了解关系型数据库的测试人员一定会看出：所有的可能性对关系来说都是适用的（一对一、一对多、多对一和多对多）。

再回头研究这些测试实例，假设取 A、B 和 C 为 3 个 NextDate 程序的日期集合，有

$$A = \{ \text{日期：1812 年 1 月 1 日} \leq \text{日期} \leq \text{2012 年 12 月 31 日} \}$$
$$B = \{ \text{日期：1812 年 1 月 2 日} \leq \text{日期} \leq \text{2013 年 1 月 1 日} \}$$
$$C = A \cup B$$

那么，函数 NextDate：$A \to B$ 就是 A 到 B 上的一对一映射，而函数 NextDate：$A \to C$ 则是 A 到 C 中的一对一映射。

对 NextDate 函数来说，多对一映射是没有意义的；但对三角形问题来说，很容易发现它是多对一的。如果函数是一对一映射的上函数，比如前面讨论的 NextDate：$A \to B$，那么定义域中的每个元素都恰好与值域中的某一个元素相对应；反之，值域中的每个元素也恰好与定义域中的一个元素相对应。在这种情况下，就可以找到函数的逆函数，把值域一对一地映射回定义域（参见第 2 章习题中的 YesterDate 函数）。

这些性质对测试来说每个都很重要。中函数与上函数之间的差异，意味着在功能测试中基于定义域的测试和基于值域的测试的不同；对一对一映射函数来说，会需要比多对一映射函数更多的测试工作。

3.2.3　函数复合

假设有若干个集合和函数，其中一个函数的值域恰好是另一个函数的定义域。

$$f: A \to B$$
$$g: B \to C$$
$$h: C \to D$$

在这种情况下，就可以进行函数复合。为此，把各个定义域和值域中的元素记为 $a \in A$，$b \in B$，$c \in C$，$d \in D$，并设 $f(a) = b$，$g(b) = c$ 和 $h(c) = d$。这样函数 h、g 和 f 的复合即为：

$$h \circ g \circ f(a) = h(g(f(a)))$$
$$= h(g(b))$$
$$= h(c)$$
$$= d$$

在软件开发中，函数复合是十分常见，很自然地存在于过程和子过程的定义中。佣金问题中就有这样一个例子：

$$f_1（枪机，枪托，枪管）= 销售额$$
$$f_2（销售额）= 佣金$$

于是有：

$$f_2（f_1（枪机，枪托，枪管））= 佣金$$

对测试人员来说，多次复合的一系列函数可能会产生很多问题，特别是在函数复合过程中前一个函数的值域恰好是下一个函数定义域的真子集时。有一种特殊的函数复合情况，可以在某些方面帮助测试人员。回想曾经讨论过的，一对一映射的上函数必定会存在逆函数。逆函数肯定存在，而且是唯一的（数学家可以严格证明这个结论）。如果 f 是从 A 到 B 上的一对一映射函数，其唯一的逆函数记作 f^{-1}。结果对于 $a \in A$，$b \in B$，总会有 $f^{-1} \circ f(a) = a$ 和 $f \circ f^{-1}(b) = b$。NextDate 函数和 YesterDate 函数就是这样的逆函数。函数可逆性给测试人员提供的帮助是，利用给定函数的逆函数可以实现"交叉验证"，从而提高构造功能测试用例的速度。

3.3 关系

函数是关系的特例。函数和关系都是笛卡儿积的子集，但对于函数来说，有"表现良好"的约束，以保证一个定义域元素不会对应于多个值域元素。在通常使用时，人们认同这种约束：在说到某个事物是其他事物的"函数"时，实际上是说有某种确定的关系存在。并不是所有的关系都严格地成为函数。比如，病人集合和医生集合之间的对应关系，这就不是函数，一个病人可能接受多个医生的治疗，一个医生又会诊治多个病人，显然这是一种多对多的映射。

3.3.1 集合之间的关系

定义

给定集合 A 和 B，其关系 R 是笛卡儿积 $A \times B$ 的一个子集。

有两种常见的关系表达方法。如果想在整体上表述关系，通常仅记为 $R \subseteq A \times B$；而对于具体元素 $a_i \in A$，$b_i \in B$，它们之间的关系记为 $a_i R b_i$。很多数学著作中都忽略了对关系的详细论述，但关系对我们来说更重要，因为它是数据建模和面向对象分析的基础。

接下来要介绍一个广泛使用的概念——势。回想前面对集合势的定义，是指集合中元素的个数。因为关系也是集合，因此你可能会认为关系的势是指集合 $R \subseteq A \times B$ 中有序偶对的个数。但实际上关系的势并不是这样定义的。

定义

给定集合 A、B 和关系 $R \subseteq A \times B$，关系 R 的势为：

- 当且仅当 R 是 A 到 B 的一对一映射函数，关系具有一对一势；
- 当且仅当 R 是 A 到 B 的多对一映射函数，关系具有多对一势；
- 当且仅当至少存在一个元素 $a \in A$ 同时出现在 R 中的两个有序偶对中，即有 $<a, b_i> \in R$ 和 $<a, b_j> \in R$，关系具有一对多势；
- 当且仅当至少存在一个元素 $a \in A$ 同时出现在 R 中的两个有序偶对中，即有 $<a, b_i> \in R$ 和 $<a, b_j> \in R$，而且至少存在一个元素 $b \in B$ 同时出现在 R 中的两个有序偶对中，即有 $<a_i,\ b> \in R$ 和 $<a_j,\ b> \in R$，关系具有多对多势。

类似于映射到值域的上函数和中函数之间的差别，对关系也存在同样的参与的概念。

定义

给定集合 A、B 和关系 $R \subseteq A \times B$，关系 R 的参与定义为：

- 当且仅当 A 的每个元素都出现在 R 的某个有序偶对中，关系是全参与关系；
- 当且仅当 A 中存在元素不出现在 R 的任何有序偶对中，关系是部分参与关系；
- 当且仅当 B 的每个元素都出现在 R 的某个有序偶对中，关系是上参与关系；
- 当且仅当 B 中存在元素不出现在 R 的任何有序偶对中，关系是中参与关系。

用自然语言来叙述就是：如果关系适用于 A 的每个元素，则为全参与；如果关系不能适用于 A 的所有元素，则为部分参与。全参与和部分参与之间差别的另一种表述方式是强制参与和可选参与。类似地，如果关系适用于 B 的每个元素，则为上参与；如果关系不能适用于 B 的所有元素，则为中参与。值得特别讨论的是，上参与和中参与之间的差别同全参与和部分参与之间出奇地相似。从关系型数据库理论的角度来看，是没有理由呈现出这种平行性的；实际上更有理由应该刻意避免出现这种情况。数据建模在本质上是陈述性的，而过程建模在本质上却是强制性的。术语上的平行性暗示着关系必须具有方向性，但实际上并不需要这种方向性。之所以给人造成这种方向性的感觉，部分原因可能是源于笛卡儿积事实上是有序偶对构成的，自然排列出了第一元素和第二元素。

至此仅讨论了两个集合之间的关系。将关系推广到 3 个或更多的集合上，要比推广笛卡儿积复杂得多。比如，假设有 3 个集合 A、B、C 和一个关系 $R \subseteq A \times B \times C$，那么应该把关系严格地定义在三个元素上，还是定义在一个元素和一个有序偶对上呢（这会有 3 种可能性）？这个思路还需要适用于势和参与的定义。对参与来说情况比较简单，但势是具有二值性的。（比如，设想一下 A 到 B 是一对一映射关系，而 A 到 C 是多对一映射关系的情况。）在第 1 章中研究规定行为、实现行为和已测试行为时，曾经讨论过这种三向关系。我们希望在测试用例和规格说明 – 程序实现偶对之间能够存在某种形式的全参与关系，在后面研究功能测试和结构测试时还要继续讨论这个问题。

测试人员需要留心关系的定义，因为关系定义同被测软件的性质直接相关。例如，上参与和中参与之间的差别就直接源自所谓的基于输出的功能测试；而强制参与和可选参与之间的差别则是异常处理的基础，对测试人员也非常有用。

3.3.2 单个集合上的关系

排序关系和等价关系这两种重要的数学关系非常有用，它们都定义在单个集合上，分别侧重关系的某些具体属性。

给定集合 A，$R \subseteq A \times A$ 是定义在 A 上的关系，有 $<a,\ a>$、$<a,\ b>$、$<b,\ a>$、$<b,\ c>$、$<a,\ c> \in R$。关系 R 具有 4 种特殊性质。

定义

关系 $R \subseteq A \times A$ 是：

- 当且仅当对所有 $a \in A$，均有 $<a,\ a> \in R$，关系 R 是自反关系。
- 当且仅当 $<a,\ b> \in R \Rightarrow <b,\ a> \in R$，关系 R 是对称关系。
- 当且仅当 $<a,\ b>$、$<b,\ a> \in R \Rightarrow a = b$，关系 R 是反对称关系。
- 当且仅当 $<a,\ b>$、$<b,\ c> \in R \Rightarrow <a,\ c> \in R$，关系 R 是传递关系。

家庭关系可以很好地说明这些性质。思考以下这些关系，确定哪些性质适用于各个关系：兄弟关系、同胞关系、祖先关系。下面来定义排序关系和等价关系这两个重要关系。

定义

如果关系 $R \subseteq A \times A$ 是自反、反对称和传递的，则 R 是排序关系。

排序关系具有一定的方向性，一些常见的排序关系有：年长于、$\geqslant$、$\Rightarrow$ 和祖先。（自反性常常会产生一些不合常理的话，比如说"不比……年轻"和"不是……的后代"。）排序关系在软件中是很常见的：在数据访问技术、散列码、树型结构和数组中都广泛使用了排序关系。

集会的幂集是这个集合所有子集的集合。集合 A 的幂集记作 $P(A)$。子集关系 $\subseteq$ 是 $P(A)$ 上排序关系，因为它具有自反性（任何集合都是它本身的子集），反对称性（见集合相等的定义）和传递性。

定义

如果关系 $R \subseteq A \times A$ 是自反、对称和可传递的，则 R 是等价关系。

在数学中存在着大量的等价关系，相等和同余就是两个例子。等价关系和集合划分密切相关。比如，给定集合 B 的某个划分 B_1，B_2，$\cdots$，B_n，如果两个元素 b_1 和 b_2 出现在同一划分中，则称 b_1 和 b_2 是相关的（即 $b_1 R b_2$）。这个关系具有自反性（任何元素都会出现在自己的划分中）、对称性（如果 b_1 和 b_2 出现在某个划分中，那么 b_2 和 b_1 也在这个划分中）和传递性（若 b_1 和 b_2 在同一个划分中，而 b_2 和 b_3 也在同一个划分中，则 b_1 和 b_3 在同一个划分中）。通过划分来定义的关系被称为由划分所导出的等价关系。其逆过程也同样成立：从集合上定义的等价关系出发，可以根据彼此相关的元素定义子集。这就形成了一个划分，称为由等价关系导出的划分。这个划分中的集合称为等价类。综上得出的结论是：划分和等价关系可以互换的。这个概念对测试人员来说非常重要。如前所述，划分的两个重要属性是完备性和无冗余性。应用到软件测试领域中，测试人员可以利用这两个性质明确地定义对待测试软件的测试程度。除此之外，假设等价类的各个元素都具有相似的行为，就可以只测试每个等价类中的一个元素，从而大大提高测试效率。

3.4 命题逻辑

我们已经在不知不觉中使用命题逻辑了。如果你还没弄明白前面所使用的命题逻辑定义，这也没有什么大不了的。集合论和命题逻辑之间的关系就类似于鸡和蛋的关系——很难说清楚应该先讨论哪一个。就像前面把集合作为基本术语不进行严格定义就直接使用一样，这里把命题也作为基本术语。命题是或者为真或者为假的一种陈述。真或假称为命题的真值。此外，命题还应该是无歧义的：对于给定的命题，应该总能判断出为真还是为假。"数学很难"这个陈述就不能作为命题，因为其中有模糊性。命题还有时间性和空间性。比如，"下雨了"这句话有些时间为真，有些时候为假，而且对同一时间处于不同地点的两个人来说，还可能对一个人为真，对另一个为假。

通常用小写字母来表示命题，如 p、q 和 r。命题逻辑具有与集合论非常类似的运算、表达式和恒等属性（命题逻辑和集合论实际上是同构的）。

3.4.1 逻辑运算符

逻辑运算符（又叫逻辑连接符或逻辑操作符）是通过它们对命题的真值所起的作用来定

义的。这很简单，因为命题只有两个取值：T（真）和 F（假）。也可以用同样的方式来定义算术运算符 (事实上这是孩子们思考算术的方法)，但这样产生的真值表（见表 3-2）会特别庞大。3 个基本逻辑运算符为与（∧）、或（∨）和非（~），有时也称为合取运算、析取运算和非运算。非运算是唯一的一元逻辑运算符（只有一个操作数），其他都是二元运算符。这些，以及其他的一些逻辑运算符都被真值表定义。

合取运算和析取运算在日常生活中很常见：只有所有参与运算的对象都为真时，合取结果才为真；而至少有一个对象为真，析取结果就为真。非运算的结果则一目了然。另外两个常用运算符是异或运算（⊕）和条件运算（→），其定义如表 3-3 所示。

表 3-2　逻辑运算符的真值表

p	q	$p \land q$	$p \lor q$	$\neg p$
T	T	T	T	F
T	F	F	T	F
F	T	F	T	T
F	F	F	F	T

表 3-3　异或运算和条件运算

p	q	$p \oplus q$	$p \to q$
T	T	F	T
T	F	T	F
F	T	T	T
F	F	F	T

对异或运算来说，仅当其中一个命题为真时，其结果为真；而对析取运算（也就是或）来说，当两个命题都为真时也为真。条件连接符通常来讲要更困难一些。简单情况下可以只把它当作一种定义，但是由于其他连接符都能很好地用自然语言来叙述，自然期望对条件也能如此。简单地说，条件同演绎过程是密切相关的：在有效的三段论推理中，可以说"如果前提条件成立，则结论成立"，这样条件语句将是重言式。

3.4.2　逻辑表达式

用逻辑运算符来构建逻辑表达式，同使用算术运算符来构建代数表达式是一模一样的。可以按照传统的括号内优先的原则来定义运算顺序，也可以直接定义运算符的优先顺序（如非运算优先级最高，合取运算次之，析取运算最低）。给定逻辑表达式，根据括号所确定的顺序总能一步步"构建"出真值表来。例如，对表达式 ~$((p \to q) \land (q \to p))$ 就可以构造出表 3-4 所示的真值表。

表 3-4　~$((p \to q) \land (q \to p))$ 的真值表

p	q	$p \to q$	$q \to p$	$(p \to q) \land (q \to p)$	~$(p \to q) \land (q \to p)$
T	T	T	T	T	F
T	F	F	T	F	T
F	T	T	F	F	T
F	F	T	T	T	F

3.4.3　逻辑等价

算术相等和集合恒等的概念在命题逻辑中也有类似的情况。可以看出，表达式 ~$((p \to q) \land (q \to p))$ 的真值表和表达式 $p \oplus q$ 是一样的，这就意味着不管基本命题 p 和 q 被赋予什么样的真值，这两个表达式的真值永远都相同。逻辑等价的定义有很多形式，这里采用一种最简单的定义。

定义

对两个命题 p 和 q，当且仅当其真值表相同时，p 和 q 是逻辑等价的（记为 $p \Leftrightarrow q$）。

顺便解释一下，这里的"当且仅当"条件有时也称为双态条件。因此，当且仅当 q 为真时，p 为真，实际上是指 $(p \rightarrow q) \wedge (q \rightarrow p)$，记作 $p \Leftrightarrow q$。

定义

永远为真的命题是重言式，永远为假的命题是矛盾式。

命题要成为重言式或矛盾式，必须包含至少一个连接符以及两个或多个基本命题。有时把重言式记作 T 命题，把矛盾式记作 F 命题。表 3-5 中给出一些可以直接同集合论类比的命题定律。

表 3-5　命题定律

定律名称	表达式
同一律	$p \wedge T \Leftrightarrow p$ $p \vee F \Leftrightarrow p$
支配律	$p \vee T \Leftrightarrow T$ $p \wedge F \Leftrightarrow F$
幂等律	$p \wedge p \Leftrightarrow p$ $p \vee p \Leftrightarrow p$
自反律	$\sim(\sim p) \Leftrightarrow p$
交换律	$p \wedge q \Leftrightarrow q \wedge p$ $p \vee q \Leftrightarrow q \vee p$
结合律	$p \wedge (q \wedge r) \Leftrightarrow (p \wedge q) \wedge r$ $p \vee (q \vee r) \Leftrightarrow (p \vee q) \vee r$
分配律	$p \wedge (q \vee r) \Leftrightarrow (p \wedge q) \vee (p \wedge r)$ $p \vee (q \wedge r) \Leftrightarrow (p \vee q) \wedge (p \vee r)$
德摩根定律	$\sim(p \wedge q) \Leftrightarrow \sim p \vee \sim q$ $\sim(p \vee q) \Leftrightarrow \sim p \wedge \sim q$

3.5　概率论

在研究软件测试的过程中有两个地方会用到概率论：一个是在研究语句的某个具体执行路径的可能性时，二是在将其推广为业界流行的性能分析的概念时（见第 14 章）。由于使用不多，这里仅介绍一些基础知识。

与讨论集合论和命题逻辑一样，这里也从基本概念（事件的概率）入手。下面是经典教科书所给出的概率定义（Rosen，1991）：

事件 E 是有限样本空间 S 的子集，S 由发生的可能性相同的结果构成，则事件 E 的概率为 $p(\mathrm{E}) = |\mathrm{E}| / |\mathrm{S}|$。

这个概率定义基于这样的思想：每次实验只产生一个结果，样本空间是所有可能结果的集合，事件是结果的集合。这是个循环的定义：什么叫可能性相等的结果？这里假设所有结果具有相等的概率，那么概率这个概念就由它自身来定义了。

两个世纪之前，法国数学家拉普拉斯曾给出一个合理而实用的概率定义。值得强调的是，事件发生的概率是事件期望的发生方式数量除以全部可能的发生方式数量（期望和不期望发生方式的总和）。拉普拉斯的概率定义在研究从袋子中取各色彩球的概率时非常有效（概率论学者通常研究彩球问题，可能其中有些特殊的教益），但却很难推广到无法枚举所有可能性的情况。

这里我们试图运用在集合论和命题逻辑中"练就的本领"来给出一个更好的概率定义。作为测试人员，关心的是要发生的事情。把这些事情称为事件，把所有事件的集合作为论域。然后给出事件的命题，使命题指向论域中的元素。给定论域 U 和某个 U 中元素的命题 p，给出如下定义。

定义

给定命题 p，p 的真集 T 是论域 U 中所有使 p 为真的元素的集合，记为 $T(p)$。

命题或者为真或者为假，所以 p 将论域划分为两个集合，即 $T(p)$ 和 $(T(p))'$，有 $T(p) \cup (T(p))' = U$。注意：$(T(p))'$ 和 $T(\sim p)$ 是相同的。利用真集的概念，可以很容易地在集合论、命题逻辑和概率论之间建立起明确的对应关系。

定义

命题 p 为真的概率记作 $Pr(p)$，有：$Pr(p) = |T(p)| / |U|$。

有了这个定义，拉普拉斯概率定义中"期望的发生方式数量"就是真集 $T(p)$ 的势，发生方式的总量就是论域的势。这样会产生另一个推论：鉴于重言式的真集是论域，矛盾式的真集是空集，因此 $\varnothing$ 和 U 的概率就分别为 0 和 1。

在 NextDate 问题中可以找到许多很好的例子。比如，考察月份变量 m 和命题 $p(m)$：

$$p(m):m\text{ 是一个有 30 天的月份}$$

论域是集合 $U = \{\,1\text{月}，2\text{月}，\cdots，12\text{月}\,\}$，则 $p(m)$ 的真集是集合

$$T(p(m)) = \{\,4\text{月}，6\text{月}，9\text{月}，11\text{月}\,\}$$

那么给定月份 m 有 30 天的概率就是

$$Pr(p(m)) = |T(p(m))|\,/\,|U| = 4/12$$

论域的作用相当微妙，这也是在软件测试中使用概率论的一个技巧——要选择正确的论域。假设要问月份是 2 月的概率。答案很简单是 1/12。但是，如果要知道恰好有 29 天的月份的概率，那就不那么容易了。首先需要定义一个论域，包括闰年和平年。利用同余算术，建立一个连续 4 年中所有月份的论域，比如取 1991 年、1992 年、1993 年和 1994 年。在这个论域中共有 48 个月份，所以 29 天的概率是 1/48。另一种可能的计算方法是使用 NextDate 函数全部取值范围的两个世纪作为论域，其中 1900 年不是闰年。这样就会得到一个稍微小一点的概率。可见，选择正确的论域非常重要。结论是：避免"转变论域"，这甚至比选择论域还要重要。

下面给出一些概率的性质，这里不加证明就直接拿来使用了。对于给定的论域，命题 p 和 q，以及真集 $T(p)$ 和 $T(q)$，有：

$$Pr(\sim p) = 1 - Pr(p)$$
$$Pr(p \wedge q) = Pr(p) \times Pr(q)$$
$$Pr(p \vee q) = Pr(p) + Pr(q) - Pr(p \wedge q)$$

上述性质同集合恒等和命题逻辑等价的各个公式结合在一起，提供了概率表达式的强大计算能力。

3.6　习题

表 3-6　集合运算符和逻辑运算符的关系

运算操作	在命题逻辑中	在集合论中
析取	或	并
合取	与	交
非	非	补
蕴涵	条件	子集
异或		对称差

1. 集合运算符和命题逻辑中的逻辑运算符是紧密相连的（同构的），如表 3-6 所示。

　a. 用语言来表述 $A \oplus B$。

　b. 用语言来表述 $(A \cup B) - (A \cap B)$。

　c. 试证明 $A \oplus B$ 和 $(A \cup B) - (A \cap B)$ 是相等的。

　d. $A \oplus B = (A - B) \cup (A - B)$ 成立吗？

　e. 在上面的表格中，应该给空格中的运算操作起什么名字？

2. 在美国很多地方，房产税的征收是要根据不同的对象来区别对待的，例如学校地区、防火地区、城镇等。试讨论对某个州来说，这些征税对象能否构成一个划分？美国的 50 个州是否构成了一个划分？（对华盛顿哥伦比亚特区应该如何处理？）

3. 在所有人集合上，兄弟关系是等价关系吗？同胞关系呢？

3.7　参考文献

Rosen, K.H., *Discrete Mathematics and Its Applications*, McGraw-Hill, New York, 1991.

面向测试人员的图论

图论是拓扑学的一个分支，拓扑学有时被戏称为"橡皮泥几何学"。奇怪的是，拓扑学中的"橡皮泥"部分跟图论却没什么关系；不仅如此，图论中的图并不涉及通常概念下的数轴、刻度、点和曲线等。不管这个词的来源是什么，图论对计算机科学来说可能是最有用的数学工具，远比微积分要有用得多，可惜的是对图论知识的普及尚不够。本章对图论的探讨将遵循一种"纯数学"的思路：对定义尽可能不给出具体解释。不立刻解释概念会使以后解释起来更加方便灵活，就像恰当定义的抽象数据类型会便于以后重用一样。

常用的基本图有两种：无向图和有向图。鉴于有向图是无向图的特例，这里首先从研究无向图入手，这样以后再讨论有向图时有很多概念就可以直接借用。

4.1　图

图（也称线性图）是定义在两个集合上的一种抽象数学结构，这两个集合是节点集合和边集合，边指的是节点之间的连接。计算机网络就是有关图的一个很好的实例。图的严格定义如下。

定义：图 $G = (V, E)$ 由有限（并且非空）的节点集合 V 和节点无序偶对的集合 E 构成，其中 $V = \{n_1, n_2, \cdots, n_m\}$，$E = \{e_1, e_2, \cdots, e_p\}$，$e_k = \{n_i, n_j\}$ 是连接节点 n_i，$n_j \in V$ 之间的边。第 3 章中曾经介绍过，集合 $\{n_i, n_j\}$ 是一个无序偶对，有时也记作 (n_i, n_j)。

节点有时也称顶点，边也称弧，有时也把节点称为弧的端点。在绘制图的时候，通常用圆圈来表示节点，用节点对之间的连线来表示边，如图 4-1 所示。由于后面还要多次用它来举例，这里要花一点时间来讲解一下此图。

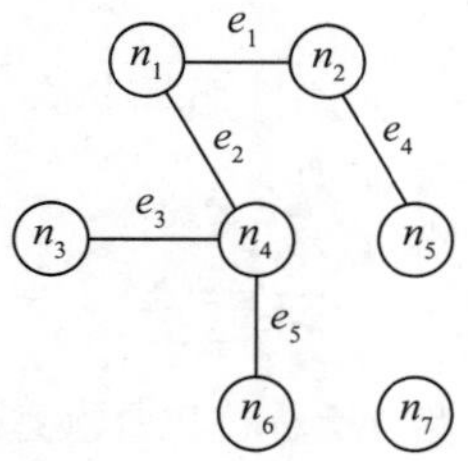

在图 4-1 中，节点集和边集分别为：

$$V = \{n_1, n_2, n_3, n_4, n_5, n_6, n_7\}$$
$$E = \{e_1, e_2, e_3, e_4, e_5\}$$
$$= \{(n_1, n_2), (n_1, n_4), (n_3, n_4), (n_2, n_5), (n_4, n_6)\}$$

图 4-1　一个包含 7 个节点和 5 条边的图

要定义具体的图，首先要定义节点的集合，然后定义节点偶对之间的边的集合。通常把节点看作程序语句，这样就可以用各种边来代表各种关系，比如控制流、定义 / 使用关系等。

4.1.1　节点的度

定义：图中某个节点的度是以该节点为端点的边的数目。节点 n 的度记为 $\deg(n)$。

可以说节点的度代表着该节点在图中的"普及程度"。社会学家实际上就是用图来描述社会关系的，节点表示人，边通常代表人和人之间的"友谊""与……有联系"等关系。如果让图中的节点代表对象，边代表消息，那么节点（对象）的度就表示对此对象进行集成测试所需的恰当范围。

图 4-1 中各个节点的度分别为：

$$\deg(n_1) = 2$$
$$\deg(n_2) = 2$$
$$\deg(n_3) = 1$$
$$\deg(n_4) = 3$$
$$\deg(n_5) = 1$$
$$\deg(n_6) = 1$$
$$\deg(n_7) = 0$$

4.1.2 关联矩阵

图不用图形也能表示，比如通过关联矩阵可以清楚地表示图。这种观念对于测试人员来说是非常重要的，所以这里要给出关联矩阵的规范形式。赋予图具体含义以后，关联矩阵总可以为这个新的含义提供很多有用信息。

定义：具有 m 个节点和 n 条边的图 $G = (V, E)$ 的关联矩阵是一个 $m \times n$ 矩阵，当且仅当节点 i 是边 j 的一个端点时，第 i 行第 j 列的元素为 1，否则该元素为 0。

图 4-1 中图的关联矩阵如下：

	e_1	e_2	e_3	e_4	e_5
n_1	1	1	0	0	0
n_2	1	0	0	1	0
n_3	0	0	1	0	0
n_4	0	1	1	0	1
n_5	0	0	0	1	0
n_6	0	0	0	0	1
n_7	0	0	0	0	0

通过考察关联矩阵可以对图做一些研究。首先可以看出，任何一列的和都为 2，其原因是每条边都有两个端点。如果关联矩阵某列的和不是 2 了，那一定是出了什么问题。所以计算各列的和实际上是一种完整性检查措施，类似于奇偶校验。其次可以看到，各行的和是该节点的度。如果某节点的度是 0，比如节点 n_7，则称该节点为孤立节点。（孤立节点可以代表不可达代码，或包含了不曾使用过的对象。）

4.1.3 邻接矩阵

图的邻接矩阵是对关联矩阵的有力补充，因为邻接矩阵处理的是连接性，它是后面很多图论概念的基础。

定义：拥有 m 个节点的图 $G = (V, E)$ 的邻接矩阵是一个 $m \times m$ 矩阵，当且仅当节点 i 和节点 j 之间存在边时，第 i 行第 j 列的元素为 1，否则该元素为 0。

邻接矩阵是对称阵（元素 i, j 同元素 j, i 总是相同的），每行的和是该节点的度（这同关联矩阵是一样的）。

图 4-1 中图的邻接矩阵如下：

	n_1	n_2	n_3	n_4	n_5	n_6	n_7
n_1	0	1	0	1	0	0	0
n_2	1	0	0	0	1	0	0
n_3	0	0	0	1	0	0	0
n_4	1	0	1	0	0	1	0
n_5	0	1	0	0	0	0	0
n_6	0	0	0	1	0	0	0
n_7	0	0	0	0	0	0	0

4.1.4　路径

作为运用图论的初步尝试，可以看到各种基于代码的测试方法（见第 8 章和第 9 章）都着眼于程序中各种类型的路径。下面就来定义图中的路径（但并不详细加以解释）。

定义：路径是边的序列，序列中任何相邻的两条边 e_i 和 e_j 都有相同的端点（节点）。

路径可以用边序列来表示，也可以用节点序列来表示，节点序列表示法更常用一些。图 4-1 中图的一部分路径如下：

路径	节点序列	边序列
n_1 和 n_5 之间的路径	n_1, n_2, n_5	e_1, e_4
n_6 和 n_5 之间的路径	n_6, n_4, n_1, n_2, n_5	e_5, e_2, e_1, e_4
n_3 和 n_2 之间的路径	n_3, n_4, n_1, n_2	e_3, e_2, e_1

利用二值矩阵的乘法和加法运算可以直接从图的邻接矩阵生成路径。在本例中，边 e_1 介于节点 n_1 和 n_2 之间，边 e_4 介于节点 n_2 和 n_5 之间。在邻接矩阵与其自身的乘积中，位置（1，2）上的元素与（2，5）处的元素相乘的结果产生（1，5）处的元素，对应于 n_1 和 n_5 之间由两条边组成的路径。如果用原邻接矩阵再去乘前面的乘积结果，就可以得到所有由三条边组成的路径，以此类推。对此，数学专业的人会花大力气研究图中最长路径的长度。我们不管这些，只关注路径能够把图中"遥远"的部分连接在一起。

图 4-1 中的图有意安排了一个问题：它并不是彻底的一般形式，因为图中所有可能出现的情况并没有全部显示出来。特别是，其中并没有给出节点在路径中出现两次的情况。如果有这种情况，路径就成了环（也称回路）。比如，在节点 n_3 和 n_6 之间加一条边就形成了一个回路。

4.1.5　连通性

下面利用路径来研究一下连接在一起的节点，这是一个简化问题的强有力的工具，对测试人员来说至关重要。

定义：当且仅当两个节点出现在同一条路径上时，它们是连通的。

对图的节点集合来说，连通性实际上是一种等价关系（见第 3 章）。为了说明这一点，需要重温一下等价关系定义中的 3 个性质。

（1）连通性是自反的，因为默认每个节点都在连接到它本身的长度为 0 的路径上。（有时为了强调，用一条开始和终止在同一个节点上的边来表示。）

（2）连通性是对称的，因为如果 n_i 和 n_j 在路径上，那么 n_j 和 n_i 也在这条路径上。

（3）连通性是传递的（参见前面利用邻接矩阵相乘生成长度为 2 的路径的方法）。

由等价关系能够推出划分（有必要的话，可参见第 3 章），因此可以断定连通性也定义了图的节点集合上的一个划分。由此可以定义图的分图（component of a graph）。

定义：图的分图是连通节点的最大的集合。

等价类中的节点是图的分图。鉴于等价关系具有传递性，等价类是最大的。图 4-1 有两个分图：$\{n_1, n_2, n_3, n_4, n_5, n_6\}$ 和 $\{n_7\}$。

4.1.6　压缩图

至此终于能够正式给出一种对测试人员至关重要的化简方法了。

定义：给定图 $G = (V, E)$，其压缩图是通过用压缩节点来代替原来的分图而形成的。

构造给定图的压缩图是一个无歧义的过程（可以用算法来实现）：利用邻接矩阵找出路径的连通性，再利用等价关系找出分图。重要的是这个构造过程本质上是绝对可行的：给定图的压缩图是唯一的。这意味着简化的结果表现了原始图的重要特征。

在本节一直沿用的例子中，分图是 $S_1 = \{n_1, n_2, n_3, n_4, n_5, n_6\}$ 和 $S_2 = \{n_7\}$。

在普通的图（无向图）的压缩图中，不会再有边出现了，其原因有二。

（1）边是以单个节点为端点，而不是以节点集为端点的。（这样终于可以用到 n_7 和 $\{n_7\}$ 之间的区别了。）

（2）即便边的定义未能很好地区分这种差别，可能存在的边仍然会把来自不同分图的节点连接在一起，因此它们也就位于同一条路径上，所以应该属于同一个（最大的）分图。

这对于测试的重要意义在于：分图是独立的，因此可以分开来单独进行测试。

4.1.7　圈数

从测试角度来看，图的另一个重要性质是：圈复杂度。

定义：图 G 的圈数为 $V(G) = e - n + p$，其中 e 是 G 中边的数目，n 是节点数，p 是分图数。

在强连通有向图中，$V(G)$ 是不同区域的数目。第 8 章将要研究一种将程序图中所有路径视为一个向量空间的基于代码的测试方法，此向量空间的单位向量集合中有 $V(G)$ 个元素。在本章的例子中，图的圈数是 $V(G) = 5 - 7 + 2 = 0$。这个例子举得不太好，未能很好地说明圈复杂性的问题。当我们在第 8 章中使用圈复杂性，并对它在第 16 章进行扩展时，会经常遇到强连通图，会产生比这个例子复杂得多的圈复杂度问题。

4.2　有向图

有向图是对无向图的简单改进：给边定义了方向。在表示符号上，把无序偶对 (n_i, n_j) 换成了有序偶对 $<n_i, n_j>$，表示从节点 n_i 出发到达 n_j 的有方向的边，而不仅仅是这两个节点之间的边。

定义：有向图 $D = (V, E)$ 由有限的节点集合 V 和边集合 E 构成，其中 $V = \{n_1, n_2, \cdots, n_m\}$，$E = \{e_1, e_2, \cdots, e_p\}$，每条边 $e_k = <n_i, n_j>$ 是节点 $n_i, n_j \in V$ 的一个有序偶对。

在有向边 $e_k = <n_i, n_j>$ 中，n_i 为起始节点（起点），n_j 为终止节点（终点）。有向图中边的概念同许多软件概念很自然地对应在一起，如顺序行为、命令式程序语言、按时间顺序组织的事件、定义/引用偶对、消息、函数和过程调用，等等。既然如此，那为什么还要在普通图上浪费那么多时间呢？普通图和有向图之间的差别同描述式程序设计语言与命令式程序设计语言之间的差别非常类似。对命令式语言（如 COBOL、FORTRAN、Pascal、C、Ada）来说，源程序语句的先后顺序决定了编译后可执行代码的执行顺序；但对描述式语言（如 Prolog）来说情况却有所不同。对大多数软件开发人员来说，最常见的描述形式是实体/关系（E/R）模型。在 E/R 模型中，节点代表实体，边代表关系。（如果涉及 3 个或更多实体的关系，则需要引入"超边"的概念，允许边具有 3 个或更多的端点。）根据 E/R 模型所生成的图更适合用无向图的概念来解释。好的 E/R 建模实际上大大约束了在有向图中所推行的顺序的思维方式。

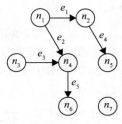

图 4-2 有向图

在测试用描述式语言所编写的代码时，测试人员用得上的只是无向图中的概念。幸好大部分软件都是用命令式语言编写的，因此测试人员可以自由地运用有向图所能提供的强大能力。

下面给出的有向图的一系列定义同无向图中的情况大致相当。这里对前面一直使用的示例做了一些修改，见图 4-2 所示。

这里使用了前例中的节点集合 $V = \{n_1, n_2, n_3, n_4, n_5, n_6, n_7\}$ 和边集合 $E = \{e_1, e_2, e_3, e_4, e_5\}$，但不同之处在于现在的边是 V 中节点的有序偶对：

$$E = \{ <n_1, n_2>, <n_1, n_4>, <n_3, n_4>, <n_2, n_5>, <n_4, n_6> \}$$

4.2.1 入度与出度

对无向图中节点度的概念加以改进，使之反映边的方向，有如下入度和出度的定义。

定义：

- 在有向图中，节点的入度是以该节点为终止节点的边的数目。节点 n 的入度记作 $\mathrm{indeg}(n)$。
- 节点的出度是以该节点为起始节点的边的数目。节点 n 的出度记作 $\mathrm{outdeg}(n)$。

在图 4-2 中，各节点的入度和出度分别为：

$$\mathrm{indeg}(n_1) = 0 \quad \mathrm{outdeg}(n_1) = 2$$
$$\mathrm{indeg}(n_2) = 1 \quad \mathrm{outdeg}(n_2) = 1$$
$$\mathrm{indeg}(n_3) = 0 \quad \mathrm{outdeg}(n_3) = 1$$
$$\mathrm{indeg}(n_4) = 2 \quad \mathrm{outdeg}(n_4) = 1$$
$$\mathrm{indeg}(n_5) = 1 \quad \mathrm{outdeg}(n_5) = 0$$
$$\mathrm{indeg}(n_6) = 1 \quad \mathrm{outdeg}(n_6) = 0$$
$$\mathrm{indeg}(n_7) = 0 \quad \mathrm{outdeg}(n_7) = 0$$

通过这些相互对应的定义，可以把无向图和有向图联系起来，如：

$$\deg(n) = \mathrm{indeg}(n) + \mathrm{outdeg}(n)$$

4.2.2 节点类型

有向图有更强的表达能力，使我们能够定义不同类型的节点：

定义：

- 入度为 0 的节点为源节点（source node）。
- 出度为 0 的节点为汇节点（sink node）。
- 入度和出度均不为 0 的节点为传递节点（transfer node）。

源节点和汇节点构成了图的外边界。如果把一个上下文关系图绘成有向图（根据结构分析方法所产生的一组数据流图），那么外部实体就是源节点和汇节点。

在上面这个有向图例子中，n_1、n_3 和 n_7 是源节点，n_5、n_6 和 n_7 是汇节点，n_2 和 n_4 是传递节点（也就是内部节点）。既是源节点又是汇节点的节点是孤立节点。

4.2.3 有向图的邻接矩阵

给边增加了方向以后，自然要改变有向图邻接矩阵的定义。（当然关联矩阵也会受到影响，但关联矩阵很少用在有向图中。）

定义：有 m 个节点的有向图 $D = (V, E)$ 的邻接矩阵是一个 $m \times m$ 矩阵 $A = (a(i, j))$，当且仅当存在从节点 i 出发到节点 j 的边时，$a(i, j) = 1$，否则 $a(i, j) = 0$。

有向图邻接矩阵不一定是对称阵。每行的和是该节点的出度，每列的和是该节点的入度。上面例子的邻接矩阵如下所示。

	n_1	n_2	n_3	n_4	n_5	n_6	n_7
n_1	0	1	0	1	0	0	0
n_2	0	0	0	0	1	0	0
n_3	0	0	0	1	0	0	0
n_4	0	0	0	0	0	0	0
n_5	0	0	0	0	0	0	0
n_6	0	0	0	0	0	0	0
n_7	0	0	0	0	0	0	0

经常会用有向图来表示家庭关系，这里同胞兄弟姐妹、表兄弟姐妹等都能通过一个祖先连接起来；父母、祖父母等都通过一个后代连接起来。邻接矩阵幂运算的各项可表明这些有向路径的存在。

4.2.4 路径与半路径

有了方向就可以更精确地定义有向图中连通节点之间的有向路径。用一个简单的类比，可以把它看成是单向车道和双向车道。

定义：

- 有向图中，（有向）路径是边的序列，对序列中任何两条相邻的边 e_i 和 e_j，第一条边 e_i 的终止节点是第二条边 e_j 的起始节点。
- 回路是一条开始和结束在同一个节点上的有向路径。
- 链路是节点的序列，这个序列中的每个内部节点的出度和入度均等于 1，起始节点的入度可以是 0 或大于 1，终止节点的出度为 0 或大于 1。（第 8 章将会用到这个概念。）
- （有向）半路径是边的序列，在该序列中至少存在一对相邻的边 e_i 和 e_j，第一条边 e_i 的起始节点也是第二条边 e_j 的起始节点，或者第一条边 e_i 的终止节点也是第二条边 e_j 的终止节点。

在当前的例子中，存在以下路径和半路径（还会有其他情况）：

- 从 n_1 到 n_6 有一条路径；
- n_1 和 n_3 之间有一条半路径；
- n_2 和 n_4 之间有一条半路径；
- n_5 和 n_6 之间有一条半路径。

4.2.5　可达矩阵

在用有向图进行应用程序建模时，常常需要研究能够到达（或走向）某个特定节点的路径。研究这个问题用途颇多，有向图的可达矩阵可以帮助我们实现这个目的。

定义：有 m 个节点的有向图 $D = (V, E)$ 的可达矩阵是一个 $m \times m$ 矩阵 $\boldsymbol{R} = (r(i,j))$，当且仅当存在一条从节点 i 到节点 j 的路径时，$r(i, j) = 1$，否则 $r(i, j) = 0$。

有向图 D 的可达矩阵 $\boldsymbol{R}$ 可以通过其邻接矩阵 $\boldsymbol{A}$ 来计算，计算方法如下：

$$\boldsymbol{R} = \boldsymbol{I} + \boldsymbol{A} + \boldsymbol{A}^2 + \boldsymbol{A}^3 + \cdots + \boldsymbol{A}^k$$

其中 k 是 D 中最长路径的长度，$\boldsymbol{I}$ 是单位矩阵。本节例子的可达矩阵如下所示。

	n_1	n_2	n_3	n_4	n_5	n_6	n_7
n_1	1	1	0	1	1	1	0
n_2	0	1	0	0	1	0	0
n_3	0	0	1	1	0	1	0
n_4	0	0	0	1	0	1	0
n_5	0	0	0	0	1	0	0
n_6	0	0	0	0	0	1	0
n_7	0	0	0	0	0	0	1

通过可达矩阵可以看出，从节点 n_1 出发可以到达节点 n_2、n_4、n_5 和 n_6，从 n_2 可以到达 n_5，等等。

4.2.6　n 连通性

无向图的连通性的概念在有向图中变得更加丰富和更具有描述性。

定义：对有向图中的两个节点 n_i 和 n_j：

- 当且仅当 n_i 和 n_j 之间不存在路径时，是 0 连通的；
- 当且仅当 n_i 和 n_j 之间存在一条半路径，但不存在路径时，是 1 连通的；
- 当且仅当 n_i 和 n_j 之间存在一条路径时，是 2 连通的；
- 当且仅当从 n_i 到 n_j 存在一条路径，并且从 n_j 到 n_i 也存在一条路径时，是 3 连通的。不会存在其他的连通情况了。

为了表示 3 连通性，需要修改一下本节的有向图的示例：增加一条从 n_6 到 n_3 的新边 e_6，在图中形成一个回路。

这样修改之后，在图 4-3 就存在以下几种 n 连通性情况（这里并没有列出全部情况）：

- n_1 和 n_7 是 0 连通的；
- n_2 和 n_6 是 1 连通的；
- n_1 和 n_6 是 2 连通的；
- n_3 和 n_6 是 3 连通的。

用单向车道的观点来看，不能从 n_2 走到 n_6。

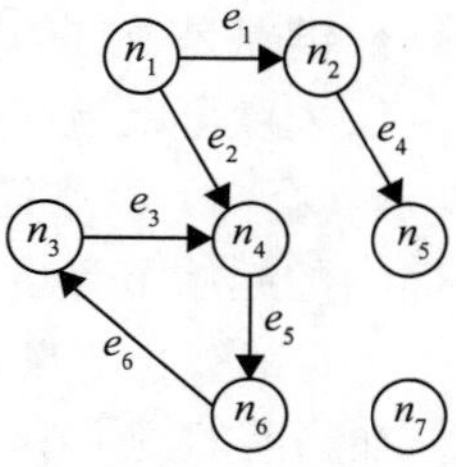

图 4-3　带有回路的有向图

4.2.7　强分图

继续进行这样的类比。利用 n 连通性可以得到两个等价关系。1 连通性所产生的等价关系称为"弱连通"，弱连通产生弱分图。（这恰好与无向图相同，情况也应该就是这样，因为1 连通性实际上是不考虑方向的。）第二个等价关系更有意思一些，是基于 3 连通性的。同前面一样，由等价关系同样可以导出有向图节点集合上的划分，但得到的压缩图则完全不同。0、1 或 2 连通节点原封不动地保留，3 连通节点则变成强分图。

　　定义：有向图的强分图是 3 连通节点的最大集合。

　　在改进后的例子中，集合 $\{n_3, n_4, n_6\}$ 和 $\{n_7\}$ 是强分图，其压缩图如图 4-4 所示。

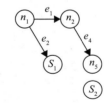

图 4-4　图 4-3 中有向图的压缩图

　　利用强分图的概念可以通过剔除环路和孤立节点来简化有向图。尽管对有向图的简化效果远不如对无向图那样明显，但仍然能解决一些重要的测试问题。值得关注的是，有向图的压缩图中永远都不会包含环路。（划分的最大化特性会压缩可能存在的环路。）此类图有个特殊的名称，叫有向无环图，有时记为 DAG。

　　许多研究基于代码的测试的文献都清楚地证明了，即使是简单的程序也会产生大量的执行路径。所以说要进行完全彻底的测试是非常消耗资源的。环路嵌套是造成大量执行路径的主要原因。由于压缩图可以消除环路（至少会将环路压缩为一个节点），因此利用压缩图的化简能力可以使原本在计算上无法处理的问题迎刃而解。

4.3　软件测试中常用的图

　　本章最后将介绍 4 种在测试中广泛应用的特殊图。第一种是程序图，起初用于单元层次的测试。其他三种是有限状态机、状态图和 Petri 网，尽管也可以用于较低层次的测试，但最适合描述系统层次的行为。

4.3.1　程序图

　　本章开始时并没有对图论的定义进行详细说明，以便在后面的应用过程中能够灵活地使用。这里我们首先研究图论在软件测试中的最常见应用——程序图。我们首先给出程序图的传统定义，再给出改进的定义，以便更好地同现有的测试文献相吻合。

　　定义：给定采用命令式程序设计语言编写的程序，其程序图是一个有向图，图中：

　　（1）（传统定义）节点代表程序语句，边代表控制流（当且仅当节点 j 所代表的语句可以在节点 i 所代表的语句之后立即执行时，存在一条从节点 i 到节点 j 的边）。

　　（2）（改进的定义）节点代表完整的语句或语句的片段，边代表控制流（当且仅当节点 j 所代表的语句或语句片段可以在节点 i 所代表的语句或语句片段之后立即执行时，存在一条从节点 i 到节点 j 的边）。

　　为简洁起见，我们约定语句片段也可以是整个语句。一方面，程序的有向图表示能够准确描述程序在测试方面的问题。另一方面，这种表示方法和结构化程序设计的规则之间存在完美的对应关系：结构化程序设计的基本结构（如顺序结构、选择结构和循环结构等）都可以用有向图清晰地表述出来，如图 4-5 所示。

　　在结构化程序中采用这些结构时，所得到的程序图要么是嵌套的，要么是顺序的。结构化程序的"单入口、单出口"原则要求程序图中的源节点和汇节点都是唯一的。传统的（非结构化程序设计中）"空心代码"可以产生非常复杂的程序图，比如 GOTO 语句：要描述采用 GOTO 语句跳入或跳出循环体的情况，就会产生非常复杂的程序图。Thomas McCabe 是最早研究此课题的学者，他使用图的圈数来定义程序的复杂度（McCabe, 1976）。程序执行时，执行的语句构成了程序图中的一条路径。循环结构和判断结构大大增加了图中可能路径的数目，因此同时也增加了对测试的要求。

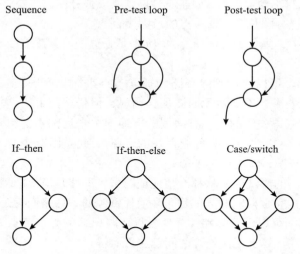

图 4-5   结构化程序设计中常见基本结构的有向图

程序图存在两个问题：第一个问题是如何处理非可执行语句，比如注释语句和数据声明语句；第二个问题则涉及拓扑结构上可行的路径和语义上可行的路径之间的差别。对于第一个问题，最简单的解决方法是直接忽略那些非可执行语句，而对于第二个问题，本书的第 8 章将会详细介绍。

4.3.2   有限状态机

有限状态机现在几乎成为一种制定需求规格说明的标准表示法。在当前所有结构化分析方法的拓展形式以及几乎所有形式的面向对象分析方法中，都要用到有限状态机。有限状态机实际上是一种有向图，状态被表示为节点，状态之间的转移被表示为边。源状态和汇状态为起始节点和终止节点，状态转移序列则被建模为路径。而为了指示状态转移的原因和作为状态转移的结果所发生的动作，大多数有限状态机都在边（状态转移）的定义中增加了一些附加信息。

图 4-6 给出了第 2 章介绍的车库门控制装置的有限状态机。（在第 14 章和第 17 章将会再次用到这个有限状态机）。在转移边的说明标签中，"分子"部分表示的是引起转移的事件，"分母"部分表示的是与该转移相关联的动作。事件是必选项，即转移不能无缘无故地发生，但是动作是可选的。有限状态机能够简单有效地表达大量可能发生的事件，及其所产生的不同结果。

有限状态机可以被执行，但首先得做几条规定。第一条是对活跃状态的规定。我们常说系统"处于"某个状态；当采用有限状态机来对系统建模时，活跃状态所指的就是系统"所处"的状态。第二条规定是有限状态机会有一个初始状态，这是在最初进入该有限状态机时的活跃状态。（空闲状态就是初始状态，由没有转入的转移来表示。终止状态则可以根据不存在转出来判别。）在任何时候，只有一个状态能够成为活跃状态。转移通常视为瞬时发生，引发转移的事件也只能每次发生一个。执行有限状态机，要从初始状态开始，并提供一系列引发转移的事件。一个事件发生后，通过状态转移来改变活跃状态并引发下一个事件。如此这般，事件序列就会在有限状态机中选出一条状态路径来（或者说是转移路径）。

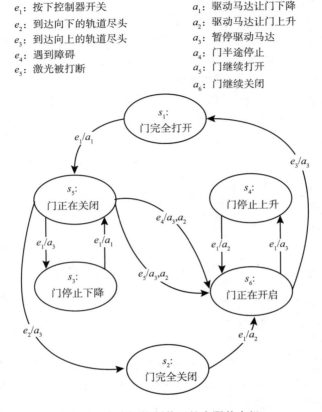

输入事件

e_1: 按下控制器开关

e_2: 到达向下的轨道尽头

e_3: 到达向上的轨道尽头

e_4: 遇到障碍

e_5: 激光被打断

输出事件（动作）

a_1: 驱动马达让门下降

a_2: 驱动马达让门上升

a_3: 暂停驱动马达

a_4: 门半途停止

a_5: 门继续打开

a_6: 门继续关闭

图 4-6　车库门控制装置的有限状态机

4.3.3　Petri 网

Petri 网的概念源自 Carl Adam Petri 在 1963 年所完成的博士论文，现在作为建模方法广泛应用于涉及并发和分布式处理的协议以及其他应用。Petri 网是一类特殊形式的有向图：二分有向图（二分图包含两个节点集合 V_1 与 V_2 和一个边集合 E，要求每条边的起始节点取自节点集 V_1 或 V_2 之一，而终止节点取自另一个）。在 Petri 网的两个节点集合中，一个集合被称为"地点"集合，另一个被称为"转移"集合，分别记作 P 和 T。地点是转移的输入和输出，分别记作 In 和 Out，输入和输出之间呈现函数关系，如下面的 Petri 网定义所示。

定义：Petri 网是一个二分有向图，记为（P，T，In，Out），其中 P 和 T 为非相交的节点集合，In 和 Out 为边集合，并有 $In \subseteq P \times T$，$Out \subseteq T \times P$。

在如图 4-7 所示的 Petri 网中，集合 P、T、In 和 Out 分别为：

$$P = \{p_1, p_2, p_3, p_4, p_5\}$$
$$T = \{t_1, t_2, t_3\}$$
$$In = \{<p_1, t_1>, <p_5, t_1>, <p_5, t_3>, <p_2, t_3>, <p_3, t_2>\}$$

$Out = \{< t_1, p_3 >, < t_2, p_4 >, < t_3, p_4 >\}$

Petri 网的执行方式比有限状态机要复杂一些。通过下面的定义可以了解 Petri 网的执行问题。

定义：有标记 Petri 网是一个五元组（P，T，In，Out，M），其中的四元组（P，T，In，Out）是一个 Petri 网，M 是地点到正整数的映射的集合。

集合 M 被称为 Petri 网的标记集合，其元素是 n 元组，n 为集合 P 中地点的个数。比如，对于图 4-7 中的 Petri 网，M 的元素的形式为 $<n_1, n_2, n_3, n_4, n_5>$，各个整数 $n_1 \sim n_5$ 对应于各个地点，代表"位于"该地点的记号的个数。这里的记号是一个抽象的概念，可以根据建模环境做出不同的解释。比如，记号可以是每个地点被使用过的次数，也可以是地点所包含的事物的个数，还可以是对地点是否为真的判断等。

一个有标记 Petri 网如图 4-8 所示。

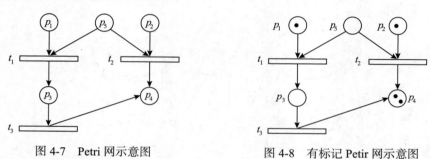

图 4-7 Petri 网示意图   图 4-8 有标记 Petir 网示意图

定义：Petri 网中某个转移被启用的条件是：在该转移的每个输入地点中至少有一个记号存在。

如图 4-8 所示有标记 Petri 网的标记元组为 <1, 1, 0, 2, 0>。为了给出以下两个基本定义，我们需要用到记号的概念。在图 4-8 所示的 Petri 网中，没有被启用的转移。但若将一个记号放入地点 p_3，则转移 t_2 就被启用。

定义：如果 Petri 网中的某个可用转移被触发，则要从该转移的每个输入地点上删除一个记号，并在其每个输出地点上增加一个记号。

在图 4-9 中，左侧图中的转移 t_2 被启用，被触发后，执行结果如右侧的图所示。图 4-9 所示 Petri 网络的标记集合包含两个元组元素，第一个表示 t_2 被启用时的情况，第二个表示 t_2 被触发后的情况，这里有：

$$M = \{< 1, 1, 0, 2, 1 >, < 1, 0, 0, 3, 0 >\}$$

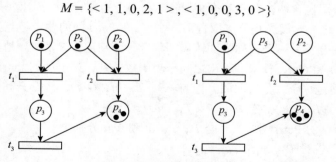

图 4-9 转移 t_2 被触发前后网络状态示意图

记号可以通过触发转移来创建或销毁。在某些特定条件下，网络中记号的总数保持不变，这样的网络被称为守恒网络。但我们通常并不关心记号守恒问题。标记机制使得 Petri 网可以用与有限状态机一样的方式执行（已经证明，有限状态机只是 Petri 网的一种特例）。

在图 4-9 左侧图的网络中（触发任何转移之前），地点 p_1、p_2 和 p_5 都被标记，这样转移 t_1 和 t_2 就都被启用。此时如果选择触发转移 t_2，则地点 p_5 中的记号要被删除，所以转移 t_1 就不再被启用。类似地，如果选择触发转移 t_1，则会禁止 t_2。这种情况被称为 Petri 网冲突，具体来说是转移 t_1 与 t_2 关于地点 p_5 冲突。Petri 网冲突代表了一种有趣的转移交互形式，第 17 章还会继续讨论这种交互（以及其他形式的交互）。

4.3.4　事件驱动 Petri 网

事件驱动 Petri 网（Event-Driven Petri Net，EDPN）是通过对基本 Petri 网做两项简单改进而获得的。第一项改进使 Petri 网更接近事件驱动系统，第二项改进解决了如何标记面向对象应用程序的一个重要概念——事件静止的问题。通过上述改进而成的 EDPN 为软件需求分析提供了一种高效、可操作的视角。

定义：EDPN 是一种三向图，记为（P，D，S，In，Out），其中包括 3 个节点集合 P、D 和 S，以及 2 个映射集合 In 和 Out，这里：

- P 为端口事件集；
- D 为数据地点集；
- S 为转移集；
- In 为（$P \cup D$）$\times S$ 的有序偶对集；
- Out 为 $S \times$（$P \cup D$）的有序偶对集。

EDPN 能够表示第 14 章中所定义的 5 种基本系统构造中的 4 种（设备除外）。其中的转移集合 S 对应于基本 Petri 网的转移，被解释为动作。

EDPN 中的两种地点集——端口事件集和数据地点集，为 S 中转移的输入或输出，由输入函数 In 和输出函数 Out 来定义。线索被定义为 S 中转移的序列，所以通过线索中各个转移的输入和输出总可以构造出线索的输入和输出。在 EDPN 的图形表示中，使用三角形来表示端口事件地点，除此之外 EDPN 同与一般 Petri 网是一样的。在图 4-10 中，EDPN 包括 4 个转移 s_7、s_8、s_9 和 s_{10}，2 个输入端口事件 p_3 和 p_4，以及 3 个数据地点 d_5、d_6 和 d_7，图中没有端口输出事件。

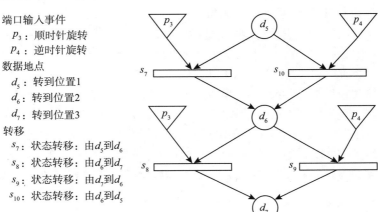

端口输入事件
p_3：顺时针旋转
p_4：逆时针旋转

数据地点
d_5：转到位置1
d_6：转到位置2
d_7：转到位置3

转移
s_7：状态转移：由 d_5 到 d_6
s_8：状态转移：由 d_6 到 d_7
s_9：状态转移：由 d_7 到 d_6
s_{10}：状态转移：由 d_6 到 d_5

图 4-10　事件驱动 Petri 网示意图

这个 EDPN 同第 15 章中介绍的土星牌汽车风挡雨刷的有限状态机是对应的（参见图 15-1），网络中各组件的具体描述见表 4-1。

因为 EDPN 需要具有能够处理事件静止的能力，所以 EDPN 的标记问题变得更加复杂。

定义： EDPN（P, D, S, In, Out）的标记 $M =$ < m_1, m_2, $\cdots$ > 是一个 P 元组的序列。其中的每一项代表对应的事件地点或数据地点中记号的个数，这里 $p = k + n$，k 和 n 分别是集合 P 和 D 中元素的个数。

通常约定把数据地点放在最前面，接下来输入事件地点是和输出事件地点。EDPN 可以有任意个标记，每个标记对应于网络的一个执行。表 4-2 例举了图 4-10 中 EDPN 的一个标记。

EDPN 中启用转移和触发转移的规则同传统 Petri 网类似：若某个转移被启用，则在其每个输入地点上至少要有一个记号；可用转移被触发时，要从其每个输入地点上删除一个记号，同时在其每个输出地点添加一个记号。表 4-3 继续列出表 4-2 中给出的标记序列，给出了被启用转移和被触发转移。

在 EDPN 中可以通过在端口输入事件地点中创建一个记号来打破事件静止，这是 EDPN 和传统 Petri 网的一个重要差别。在传统 Petri 网中，如果没有转移被启用，则称网络死锁。而在 EDPN 中，如果没有转移被启用，则称网络处于事件静止状态（此时如果没有事件发生，网络当然也是死锁的）。在表 4-3 中，事件静止发生了 4 次，分别为 m_1、m_3、m_5 和 m_7。

标记的成员可以看作是 EDPN 在离散时间点上执行时的"快照"，所以也把这些成员称为时间步骤、p 元组或标记向量。这样就可以按时间顺序来分辨"之前"和"之后"。如果把时间点作为端口事件、数据地点和转移的一个属性，则可以更加清晰地描述线程的行为。但这样做带来的问题是难以处理端口输出事件地点处的记号。这是因为传统 Petri 网规定记号是不可以从 0 出度地点被删除的，但端口输出地点的出度却总是为 0。如果在端口输出事件地点中始终存在记号，则说明该事件的发生是不确定的。对此问题可以利用时间属性来消除混淆，只要找出输出事件定义持续时间即可。（另一种有效的解决方法是在一个时间步骤之后，就从被标记的输出事件地点中删除记号。）

表 4-1 图 4-10 中 EDPN 的各个元素

名称	类型	描述
p_3	端口输入事件	顺时针旋转
p_4	端口输入事件	逆时针旋转
d_5	数据地点	转到位置 1
d_6	数据地点	转到位置 2
d_7	数据地点	转到位置 3
s_7	转移	状态转移：由 d_5 到 d_6
s_8	转移	状态转移：由 d_6 到 d_7
s_9	转移	状态转移：由 d_7 到 d_6
s_{10}	转移	状态转移：由 d_6 到 d_5

表 4-2 图 4-10 中 EDPN 的一个标记

标记元组	(p_3, p_4, d_5, d_6, d_7)	标记描述
m_1	(0,0,1,0,0)	初始状态，处于状态 d_5
m_2	(1,0,1,0,0)	p_3 发生
m_3	(0,0,0,1,0)	处于状态 d_6
m_4	(1,0,0,1,0)	p_3 发生
m_5	(0,0,0,0,1)	处于状态 d_7
m_6	(0,1,0,0,1)	p_4 发生
m_7	(0,0,0,1,0)	处于状态 d_6

表 4-3 表 4-2 中被启用转移和被触发转移

标记元组	(p_3, p_4, d_5, d_6, d_7)	标记描述
m_1	(0,0,1,0,0)	没有被启用的转移
m_2	(1,0,1,0,0)	s_7 被启用，s_7 被触发
m_3	(0,0,0,1,0)	没有被启用的转移
m_4	(1,0,0,1,0)	s_8 被启用，s_8 被触发
m_5	(0,0,0,0,1)	没有被启用的转移
m_6	(0,1,0,0,1)	s_9 被启用，s_9 被触发
m_7	(0,0,0,1,0)	没有被启用的转移

4.3.5 状态图

David Harel 开发状态图表示法有两个初衷：设计一种可视化表示方法，既能融合维恩图表达层次结构的描述能力，也能吸收有向图表达连通性的描述能力（Harel，1998）。将这些能力融合在一起，状态图成为一种高度复杂又非常精确的表示方法，很好地解决了一般有限状态机中的"状态爆炸"问题。很多商业化 CASE 工具都支持状态图表示法，比如 Telelogic 公司著名的 StateMate 系统。状态图现在也是 IBM 公司统一建模语言（UML）的控制模型。（详情请见 http://www-306.ibm.com/software/rational/uml/。）

Harel 把状态图的基本构件称为团点（blob）。团点是一个与方法无关的术语。一个团点可以包含其他团点，这有点像维恩图中集合的相互包含。团点通过边和其他团点相连通，类似于有向图中节点间的连接。在图 4-11 中，团点 A 包含 B 和 C 两个团点，B 和 C 通过边互相连通，同时团点 A 还通过边与团点 D 相连。

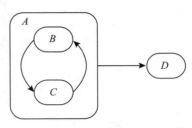

图 4-11　状态图中的团点

按照 Harel 的设想，团点代表状态，边代表转移。一个完整状态图系统能够精确地描述转移是如何发生的，以及是何时发生的（这种表示法的培训课程需要整整一周，因此这里只能简单介绍一下）。同一般的有限状态机相比，状态图的运行更加精细。执行状态图时涉及的一些概念同 Petri 网标记类似，特别的是状态图的"初始状态"是由没有源状态的边来表示的。

在某个状态嵌入到其他状态内部时，下一层中初始状态的表示方法同上面是一样的。在图 4-12 中，状态 A 是初始状态，当进入到状态 A 时，也同时进入了底层的状态 B。进入某个状态时，就认为该状态是活跃的，这相当于 Petri 网中的被标记地点（在状态图工具中，利用颜色来表示哪个状态是活跃的，类似于 Petri 网中的标记地点）。在图 4-12 中有一个小问题：在从状态 A 转移到状态 D 时，好像没有区分具体是由状态 B 还是状态 C，这乍看起来是会产生歧义的。为此我们约定，边必须从状态的外边界开始或结束。这样如果某个状态包含子状态，比如图 4-12 中的状态 A，边就会"指向"其中的所有子状态。这样从 A 到 D 的边就意味着转移从 B 或 C 开始都可以。如果如图 4-13 所示还有一条从 D 到 A 的边，由于 B 已经是初始状态，所以这就意味着转移实际上是从 D 到 B 的。这么约定可以大大简化有限状态机，避免画得像乱成一盘的"意大利面条"。

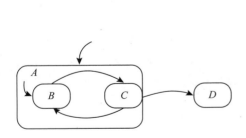

图 4-12　状态图的初始状态

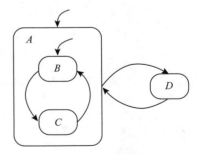

图 4-13　子状态的默认入口

并发状态图的概念是本节所研究的状态图的最后一个方面。在图 4-14 中，状态 D 中的虚线表示状态 D 实际上是指两个并发的状态 E 和 F。（Harel 规定在状态边框上部设一个矩形标签，其中的状态名 D 就表示此类并发情况。）可以把 E 和 F 想象为两个同时运行的平行有限状态机，由于从 A 出来的边终止于 D 的边框，所以在转移发生时，E 和 F 都变成活跃的（类似于 Petri 网中的同时被标记）。

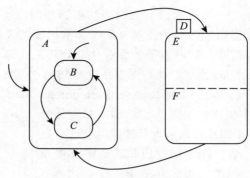

图 4-14   并发状态

4.4   习题

1. 请给出图中的路径长度的定义。

2. 请解释如果在节点 n_5 和 n_6 之间增加一条边，图 4-1 会产生怎样的回路？

3. 试证明：3 连通实质上是有向图节点上的等价关系。

4. 请计算图 4-5 中的各个结构化程序设计要素的圈复杂度。

5. 在图 4-3 中增加节点和边，可以得到如图 4-15 所示的有向图。请计算每个新得到的有向图的圈复杂度，并解释这些改变是如何影响复杂度的。

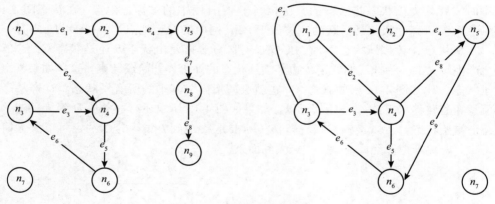

图 4-15   习题 5 中的有向图

6. 如果画一张图，用节点来表示人，用边来表示人与人之间的各种社会交往活动，比如"同……谈话"或"同……有交往"。请给出同各个社会概念所对应的图论概念，比如声望、派系和隐居者等。

4.5   参考文献

Harel, D., On visual formalisms, *Communications of the ACM,* Vol. 31, No. 5, May 1988, pp. 514–530.

McCabe, T. J., A complexity measure, *IEEE Transactions on Software Engineering,* Vol. 2, No. 4, December 1976, pp. 308–320.

单元测试

"单元"这个词需要一些解释，关于什么是单元有好几种说法，在面向过程的编程语言中，单元可以是：

- 一个简单的程序
- 一个函数
- 一段实现一个简单函数的代码
- 一页源码
- 一大段代表 4 到 40 小时工作量的代码（比如在分工合作的工作模式中）
- 自身能够被编译并执行的最短代码段

在面向对象编程语言中，通常认为一个类就是一个单元。然而一个类中的方法可能又符合过程化代码中对单元的定义。

所以本质上"单元"最好是由编写代码的单位来定义。在我涉足电话系统开发的那段时间里，我出于计划性考虑把"标准单元"定为 300 行源码，这主要是因为电话交换系统软件是非常庞大的，这样较大的单元是很恰当的。我个人对单元的定义是：一个单元是一段软件，可以由一个人或两人一组设计、编码以及测试。第 5 章到第 10 章涉及单元层面上的测试，并且由于面向对象编程中的方法与过程化编程的单元非常相似，书中内容对两种形式的编程语言都适用。

边界值测试

在第 3 章中我们看到，函数把一个集合（定义域）中的值映射到另一个集合（值域）中的值上，定义域和值域也可以是其他集合的叉积。从某种意义上来说，如果把程序输入看成定义域，把程序输出看成值域，那么任何程序都可以看作函数。本章和后面两章将研究如何利用程序的这种函数属性来构造测试用例。程序输入域测试（也叫边界值测试）是最常用的功能测试技术。长期以来，此类测试技术都把重点放在输入域上，但是很多技术同样可以用在输出域上，以构造基于值域的测试用例，这是对此类技术的很好的补充。

关于应用程序输入域测试分别有两个问题：第一个问题是我们是否应当考虑变量的无效值，边界值分析仅仅关心输入变量的有效值，稳健性测试则既考虑变量的有效值，又考虑无效值；第二个问题是我们是否要同可靠性理论一样做出单故障（single fault）假设，单故障假设假定故障是由于单个变量的错误值引起的，如果没有这一假设，就意味着我们要考虑到两个或两个以上的变量间的相互影响，也就要用到个别变量的叉积。结合到一起，这两个问题产生了四种不同的边界值测试：

- 边界值分析（normal boundary value testing）
- 健壮性测试（robust boundary value testing）
- 最坏情况测试（worst-case boundary value testing）
- 健壮最坏情况测试（robust worst-case boundary value testing）

为了便于理解，下面仅讨论涉及 x_1 和 x_2 两个变量的函数 F。如果把函数 F 用一个程序来实现，输入变量 x_1 和 x_2 通常会有一定的取值范围（虽然可能并未明确地给出），如：

$$a \leqslant x_1 \leqslant b$$
$$c \leqslant x_2 \leqslant d$$

然而，直接把区间 [a, b] 和 [c, d] 看作变量 x_1 和 x_2 的取值范围并不严密，但好在总可以根据上下文来弄清这个取值范围的具体含义。强类型语言（如 Ada 和 Pascal）允许显式定义变量的取值范围。实际上，采用强类型定义的部分原因就是要防止程序员犯各种边界错误。采用边界值测试可以很容易发现此类错误所导致的程序故障。其他语言（如 COBOL、Fortran 和 C）不是强类型语言，所以就更需要进行边界值测试来检查程序代码。图 5-1 给出了函数 F 的输入空间（定义域），其中用阴影表示的矩形中的任意一点都是函数 F 的合法输入。

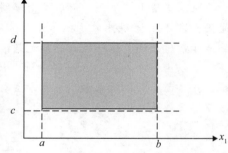

图 5-1　双变量函数的输入域

5.1　边界值分析

所有四种形式的边界值测试都着眼于输入空间的边界，并据此来构造测试用例。边界值测试的基本思想是：错误通常出现在输入变量的极值附近。例如，对循环控制条件来说，经常会发生的错误是在应该检查"≤"条件时却检查了"<"条件，计数器也常常会"少计一次"。边界值分析技术的基本思想是利用输入变量的最小值、略大于最小值的值、正常值、略小于最大值的值和最大值处的取值。有一款商业测试工具（最初被命名为 T）可以为正确描述的程序生成此类测试用例。目前这个测试工具已经被成功地集成到了两个流行的前端 CASE 工具中（Cadre Systems 公司的 Teamwork 系统和 Aonix 公司的 Software through Pictures 系统，见 http://www.aonix.com/pdf/2140-AON.pdf）。T 工具把最小值、略大于最小值的值、正常值、略小于最大值的值和最大值分别记为 min、min+、nom、max− 和 max。健壮形式的测试增加了两个值：min− 和 max+。

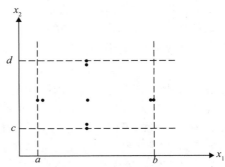

边界值分析的另一个要点基于一个十分重要的假设，这个假设在可靠性理论中被称作"单故障"假设，即失效问题通常不会由两个（或多个）故障同时引发。第 20 章介绍的全对 (all pairs) 测试方法与该假设是冲突的，全对测试方法基于对软件控制的医疗系统的观察，发现在这一系统中几乎全部的故障都是由变量对之间的交互导致的。因此，构造边界值测试用例的方法是：仅让一个变量取极值，而让其他所有变量都取正常值。这样上述双变量函数 F 的边界值分析测试用例（见图 5-2）为：

图 5-2　双变量函数的边界值分析测试用例

$$\{<x_{1nom}, x_{2min}>, <x_{1nom}, x_{2min+}>, <x_{1nom}, x_{2nom}>, <x_{1nom}, x_{2max-}>, <x_{1nom}, x_{2max}>,$$
$$<x_{1min}, x_{2nom}>, <x_{1min+}, x_{2nom}>, <x_{1max-}, x_{2nom}>, <x_{1max}, x_{2nom}> \}$$

5.1.1　边界值分析的拓展

基本边界值分析技术可以通过两种方式进行拓展：增加变量的数目和取值范围的种类。变量数目的拓展很容易实现：对于一个 n 变量函数，让一个变量依次取 min、min+、nom、max− 和 max 各个极值，而保持其他所有变量为正常值；只要依次对每个变量都重复这个过程即可。这样对于一个关于 n 变量的函数，边界值分析就会产生 $4n+1$ 个不同的测试用例。

对取值范围的拓展取决于变量本身（严格地说是变量的类型）。比如，对于 NextData 函数，其变量有 *month*、*day* 和 *year*。在类似于 Fortran 这样的语言中，可以对这些变量进行编码，1 月用数值 1 来对应，2 月对应 2，依次类推。在支持用户自定义数据类型的语言（如 Pascal 或 Ada）中，可以用枚举型取值来定义月份，如 {Jan., Feb.,…, Dec.}。但是不管用哪种形式，总可以根据上下文弄清楚 min、min+、nom、max− 和 max 各个极值到底是什么。如果变量是离散、有界的（如佣金问题中的各个变量），则上述各个极值也可以很容易地确定出来。即使没有明确给出变量边界（如在三角形问题中），也可以通过人工定义边界来解决这个问题。边长最小值显然是 1（负的边长值显然是不合常理的），但是边长的上限又该怎样确定呢？在默认情况下可以取计算机能表示的最大整数（在某些语言中称作 MAXINT），也可以人为规定一个上限，如 200 或 2000。对于其他数据类型，只要变量支持顺序关系（见第 3 章定义），我们通常都能推断出 min、min+、nom、max− 以及 max 值。比如字母符号的测试值是 {a, b, m, y, z}。

对布尔变量来说，边界值分析没有什么意义，因为极值自然是 TRUE 和 FALSE，但是其余的三个值就不明确了。在第 7 章将会看到，对布尔变量需要进行基于决策表的测试。逻辑变量也会给边界值分析带来一些麻烦。在 ATM 例子中，客户 PIN 码是一个逻辑变量，业务类型也是逻辑变量（存款、取款、查询）。对于逻辑变量可以通过"遍历"其所有取值来进行边界值分析测试，但是这样做显然同边界值测试的初衷不吻合。

5.1.2   边界值分析的局限性

边界值分析非常适合测试这样的程序：其函数的多个变量是相互独立的，各个变量又都代表实际的物理量。变量需要在数学上被一个真正的顺序关系描述，即对于一个变量的任意两个值组成的序列对 $<a, b>$，都可以判断 $a \leqslant b$ 或者 $b \leqslant a$（见第 3 章对顺序关系的详细定义）。例如汽车颜色的集合或者足球队的集合都不支持顺序关系，因此也就没有适合这种变量的边界值测试形式。这里独立和物理量是关键。粗略观察一下 NextDate 函数（参见 5.5节）的边界值分析测试用例就能看出这些测试用例并不是很恰当。比如，并没有针对 2 月和闰年的测试。实际上，问题在于 *month*、*day* 和 *year* 这几个变量之间存在特殊的依赖关系。边界值分析假设各个变量之间应该是完全独立的。即便是对这种非独立变量，边界值分析仍然能发现程序处理月末和年末情况时存在故障。边界值分析测试用例是根据表示物理量的有界、独立变量的极值来构造的，并没有考虑函数的具体属性或变量的语义含义。可以看出，边界值分析测试用例中存在大量的冗余现象，因为在其构建过程中基本上没有对具体问题进行深入的研究。万事都是一样的，有多少付出才能有多少收获。

变量的物理指标也同样重要。如果某个变量代表具体的物理量，比如温度、压力、速度、迎角、载荷等物理量，这个量的物理边界就非常重要。在这方面有一个很有意思的例子，菲尼克斯的天港国际机场 1992 年 6 月 26 日曾经被迫关闭，原因是当时的气温为 122 ℉⊖。由于有的设备接受的气温上限是 120 ℉，导致飞行员不能正常设定该设备而无法起飞。另外还有一个例子，有个医学分析系统采用的是步进电机来控制待分析样本的传送位置。结果发现当把传送带退回到起始位置时，机械手常常会错过第一个单元。

而对逻辑变量（对照物理量）来说，比如，考察一下 PIN 码或电话号码，很难想象用类似 0000、0001、5000、9998、9999 这样的数据来测试 PIN 码会发现什么故障。

5.2   健壮性测试

健壮性测试是对边界值分析的一种简单拓展：在对变量 5 个边界值进行分析之外，进一步考察略大于最大值（max+）的值和略小于最小值（min−）的值，看看在变量超过极值时会出现什么情况。前面例子的健壮性测试用例如图 5-3 所示。

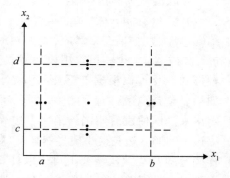

图 5-3   双变量函数的健壮性测试用例

边界值分析的大部分属性都直接适用于健壮性测试，特别是一般性和局限性。对健壮性测试来说，最重要的不是输入，而是期望输出。在物理量超过其上限时会出现什么情况呢？如果这个量是飞机机翼的迎角，则飞机可能会失速；如果是电梯的载荷，则希望不会有什么太大问题；如果是日期，比如 5 月 32 日，则应该给出一条出错信息。健壮性测试最主要的价值在于把注意力集中在系统对异常情况的处理上。对强类型语言来说，可能很

⊖   122 ℉ ≈ 50 ℃

难实施健壮性测试。比如，在 Pascal 语言中，如果定义了变量的取值范围，那么在取值超过这个范围时会产生一个运行时错误，终止正常的执行过程。这里产生了一个有趣的程序实现思想方面的问题：是进行显式的变量范围检查并采用异常处理机制来解决"健壮"值问题呢，还是通过强类型来解决？如果采用异常处理机制，就必须进行健壮性测试。

5.3 最坏情况测试

如前所述，边界值测试是基于可靠性理论中的单故障假设的。由于最坏情况测试和健壮最坏情况测试的相似性，我们在本节对它们进行讨论。如果抛开单故障假设，就意味着要考察多个变量同时取极值的情况。这在电路分析中称为"最坏情况分析"，这里也利用这种思想来构造最坏情况测试用例。对每个变量，首先构造包含 min、min+、nom、max− 和 max 这 5 个基本值的取值集合，之后通过计算这些集合的笛卡儿积（参见第 3 章）来构造测试用例。双变量函数的最坏情况测试用例如图 5-4 所示。

显然边界值测试用例集是最坏情况测试用例集的真子集，从这个角度来看最坏情况测试更完备。最坏情况测试需要进行更多的测试工作，比如对 n 个变量函数来说，最坏情况测试将会构造出 5^n 个测试用例，而边界值分析只有 $4n+1$ 个测试用例。

对最坏情况测试进行一般化的方法同在边界值分析中的情况类似。二者也具有同样的局限性，特别在涉及变量独立性方面。各个物理变量之间存在大量的相互作用，而且函数失效的代价极高的情况最适合采用最坏情况测试。在对测试有特别极端的要求时，应该采用健壮最坏情况测试。这就要用到健壮性测试 7 个值集合的笛卡儿积，得到 7^n 个测试用例。图 5-5 给出了双变量函数的全部健壮最坏情况测试用例。

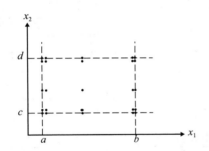

图 5-4　双变量函数的最坏情况测试用例

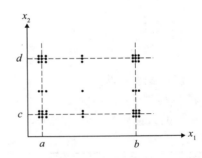

图 5-5　双变量函数的健壮最坏情况测试用例

5.4 特殊值测试

特殊值测试可能是使用最广泛的功能测试方法，也是最直观、最难统一的。在特殊值测试中，测试人员利用其背景知识、在类似程序方面积累的经验以及对软件"软肋"的了解来开发测试用例。这种测试也可以称为随机测试（ad hoc testing）或定制测试（seat-of-the-pants testing）。除了"最优的工程决策"以外，没有任何指导方针可言，结果必然使得特殊值测试非常依赖于测试人员的个人能力。

尽管存在上述明显的问题，特殊值测试还是很有用的。在下一节中会你会发现对本书的 3 个实例采用前述的各种方法生成的测试用例。仔细研究这 3 个例子，特别是 NextDate 函数，就会发现各种方法都有不尽人意之处。如果某个测试人员为 NextDate 函数定义了特殊值测试用例，有些测试用例应该会涉及 2 月 28 日、2 月 29 日、闰年等情况。尽管特殊值测试方法相当主观，但这样构造的测试用例集常常能更有效地发现故障，这也正好说明了软件测试的技艺性特征。

5.5 示例

本章中反复使用的 3 个例子都是具有 3 个变量的函数。由于篇幅的限制，这里没有罗列出各种方法对每个问题所生成的全部测试用例，只给出了最坏情况测试和健壮最坏情况测试的例子。

5.5.1 三角形问题的测试用例

在三角形问题的问题描述中，仅仅要求边长是整数，并没有做出其他限制。显然边长取值的最小值是 1。可以任意设定边长最大值为 200。对于任何一条边的测试值可以为 {1，2，100，199，200}，进行健壮性测试还要增加测试用例 {0，201}。表 5-1 给出了基于这样的取值范围构造的边界值测试用例。需要注意的是，用例 3、8 和 13 是完全一样的，应该去掉两个。同时表中还没有不等边三角形的测试用例。

表 5-1　三角形问题的边界值分析测试用例

用例号	a	b	c	期望输出	用例号	a	b	c	期望输出
1	100	100	1	等腰三角形	9	100	199	100	等腰三角形
2	100	100	2	等腰三角形	10	100	200	100	非三角形
3	100	100	100	等边三角形	11	1	100	100	等腰三角形
4	100	100	199	等腰三角形	12	2	100	100	等腰三角形
5	100	100	200	非三角形	13	100	100	100	等边三角形
6	100	1	100	等腰三角形	14	199	100	100	等腰三角形
7	100	2	100	等腰三角形	15	200	100	100	非三角形
8	100	100	100	等边三角形					

测试值的叉积将会有 125 个测试用例（其中一些是重复的），因为数量太多而无法全部列出。表 5-2 给出了最坏情况测试用例，这里只给出了输入变量在数据空间所形成的立方体的一个角上的数据，即 $a=1$ 而另外两个变量的范围取它们叉积值的全集。

表 5-2　三角形问题的最坏情况测试用例

用例号	a	b	c	期望输出	用例号	a	b	c	期望输出
1	1	1	1	等边三角形	14	1	100	199	非三角形
2	1	1	2	非三角形	15	1	100	200	非三角形
3	1	1	100	非三角形	16	1	199	1	非三角形
4	1	1	199	非三角形	17	1	199	2	非三角形
5	1	1	200	非三角形	18	1	199	100	非三角形
6	1	2	1	非三角形	19	1	199	199	等腰三角形
7	1	2	2	等腰三角形	20	1	199	200	非三角形
8	1	2	100	非三角形	21	1	200	1	非三角形
9	1	2	199	非三角形	22	1	200	2	非三角形
10	1	2	200	非三角形	23	1	200	100	非三角形
11	1	100	1	非三角形	24	1	200	199	非三角形
12	1	100	2	非三角形	25	1	200	200	等腰三角形
13	1	100	100	等腰三角形					

5.5.2 NextDate 函数的测试用例

表 5-3 给出了 NextDate 函数的全部 125 个最坏情况测试用例。花一些时间来观察多余的测试和未经测试的功能差距（gaps of untested functionality）。比如，真的会有人想对五个不同年份的一月一号进行测试吗？测试二月的最后一天会不会更有效？

表 5-3　NextDate 函数的最坏情况测试用例

用例号	month	day	year	期望输出	用例号	month	day	year	期望输出
1	1	1	1812	1812 年 1 月 2 日	38	2	15	1912	1912 年 2 月 16 日
2	1	1	1813	1813 年 1 月 2 日	39	2	15	2011	2011 年 2 月 16 日
3	1	1	1912	1912 年 1 月 2 日	40	2	15	2012	2012 年 2 月 16 日
4	1	1	2011	2011 年 1 月 2 日	41	2	30	1812	Invalid date
5	1	1	2012	2012 年 1 月 2 日	42	2	30	1813	Invalid date
6	1	2	1812	1812 年 1 月 3 日	43	2	30	1912	Invalid date
7	1	2	1813	1813 年 1 月 3 日	44	2	30	2011	Invalid date
8	1	2	1912	1912 年 1 月 3 日	45	2	30	2012	Invalid date
9	1	2	2011	2011 年 1 月 3 日	46	2	31	1812	Invalid date
10	1	2	2012	2012 年 1 月 3 日	47	2	31	1813	Invalid date
11	1	15	1812	1812 年 1 月 16 日	48	2	31	1912	Invalid date
12	1	15	1813	1813 年 1 月 16 日	49	2	31	2011	Invalid date
13	1	15	1912	1912 年 1 月 16 日	50	2	31	2012	Invalid date
14	1	15	2011	2011 年 1 月 16 日	51	6	1	1812	1812 年 6 月 2 日
15	1	15	2012	2012 年 1 月 16 日	52	6	1	1813	1813 年 6 月 2 日
16	1	30	1812	1812 年 1 月 31 日	53	6	1	1912	1912 年 6 月 2 日
17	1	30	1813	1813 年 1 月 31 日	54	6	1	2011	2011 年 6 月 2 日
18	1	30	1912	1912 年 1 月 31 日	55	6	1	2012	2012 年 6 月 2 日
19	1	30	2011	2011 年 1 月 31 日	56	6	2	1812	1812 年 6 月 3 日
20	1	30	2012	2012 年 1 月 31 日	57	6	2	1813	1813 年 6 月 3 日
21	1	31	1812	1812 年 2 月 1 日	58	6	2	1912	1912 年 6 月 3 日
22	1	31	1813	1813 年 2 月 1 日	59	6	2	2011	2011 年 6 月 3 日
23	1	31	1912	1912 年 2 月 1 日	60	6	2	2012	2012 年 6 月 3 日
24	1	31	2011	2011 年 2 月 1 日	61	6	15	1812	1812 年 6 月 16 日
25	1	31	2012	2012 年 2 月 1 日	62	6	15	1813	1813 年 6 月 16 日
26	2	1	1812	1812 年 2 月 2 日	63	6	15	1912	1912 年 6 月 16 日
27	2	1	1813	1813 年 2 月 2 日	64	6	15	2011	2011 年 6 月 16 日
28	2	1	1912	1912 年 2 月 2 日	65	6	15	2012	2012 年 6 月 16 日
29	2	1	2011	2011 年 2 月 2 日	66	6	30	1812	1812 年 7 月 1 日
30	2	1	2012	2012 年 2 月 2 日	67	6	30	1813	1813 年 7 月 1 日
31	2	2	1812	1812 年 2 月 3 日	68	6	30	1912	1912 年 7 月 1 日
32	2	2	1813	1813 年 2 月 3 日	69	6	30	2011	2011 年 7 月 1 日
33	2	2	1912	1912 年 2 月 3 日	70	6	30	2012	2012 年 7 月 1 日
34	2	2	2011	2011 年 2 月 3 日	71	6	31	1812	Invalid date
35	2	2	2012	2012 年 2 月 3 日	72	6	31	1813	Invalid date
36	2	15	1812	1812 年 2 月 16 日	73	6	31	1912	Invalid date
37	2	15	1813	1813 年 2 月 16 日	74	6	31	2011	Invalid date

（续）

用例号	month	day	year	期望输出	用例号	month	day	year	期望输出
75	6	31	2012	Invalid date	101	12	1	1812	1812 年 12 月 2 日
76	11	1	1812	1812 年 11 月 2 日	102	12	1	1813	1813 年 12 月 2 日
77	11	1	1813	1813 年 11 月 2 日	103	12	1	1912	1912 年 12 月 2 日
78	11	1	1912	1912 年 11 月 2 日	104	12	1	2011	2011 年 12 月 2 日
79	11	1	2011	2011 年 11 月 2 日	105	12	1	2012	2012 年 12 月 2 日
80	11	1	2012	2012 年 11 月 2 日	106	12	2	1812	1812 年 12 月 3 日
81	11	2	1812	1812 年 11 月 3 日	107	12	2	1813	1813 年 12 月 3 日
82	11	2	1813	1813 年 11 月 3 日	108	12	2	1912	1912 年 12 月 3 日
83	11	2	1912	1912 年 11 月 3 日	109	12	2	2011	2011 年 12 月 3 日
84	11	2	2011	2011 年 11 月 3 日	110	12	2	2012	2012 年 12 月 3 日
85	11	2	2012	2012 年 11 月 3 日	111	12	15	1812	1812 年 12 月 16 日
86	11	15	1812	1812 年 11 月 16 日	112	12	15	1813	1813 年 12 月 16 日
87	11	15	1813	1813 年 11 月 16 日	113	12	15	1912	1912 年 12 月 16 日
88	11	15	1912	1912 年 11 月 16 日	114	12	15	2011	2011 年 12 月 16 日
89	11	15	2011	2011 年 11 月 16 日	115	12	15	2012	2012 年 12 月 16 日
90	11	15	2012	2012 年 11 月 16 日	116	12	30	1812	1812 年 12 月 31 日
91	11	30	1812	1812 年 12 月 1 日	117	12	30	1813	1813 年 12 月 31 日
92	11	30	1813	1813 年 12 月 1 日	118	12	30	1912	1912 年 12 月 31 日
93	11	30	1912	1912 年 12 月 1 日	119	12	30	2011	2011 年 12 月 31 日
94	11	30	2011	2011 年 12 月 1 日	120	12	30	2012	2012 年 12 月 31 日
95	11	30	2012	2012 年 12 月 1 日	121	12	31	1812	1813 年 1 月 1 日
96	11	31	1812	Invalid date	122	12	31	1813	1814 年 1 月 1 日
97	11	31	1813	Invalid date	123	12	31	1912	1913 年 1 月 1 日
98	11	31	1912	Invalid date	124	12	31	2011	2012 年 1 月 1 日
99	11	31	2011	Invalid date	125	12	31	2012	2013 年 1 月 1 日
100	11	31	2012	Invalid date					

5.5.3　佣金问题的测试用例

对佣金问题我们没有再烦琐地罗列出 125 个测试用例，而是看一些更有意思的测试用例。这里要研究的是输出值范围的边界值，特别是 1000 美元和 1800 美元这两个佣金比例改变的门限值。佣金问题的输出空间如图 5-6 所示，图中给出了各个门限值平面在坐标轴上的截距。

位于较低截面下方的值，对应的销售额低于 1000 美元。两个截面之间的区域对应于 15% 佣金比例的情况。根据输出值范围来构造测试用例的一部分原因在于，根据输入值范围所构造的测试用例几乎都位于 20% 佣金比例的区域中。这里要找出在 100 美元、1000 美元、1800 美元和 7800 美元等临界值处所对应的输入值的组合。最大值和最小值很容易处理，因为问题参数的设置使得边界点数据的生成很容易。有趣的是：测试用例 9 恰好是 1000 美元临界值。通过调整输入变量取值，可以构造略低于和略高于该临界值的输出（测试用例 6 ～ 8 和 10 ～ 12）。需要时还可以选择接近截面的值，例如（21, 1, 1）。这样继续下去，可以感觉到我们正在运行核心部分的代码。可以说这实际上是一种特殊值测试，因为利用了数学知识来生成测试用例。

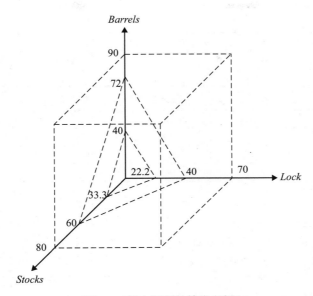

图 5-6 佣金问题的输出空间

表 5-4 给出了佣金问题输出空间的边界值分析测试用例，表 5-5 给出了佣金问题的一些典型特殊值测试用例。

表 5-4 佣金问题的输出边界值分析测试用例

用例号	locks	stocks	barrels	sales	commission	注释
1	1	1	1	100	10.0	最小输出值
2	1	1	2	125	12.5	略大于最小输出值
3	1	2	1	130	13	略大于最小输出值
4	2	1	1	145	14.5	略大于最小输出值
5	5	5	5	500	50	中间值
6	10	10	9	975	97.5	略小于边界值
7	10	9	10	970	97	略小于边界值
8	9	10	10	955	95.5	略小于边界值
9	10	10	10	1000	100	1000 美元边界值
10	10	10	11	1025	103.75	略大于边界值
11	10	11	10	1030	104.5	略大于边界值
12	11	10	10	1045	106.75	略大于边界值
13	14	14	14	1400	160	中间值
14	18	18	17	1775	216.25	略小于边界值
15	18	17	18	1770	215.5	略小于边界值
16	17	18	18	1755	213.25	略小于边界值
17	18	18	18	1800	220	1800 美元边界值
18	18	18	19	1825	225	略大于边界值
19	18	19	18	1830	226	略大于边界值
20	19	18	18	1845	229	略大于边界值
21	48	48	48	4800	820	中间值
22	70	80	89	7775	1415	略小于最大输出值
23	70	79	90	7770	1414	略小于最大输出值

（续）

用例号	*locks*	*stocks*	*barrels*	*sales*	*commission*	注释
24	69	80	90	7755	1411	略小于最大输出值
25	70	80	90	7800	1420	最大输出值

表 5-5　佣金问题输出值的特殊值测试用例

用例号	*locks*	*stocks*	*barrels*	*sales*	*commission*	注释
1	10	11	9	1005	100.75	略大于边界值
2	18	17	19	1795	219.25	略小于边界值
3	18	19	17	1805	221	略大于边界值

5.6　随机测试

在各种文献中，有关随机测试问题的讨论至少持续了 20 年。这种讨论主要发生在学术界，从统计学的角度来研究这个问题是很有趣的。随机测试同样适用于书中这 3 个例子。随机测试的基本思想是：对有界变量并不仅仅选用最小值、略大于最小值的值、正常值、略小于最大值的值和最大值这 5 个特殊值，而是利用随机数生成器来产生测试用例值。随机测试可以避免在测试中出现偏见，但也会产生一个严重的问题：使用多少随机测试用例才是充分的？后面在研究基于代码的测试的覆盖性时，能够找到对此问题的答案。表 5-6、表 5-7 和表 5-8 给出了 3 个问题的随机测试用例。这些测试用例中的值都是用一个 Visual Basic 程序生成的，这个程序在范围 $a \leqslant x \leqslant b$ 之内随机生成 x 的值，x 由下式计算：

$$x = Int((b - a + 1) * Rnd + a)$$

其中函数 *Int* 返回浮点数的整数部分，函数 *Rnd* 产生区间 [0, 1] 内的随机数。这个程序能够持续不断地生成随机测试用例，直到每一种输出都至少出现过一次。在每张表中，该程序要进行 7 次循环，直到"很难再生成"测试用例。在表 5-6 和表 5-7 中，最后一行表示的是对每一列生成的随机测试用例的百分比。对 NextDate 问题，这个百分比同计算得到的概率十分接近，见表 5-8 的最后一行。

表 5-6　三角形问题的随机测试用例

测试用例号	非三角形	一般三角形	等腰三角形	等边三角形
1289	663	593	32	1
15436	7696	7372	367	1
17091	8556	8164	367	1
2603	1284	1252	66	1
6475	3197	3122	155	1
5978	2998	2850	129	1
9008	4447	4353	207	1
百分比	49.83%	47.87%	2.29%	0.01%

表 5-7　佣金程序的随机测试用例

测试用例号	10% 佣金比例	15% 佣金比例	20% 佣金比例
91	1	6	84
27	1	1	25
72	1	1	70

（续）

测试用例号	10% 佣金比例	15% 佣金比例	20% 佣金比例
176	1	6	169
48	1	1	46
152	1	6	145
125	1	4	120
百分比	1.01%	3.62%	95.37%

表 5-8　NextDate 函数的随机测试用例

测试用例	有 31 天月份的第 1 ～ 30 日	有 31 天月份的第 31 日	有 30 天月份的第 1 ～ 29 日	有 30 天月份的第 30 日
913	542	17	274	10
1101	621	9	358	8
4201	2448	64	1242	46
1097	600	21	350	9
5853	3342	100	1804	82
3959	2195	73	1252	42
1463	786	22	456	13
百分比	56.76%	1.65%	30.91%	1.13%
概率	56.45%	1.68%	31.18%	1.88%
2 月的第 1 ～ 27 日	闰年的 2 月 28 日	非闰年的 2 月 28 日	闰年的 2 月 29 日	不可能的日期
45	1	1	1	22
83	1	1	1	19
312	1	8	3	77
92	1	4	1	19
417	1	11	2	94
310	1	6	5	75
126	1	5	1	26
7.46%	0.04%	0.19%	0.08%	1.79%
7.26%	0.07%	0.20%	0.07%	1.01%

5.7　边界值测试的原则

在所有功能测试方法中，基于函数（程序）输入域的方法是最基本、最初步的，只有特殊值测试是个例外。此类方法的共同假设是：输入变量是相互独立的。如果不能保证这种独立性，就可能产生不正常的测试用例（比如，给 NextDate 函数生成一个 1912 年 6 月 31 日这样的测试用例）。每种方法都适用于程序的输出值域，如之前对佣金问题测试用例的讨论。

基于输出的测试用例还有另一种很有用的形式，主要是用于测试系统所生成的出错消息的。测试人员所设计的测试用例是要检查出错消息是在应该出现的时候出现，而不会被错误地生成。边界值分析也可以用于内部变量，如循环控制变量、下标和指针。这些变量严格地说都不是输入变量，但在使用中却常常会出错。对内部变量来说，健壮性测试是一种好的选择。

在第 10 章有一个关于测试钟摆（testing pendulum）的讨论，测试钟摆指的是句法和语义方法在提出测试用例时存在的问题。这里给出一个简单的例子：考虑一个有三个变量（a、

b 和 c）的函数 F，$F=(a-b)/c$，变量范围分别是 $0 \leqslant a \leqslant 10000, 0 \leqslant b < 10000, 0 \leqslant c < 18.8$，表 5-9 给出了边界值分析的测试用例。缺少语义方面的信息，边界值分析测试工具会产生与期望不符的输出，就像表 5-9 中前四个测试用例所示。输出的用例仅在语法上也存在严重的问题，即不能避免测试用例 11 那样的发生除零的可能性。

表 5-9　$F=(a-b)/c$ 的边界值测试用例

测试用例号	a	b	c	F
1	0	5000	9.4	−531.9
2	1	5000	9.4	−531.8
3	5000	5000	9.4	0.0
4	9998	5000	9.4	531.7
5	9999	5000	9.4	531.8
6	5000	0	9.4	531.9
7	5000	1	9.4	531.8
8	5000	5000	9.4	0.0
9	5000	9998	9.4	−531.7
10	5000	9999	9.4	−531.8
11	5000	5000	0	Undefined
12	5000	5000	1	0.0
13	5000	5000	9.4	0.0
14	5000	5000	18.7	0.0
15	5000	5000	18.8	0.0

如果我们增加一些语义信息：F 是计算一辆汽车每加仑汽油能够跑多少英里的函数，a 和 b 分别是旅途结束和开始时汽车里程表显示的数值，c 是油箱的容积，我们会看到更多严峻的问题：

（1）必须保证 $b \leqslant a$，这样就能避免 F 出现负值（用例 1、2、9、10）。

（2）测试用例 3、8 以及用例 12 ~ 15 都表示旅途长度为零的情况，因此它们可以被归为一个用例，比如测试用例 8。

（3）除零显然是一个问题，因此应该去掉用例 11。运用语义方面的信息将会产生表 5-10 那样的更好的测试用例集合。

（4）表 5-10 仍然是有问题的，即无法看出油箱容积的边界值带来的影响。

表 5-10　$F=(a-b)/c$ 考虑到语义的边界值测试用例

测试用例号	结束时里程	开始时里程	邮箱容积	每加仑可跑英里数
4	9998	5000	9.4	531.7
5	9999	5000	9.4	531.8
6	5000	0	9.4	531.9
7	5000	1	9.4	531.8
8	5000	5000	9.4	0.0

⊖　1 英里≈1.609 公里

5.8　习题

1. 对于具有 n 个变量的函数，请推导出其健壮性测试用例个数的计算公式。

2. 对于具有 n 个变量的函数，请推导出其健壮最坏情况测试用例个数的计算公式。

3. 请利用维恩图来比较边界值分析测试、健壮性测试、最坏情况测试和健壮最坏情况测试等方法的测试用例之间的关系。

4. 如果想要对输出值进行健壮性测试，应该如何实现？请以佣金问题为例加以说明。

5. 如果做过第 2 章的习题 8，你就会熟悉 CRC 出版公司的网站（http:www.crcpress.com/product/isbn/9781466560680）。在这个网站上下载一个名为 specBasedTesting.xls 的 Excel 表。（它是 Naive.xls 的扩展版，也包含着同样的故障。）这些表分别包含三角形问题、NextDate 函数和佣金问题的最坏情况边界值测试用例。运行这些测试用例，并将测试结果同第 2 章中的直觉测试结果相比较。

6. 对表 5-9 和表 5-10 中计算每加仑可跑英里数这个例子进行特殊值测试，给出你选择那些测试用例的理由。

等价类测试

本章使用等价类作为功能测试的基础，这样做有两个动机，一是期望进行某种意义上完备的测试，二是期望尽可能避免冗余测试。边界值测试无法实现这两个愿望，随便看一眼那些测试用例表，很容易就能发现有大量冗余存在；再深入研究一下，还会发现一些严重的缺漏。等价类测试也反映出了边界值测试中的两个决定性因素：健壮性和单故障／多故障假设。本章介绍了传统观点上的等价类测试，随后是基于两个假设的四个不同的形式的相关处理。单／多故障假设产生的弱／强等价类测试。针对无效数据的处理产生的两个区别：一般／稳健。综合来看，这两个假设产生弱一般、强一般、弱健壮性、强健壮性等价类测试。

在健壮等价类测试中会出现两个问题。第一个问题是，规格说明通常没有定义无效输入所对应的期望输出（当然可以说这是规格说明的缺陷，但这于事无补），因此测试人员需要使用大量数据来定义这些用例的期望输出。第二个问题是，强类型程序设计语言已经放宽了对无效输入的检验。传统的等价类测试是像 Fortran 和 COBOL 这类弱类型语言占统治地位的时代的产物，无效数据问题在当时是很常见的。实际上也正是这类问题所引发的严重后果才导致了强类型语言的诞生。

6.1　等价类

第 3 章曾经讨论了等价类的重要意义在于等价类构成了集合的划分。所谓的划分是指集合内互不相交的一组子集，它们的并集是这个全集。对测试来说，这里有两点非常重要：互不相交在某种程度上保证了无冗余性，并集为全集在某种程度上保证了完备性。子集由等价关系来确定，所以每个子集中元素都具有一些共性。等价类测试的根本思想就是在每个等价类中只取出一个元素来构造测试用例。这样只要恰当地选择了等价类，就能大大降低测试用例之间的冗余。比如，在三角形问题中，对于所需的等边三角形测试用例，可以选择三元组（5，5，5）作为用例输入。这样处理之后，再使用像（6，6，6）和（100，100，100）这样的测试用例就没有什么意义了。凭直觉我们就可以断定程序对这些用例的处理效果同（5，5，5）是完全一样的，因此是冗余的。当我们在第 8 章和第 9 章考虑依据代码的测试时，这种"相同的处理"实际上就是"遍历相同的执行路径"。常见的四种形式边界值测试的等价类测试解决的都是差异性和冗余性问题。等价类定义是有界变量时，将会出现有一个点的重叠情况。在这种情况下，我们应该混合使用边界值与等价类测试。国际软件测试资格理事会（ISTQB）教学大纲称之为"边缘测试"。我们将会在 6.3 节讨论。

6.2　传统的等价类测试

大多数经典测试教科书（Myers，1979；Mosley，1993）中讨论的都是所谓的有效的／无效的变量值。传统的等价类测试更清楚地定义了弱健壮性测试（参见 6.3.3 节），这种传统方法更关注于无效数据值，这体现了 20 世纪 60 年代和 70 年代程序设计的主流风格。那时非常重视对输入数据进行有效性检验。"输入的是垃圾，输出的就会是垃圾"这句话曾经是程序员的至理名言。在早些年，提供有效的数据是该程序用户的责任。基于无效的数据所产生的结果是没有保证的，术语叫作"垃圾进，垃圾出"（Garbage In，Garbage Out，GIGO）。这就导致程序中输入数据检验部分的代码量大大增加了。很多的论文作者和研讨会主持人常常会这样说：在经典的"输入→集中处理→输出"的结构化编程体系结构中，输入部分的代码常常要占全部源代码的 80%。在这种情况下，强调对输入数据进行有效性检验就是很自然的了。很显然，针对 GIGO 防御有广泛的测试，以确保输入数据的有效性。随着逐步向现代程序设计语言的转移，特别是向那些具有强数据类型功能的语言，然后又向图形用户界面（GUI）语言的转移，大大降低了对输入数据检验的要求。实际上，很好地利用用户界面设备（例如下拉列表和滑动条）可以减少坏输入的可能性。

传统的等价类测试类似边界值测试的过程。图 6-1 显示了含有两个变量（x_1 和 x_2）的测试用例函数 F。将其扩展为更现实的例子（包含 n 个变量）的具体过程如下：

（1）测试 F 表示所有变量的有效值。

（2）如果步骤 1 成功，则测试 F 为无效值，x_1 为有效值的剩余变量。任何失败的测试都是由于 x_1 是无效的值。

（3）用剩余的变量重复步骤 2。

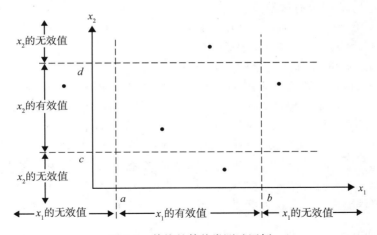

图 6-1 传统的等价类测试用例

这种法的一个明显的优点是，它主要致力于寻找由于无效数据而出现的故障。由于 GIGO 关心的是无效数据，该种组合我们观察到的变化边界值测试被忽略了。图 6-1 显示了双变量连续函数 F 所需要的 5 个测试用例。

6.3 改进的等价类测试

如何恰当地选择等价关系是等价类测试的关键，为此通常需要研究其他各种各样的实现方式及这些实现方式所体现出的功能操作。这里仍然使用前面用到的例子来探讨这个问题。在此之前，我们首先要区分弱等价类测试和强等价类测试，并把它们同传统的等价类测试进行比较。这里需要拓展边界值测试所使用的函数。为了便于理解，仍然采用双变量函数：函数 F 有两个变量 x_1 和 x_2。在程序实现时，输入变量 x_1 和 x_2 的边界和取值区间分别为

$$a \leqslant x_1 \leqslant d，\text{取值区间为 } [a, b), [b,c), [c, d]$$
$$e \leqslant x_2 \leqslant g，\text{取值区间为 } [e,f), [f, g]$$

其中的方括号和圆括号分别表示闭区间端点和开区间端点。用这些区间来表示待测程序内部的差异，比如佣金问题中的不同佣金级别。x_1 和 x_2 的无效取值范围是：$x_1 < a$ 或 $x_1 > d$ 和 $x_2 < e$ 或 $x_2 > g$。等价类的有效值是 $V1 = \{x_1: a \leqslant x_1 < b\}$，$V2 = \{x_1: b \leqslant x_1 < c\}$，$V3 = \{x_1: c \leqslant x_1 \leqslant d\}$，$V4 = \{x_2: e \leqslant x_2 < f\}$，$V5 = \{x_2: f \leqslant x_2 \leqslant g\}$

等价类的无效值是：

$NV1 = \{x_1: x_1 < a\}$，$NV2 = \{x_1: d < x_1\}$，$NV3 = \{x_2: x_2 < e\}$，$NV4 = \{x_2: g < x_2\}$

等价类 $V1$，$V2$，$V3$，$V4$，$V5$，$NV1$，$NV2$，$NV3$ 和 $NV4$ 是不相交的，它们的并集是一个平面。在随后的讨论中，我们将只使用间隔符号，而不是完整的正规集合定义。

6.3.1　弱一般等价类测试

利用前面给出的概念，弱一般等价类测试可以具体实现为：每个测试用例只使用一个等价类（区间）中的一个变量。对于正在运行的实例，我们最终将获得三个弱等价类测试用例，如图 6-2 所示。这幅图将会被重复使用在剩下等价类测试中，但是，有效值和无效值的范围没有被清楚地指出。在这 3 个测试用例中仅用到了每个等价类中的一个值。在左下矩形对应的测试对应 x_1 的值在类 $[a,b)$，x_2 的

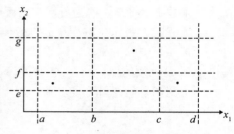

图 6-2　弱一般等价类的测试

值在类 $[e, f)$。该测试情况下，在上部中央的矩形对应于 x_1 的类 $[b, c)$ 和 x_2 在类的值 $[f, g]$。第三个测试用例可以在右边的矩形有效值。我们用系统的方式来定义这些，因此这是一个显而易见的模式。这完全是一种直观的、程式化的测试用例构造方法。事实上，在弱等价类测试中，测试用例的数量同最大子集数划分中所包含的类数是一样的。

我们可以从一个失败的一般弱等价类测试用例中学习什么呢？那就是，预期和实际输出不一致？有可能是 x_1 有问题，或 x_2 有问题，或者两者之间的相互作用。这种模糊性是“弱”称号的原因。由于它是回归测试，如果期望的失败率较低，它也是一个可以被接受的选择。当要求更多的错误隔离时，是一种更“强”的形式，我们在下面接着讨论。

6.3.2　强一般等价类测试

强一般等价类测试基于多故障假设，所以其测试用例应该覆盖等价类笛卡儿积的每个元素，如图 6-3 所示。这里要注意的是，这种构造测试用例的方法同构造命题逻辑真值表的方法类似。覆盖笛卡儿积保证了两种意义上的“完备性”：一是覆盖了所有的等价类，二是覆盖了所有可能的输入组合。从这个例子中可以看出，选择等价关系对等价类测试的好坏至关重要。注意被“同样处理的输入”的概念。一般来说，等价类测试在输入域上定义等价类，但同样也可以根据输出域来定义等价关系。对三角形问题来说这实际上是最简单的方法。

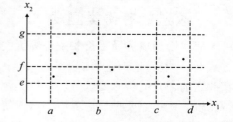

图 6-3　强一般等价类测试用例示意图

6.3.3　弱健壮等价类测试

这种测试从名称上看不符合常规，也自相矛盾：怎么可能既弱又健壮呢？

在这里，"健壮"实际上是指这种测试考虑到了无效值，而"弱"是指基于单故障假设（本书第 1 版把这种测试称为"传统的等价类测试"）。

（1）对于有效输入，在每个有效类中仅取一个值（这同弱一般等价类测试是一样的，要注意的是，这些测试用例中的所有输入都是合法的）。

（2）对于无效输入，每个测试用例中要包含一个无效值，而其余的都是有效值（这样，一个失效就应该能造成测试用例失败）。

按照这个策略构造的测试用例如图 6-4 所示。

这些测试用例存在一个潜在的问题。考虑的测试用例在左上和右下角。每个测试用例都是从两个无效等价类中选出的代表值。这些任一的失败可能是由于两个变量的相互作用引起的。图 6-5 呈现了"纯"弱的一般等价类测试和其强大扩展的折中表示。

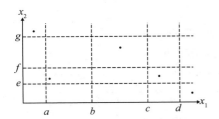

图 6-4　弱健壮等价测试用例示意图

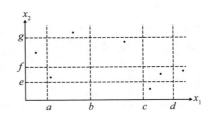

图 6-5　改进的弱健壮等价类测试用例示意图

6.3.4　强健壮等价类测试

这个名字有点儿啰嗦，但它至少没有违背常理，也不自相矛盾。与前面类似，健壮也是指对无效数据的关注，而强对应于多故障假设。对强健壮等价类测试来说，测试用例的构建取材于所有等价类笛卡儿积的各个元素，如图 6-6 所示。

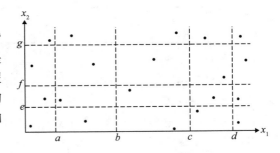

图 6-6　强健壮等价类测试用例示意图

6.4　三角形问题的等价类测试用例

由三角形问题的问题描述可知，期望输出会有 4 种：非三角形（Not a Triangle）、不等边三角形（Scalene）、等腰三角形（Isosceles）和等边三角形（Equilateral）。由此可以构造出下列输出（值域）等价类：

$$R_1 = \{ <a, b, c>: \text{以 } a \text{、} b \text{ 和 } c \text{ 为边可以构成等边三角形} \}$$
$$R_2 = \{ <a, b, c>: \text{以 } a \text{、} b \text{ 和 } c \text{ 为边可以构成等腰三角形} \}$$
$$R_3 = \{ <a, b, c>: \text{以 } a \text{、} b \text{ 和 } c \text{ 为边可以构成不等边三角形} \}$$
$$R_4 = \{ <a, b, c>: \text{以 } a \text{、} b \text{ 和 } c \text{ 为边不能构成三角形} \}$$

从每个等价类中随机选取的 4 个弱一般等价类测试用例如下所示。

测试用例	a	b	c	期望输出
WN1	5	5	5	等边三角形
WN2	2	2	3	等腰三角形
WN3	3	4	5	不等边三角形
WN4	4	1	2	非三角形

由于在此例中没有定义变量 a、b 和 c 的有效子区间，所以强一般等价类测试用例与弱一般等价类测试用例是一样的。

若考察 a、b 和 c 的无效值，还可以增加如下所示的一些弱健壮等价类测试用例（这里的无效值可能是 0、负数或大于 200 的数）。

测试用例	a	b	c	期望输出
WR1	−1	5	5	a 的取值不在允许范围内
WR2	5	−1	5	b 的取值不在允许范围内
WR3	5	5	−1	c 的取值不在允许范围内
WR4	201	5	5	a 的取值不在允许范围内
WR5	5	201	5	b 的取值不在允许范围内
WR6	5	5	201	c 的取值不在允许范围内

要补充的强健壮等价类测试用例能够形成一个三维立方体，下面给出其中的一个"角"。这里要留心观察，期望输出是如何完备地描述各个无效输入值的。

测试用例	a	b	c	期望输出
SR1	−1	5	5	a 的取值不在允许范围内
SR2	5	−1	5	b 的取值不在允许范围内
SR3	5	5	−1	c 的取值不在允许范围内
SR4	−1	−1	5	a 和 b 的取值不在允许范围内
SR5	5	−1	−1	b 和 c 的取值不在允许范围内
SR6	−1	5	−1	a 和 c 的取值不在允许范围内
SR7	−1	−1	−1	a、b 和 c 的取值不在允许范围内

很显然，用于定义等价类的等价关系对等价类测试意义重大。这又一次证明了软件测试的技巧性。在输入域上定义等价类会得到更丰富的测试用例集。对 3 个整数 a、b 和 c 来说，会有哪些可能的取值情况呢？3 个数可以都相等，可以有一对相等（此时有三种组合方式），也可以都不相等。

$D_1 = \{ <a, b, c>: a = b = c \}$

$D_2 = \{ <a, b, c>: a = b, a \neq c \}$

$D_3 = \{ <a, b, c>: a = c, a \neq b \}$

$D_4 = \{ <a, b, c>: b = c, a \neq b \}$

$D_5 = \{ <a, b, c>: a \neq b, a \neq c, b \neq c \}$

另外，也可以用三角形的性质来判断 3 条边能否构成一个三角形。（比如，在三元组 <1, 4, 1> 中，有一对值是相等的，但这 3 个数却不能构成三角形。）

$D_6 = \{ <a, b, c>: a \geq b + c \}$

$D_7 = \{ <a, b, c>: b \geq a + c \}$

$D_8 = \{ <a, b, c>: c \geq a + b \}$

还可以更细致地将"大于或等于"条件分为两种不同情况，这样就把 D_6 变成了以下两种形式：

$D_6' = \{ <a, b, c>: a = b + c \}$

$D_6'' = \{ <a, b, c>: a > b + c \}$

对 D_7 和 D_8 来说也一样。

6.5 NextDate 函数的等价类测试用例

利用 NextDate 函数可以清楚地说明选择基本等价关系所需要的技巧。如前所述，NextDate 函数是一个以 *month*、*day* 和 *year* 为变量的三变量函数，各个变量取值的有效区间分别为：

M_1 = { *month*: 1 ≤ *month* ≤ 12 }

D_1 = { *day*: 1 ≤ *day* ≤ 31 }

Y_1 = { *year*: 1812 ≤ *year* ≤ 2012 }

无效等价类有：

M_2 = { *month*: *month* < 1 }

M_3 = { *month*: *month* > 12 }

D_2 = { *day*: *day* < 1 }

D_3 = { *day*: *day* > 31 }

Y_2 = { *year*: *year* < 1812 }

Y_3 = { *year*: *year* > 2012 }

由于这个问题的有效类的数量等于独立变量的个数，所以其弱一般等价类测试用例只有一个（如下所示），并且同强一般等价类测试用例相同。

用例号	*month*	*day*	*year*	期望输出
WN1, SN1	6	15	1912	1912 年 6 月 16 日

下面给出完整的弱健壮测试用例集。

用例号	*month*	*day*	*year*	期望输出
WR1	6	15	1912	1912 年 6 月 16 日
WR2	−1	15	1912	*month* 取值不在有效范围 1 ～ 12 内
WR3	13	15	1912	*month* 取值不在有效范围 1 ～ 12 内
WR4	6	−1	1912	*day* 取值不在有效范围 1 ～ 31 内
WR5	6	32	1912	*day* 取值不在有效范围 1 ～ 31 内
WR6	6	15	1811	*year* 取值不在有效范围 1812 ～ 2012 内
WR7	6	15	2013	*year* 取值不在有效范围 1812 ～ 2012 内

同三角形问题类似，下面给出的是根据三维数据立方体一个"角"补充的强健壮等价类测试用例。

用例号	*month*	*day*	*year*	期望输出
SR1	−1	15	1912	*month* 取值不在有效范围 1 ～ 12 内
SR2	6	−1	1912	*day* 取值不在有效范围 1 ～ 31 内
SR3	6	15	1811	*year* 取值不在有效范围 1812 ～ 2012 内
SR4	−1	−1	1912	*month* 取值不在有效范围 1 ～ 12 内 *day* 取值不在有效范围 1 ～ 31 内
SR5	6	−1	1811	*day* 取值不在有效范围 1 ～ 31 内 *year* 取值不在有效范围 1812 ～ 2012 内

（续）

用例号	*month*	*day*	*year*	期望输出
SR6	−1	15	1811	*month* 取值不在有效范围 1 ～ 12 内 *year* 取值不在有效范围 1812 ～ 2012 内
SR7	−1	−1	1811	*month* 取值不在有效范围 1 ～ 12 内 *day* 取值不在有效范围 1 ～ 31 内 *year* 取值不在有效范围 1812 ～ 2012 中

更细心地选择等价关系会得到更有用的等价类。如前所述，确定等价关系的要点是要使每一个等价类中的元素都能被"同样处理"。这种方法的不足之处是把"处理"仅仅定位在有效 / 无效的层次上。下面将尝试使用更具体的处理方式以降低等价类的粒度。

NextDate 函数应该如何处理输入的日期呢？若不是某月的最后一天，则直接将日期加1；若是月末，则设日期为 1，将月份加 1；若是年末，则日期和月份都复位到 1，年份加 1；此外，对闰年单独进行处理。这样可以构造如下等价类：

$M_1 = \{ \textit{month}: \textit{month}$ 有 30 天 $\}$

$M_2 = \{ \textit{month}: \textit{month}$ 有 31 天 $\}$

$M_3 = \{ \textit{month}：\textit{month}$ 是 2 月 $\}$

$D_1 = \{ \textit{day}: 1 \leqslant \text{day} \leqslant 28 \}$

$D_2 = \{ \textit{day}: \textit{day} = 29 \}$

$D_3 = \{ \textit{day}: \textit{day} = 30 \}$

$D_4 = \{ \textit{day}: \textit{day} = 31 \}$

$Y_1 = \{ \textit{year}: \textit{year} = 2000 \}$

$Y_2 = \{ \textit{year}: \textit{year}$ 是闰年，而且是非世纪年份 $\}$

$Y_3 = \{ \textit{year}: \textit{year}$ 是平年 $\}$

通过分别构造 30 天月份和 31 天月份的等价类可以简化对月末问题的处理。把 2 月作为独立的等价类是为了着重关注闰年问题。此外还要特别考察的日期有：D_1 中的日期（差不多）总是加 1 的，D_4 中的日期只对 M_2 中的月份才有意义。最后对年份，设有闰年类、非闰年类和 2000 年这 3 个特别的类。这样划分的等价类并不是最完美的，但仍然能够发现很多潜在的错误。

等价类测试案例

基于上述的等价类划分方法，可以构造出如下弱等价类测试用例。这里的输入值还是简单地选用每个类的大致中心处的数值。

用例号	*month*	*day*	*year*	期望输出
WN1	6	14	2000	2000 年 6 月 15 日
WN2	7	29	1996	1996 年 7 月 30 日
WN3	2	30	2002	无效输入日期
WN4	6	31	2000	无效输入日期

上面这种输入值的简单选择方法没有考虑到相关的领域知识，因此产生了两种无效输入日期。这对于"自动"生成测试用例总是一个问题，因为我们的领域知识不是在等价类中获得的。基于上述的改进等价类所构建的强一般等价类测试用例如下所示。

用例号	month	day	year	期望输出	用例号	month	day	year	期望输出
SN1	6	14	2000	2000 年 6 月 15 日	SN19	7	30	2000	2000 年 7 月 31 日
SN2	6	14	1996	1996 年 6 月 15 日	SN20	7	30	1996	1996 年 7 月 31 日
SN3	6	14	2002	2002 年 6 月 15 日	SN21	7	30	2002	2002 年 7 月 31 日
SN4	6	29	2000	2000 年 6 月 30 日	SN22	7	31	2000	2000 年 8 月 1 日
SN5	6	29	1996	1996 年 6 月 30 日	SN23	7	31	1996	1996 年 8 月 1 日
SN6	6	29	2002	2002 年 6 月 30 日	SN24	7	31	2002	2002 年 8 月 1 日
SN7	6	30	2000	无效输入	SN25	2	14	2000	2000 年 2 月 15 日
SN8	6	30	1996	无效输入	SN26	2	14	1996	1996 年 2 月 15 日
SN9	6	30	2002	无效输入	SN27	2	14	2002	2002 年 2 月 15 日
SN10	6	31	2000	无效输入	SN28	2	29	2000	2000 年 3 月 1 日
SN11	6	31	1996	无效输入	SN29	2	29	1996	1996 年 3 月 1 日
SN12	6	31	2002	无效输入	SN30	2	29	2002	无效输入
SN13	7	14	2000	2000 年 7 月 15 日	SN31	2	30	2000	无效输入
SN14	7	14	1996	1996 年 7 月 15 日	SN32	2	30	1996	无效输入
SN15	7	14	2002	2002 年 7 月 15 日	SN33	2	30	2002	无效输入
SN16	7	29	2000	2000 年 7 月 30 日	SN34	2	31	2000	无效输入
SN17	7	29	1996	1996 年 7 月 30 日	SN35	2	31	1996	无效输入
SN18	7	29	2002	2002 年 7 月 30 日	SN36	2	31	2002	无效输入

从弱一般测试推广到强一般测试会产生类似于边界值测试中所遇到的冗余问题。不论是对于一般类还是健壮类，从弱测试推广到强测试都是基于独立性假设的，这直接反映在等价类的叉积上。对强一般等价类测试来说，3 个月份类乘以 4 个日期类再乘以 3 个年份类，产生出 36 个强一般等价类测试用例。若对每个变量再加上 2 个无效类，则会得到 150 个强健壮等价类用例（这显然太多了，无法在此一一列举）。

深入研究年份等价类可以进一步精简测试用例集。比如，把 Y_1 和 Y_3 合并为闰年类，就会把 36 个测试用例减少到 24 个。不再特别考虑 2000 年，将会明显增加闰年的判别难度。可见在具体实践中，我们需要在难度和完备性之间做出权衡。

6.6 佣金问题的等价类测试用例

佣金问题输入域可以通过对 *locks*、*stocks* 和 *barrels* 的限制很自然地划分。这些等价类同按传统等价类测试方法构造的是一样的。第一个类是有效输入，其他两个类是无效输入。由输入域等价类构造出来的测试用例集并不能令人满意。而针对输出值域来定义等价类，则会大大改善测试用例集的质量。

输入变量的有效类是：

$L_1 = \{ locks : 1 \leqslant locks \leqslant 70 \}$

$L_2 = \{ locks : locks = -1 \}$（触发条件利用：$locks = -1$ 来控制输入循环的结束）

$S_1 = \{ stocks : 1 \leqslant stocks \leqslant 80 \}$

$B_1 = \{ barrels : 1 \leqslant barrels \leqslant 90 \}$

对应的无效类是：

$L_3 = \{ locks : locks = 0 \ 或 \ locks < -1 \}$

$L_4 = \{ locks : locks > 70 \}$

$S_2 = \{$ $stocks$：$stocks < 1$ $\}$

$S_3 = \{$ $stocks$：$stocks > 80$ $\}$

$B_2 = \{$ $barrels$：$barrels < 1$ $\}$

$B_2 = \{$ $barrels$：$barrels > 90$ $\}$

这里有一个问题：变量 $locks$ 还兼作不再有电报的指示标记。在 $locks = -1$ 时，While 循环终止，再利用 $lotalLocks$、$lotalStocks$ 和 $totalBarrels$ 的值来计算销售总额，并计算出佣金。

本问题除了变量名和区间端点值之外，同上面讨论的 NextDate 函数的第一种情况是完全一样的。所以这里也只有一个弱一般等价类测试用例，并且同其强一般等价类测试用例相同。特别要注意的是，这里的 $locks = -1$ 只是终止了循环，因此可以得到如下 8 个弱健壮等价类测试用例。

用例号	$locks$	$stocks$	$barrels$	期望输出
WR1	10	10	10	100 美元
WR2	−1	40	45	程序终止
WR3	−2	40	45	$locks$ 的取值不在有效范围 1～70 内
WR4	71	40	45	$locks$ 的取值不在有效范围 1～70 内
WR5	35	−1	45	$stocks$ 的取值不在有效范围 1～80 内
WR6	35	81	45	$stocks$ 的取值不在有效范围 1～80 内
WR7	35	40	−1	$barrels$ 的取值不在有效范围 1～90 内
WR8	35	40	91	$barrels$ 的取值不在有效范围 1～90 内

然后根据三维数据立方体的一"角"，同样可以添加如下所示的强健壮等价类测试用例。

用例号	$locks$	$stocks$	$barrels$	期望输出
SR1	−2	40	45	$locks$ 的取值不在有效范围 1～70 内
SR2	35	−1	45	$stocks$ 的取值不在有效范围 1～80 内
SR3	35	40	−2	$barrels$ 的取值不在有效范围 1～90 内
SR4	−2	−1	45	$locks$ 的取值不在有效范围 1～70 内 $stocks$ 的取值不在有效范围 1～80 内
SR5	−2	40	−1	$locks$ 的取值不在有效范围 1～70 内 $barrels$ 的取值不在有效范围 1～90 内
SR6	35	−1	−1	$stocks$ 的取值不在有效范围 1～80 内 $barrels$ 的取值不在有效范围 1～90 内
SR7	−2	−1	−1	$locks$ 的取值不在有效范围 1～70 内 $stocks$ 的取值不在有效范围 1～80 内 $barrels$ 的取值不在有效范围 1～90 内

可以看到对佣金问题中的强测试用例来说，不论是强一般测试用例还是强健壮测试用例，其合理输入都只有一个。如果只关心如何处理各种输入错误的情况，这确实是很好的测试用例集。但是这种用例很难证实佣金计算的正确性。按输出域定义等价类会改善这个状况。如前所述，销售额 $sales$ 是 $locks$、$stocks$ 和 $barrels$ 销售量的函数：

$$sales = 45 \times locks + 30 \times stocks + 25 \times barrels$$

根据佣金的值域定义 3 个变量的等价类为：

$S_1 = \{$ $<locks, stocks, barrels>$：$sales \leqslant 1000$ $\}$

$S_2 = \{$ $<locks, stocks, barrels>$：$1000 < sales \leqslant 1800$ $\}$

$S_3 = \{ <locks, stocks, barrels>: sales > 1800 \}$

利用图 5-6 可以更好地理解输入空间。S_1 中的元素是靠近原点的金字塔中的整数点，S_2 是金字塔与其他输入空间之间的"三角片"形区域，S_3 是输入长方体中不属于 S_1 和 S_2 的所有其他点。通过输入域强等价类可以发现的错误案例都在图 5-6 所示的长方体之外。

同三角形问题一样，由于输入变量所构成的是三元组，所以一般不会通过笛卡儿积来构造测试用例。下面给出输出域等价类测试用例。

测试用例	locks	stocks	barrels	sales	commission
OR1	5	5	5	500	50
OR2	15	15	15	1500	175
OR3	25	25	25	2500	360

这些测试用例让人觉得正在研究的是这个问题最关键的部分。将上述用例同弱健壮测试用例结合起来，可以很好地完成对佣金问题的测试。可能还需要增加一些对边界值的检查，以确保在销售额恰好为 1000 美元和 1800 美元时程序能够正确处理。这可不容易实现，因为直接选择的只有 locks、stocks 和 barrels 这 3 个变量的取值。幸好在这个例子中，这些数据正好能搭配成三元组。

6.7 边缘测试

国际软件测试资格理事会高级大纲（ISTQB，2012）描述了边界值分析和等价类测试的混合动力给它取名为"边缘测试"。图 6-2 显示了三个等价类的有效值 x_1 和 x_2 的两类。据推测，这些类是指一些应用被"相同处理"的变量。这表明，有一些错误可能发生在类的边界附近，并且边缘测试将行使这些潜在的故障。边缘测试将检测这些潜在错误。对于图 6-2 中的例子，全套边缘测试测试值如下：

对于 x_1 正常的测试值：$\{a, a+, b-, b, b+, c-, c, c+, d-, d\}$

强测试值 x_1：$\{a-, a, a+, b-, b, b+, c-, c, c+, d-, d, d+\}$

对于 x_2 正常的测试值：$\{e, e+, f-, f, f+, g-, g\}$

强测试值 x_2：$\{e-, e, e+, f-, f, f+, g-, g, g+\}$

一细微差别在于边缘测试值不包括标称值的边界值测试。一旦边缘值的集合被确定，边缘测试可以按照四种形式的等价类测试进行。随着边界值和等价类测试的变化，测试用例的数量会明显增加。

6.8 原则与注意事项

上面通过 3 个实例详细讨论了测试用例的构造方法，最后来总结一下实施等价类测试的原则与注意事项。

（1）显而易见，弱等价类测试（弱一般或弱健壮）都没有各自的强等价类测试更易于理解。

（2）强类型程序设计语言无须健壮测试（因为在此无效值引发的是运行时错误）。

（3）如果错误条件特别重要，适合采用健壮测试。

（4）如果对输入数据的取值可以用区间和离散值集合来定义，那么适合采用等价类测试，这也同样适用于在变量取值越界时会出现功能异常的系统。

（5）同边界值测试相结合，可以大大增强等价类测试的测试能力（这里可以"重用"等价类定义的结果）。

（6）如果程序函数很复杂，那么适合采用等价类测试。在此借助函数的复杂性构造有用的等价类，就像在 NextDate 函数中那样。

（7）强等价类测试假设各个输入变量之间是独立的，并且相应的乘法操作会引发冗余问题。若变量之间存在依赖关系，常常会造成像 NextDate 函数中的"错误"测试用例（在第 7 章中介绍的决策表方法能够解决这个问题）。

（8）有时候可能需要进行多次尝试才能发现"正确的"等价关系，就像在 NextDate 函数示例中所看到的那样，也会有一些情况下存在"明显的"或"自然的"等价关系。若不能肯定是哪种情况，最好的办法是分析其他各种可能合理的实现方案。

（9）利用强等价类测试和弱等价类测试之间的差别，可以更好地区分累进测试和回归测试。

6.9　习题

1. 从 NextDate 函数的 36 个强一般等价类测试用例出发，按本章所讨论的方法重新修改日期类，找出另外 9 个测试用例。
2. 如果使用的是强类型语言的编译器，讨论它对健壮等价类测试用例会做何反应。
3. 对考虑了直角三角形情况的三角形问题，修改其弱一般等价类集合。
4. 以边界值测试和等价类测试为例，对比单故障假设和多故障假设。
5. 对于电话账单来说，当春季和秋季标准时间与夏令时间进行转换时会产生一个很有意思的问题：春季，这种转换发生在（3 月某个）星期日凌晨 2:00 点，这时要将时钟设置为凌晨 3:00 点；秋季，转换通常在 11 月的第一个星期日，时钟要从 2:59:59 调回 2:00:00。

   请为长途电话服务函数开发等价类，采用如下计费规则计算通话费。
   - 通话时间小于等于 20 分钟时，每分钟收费 0.05 美元，通话时间不足 1 分钟按 1 分钟计算。
   - 通话时间大于 20 分钟时，收费 1.00 美元，外加超过 20 分钟的部分每分钟 0.10 美元；不到 1 分钟按 1 分钟计算。
   - 假设：
     - 通话计费时间从被叫方应答开始计算，到呼叫方挂机时结束；
     - 通话时间的秒数向上进位到分钟；
     - 没有超过 30 个小时的通话。
6. 如果做过第 2 章的习题 8 和第 5 章的习题 5，你就会熟悉 CRC 出版公司的网站（http://www.crcpress.com/product/isbn/97818466560680）的下载过程。在这个网站上，可以下载一个名为 specBasedTesting.xls 的 Excel 表。（它是 Naive.xls 的扩展版，也包含着同样的故障。）这些表中分别包含三角形问题、NextDate 函数和佣金问题的测试用例。运行这些测试用例，并将测试结果同第 2 章中的直觉测试和第 5 章中的边界值测试的结果进行比较。

6.10　参考文献

ISTQB Advanced Level Working Party, *ISTQB Advanced Level Syllabus*, 2012.

Mosley, D.J., *The Handbook of MIS Application Software Testing*, Yourdon Press, Prentice Hall, Englewood Cliffs, NJ, 1993.

Myers, G.J., *The Art of Software Testing*, Wiley Interscience, New York, 1979.

基于决策表的测试

基于决策表的测试是所有功能测试方法中最严格的，因为决策表能够强化逻辑严密性。经常用到的还有两种密切相关的方法，即因果图法（Elmendorf，1973；Myers，1979）和决策表法（Mosley，1993）。这两种方法是冗余的而且使用麻烦，所以本书将不再赘述。Mosley（1993）对它们进行过详细介绍。出于好奇，或者为了完整起见，7.5 节对因果效应图进行了简短的讨论。

7.1 决策表

自 20 世纪 60 年代初以来，决策表一直被用来表述和分析复杂逻辑关系。它非常适于描述不同条件下存在大量动作组合的情况。表 7-1 中给出了决策表使用的一些基本术语。

表 7-1　决策表的各个部分

桩	规则 1	规则 2	规则 3 和 4	规则 5	规则 6	规则 7 和 8
c1	T	T	T	F	F	F
c2	T	T	F	T	T	F
c3	T	F	—	T	F	—
a1	×	×		×		
a2	×				×	
a3		×		×		
a4			×			×

决策表包括 4 个部分：最左侧的一列是桩，右侧是入口，条件用 c1、c2 等来表示，动作用 a1、a2 等来表示。这样就能够指定条件桩、条件入口、动作桩和动作入口。在入口部分，一列就是一条规则。规则确定在条件指示下所要采取的动作（如果有的话）。在表 7-1 给出的决策表中，若 c1、c2 和 c3 都为真，则动作 a1 和 a2 发生；若 c1 和 c2 为真而 c3 为假，则动作 a1 和 a3 发生。在下一条规则中，若 c1 为真而 c2 为假，则 c3 入口成为"无关"入口。对无关入口可以有两种解释：条件无关或条件不适用（有时用"不适用"（—或 n/a）表示）。

在二值条件下（真 / 假，是 / 否，0/1），决策表的条件部分就变成了旋转 90°后的（命题逻辑中的）真值表。这种结构保证所有可能的条件组合都被考虑到，这也意味着使用决策表构建的测试用例具有完备性。在我们用决策表测试的情况下，决策表本身具有完整性的属性，保证完整的测试形式。若所有条件都是二值的，则该决策表称为有限入口决策表（LETD）；若条件可以为多值，则称为扩展入口决策表（EEDT）。我们将针对 NextDate 函数给出这两种决策表的示例。决策表被有意设计为说明性的（与命令性相对），其条件及动作没有特定的顺序。

7.2 决策表使用技巧

为了使用决策表构造测试用例，可以把条件看作程序输入，把动作看作程序输出。有时条件也可解释为输入的等价类，而动作对应被测软件的主要功能处理部分，这样规则就可解释为测试用例。由于决策表可以程式化地保持完备性，因此我们有很完善的测试用例集。对测试人员来说，有几种决策表的生成方法更为有用些，其中一种就是：增加动作以考察在逻辑上某条规则何时不可能被满足。表 7-2 中的决策表给出了无关入口和不可能规则的例子。如第一条规则所示，若整数 a、b 和 c 不构成三角形，则根本不用考虑其他条件。在规则 3、4 和 6 中，若两对整数相等，则由传递性可知第三对也一定相等，于是否定入口的存在使这些规则不可能被满足。

表 7-2　三角形问题的决策表

c1: a, b, c 构成三角形?	F	T	T	T	T	T	T	T	T
c2: $a = b$?	—	T	T	T	T	F	F	F	F
c3: $a = c$?	—	T	T	F	F	T	T	F	F
c4: $b = c$?	—	T	F	T	F	T	F	T	F
a1: 非三角形	×								
a2: 不等边三角形									×
a3: 等腰三角形					×		×	×	
a4: 等边三角形		×							
a5: 不可能情况			×	×		×			

使用决策表还需考虑一个问题：不同的条件选择方法可能会大大扩展决策表的规模。表 7-3 将表 7-2 中的条件（c1: a, b, c 构成三角形?）扩展为具体的 3 个三角形不等式，只要一个不等式不成立，就不能构成三角形。我们还可以进一步扩展，因为不等式不成立又有两种形式，即一边恰好等于另两边之和，或有一边严格大于另两边之和。

表 7-3　三角形问题的改进决策表

c1: $a < b + c$?	F	T	T	T	T	T	T	T	T	T	T
c2: $b < a + c$?	—	F	T	T	T	T	T	T	T	T	T
c3: $c < a + b$?	—	—	F	T	T	T	T	T	T	T	T
c4: $a = b$?	—	—	—	T	T	T	T	F	F	F	F
c5: $a = c$?	—	—	—	T	T	F	F	T	T	F	F
c6: $b = c$?	—	—	—	T	F	T	F	T	F	T	F
a1: 非三角形	×	×	×								
a2: 不等边三角形											×
a3: 等腰三角形							×		×	×	
a4: 等边三角形				×							
a5: 不可能情况					×	×		×			

在条件中引入等价类，则决策表会具有特殊形式。表 7-4 所示决策表的条件取自 NextDate 函数，利用了月份变量的不相容性，即一个月份只能存在于一个等价类中，则任何规则都不存在两个同时为真的入口。这里无关入口（"—"）的实际含义就是"必定为假"。有些热衷于使用决策表的测试人员用 F！表示它。

表 7-4　带有互不相容条件的决策表

条件	R_1	R_2	R_3
c1: 月份在 M_1 中?	T	—	—
c2: 月份在 M_2 中?	—	T	—

（续）

条件	R_1	R_2	R_3
c3: 月份在 M_3 中?	—	—	T
a1			
a2			
a3			

对于构建完备的决策表来说，无关入口的使用能起到一个很巧妙的作用。在有限入口决策表中若有 n 个条件，则需 2^n 条规则。但是，若无关入口确实表明某条件不相关，则可这样统计规则的数目：不包含无关入口的规则计数 1，规则中每出现一个无关入口，对该规则的计数翻一倍。表 7-5 给出了表 7-3 所示决策表的规则计数情况。注意，结果得到的规则总数是 64（正好是应有的规则数目）。

表 7-5　表 7-3 中决策表的规则计数情况

c1: $a < b + c$?	F	T	T	T	T	T	T	T	T	T	T
c2: $b < a + c$?	—	F	T	T	T	T	T	T	T	T	T
c3: $c < a + b$?	—	—	F	T	T	T	T	T	T	T	T
c4: $a = b$?	—	—	—	T	T	T	T	F	F	F	F
c5: $a = c$?	—	—	—	T	T	F	F	T	F	T	F
c6: $b = c$?	—	—	—	T	F	T	F	T	T	F	F
规则数目	32	16	8	1	1	1	1	1	1	1	1
a1: 非三角形	×	×	×								
a2: 不等边三角形											×
a3: 等腰三角形							×		×	×	
a4: 等边三角形				×							
a5: 不可能情况					×	×		×			

把这种简单的计数方法应用于表 7-4 所示的决策表，会得到表 7-6 所示的规则计数。本来应该只有 8 条规则，显然出了什么问题。为找出问题所在，我们扩展所有的 3 条规则，用可能的 T 和 F 组合代替其中的"—"（如表 7-7 所示）。

表 7-6　带有互不相容条件的决策表的规则计数情况

条件	R_1	R_2	R_3
c1: 月份在 M_1 中	T	—	—
c2: 月份在 M_2 中	—	T	—
c3: 月份在 M_3 中	—	—	T
规则数目	4	4	4
a1			

表 7-7　表 7-6 所示的决策表的扩展

条件	1.1	1.2	1.3	1.4	2.1	2.2	2.3	2.4	3.1	3.2	3.3	3.4
c1: 月份在 M_1 中	T	T	T	T	T	T	F	F	T	T	F	F
c2: 月份在 M_2 中	T	T	F	F	T	T	T	T	T	T	F	F
c3: 月份在 M_3 中	T	F	T	F	T	F	T	F	T	F	T	F
规则数目	1	1	1	1	1	1	1	1	1	1	1	1
a1												

注意，所有入口都是 T 的规则有 3 条，即规则 1.1、2.1 和 3.1；入口是 T、T、F 的规则有 2 条，即规则 1.2 和 2.2；类似地，规则 1.3 和 3.2、2.3 和 3.3 也是一样的。去掉所有重复得到 7 条规则，剩下一条是所有条件都为假的规则。表 7-8 给出了这一过程的结果，还包括了不可能规则。

表 7-8   包含不可能规则的互不相容条件

条件	1.1	1.2	1.3	1.4	2.3	2.4	3.4	
c1: 月份在 M_1 中	T	T	T	T	F	F	F	F
c2: 月份在 M_2 中	T	T	F	F	T	T	F	F
c3: 月份在 M_3 中	T	F	T	F	T	F	T	F
规则数目	1	1	1	1	1	1	1	
a1: 不可能情况	×	×	×		×			×

这种构造（和开发）完备决策表的能力，对解决冗余性和不一致性问题十分有益。表 7-9 中的决策表就是冗余的，因为有 3 个条件和 9 条规则（规则 9 和规则 4 是相同的）。注意，规则 9 的动作入口与规则 1～4 的完全相同。只要冗余规则中的动作与决策表中其他对应部分相同，就不会有什么大问题；但是如果动作入口不同，比如表 7-10 所示的情况，就有大麻烦了。

表 7-9   一个冗余的决策表

条件	1～4	5	6	7	8	9
c1	T	F	F	F	F	T
c2	—	T	T	F	F	F
c3	—	T	F	T	F	F
a1	×	×	×	—	—	×
a2	—	×	×	×	—	—
a3	×	—	×	×	×	×

表 7-10   一个不一致的决策表

条件	1～4	5	6	7	8	9
c1	T	F	F	F	F	T
c2	—	T	T	F	F	F
c3	—	T	F	T	F	F
a1	×	×	×	—	—	—
a2	—	×	×	×	—	×
a3	×	—	×	×	×	—

若使用表 7-10 中的决策表进行事务处理，其中 c1 为真，c2 和 c3 都为假，则规则 4 和规则 9 都适用。这里面有两个问题：

（1）规则 4 和规则 9 不一致。

（2）决策表是不确定的。

动作不同导致了规则 4 和规则 9 不一致，而决策表是不确定的则是因为无法确定到底应用规则 4 还是规则 9。使用决策表的基本底线是小心处理无关入口。

7.3   三角形问题的测试用例

由表 7-3 中的决策表可得到 11 个功能测试用例：3 个不可能情况，3 个违反三角形性质的，1 个等边三角形，1 个不等边三角形，3 个等腰三角形（参见表 7-11）。当然还需要为条件中的各个变量给出实际值。要是希望扩展决策表以表现违反三角形性质的具体形式，可以再构造 3 个测试用例（每条边都正好等于另两边之和）。这需要一定的判断力，因为有时候规则数目会呈指数级增长，最终会得到很多无关入口和不可能规则。

表 7-11　由表 7-3 产生的测试用例

用例号	a	b	c	期望输出
DT1	4	1	2	非三角形
DT2	1	4	2	非三角形
DT3	1	2	4	非三角形
DT4	5	5	5	等边三角形
DT5	?	?	?	不可能情况
DT6	?	?	?	不可能情况
DT7	2	2	3	等腰三角形
DT8	?	?	?	不可能情况
DT9	2	3	2	等腰三角形
DT10	3	2	2	等腰三角形
DT11	3	4	5	不等边三角形

7.4　Next Date 函数的测试用例

NextDate 函数能够说明输入域中的依赖性问题。因为决策表可以突出这种依赖关系，所以本例成为基于决策表测试示例的最好选择。在第 6 章中，我们曾经在输入域中构造了 NextDate 函数的等价类，并发现了该方法的一个局限，即从等价类中不加区分地选取输入值时，会产生"奇怪"的测试用例，比如找出 1812 年 6 月 31 日的下一天。问题就在于变量独立性假设，若变量确实独立，则类间笛卡儿积是有意义的；但若输入域中变量间存在逻辑依赖关系，则在笛卡儿积中这些关系就会消失（更确切地说是被抑制了）。决策表通过使用"不可能"动作表示条件的不可能组合方式（这实际上就是不可能规则）来强调这种依赖关系。本节将对 NextDate 函数的决策表进行三轮尝试。

7.4.1　第一轮尝试

首先选择合适的条件和行为。这是展示测试技艺的一个好机会。我们使用以下类似于第 6 章中使用过的等价类集合进行讨论。

M_1 = {month: month 有 30 天 }

M_2 = {month: month 有 31 天 }

M_3 = {month: month 是 2 月 }

D_1 = {day: $1 \leqslant day \leqslant 28$}

D_2 = {day: day = 29}

D_3 = {day: day = 30}

D_4 = {day: day = 31}

Y_1 = {year: year = 2000}

Y_2 = {year: year 是闰年，而且是非世纪年份 }

Y_3 = {year: year 是平年 }

若想要突出不可能情况的组合，则可以建立一个具有以下条件和动作的有限入口决策表。（请注意，year 变量对应的等价类在表 7-12 中收缩为一个条件。）

表 7-12   第一轮尝试中具有 256 条规则的决策表

条件										
c1: 月份在 M_1 中？	T									
c2: 月份在 M_2 中？		T								
c3: 月份在 M_3 中？			T							
c4: 日期在 D_1 中？										
c5: 日期在 D_2 中？										
c6: 日期在 D_3 中？										
c7: 日期在 D_4 中？										
c8: 年份在 Y_1 中？										
a1: 不可能情况										
a2: 下一天日期										

这个决策表会有 256 条规则，其中包括很多不可能规则。若要表现出其不可能的具体原因，则可将动作修改为以下形式。

a1：本月份的无效日期

a2：不可能出现在非闰年中

a3：计算下一天的日期

7.4.2   第二轮尝试

若要着重关注 NextDate 函数的闰年问题，则可使用第 6 章中介绍过的等价类集合，该集合包含 36 项（测试用例）的笛卡儿积，其中有若干不可能情况。

这里使用扩展入口决策表以说明另一种决策表技术，并更加深入地研究动作桩。构建扩展入口决策表必须保证等价类构成输入域的一个真正的划分。（第 3 章曾介绍过，划分是一组不相交的子集，其并集恰好是全集。）若规则入口之间存在"重叠"现象，就会产生冗余，即有多个规则被满足。这里，Y_2 是可以被 4 整除的 1812 至 2012 之间的年份，但不包括 2000 年。

$M_1 = \{month: month$ 有 30 天 $\}$

$M_2 = \{month: month$ 有 31 天 $\}$

$M_3 = \{month: month$ 是 2 月 $\}$

$D_1 = \{day: 1 \leqslant day \leqslant 28\}$

$D_2 = \{day: day = 29\}$

$D_3 = \{day: day = 30\}$

$D_4 = \{day: day = 31\}$

$Y_1 = \{year: year = 2000\}$

$Y_2 = \{year: year$ 是闰年，而且是非世纪年份 $\}$

$Y_3 = \{year: year$ 是平年 $\}$

在某种意义上，我们采用的是"灰盒"技术；因为我们仔细研究了 NextDate 函数的问题描述。要产生给定日期的下一天日期的可能操作只有 5 种：日期和月份的增 1 和复位，年份的增 1（不允许通过年份复位来回退时间）。但是我们对其实现的内部细节仍不清楚——或许是通过查表完成的。

这些条件可以产生一个包含 36 条规则的决策表，这些规则对应于等价类的笛卡儿积。结合无关入口，可得到表 7-13 所示的包含 16 条规则的决策表。这里仍然存在逻辑上不可能规则的问题，但该表有助于测试用例期望输出的定义。若完成表 7-13 中的动作入口，就会发现处理 12 月会有一些麻烦（规则 8），而对规则 9、11 和 12 来说，2 月 28 日也会有一些麻烦。接下来我们会解决这些问题。

表 7-13 第二轮尝试中具有 36 条规则的决策表

	1	2	3	4	5	6	7	8	9	10	11	12	13	14	15	16
c1：月份在哪儿？	M_1	M_1	M_1	M_1	M_2	M_2	M_2	M_2	M_3	M_3	M_3	M_3	M_3	M_3	M_3	M_3
c2：日子在哪儿？	D_1	D_2	D_3	D_4	D_1	D_2	D_2	D_4	D_1	D_1	D_1	D_2	D_2	D_2	D_3	D_4
c3：年份在哪儿？	—	—	—	—	—	—	—	—	Y_1	Y_2	Y_3	Y_1	Y_2	Y_3	—	—
规则数目	3	3	3	3	3	3	3	3	1	1	1	1	1	1	3	3
动作																
a1：不可能情况				×										×	×	×
a2：日子递增	×	×			×	×	×			×						
a3：日子重置			×					×	×		×	×	×			
a4：月份递增			×					?	×		×	×	×			
a5：月份重置								?								
a6：年份递增								?								

7.4.3 第三轮尝试

引入第三个等价类集合能够解决年末的问题。这一次我们对日期和月份进行特别处理，并重新使用第一轮尝试中闰年和非闰年的简单划分方法，这样就无需对 2000 年进行特别处理了。（本来还可以做第四轮尝试，其中采用第二轮尝试中的年份等价类，但现在读者应该已经掌握要领了。）

$M_1 = \{ month: month$ 有 30 天 $\}$

$M_2 = \{ month: month$ 有 31 天，12 月除外 $\}$

$M_3 = \{ month:$ 2 月 $\}$

$M_4 = \{ month:$ 12 月 $\}$

$D_1 = \{ day: 1 \leqslant day \leqslant 27\}$

$D_2 = \{ day: day = 28\}$

$D_3 = \{ day: day = 29\}$

$D_4 = \{ day: day = 30\}$

$D_5 = \{ day: day = 31\}$

$Y_1 = \{ year: year$ 是闰年 $\}$

$Y_2 = \{ year: year$ 是平年 $\}$

这些等价类的笛卡儿积包含 40 个元素。表 7-14 给出了将规则和无关入口合并的结果，此时共有 22 条规则，而在第二轮尝试中有 36 条规则。回想第 1 章中曾提到的问题：大的测试用例集合是否一定比小的好呢？这里有 22 条规则的决策表可以比有 36 条规则的决策表更清晰地表述 NextDate 函数。其中前 5 条规则用于处理有 30 天的月份，可见此处并没有考虑闰年问题。接下来处理有 31 天的月份：规则 6 至 10 处理 12 月之外的 31 天月份，规则 11

至 15 处理 12 月。此决策表无不可能规则。苛求效率的测试人员可能还会觉得此表存在冗余：10 条规则中有 8 条都只是简单地把日期增加 1，那么真的需要 8 条独立的测试用例吗？可能并不需要这么多，但考虑到从决策表中得到的对问题的深入理解，这样处理还是值得的。最后 7 条规则处理平年和闰年的 2 月份。

表 7-14　NextDate 函数的决策表

	1	2	3	4	5	6	7	8	9	10	11
c1：月份在哪儿?	M_1	M_1	M_1	M_1	M_1	M_2	M_2	M_2	M_2	M_2	M_3
c2：日子在哪儿?	D_1	D_2	D_3	D_4	D_5	D_1	D_2	D_3	D_4	D_5	D_1
c3：年份在哪儿?	—	—	—	—	—	—	—	—	—	—	—
动作											
a1：不可能情况					×						
a2：日子递增	×	×	×			×	×	×	×		×
a3：日子重置				×						×	
a4：月份递增				×						×	
a5：月份重置											
a6：年份递增											

	12	13	14	15	16	17	18	19	20	21	22
c1：月份在哪儿?	M_3	M_3	M_3	M_3	M_4	M_4	M_4	M_4	M_4	M_4	M_4
c2：日子在哪儿?	D_2	D_3	D_4	D_5	D_1	D_2	D_2	D_3	D_3	D_4	D_5
c3：年份在哪儿?	—	—	—	—	—	Y_1	Y_2	Y_1	Y_2		
动作											
a1：不可能情况									×	×	×
a2：日子递增	×	×	×		×	×					
a3：日子重置				×			×	×			
a4：月份递增							×	×			
a5：月份重置				×							
a6：年份递增				×							

表 7-14 中的决策表是第 2 章中 NextDate 函数的源代码的基础。这也说明好的测试对改进程序设计是有帮助的。所有这些决策表分析工作都应该在 NextDate 函数的详细设计阶段完成。

决策表代数运算可以进一步简化这 22 个测试用例。若决策表中有两条规则的动作集相同，则至少存在一个条件能够通过无关入口把这两条规则合并在一起。这正是构建等价类时的"相同处理"思想在决策表简化过程中的体现。在某种意义上，我们就是在构建规则的等价类。比如，规则 1、2 和 3 都涉及 30 天月份情况下的日期类 D_1、D_2 和 D_3，它们是可以合并的；类似地，31 天月份规则的日期类 D_1、D_2、D_3 和 D_4 也可以合并，对应 2 月的 D_4 和 D_5 同样可以合并。表 7-15 给出了合并的结果。

表 7-15　NextDate 函数的简化决策表

	1～3	4	5	6～9	10	11～14	15	16	17	18	19	20	21, 22
c1：月份在哪儿?	M_1	M_1	M_1	M_2	M_2	M_3	M_3	M_4	M_4	M_4	M_4	M_4	M_4
c2：日子在哪儿?	D_1, D_2, D_3	D_4	D_5	D_1, D_2, D_3, D_4	D_5	D_1, D_2, D_3, D_4	D_5	D_1	D_2	D_2	D_3	D_3	D_4, D_5
c3：年份在哪儿?	—	—	—	—	—	—	—	—	Y_1	Y_2	Y_1	Y_2	—

（续）

	1～3	4	5	6～9	10	11～14	15	16	17	18	19	20	21, 22
行动													
a1：不可能情况			×									×	×
a2：日子递增	×				×			×	×				
a3：日子重置		×			×		×			×	×		
a4：月份递增		×			×					×	×		
a5：月份重置							×						
a6：年份递增							×						

相应的测试用例如表 7-16 所示。

表 7-16　NextDate 函数的决策表测试用例

用　例　号	*month*	*day*	*year*	期望输出
1～3	4 月	15	2001	2001 年 4 月 16 日
4	4 月	30	2001	2001 年 5 月 1 日
5	4 月	31	2001	无效输入日期
6～9	1 月	15	2001	2001 年 1 月 16 日
10	1 月	31	2001	2001 年 2 月 1 日
11～14	12 月	15	2001	2001 年 12 月 16 日
15	12 月	31	2001	2002 年 1 月 1 日
16	2 月	15	2001	2001 年 2 月 16 日
17	2 月	28	2004	2004 年 2 月 29 日
18	2 月	28	2001	2001 年 3 月 1 日
19	2 月	29	2004	2004 年 3 月 1 日
20	2 月	29	2001	无效输入日期
21, 22	2 月	30	2001	无效输入日期

7.5　佣金问题的测试用例

　　佣金问题并不适于用决策表进行分析，这是因为其中只存在少量决策逻辑。在等价类中的各个变量实际上是独立的，因此在条件对应于等价类的决策表中是不存在不可能规则的。于是，这里得到的决策表测试用例与等价类测试用例完全相同。

7.6　因果关系图

　　早年计算，软件社区借鉴了硬件社区的许多想法。在某些情况下，这种效果很好，但在其他情况下，软件的问题在于没有已经建立的硬件技术合适。因果关系图就是一个很好的例子。基本硬件的概念是离散元件通过与、或、非门组成电路。通常的电路图有一个输入端，电流从输入端经过不同的组件从左端流向右端。硬件故障对此的影响（如固定型 1/0 差错）可以追溯到输出侧。这有助于进行电路测试。

　　有因果关系的电路图试图去遵循这种模式，通过显示在左侧单元输入（附图），用与、或、非门去表达数据流的不同阶段。图 7-1 展示了基本的因果关系图的结构。基本结构可以通过使用较少的操作来增强。

　　我们可以从因果关系图中得知，如果输出存在问题，则输出在反向作用于输入来修改输出。很少有这样的测试实例来说明这个问题。图 7-2 显示了一个佣金问题的因果关系图。

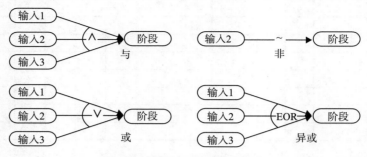

图 7-1   因果关系图的基本操作

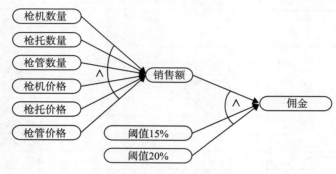

图 7-2   佣金问题的因果关系图

7.7   原则与注意事项

基于决策表的测试与其他测试技术一样，都是只适用于某些应用（如 NextDate 函数），而对另一些应用（如佣金问题）则效果平平。这并不奇怪，因为决策表的用武之地在于需要进行大量决策（如三角形问题）以及输入变量之间存在重要逻辑关系的情况（如 NextDate 函数）。

（1）决策表技术适用于具有以下特征的应用：

- If-Then-Else 逻辑关系；
- 输入变量之间存在逻辑关系；
- 计算过程中涉及对输入变量子集的处理；
- 输入与输出之间存在因果关系；
- 圈复杂度较高（参见第 9 章）。

（2）决策表规模的增长方式不佳（有 n 个条件的有限入口决策表有 2^n 条规则）。有几种方法可以用来处理这个问题：使用扩展入口决策表，使用代数方法化简决策表，将大表"分解"为若干小表，找出条件入口的重复模式等。尝试分解（表 7-14）NextDate 函数的扩展入口决策表。

（3）同其他技术一样，逐步深入会有所帮助。若对第一轮尝试中构建的条件和行为集合不满意，就把这个结果作为阶梯，逐渐改进，直到得到满意的决策表为止。

7.8　习题

1. 针对三角形问题，构建能够处理直角三角形情况的决策表和测试用例（参见第 2 章的习题）。请注意等腰直角三角形的情况，并且边长也不再限于整数。

2. 构建一个针对 NextDate 函数第二轮尝试的决策表。在每个 31 天月份末尾，日期总要被重置回到 1：其中对非 12 月来说，月份都要增加 1；对 12 月来说，月份重置到 1 月并且年份增加 1。

3. 构建一个 YesterDate 函数的决策表（参见第 2 章习题）。

4. 扩展佣金问题，使之能够处理违反销售量上限的情况。分别构建面向公司的以及面向销售人员的决策表和测试用例。

5. 讨论决策表测试方法是如何有效处理多故障假设的。

6. 构建处理夏令时间转换问题的决策表测试用例（见第 6 章的习题 5）。

7. 如果做过第 2 章的习题 8、第 5 章的习题 5 和第 6 章的习题 6，你就会熟悉 CRC 出版公司的网站（http://www.crcpress.com）的下载过程。在这个网站上可以下载一个名为 specBasedTesting.xls 的 Excel 表。（它是 Naive.xls 的扩展版，也包含着同样的故障）。这些表中分别包含三角形问题、NextDate 函数和佣金问题的决策表测试用例。运行这些测试用例，并将测试结果同第 2 章中的直觉测试、第 5 章中的边界值测试和第 6 章中的等价类测试的结果进行比较。

8. 密歇根州公立学校的教师退休金计算方式是百分点数乘以工作时间和工作最后三年的平均薪水。为了鼓励高级教师提早退休，密歇根州的立法机构 2010 年 5 月颁布以下奖励：

　　2010 年 6 月 11 日之前，教师必须申请奖励。目前有资格退休的教师（年龄 ≥ 63 年）的工资可以加薪 1.6%。包括 90 000 美元及超过 90 000 美元的补偿 1.5%。满足"80 退休规则"（也就是教师的年龄加上工作年头只要达到 80）⊖可以加薪 1.55%，包括 90 000 美元或是超过 90 000 美元的补偿 1.5%。

　　做出决策表来描述退休金政策，一定要仔细考虑退休资格标准，一名 64 岁的教师，有 20 年的工作经验，补偿乘数为多少时他的工资才能达到 95 000 美元？

7.9　参考文献

Elmendorf, W.R., *Cause–Effect Graphs in Functional Testing*, IBM System Development Division, Poughkeepsie, NY, TR-00.2487, 1973.

Mosley, D.J., *The Handbook of MIS Application Software Testing*, Yourdon Press, Prentice Hall, Englewood Cliffs, NJ, 1993.

Myers, G.J., *The Art of Software Testing*, Wiley Interscience, New York, 1979.

⊖ "80 退休规则"是美国教师退休金体系中的一种规则，也就是教师的年龄加上工作年头只要达到 80 就可以享受完整的退休金待遇。——编辑注

Software Testing: A Craftsman's Approach, Fourth Edition

路 径 测 试

结构测试方法的突出特点就是它们都是基于被测试代码的，而不是基于其规格说明的。鉴于这种绝对出发点，结构测试方法强调严格的定义、数学的分析和精确的度量。本章中我们将研究两种最常见的路径测试方法。这些方法背后的关键技术早在 20 世纪 70 年代中期就已经被提出来了，现在这些方法的创始人已经向市场成功推出了采用这些技术的测试工具。这两种技术都是从程序图入手的，这里我们首先回顾一下第 4 章中的有关定义。

8.1 程序图

定义：给定一段用命令式程序设计语言编写的程序，其程序图是一种有向图，图中的节点表示语句片段，边表示控制流。（完整语句是"默认"的语句片段。）

如果 i 和 j 是程序图中的节点，那么当且仅当节点 j 所对应的语句片段可以在节点 i 所对应的语句片段之后立即被执行时，就存在一条从节点 i 到节点 j 的边。

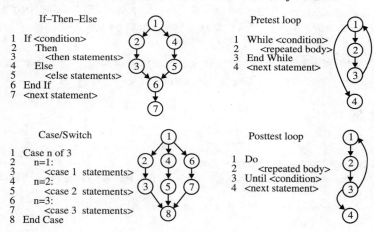

图 8-1　四种结构化程序的结构图

程序图的风格选择

根据给定程序来构造程序图是非常容易的。这里有四个基本的结构化编程结构（见图 8-1）我们用第 2 章中的三角形问题的一段伪代码来说明这个构造过程。行号指示语句和语句片段。这里需要做一个简单的抉择：有时将一个语句片段作为独立节点很方便，有时将其与语句其他部分合并在一起更好。例如，在图 8-2 中，第 14 行可被分成如下两行：

```
14      Then If (a = b) AND (b = c)
14a         Then
14b             If (a = b) AND (b = c)
```

我们将会看到这些情况都能简化为唯一的 DD 路径图，所以不同的选择之间实际上没有什么差别。(数学家们会指出，对于给定的程序，可以使用多种不同的程序图，而所有这些程序图都可以简化为唯一的 DD 路径图。)我们还需要决定是否应该将节点与非可执行语句关联起来，例如变量和类型的说明语句。这里我们暂且不做这样的关联。三角形的问题(见第 2 章)的第二个版本的程序图如图 8-2 所示。

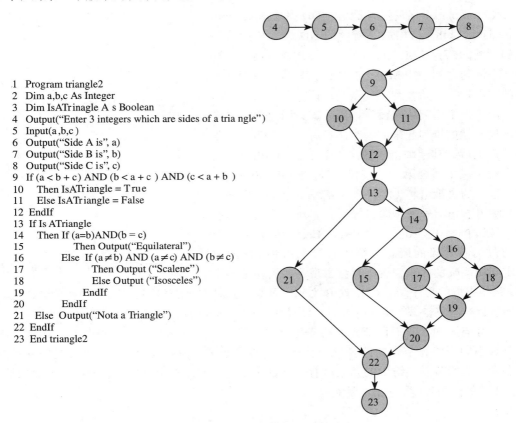

```
 1  Program triangle2
 2  Dim a,b,c As Integer
 3  Dim IsATrinagle A s Boolean
 4  Output("Enter 3 integers which are sides of a tria ngle")
 5  Input(a,b,c )
 6  Output("Side A is", a)
 7  Output("Side B is", b)
 8  Output("Side C is", c)
 9  If (a < b + c ) AND (b < a + c ) AND (c < a + b )
10     Then IsATriangle = T rue
11     Else IsATriangle = False
12  EndIf
13  If Is ATriangle
14     Then If (a=b)AND(b = c )
15           Then Output("Equilateral")
16           Else  If (a≠b) AND (a≠c) AND (b≠c)
17                 Then Output ("Scalene")
18                 Else Output ("Isosceles")
19              EndIf
20        EndIf
21     Else  Output("Nota a Triangle")
22  EndIf
23  End triangle2
```

图 8-2　三角形程序的程序图

　　节点 4 到节点 8 是一个顺序结构，节点 9 到节点 12 是一个 if-then-else 结构，节点 13 到节点 22 是嵌套的 if-then-else 结构。节点 4 是程序源节点，节点 23 是汇节点，对应于单入口、单出口准则。图中没有环路，因此这是一个有向无环图。

　　程序图的重要性在于，该程序的执行对应于从源节点到汇节点的路径。由于测试用例要迫使某条程序路径的执行，因此我们找到了一个明确的描述，可以用它表示测试用例和它所测试的程序片段之间的关系。我们还会找到一种很好的、理论上令人信服的方法来处理程序中潜在的大量执行路径。

　　图 8-3 是一个简单(非结构)程序的程序图；这个示例非常典型，从中可以看出，即使对非常简单的程序，要进行完备测试也是不可能的(Schach，1993)。在这段程序中，循环内从节点 B 到节点 F 有 5 条路径。如果最多循环 18 次，就会存在 4.77 万亿条不同的程序执行路径。(事实上，存在 4768 371 582 030 条路径。)在这种观点当中存在着一个明显的逻辑谬误：认为对于一个给定情况，必须首先把它扩展到极致，证明在极限情况下成立，然后才能应用到原来的问题上。这里的主要问题是忽视了测试的对象是代码，在本章后面我们将

看到这个巨大的数字是完全可以减小的，有很好的方法可以把它减小到一个更易于管理的大小。

8.2   DD 路径

结构测试最著名的形式是基于 DD 路径（decision-to-decision path）结构的，所谓的 DD 路径是指从判断到判断的路径（Miller，1977）。DD 路径这个名称指一个语句序列，用 Miller 的话说，是从一条判断语句的"出口"开始，到下一条判断语句的"入口"结束。由于这个序列中间没有内部分支，因此它所对应的源代码就如排列起来的多米诺骨牌一样，当第一张牌被推倒后，其他牌也会依次地倒下去。Miller 最初给出的定义很适合第二代编程语言，比如 Fortran II，因为这里的决策语句（比如算术 IF 语句和 DO 循环语句）使用语句标号来指向目标语句。对于块结构编程语言（如 Pascal、Ada、C、Visual Basic 和 Java），必须通过语句片段的概念来解决直接采用 Miller 的原始定义所面临的困难，否则就会出现有些语句是多个

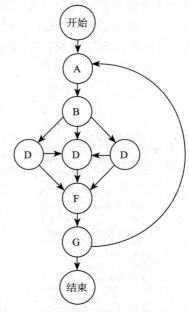

图 8-3   可能存在万亿条路径的程序图

DD 路径成员的程序图。在 ISTQB 文献以及大不列颠中，DD 路径的概念被称为"线性码序列和跳转"并且被缩写为（LCSAJ）。同样的想法，更长的名字。

在有向图中，我们用节点路径来定义 DD 路径。这些路径也可以称为链，链是一条起始节点不同于终止节点的路径，并且每个内部节点的入度和出度都是 1。参见第 4 章的正式定义。起始节点与链中的其他所有节点都是 2 连通的，不会出现 1 连通或 3 连通的情况。图 8-4 中的链的长度（边数）是 6。

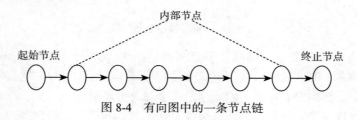

图 8-4   有向图中的一条节点链

定义：DD 路径是满足以下条件的程序图中的一条链。
- 情况 1：仅包含一个入度为 0 的节点。
- 情况 2：仅包含一个出度为 0 的节点 0。
- 情况 3：仅包含一个入度或出度大于等于 2 的节点。
- 情况 4：仅包含一个入度和出度都等于 1 的节点。
- 情况 5：长度大于等于 1 的最长链。

情况 1 和情况 2 将结构化程序的程序图中唯一的源节点和汇节点构建为初始和最终 DD 路径。情况 3 处理复杂节点，它保证任何节点都不会被包含在多条 DD 路径中。情况 4 用于处理"短分支"，同时保证了一个判断语句对应一条 DD 路径的原则。情况 5 是"正常情况"，

保证 DD 路径是单入口、单出口的节点序列（链）。情况 5 中"最大"的意义在于确定正常（非平凡）链的最终节点。

定义：对于给定的采用命令式语言编写的一段程序，其 DD 路径图是一个有向图，其中节点表示其程序图中的 DD 路径，边表示后续 DD 路径之间的控制流。

这个定义有些复杂，因此将其用于图 8-2 所示的程序图来具体研究一下。节点 4 是情况 1 的 DD 路径，我们首先调用它。类似地，节点 23 是情况 2 的 DD 路径，我们最后会调用它。节点 5 到节点 8 是情况 5 的 DD 路径。因为节点 8 是遵循链的 2 连通性质的最后一个节点，可知它是 DD 路径中的最后节点。如果越过节点 8 包含节点 9，就会违反链的入度和出度都为 1 的准则。如果停在节点 7 处，就会违反"最长"准则。节点 10、11、15、17、18 和 21 是情况 4 的 DD 路径。节点 9、12、13、14、16、19、20 和 22 是情况 3 的 DD 路径。最后，节点 23 是情况 2 的 DD 路径。其中的 DD 路径名称与图 8-5 中的 DD 路径图中的节点名称是一致的。

图 8-2 中的节点	DD 路径名称	定义中的情况
4	开始	1
5～8	A	5
9	B	3
10	C	4
11	D	4
12	E	3
13	F	3
14	H	3
15	I	4
16	J	3
17	K	4
18	L	4
19	M	3
20	N	3
21	G	4
22	O	3
23	结束	2

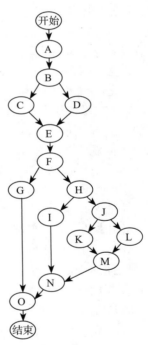

图 8-5　三角程序的 DD 路径图

实际上 DD 路径图是一种压缩图（见第 4 章）。在这种压缩图中，2 连通的分图都被压缩为对应情况 5 的 DD 路径的各个节点。单节点 DD 路径（对应情况 1～4）要求遵循一条语句（或语句片段）只能在一条 DD 路径上的约定。由于有些语句片段可能会出现在多条 DD 路径中，如果没有这个约定，则会得到很差的 DD 路径图。

这种处理不会让测试人员感到麻烦，因为已经有了高质量的商业工具来生成给定程序的 DD 路径图。开发工具厂商可以保证其产品能够广泛适用于各种程序设计语言。在实际工作中，对 100 行左右源代码的程序用手工来构建 DD 路径图还是可行的，当超过这种规模时，大多数测试人员都会寻求工具的帮助。

这个例子不是特别清晰的原因是：三角形问题是逻辑密集型和计算稀疏型的，这种问题会产生很多的短 DD 路径。如果 THEN 和 ELSE 子句中包含计算语句块，就会产生更长的链，正如在佣金问题中那样。下面我们来定义程序的 DD 路径图。

8.3 测试覆盖指标

DD 路径存在的价值在于能够非常精确地描述测试的覆盖性。在第 5 章到第 7 章中曾经提到的，功能测试的一个根本局限性在于，它无法知道一组功能测试用例在执行程序中所对应的冗余和漏洞的程度。在第 1 章中我们曾用一张维恩图来表示规定行为、实现行为和被验证的行为。测试覆盖指标就是衡量一组测试用例对程序覆盖（或运行）程度的工具。

8.3.1 基于程序图的覆盖度量方法

考虑到程序图，我们如下定义测试覆盖集合，我们将使用它们与其他发布的覆盖率指标集联系起来。

定义：鉴于程序的测试用例集，如果在程序执行时，在程序图中每个节点都被遍历，它们构成节点覆盖。定义这样的覆盖集合为 G_{node}。G 可以代表程序图。

由于节点对应于语句片段，它保证了每一个声明片段被测试集合里面的实例执行。如果我们小心地定义声明片段节点，也可以保证声明片段是一个决策语句的执行结果。

定义：给定一组测试案例的程序。如果在程序执行时，在程序图中每个边都被执行过；那么它们构成了边缘覆盖，定义这个覆盖为 G_{edge}。

G_{node} 和 G_{edge} 是不同的，在后者中，我们可以确保一个决策语句被执行的所有结果。在我们的三角形问题中（见图 8-2），节点 9、10、11 和 12 构成一个完整的 if-then-else 语句。如果要求节点对应于完整语句，则可以只执行一个判断选项并满足语句覆盖准则。我们允许使用语句片段，就可以自然地将这种语句分解为 3 个节点。这样做的结果导致了判断结果覆盖。不管是否遵循我们的约定，这些覆盖性指标都要求我们找出这样一组测试用例，在执行它们时，程序图中的所有节点都至少被遍历过一次。

定义：给定一组测试案例的程序，如果在程序执行时，程序图表的遍历每条链长度大于或等于 2，则它们构成链覆盖。定义这个覆盖为 G_{chain}。

G_{chain} 覆盖与所述的 DD 路径图形节点的覆盖所给定的程序图是相同的。由于 DD 路径对于 Miller 的原始的测试涵盖是非常重要的（如 8.3.2 节的定义），我们现在清楚地知道纯粹的程序图结构和 Miller 的测试盖之间有明显的联系。

定义：考虑一个程序的测试用例，如果它们构成路径覆盖，在程序执行时，程序表中从源节点到汇节点的每个路径都会被遍历。定义这样的集合为 G_{path}。

当在一个程序里面存在循环时，这种覆盖被严重限制（见图 8-3）。E.F.Miller 预计本部分时，他假设 C_2 为度量 for 循环的覆盖。再参照第 4 章，观察在一个程序图中每个循环代表一组强（3 连接）节点。为了应对循环大小的影响，我们只是测试每个循环，然后形成原始程序图的缩合图表，它必须是一个有向非循环图。

8.3.2 E. F. Miller 的覆盖度量方法

有一些测试覆盖指标能够被广泛接受，表 8-1 列出了若干指标，其中大部分来自 E. F. Miller（Miller，1977）早期的著作。通过系统地观察程序被测试的范围，能够敏锐地管理测试过程。现在大多数质量机构都希望把 C_1 指标（DD 路径覆盖性）作为测试覆盖的最低可接受级别。

这些覆盖指标能够构成一个格（Lattice）（参见第 10 章），有些指标是等价的，有些指标被其他指标所蕴涵。格的意义在于永远会有某种故障在测试的一个层次上能够被发现但却在下层上逃避检测。E. F. Miller（Miller，1991）发现，如果一组测试用例能够满足 DD 路径覆盖性要求，就可以发现大约 85% 的软件故障。表 8-1 中的测试覆盖指标指出了应该测试什么，但没有说明如何测试。本节将深入探讨覆盖性指标的测试技术及其对源代码的执行处理。我们必须在头脑中清楚地区分开：Miller 的测试覆盖指标是基于程序图的，其节点是完整语句，而我们的表示方式则允许语句片段（也可以是整个语句）作为节点。

表 8-1　Miller 的结构测试覆盖指标

指标	覆盖性描述	指标	覆盖性描述
C_0	每个语句	C_{MCC}	多条件覆盖
C_1	每条 DD 路径（判断结果）	C_{ik}	包含最多 k 次循环的所有程序路径（通常 $k=2$）
C_{1p}	每个判断到每个结果	C_{stat}	路径具有"统计意义"的部分
C_2	C_1 覆盖 + 循环覆盖	C_∞	所有可能的执行路径
C_d	C_1 覆盖 + DD 路径的所有依赖偶对		

1. 语句测试

由于我们允许语句片段作为独立节点，Miller 的 C_0 指标被我们的 G_{node} 节点包含。语句覆盖率一般被看作是最低限度。如果某些语句没有被设定的测试用例执行，显然在测试覆盖上存在严重缺口。语句覆盖指标（C_0）尽管不及 C_1 指标，但仍然被广泛接受：它是 ANSI 标准 187B 强制要求的，并且自 20 世纪 70 年代中期以来一直由 IBM 公司成功使用着。

2. DD 路径测试

当每条 DD 路径都被遍历时（对 C_1 指标），我们就知道每个判断分支都被执行到了，这等价于遍历 DD 路径图（或程序图）中的每条边，而不仅仅是遍历每个节点。

对于 if-then 和 if-then-else 语句，这意味着真和假各个分支都被覆盖了（C_{1p} 覆盖）。对于 CASE 语句，则每条子句都被覆盖了。我们还应该更进一步研究，还能做些什么测试 DD 路径。较长的 DD 路径一般代表复杂的计算，可以将其视为单独的函数。对于这样的 DD 路径，使用一定量的功能测试可能更为适合，尤其是边界值测试和特殊值测试。

3. 简单的循环覆盖

该 C_2 指标要求 DD 路径覆盖（对 C_1 指标）加上循环测试。

对循环测试而言，简单的观点认为每个循环都会包含一个判断，所以需要测试判断的两个出口：一个是遍历这个循环，另一个是退出（或不进入）循环。这个问题 Huang（1979）已经做过精心的证明。值得注意的是这等同于 G_{edge} 覆盖测试。

4. 谓词测试结果

这种测试水平要求决定（谓语）的每个结果必须被执行。因为我们制定的方案图表允许语句片段是单个节点。Miller 的 C_{1p} 指标包含我们的 G_{edge} 指标。无论是 Miller 的覆盖还是基于图的覆盖解决的都是通过复合条件做出的决策。它们是 8.3.3 节讨论的主题。

5. DD 路径的依赖偶对

依赖关系的识别必须在代码级进行。这不能仅仅考虑程序的图形来完成。C_d 涉及第 10 章将要讨论的问题——数据流测试。DD 路径偶对之间最常见的依赖关系是定义 / 引用关系，其中变量在一个 DD 路径中被定义（接收一个取值），在另一个 DD 路径中被引用。这些依赖关系的重要性在于，它们同不可行路径问题密切相关。在图 8-5 中给出的例子中，有一些很好的 DD 路径依赖偶对：DD 路径 C 和 H 是一对，D 和 H 也是一对。变量 IsATriangle 在节点 C 被置为 TRUE，在节点 D 被置为 FALSE。节点 H 是 IsATriangle 在节点 B 的条件取值为 TRUE 时的分支，所以任何包含节点 D 和 H 的路径都是不可行的。简单的 DD 路径覆盖可能测试不到这些依赖关系，因此更深入的故障也就不能被发现了。

6. 复杂的循环覆盖

Miller 的 C_{ik} 度量扩展到循环覆盖度量，包含了完整路径下从源节点到汇节点的循环路径。在第 4 章中我们研究过压缩图，它为循环的测试提供了一种漂亮的解决方案。人们对如何测试循环已经做了大量研究。这么做是有道理的，因为循环是源代码中最易出错的部分。在开始讨论之前，这里先介绍一种有趣的循环分类方法（Beizer，1984）：循环级联、循环嵌套和循环缠绕，如图 8-6 所示。

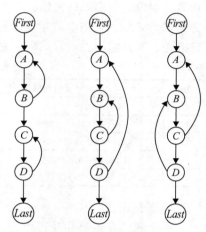

图 8-6　循环分类方法

循环级联就是不相交循环的简单顺序排列，循环嵌套是指一个循环包含在另一个循环内部。如果遵循结构化程序设计规则，就不会出现循环缠绕的情况；但在类似于 Java 语言这种存在 try/catch 语句的情况下，循环缠绕就可能发生。如果存在跳转到（或跳转出）某个循环内部分支的可能性，而这个分支又位于其他循环的内部，就会产生 Beizer 所说的循环缠绕。我们也可以采用一种改进的边界值测试方法，给出循环控制变量的最小值、一般值和最大值（参见第 5 章）。更进一步，我们可以把这种方法推广到全边界值测试，甚至健壮性测试。如果简单循环的循环体本身是执行复杂计算的 DD 路径，则如前所述也应该被测试。一旦测试了循环，就可以将其压缩成一个单独的节点。如果循环是嵌套的，则可以从最内层循环开始，逐步向外重复这个过程。这样也会产生测试用例复杂性问题，正如我们在边界值分析中发现的一样。这很自然，因为每个循环控制变量实际上都像是输入变量。如果循环是缠绕的，则必须采用第 9 章中将要讨论的数据流方法仔细分析。可以预见，如果一个循环篡改了另一个循环的循环控制变量就可能造成无限循环。

7. 多条件覆盖

Miller 的 C_{MCC} 度量测试通过复合条件解决决策问题。仔细研究一下 DD 路径 B 和 H 中的复合条件。不仅是要直接遍历这种判断的真和假分支，而且应该仔细研究每个分支发生的不同方式。一种方法是制作一张真值表，3 个简单条件的复合条件会有 8 行，产生出 8 个测试用例。另一种方法是将复合判断修改为简单 if-then-else 逻辑的嵌套，这会产生更多需要覆盖的 DD 路径。这里产生了一个有趣的权衡：在语句复杂性和路径复杂性之间折中。多条件覆盖可保证这种复杂性不会被 DD 路径覆盖所掩盖。

8. 具有统计意义的覆盖

C_{stat} 度量是不合适的，什么是构成一套统计学意义的完整程序路径呢？也许它涉及了客户 / 用户的舒适度。

9. 全路径覆盖

Miller 的 C_{∞} 指标说明，程序中存在巨大的循环（见图 8-3），这可以使无循环程序有意义，也为循环测试减少了程序的缩略图。

8.3.3 复合条件下的闭合路径

这有一个非常好的参考（Chilenski，2001），在网上有 214 页长，在本小节中的引用定义都源于此。它们相关的定义将在 8.3.1 节和 8.3.2 节介绍。

1. 布尔式

"布尔表达式的值就两种可能（布尔），结果只有一个，就是通常所说的真与假。"

布尔表达式可以是简单的布尔变量，或者是复合表达式（包含一个或多个布尔运算符）。Chilenski 将布尔运算符分为四类：

运算符类型	布尔运算符
一元（单操作数）	NOT(~)
二元（两个操作数）	AND（∧），OR（∨），XOR（⊕）
短路运算符	AND（AND-THEN），OR（OR-ELSE）
关系运算符	=, ≠ , < , ≤ , > , ≥

在数理逻辑，布尔表达式称为逻辑表达式，逻辑表达式是这样的：

（1）一个简单的命题，即：不包含逻辑运算符。

（2）包含至少一个逻辑运算符的复合命题。

别名：谓词、命题、条件。

在程序设计语言中，Chilenski 的布尔表达式作为决策条件语句：If–Then、If–Then–Else、If–ElseIf、Case/Switch、For、While 和 Until 循环。本节关注的是需要复合条件的测试。复合的条件被视为一个程序图中单个的节点；因此，它们引入的复杂性是模糊的。

2. 条件

条件是布尔运算符（布尔函数、对象和运算符）的操作数。一般来说，这是指在最低水平的条件（即那些操作数自己不是布尔运算符），这通常是一个表达式树的叶子。注意，条件是布尔（子）表达式。"

在数理逻辑中，Chilenski 的条件被称为简单，或原子，或命题。命题可以是简单的或复合的，其中一种复合命题至少包含一个逻辑运算符。命题也被称为谓词，即 E.F. Miller 使用术语。

3. 耦合条件

在两个（或更多）条件下被耦合，如果改变一个，则其他的也被改变。

当条件被耦合，它可能无法改变个别条件，因为联接的状态（多个）也可以被改变。Chelinski 注意到，条件可以强\弱耦合。在强耦合对中，改变一个条件，其他的也总会变化。在弱三元耦合中，改变一个条件可能会改变一个其他的联接状态，但不改变第三个。Chelinski 提供了这些例子：

在（（$x = 0$）与 A）或（（$x ≠ 0$）与 B））中，条件（$x = 0$）和（$x ≠ 0$）是强耦合。

在（（$x = 1$）或（$x = 2$）或（$x = 3$））中，这三个条件是弱耦合。

4. 掩蔽条件

这个掩蔽条件过程包括将运算符的一个操作数设置为一个值，以便改变该运算符的另一操作数不会改变这个运算符的值。

参见 3.4.3 节，掩蔽使用支配律。对于 AND 运算符，一个操作数的掩蔽可以通过持有其他操作数假来实现。（X AND False = False AND X = False，无论 X 的值是什么。）

对于 OR 运算符，要掩蔽其中一个操作数，则要保持其他操作数为真。（X OR True = True OR X = True，无论 X 的值是什么。）

5. 改进的条件判定覆盖

MCDC 是通过检测标准 DO-178B 要求的" A 级"的软件，MCDC 有三个变量，掩蔽 MCDC、唯一原因 MCDC 和唯一的原因 + 掩蔽 MCDC，这些详尽细节在 Chilenski 说明（2001）。其结论是，掩蔽 MCDC，而明显的弱形式有三个，建议符合 DO-178B。下面的定义是引用 Chilenski。

定义： MCDC 要求如下。

（1）每个语句必须至少执行一次。

（2）每个程序的入口点和出口点必须至少调用一次。

（3）每个控制语句的所有可能结果都采取至少一次。

（4）对每个非常数布尔表达式进行评估，具有真假两种结果。

（5）在布尔表达式中的每个非恒定条件都已被评估，具有真假两种结果。

（6）在布尔表达式中每个非恒定条件已被证明独立地影响（表达）结果。

MCDC 的基本定义需要一些解释。控制语句是那些做出决定的语句，如 if 语句、case/switch 语句和循环语句。在一个程序图中，控制语句有一个出度大于 1。常量布尔表达式终值始终不变。例如：当满足条件（$a = a$）时，布尔表达（$p \vee \sim p$）的值总是为真。同样，（$p \wedge \sim p$）和（$a \neq a$）也是一个恒定的表达（它的值为假）。在计划图表方面，MCDC 要求 1 和 2 转换到节点的覆盖，MCDC 要求 3 和 4 转换为边的覆盖。MCDC 要求 5 和 6 是 MCDC 复杂的测试部分。在下文中，由 Chilenski 讨论的三种变化旨在阐明点 6 的一般性定义，即"独立"确切的意思。

定义： "唯一原因 MCDC[要求] 一个独特的原因（触碰一个单一的条件，改变表达的结果）所有可能的（非耦合）条件"。

定义： "唯一的原因 + 掩蔽 MCDC[要求] 一个唯一的原因（触碰一个单一的条件，改变表达的结果）所有可能的（非耦合）条件。在强耦合条件的情况下，掩蔽 [允许] 为条件，所有其他（非耦合）的条件下保持固定。"

定义： "掩蔽 MCDC 允许掩蔽所有的条件，耦合和非耦合（触碰一个单一的条件，改变表达的结果）所有可能的（非耦合）条件。在强耦合条件的情况下，掩蔽 [允许] 为条件，所有其他（非耦合）的条件保持固定。"

Chilenski 声称："在强耦合条件的情况下，没有覆盖集是可能的，DO-178B 提供了这种条件下应如何覆盖的指导。"

8.3.4 示例

本节中的示例是针对复合条件测试代码的变化。

1. 两个简单的条件

考虑图 8-7 的程序片段，这看似简单，具有复杂度为 2 的环。决策表（见第 7 章）为条件（A AND（B OR

```
1. If (a AND(b OR c))
2.    Then y=1
3.    Else  y=2
4. EndIf
```

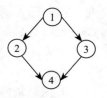

图 8-7 复合条件和决策图

C）），见表 8-2。判定覆盖是通过行使任何一对规则的实现，例如，使得每个动作至少执行一次。测试用例对应规则 3 和 4 提供决策的覆盖，就像规则 1 和规则 8 一样。条件覆盖由行使一组规则的集合，使得每个条件评估包括真值和假值。测试用例对应于规则 1 和规则 8 提供了决策覆盖，就像规则 4 和规则 5 一样。

表 8-2　决策表为例的程序片段

条件	规则 1	规则 2	规则 3	规则 4	规则 5	规则 6	规则 7	规则 8
a	T	T	T	T	F	F	F	F
b	T	T	F	F	T	T	F	F
c	T	F	T	F	T	F	T	F
a AND (b OR c)	True	True	True	False	False	False	False	False
行动								
y=1	×	×	×	–	–	–	–	–
y=2	–	–	–	×	×	×	×	×

保持其他条件不变的同时，每一个条件的真值和假值都应该被评估。规则 1 和规则 5 触发条件 a，规则 2 和规则 4 触发条件 b，规则 3 和规则 4 触发条件 c。

在 Chelinski（2001）论文（第 9 页），定义了如下布尔表达式：

$$(a \text{ AND} (b \text{ OR } c))$$

有如下扩展式形式，（a AND b）OR（a AND c），布尔变量一个不能经受单一的原因 MCDC 测试，因为它出现在两个 and 表达式中。

鉴于这里所有的复杂性（参见 Chelinski [2001]）最实用的解决方法就是用实际的代码绘制决策表，寻找不可能的规则。任何相关性通常会产生一个不可能的规则。

2. NextDate 的复合条件

在连续的 NextDate 问题中，我们用一些代码检查输入的日、月和年变量是否有效。图 8-8 是它的程序图和代码段。表 8-3 是 NextDate 的一个决策表的代码片段。由于日、月和年的变量都是独立的，每个变量都可以判断真或假。图 8-8 的循环复杂度是 5。

判定覆盖是通过对任何实现的规则使得每个动作至少执行一次。对应规则 1 的测试用例和规则 2 ～规则 8 的任何一个决策提供覆盖。

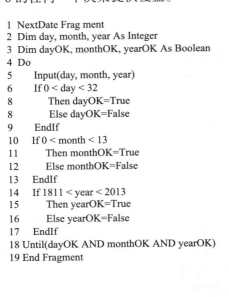

```
1  NextDate Frag ment
2  Dim day, month, year As Integer
3  Dim dayOK, monthOK, yearOK As Boolean
4  Do
5      Input(day, month, year)
6      If 0 < day < 32
8          Then dayOK=True
8          Else dayOK=False
9      EndIf
10     If 0 < month < 13
11         Then monthOK=True
12         Else monthOK=False
13     EndIf
14     If 1811 < year < 2013
15         Then yearOK=True
16         Else yearOK=False
17     EndIf
18 Until(dayOK AND monthOK AND yearOK)
19 End Fragment
```

图 8-8　NextDate 程序片段和它的方案图

表 8-3 决策表 NextDate 片段

条件	规则 1	规则 2	规则 3	规则 4	规则 5	规则 6	规则 7	规则 8
dayOK	T	T	T	T	F	F	F	F
monthOK	T	T	F	F	T	T	F	F
YearOK	T	F	T	F	T	F	T	F
直到条件为	True	False	False	False	False	False	False	False
行动								
离开循环	×	—	—	—	—	—	—	—
重复循环	—	×	×	×	×	×	×	×

多个条件覆盖要求行使的一组规则集合，使得每个评估条件既包含真值，又包含假值。对应于所有八个规则八测试用例必要提供判定覆盖。

为了达到 MCDC，每个条件必须进行评估，同时保持其他条件不变时，既要包含真值，又包含假值，并且改变的结果必须是可见的。规则 1 和规则 2 切换 yearOK 的状态。规则 1 和规则 3 切换 monthOK 的状态。规则 1 和规则 5 切换 dayOK 的状态。

由于这三个变量是真正独立的，所以多条件覆盖是必要的。

3. 三角形问题复合条件

这个例子显示它与前两个例子之间的重要区别。图 8-9 的代码片段是三角形程序，它是检查边 a、b 和 c 的值是否能构成一个三角形的部分程序。该测试采用了每一条边的长度要小于其他两边之和的定义。注意，图 8-7 和图 8-9 的程序图是相同的。

1. If ($a < b < c$)AND ($a < b < c$)AND($a < b + c$)
2.   Then IsA Triangle = True
3.   Else IsA Triangle = False
4. EndIf

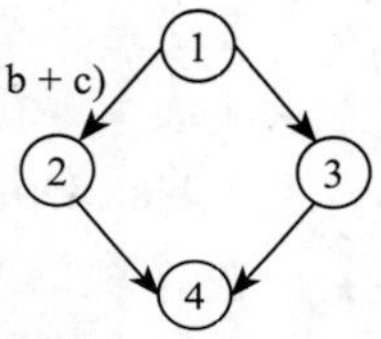

图 8-9 三角形程序片段和程序图

NextDate 片段和三角形程序片段都是三个变量的函数。第二个区别是三角形程序的三边 a、b 和 c 之间是依赖的，而在 NextDate 片段中的 dayOK、monthOK 和 yearOK 是彼此真正独立的变量。

a、b 和 c 之间的依赖性是表 8-4 决策表四个不可能的规则的原因。证明如下：

事实：数值不可能有两个错误的条件。

证明（反证法）：假定任何一对条件都是真的。任意选择前两个条件都可能是真的，我们可以写两个不等式。

$$a >= (b + c)$$
$$b >= (a + c)$$

加在一起，我们有

$$(a + b) >= (b + c) + (a + c)$$

重排右侧，我们有

$$(a + b) >= (a + b) + 2c$$

但 a、b 和 c 都大于 0，所以存在一个矛盾，证明完毕。

判定覆盖是通过任何对规则的实现使得每个动作至少执行一次。测试案例对应规则 1 和规则 2 提供的决策覆盖，就像规则 1 和规则 3，规则 1 和规则 5 一样。规则 4、6、7 和 8 由于其数值不能用于此处。条件覆盖由运行一组规则集合，使得每个评估条件即包含真值，又包含假值。对应规则 1 和规则 2 切换（ $c < a + b$ ）的条件的测试用例。规则 1 和规则 3 切换（ $b < a + c$ ）

的条件，规则 1 和规则 5 切换（$a < b + c$）条件。MCDC 是复杂的数值（逻辑），因此不可能是三个条件。三对规则（规则 1 和规则 2、规则 1 和规则 3、规则 1 和规则 5）构成 MCDC。

表 8-4　三角程序片段的决策表

条件	规则 1	规则 2	规则 3	规则 4	规则 5	规则 6	规则 7	规则 8
$(a < b + c)$	T	T	T	T	F	F	F	F
$(b < a + c)$	T	T	F	F	T	T	F	F
$(c < a + b)$	T	F	T	F	T	F	T	F
IsATriangle = True	×	–	–	–	–	–	–	–
IsATriangle = False	–	×	×	–	×	–	–	–
Impossible	–	–	–	×	–	×	×	×

在复杂的情况下，如这些例子所示，回落在决策表总是工作的一个目标。我们将（保留原编号的语句）重写复合条件与嵌套 if 逻辑。

```
1.1    If (a < b + c)
1.2        Then If (b < a + c)
1.3            Then If (c < a + b)
2                    Then IsATriangle = True
3.1                  Else IsATriangle = False
3.2              End If
3.3          Else IsATriangle = False
3.4      End If
3.5    Else IsATriangle = False
4      EndIf
```

这段代码避免了 a、b 和 c 的数值不可能的组合。在其程序图中有四个不同的路径，并且这些对应于规则 1、2、3 和 5 中的决策表。

8.3.5　测试覆盖分析器

覆盖性分析器是一类支持自动化测试管理的测试工具。利用覆盖分析器，测试人员可以将"仪器化"的测试用例在程序上执行，之后分析器会利用仪器代码所包含的信息来生成覆盖性报告。比如，对于常见的 DD 路径覆盖，仪器代码会识别并标记出原始程序中的所有 DD 路径。当测试用例在仪器化的程序上执行时，分析器会把被每个测试用例所遍历的 DD 路径制成表格。这样，测试人员就可以用不同测试用例集合来做实验，并确定每个集合的覆盖。Tilo Linz 先生维护着一个卓越测试工具信息网（www.testtoolreview.com）。

8.4　基路径测试

对于结构测试，数学上"基"的概念是很具吸引力的。某些集合可能会有基，如果有，则对于整个集合来说，基会呈现一些非常重要的性质。数学家一般采用称为"向量空间"的结构来定义基，基是元素（称为向量）的一个集合，也同时定义了向量的乘法和加法操作。如果还可以应用其他几个准则，则这种结构可以被称为向量空间，所有向量空间都有基（事实上可以有多个基）。向量空间的基是一组相互独立的向量的集合，基向量生成整个向量空间，该空间中的任何其他向量都可以用基向量来表示。因此，基向量在一定程度上表示了整个向量空间的"本质"：空间中的一切都可以用基向量来表示，并且如果一个基元被删除，则这个生成性质也就丢失了。基对于测试的潜在意义在于：如果可以把程序看成是一种向量空间，则这个空间的基就是需要测试的元素的集合。如果基没有问题，则可认为用基所表示的一切都是没有问题的。本节中将介绍 Thomas McCabe 的早期工作，他在 20 世纪 70 年代中期就认识到了这种可能性。

8.4.1　McCabe 的基路径方法

图 8-10 选自 McCabe（1982）。这是一张有向图，我们可以把它看作是某个程序的程序图（或 DD 路径图）。为了同其他引用此图的地方（McCabe，1987；Perry，1987）保持一致，这里仍然使用最初对节点和边的表示方法。（请注意，这张图不是源自某个结构化程序的：因为节点 B 和 C 是有两个出口的循环，而且从节点 B 到 E 的边也是跳进节点 D、E 和 F 所代表的 if-then 语句。）这段程序有单个入口（A）和单个出口（G）。McCabe 的测试观点是基于图论的一个重要结论：强连通图的圈数（参见第 4 章）实际上就是图中线性无关环路的数量。（环路类似于链：不存在内循环或判断，起始节点就是终止节点。环路是一组 3 连通节点的集合。）

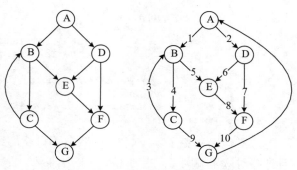

通过增加从（每个）汇节点到（每个）源节点的边，就可以创建强连通图。（注意，如果打破了单入口、单出口规则，会大大增加圈数，因为需要添加从每个汇节点到每个源节点的边。）图 8-10 给出了这样处理后的结果，这里还给出了图中各边的标号，以便在后续讨论中使用。

图 8-10　McCabe 法导出的强连通图

不同文献中计算圈复杂度的公式存在一定的差异。有些文献给出的公式是 $V(G) = e-n + p$，有的文献给出的公式是 $V(G) = e-n + 2p$；但是所有人都认为 e 是边数，n 是节点数，p 是连通区域数。显然，公式的差异源自如何将任意有向图（如图 8-10 左侧给出的有向图）转换成强连通有向图的问题（如图 8-10 右侧所示的有向图），因为该过程是通过从汇节点到源节点添加一条边来实现的。增加一条边显然会影响依据公式计算出的圈值，但是不应该影响环路数目。下面的这种方法可以解决这种表面上的不一致性。在图 9-6 中，从源节点到汇节点的线性独立路径数是

$$V(G) = e-n + 2p = 10-7 + 2(1) = 5$$

图 8-10 中图的线性独立环路数是

$$V(G) = e-n + p = 11-7 + 1 = 5$$

图 8-10 中强连通图的圈复杂度是 5，因此有 5 个线性独立环路。如果现在删除从节点 G 到节点 A 添加的边，则这 5 个环路变为从节点 A 到节点 G 的线性独立路径。在小规模的图中，通过观察就可以标出独立的路径。这里给出按照节点序列来表示的路径：

p1：A，B，C，G

p2：A，B，C，B，C，G

p3：A，B，E，F，G

p4：A，D，E，F，G

p5：A，D，F，G

表 8-5 显示了遍历每一条边，以及遍历每一条边的次数。通过定义加法和标量乘法的概

念，我们把它转换成向量空间：路径加法就是一条路径后接另一条路径，乘法对应于路径的重复。借助这种公式化，McCabe 得到了程序路径的向量空间。按照该框架中定义的基元，路径 A、B、C、B、E、F、G 是基元和 p2 + p3-p1，路径 A、B、C、B、C、B、C、G 是线性组合 2p2-p1。通过关联矩阵（参见第 4 章）更容易理解这种加法，关联矩阵的行对应于路径，列对应于边，如表 8-5 所示。这个表中的项是按每条路径以及遍历它所经过的边获得的。例如，路径 p1 经过边 1、4 和 9，路径 p2 经过边序列 1、4、3、4、9。由于边 4 被路径 p2 经过了两次，边 4 所在列的取值就为 2。

表 8-5　路径 / 边的遍历

所经过的路径 / 边	1	2	3	4	5	6	7	8	9	10
p1: A、B、C、G	1	0	0	1	0	0	0	0	1	0
p2: A、B、C、B、C、G	1	0	**1**	2	0	0	0	0	1	0
p3: A、B、E、F、G	1	0	0	0	**1**	0	0	1	0	1
p4: A、D、E、F、G	0	1	0	0	0	**1**	0	1	0	1
p5: A、D、F、G	0	1	0	0	0	0	**1**	0	0	1
ex1: A、B、C、B、E、F、G	1	0	1	1	1	0	0	0	0	1
ex1: A、B、C、B、C、B、C、G	1	0	2	3	0	0	0	0	1	0

通过考察关联矩阵的前 5 行可以检查路径 p1 至 p5 的独立性。粗黑体项表示只出现在一条路径中的边，因此路径 p2 至 p5 必定是独立的。路径 p1 独立于所有这些路径，因为不论如何用其他路径来表达 p1 都会引入不需要的边。如果没有可以删除的路径，则这 5 条路径可以生成任何从节点 A 到节点 G 的所有路径。至此，读者可以自己检查两个示例路径的线性组合情况。（对列项执行加法和乘法运算。）

McCabe 接下来开发了一个算术过程（称为基线方法）来确定基路径集合。该方法从选择一个基线路径出发，这里的基线路径应该对应于某些"正常情况"下程序的执行。这具有一定的随意性，所以 McCabe 建议选择具有尽可能多的判断节点的路径。接下来回溯基线路径，依次"翻转"每个判断，即当某个节点的出度大于等于 2 时，必须选取一个不同的边。在 McCabe 的例子中，首先假定通过节点 A、B、C、B、E、F、G 的路径为基线路径。（这在前面是通过路径 p1 至 p5 来表示的。）这条路径上的第一个判断节点（出度大于等于 2）是节点 A，因此对于下一条基路径，要经过边 2，而不是边 1。这样得到路径 A、D、E、F、G，此处通过回溯路径 1 中的节点 E、F、G 来尽可能减少差别。对下一条路径，可以选择第二条路径为基础，并选取节点 D 的另一个判断分支，得到路径 A、D、F、G。现在只有判断节点 B 和 C 没有被翻转，它们翻转后得到最后两条基路径 A、B、E、F、G 和 A、B、C、G。请注意，这样构造的基路径集合与表 8-6 中的基路径集合是不同的，但这不成问题，因为并不要求有唯一的基。

表 8-6　图 8-5 的基路径

原始路径 p1	p1: A–B–C–E–F–H–J–K–M–N–O- 最终	不等边三角形
翻转判断节点 B，得到 p2	p2: A–B–C–E–F–H–J–K–M–N–O- 最终	不可行
翻转判断节点 F，得到 p3	p3: A–B–C–E–F–H–I–N–O- 最终	不可行
翻转判断节点 H，得到 p4	p4: A–B–C–E–F–H–J–L–M–N–O- 最终	等边三角形
翻转判断节点 J，得到 p5	p5: A–B–C–E–F–H–J–L–M–N–O- 最终	等腰三角形

8.4.2 McCabe 基路径方法的考虑

如果理解有关基路径、基路径的和与积等内容的讨论时有些困难，那么自然会产生这样的疑问："这可能是从学术角度对现实世界中实际问题的过分简化。"这种想法是有道理的，因为在 McCabe 的观点中，有两个致命问题：第一点是测试基路径集合应该是充分的（但它不是），第二点是为了使程序路径看起来像向量空间而进行的类似瑜伽的扭曲。McCabe 关于 A、B、C、B、C、B、C、G 是线性组合 2p2-p1 的例子给人的感觉非常不好。2p2 部分的含义究竟是什么？是要执行路径 p2 两次吗？（从所给出的数学公式上看是的。）更糟糕的是，-p1 部分的含义又是什么？是反向执行路径 p1 吗？还是取消对 p1 的最近一次执行？还是下次不再执行 p1 了？这样的数学问题对于实践者来说是真正的迷魂阵，而实践者关心的是找到解决实际问题的方案。为了更好地理解这些问题，我们得先回到三角形程序这个例子上。

首先考察图 8-5 中三角形程序的 DD 路径图。我们先从对应不等边三角形的基线路径入手，边是 3、4、5。这个测试用例将遍历路径 p1（见表 8-5）。现在，如果翻转节点 B 处的判断，则得到路径 p2。继续这个过程，翻转节点 F 处的判断，产生路径 p3。继续翻转基线路径 p1 上的判断节点，下一个出度为 2 的节点是 H。当翻转 H 时，可得到路径 p4。接下来，翻转节点 J 得到 p5。现在我们知道已经完成了，因为只有 5 条基路径，如表 8-5 所示。

现在进行实际检验：如果走过路径 p2 和 p3，就会发现这两条路径都是不可行的。路径 p2 不可行是因为通过节点 D 意味着这些边不构成三角形，因此节点 F 的判断分支一定是节点 G。类似地在 p3 中，通过节点 C 意味着这些边都构成三角形，因此节点 G 是不会经过的。路径 p4 和 p5 都是可行的，它们分别对应等边三角形和等腰三角形。请注意，在非三角形情况下没有基路径。

前面已经提到过，输入数据域中的依赖关系会给边界值测试造成困难，并且我们通过基于决策表的功能测试，已经解决了这个数据依赖性问题。现在我们考虑代码级的依赖关系，这种依赖关系与独立基路径的隐含假设相冲突。McCabe 的方法能够成功地标识出在拓扑结构上独立的基路径，但是如果存在互相矛盾的语义依赖关系，则拓扑结构上可行的路径在逻辑上有可能是不可行的。针对这个问题，一种解决办法是要求只能翻转语义可行路径中的判断结果，另一种方法是找出逻辑依赖性的根本原因。如果仔细研究这个例子，我们就可以找出两条规则：

- 如果经过节点 C，则必须经过节点 H；
- 如果经过节点 D，则必须经过节点 G。

将这两条规则与 McCabe 的基路径方法结合在一起，可得到以下可行基路径集合。请注意，如果要求基路径必须是可行的，则逻辑依赖关系就会压缩基路径集合。

p1: A-B-C-E-F-H-J-K-M-N-O- 结束	不等边三角形
p6: A-B-D-E-F-G-O- 结束	非三角形
p4: A-B-C-E-F-H-I-N-O- 结束	等边三角形
p5: A-B-C-E-F-H-J-L-M-N-O- 结束	等腰三角形

三角形问题并不是很典型，因为该问题中没有出现过环路。三角形程序只有 8 条在拓扑结构上可能的路径。在这 8 条路径中，只有上面列出的 4 条基路径是可行的。因此对于这个特例，使用特殊值测试和输出值域测试所得到的测试用例是相同的。

从好的方面看，基路径覆盖可以保证 DD 路径覆盖：翻转判断的过程保证了经过所有判断分支，这与 DD 路径覆盖相同。基路径关联矩阵和三角形程序可行基路径的例子可以证实这一点。通过进一步研究可以发现，DD 路径集合的作用与基是一样的，这是因为任何程序路径都可以表示为 DD 路径的线性组合。

8.4.3　McCabe 方法的基本复杂度

McCabe 在圈复杂度上做出的贡献在改进程序设计方面要比在改进测试方面起到更大的作用。本节简要综述了图论、结构化程序设计以及它们对测试的影响。这些讨论的核心是基本复杂度这一概念（McCabe，1982），这只不过是另一种形式的压缩图的圈复杂度。前面提到过，压缩图是现有图的一种简化方法。到目前为止，我们的简化都一直局限于删除强分图或 DD 路径。下面我们围绕图 8-11 给出的结构化程序设计结构进行压缩。

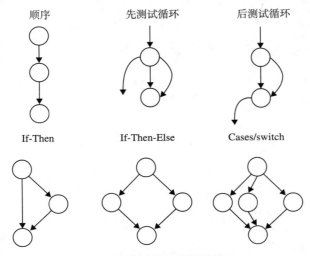

图 8-11　结构化程序设计结构

基本思想是寻找一种结构化程序设计结构的图，将其压缩成一个节点，并重复这种处理，直到不能再找出其他结构化程序设计结构为止。这个过程可通过三角形程序伪代码的 DD 路径图继续加以说明，见图 8-12。包含节点 B、C、D 和 E 的 if-then-else 构造可以压缩为节点 a，3 个 if-then 构造可以分别压缩为节点 b、c 和 d，其余的 if-then-else（对应于 IF IsATriangle 语句）构造可以压缩为节点 e，这样就得到圈复杂度 $V(G) = 1$ 的压缩图。一般来说，如果程序具有良好的结构性（即只包含结构化程序设计结构），则总可以压缩为只有一条路径的图。

图 8-10 中的图是不能采用这种方式进行压缩的（自己试试看！）。包含节点 B 和 C 的循环不能压缩，因为存在从 B 到 E 的边。类似地，节点 D、E 和 F 看起来像是 if-then 构造，但是从 B 到 E 的边违反了结构化要求。于是 McCabe（1976）继续寻找违反了结构化程序设计要求的"非结构化"元素，如图 8-13 所示。每一个"非结构化"都会包含 3 种不同的路径，与相应的结构化程序设计结构中所表示的两条路径相对应，所以结论是：这种冲突会增加圈复杂度。McCabe 的分析中的主要障碍是非结构化自己不会发生：如果在程序中出现一处非结构化的情况，则至少还会找到另外一处，所以程序是不会仅仅出现轻微的非结构化的。因为这会引起圈复杂度的增加，所以所需测试用例的最小数量也会增加。在下一章中我们会看到，对于数据流测试，非结构化还有其他很有意思的内涵。

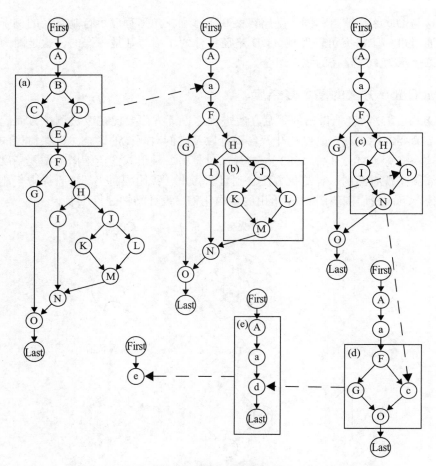

图 8-12   根据结构化程序设计结构进行的压缩

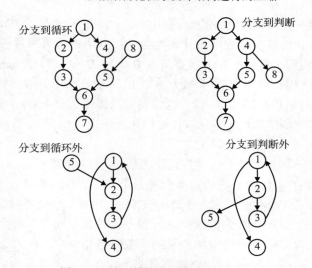

图 8-13   违反结构化程序设计的结构

对于测试人员而言底线是：具有高圈复杂度的程序需要更多的测试。在采用圈复杂度指标的情况下，大多数测试都预先规定了最大可接受的复杂度，一般都选择 $V(G) = 10$。如果某个单元具有更高的复杂度该如何处理呢？只有两种办法：要么简化单元结构，要么做更多的测试。如果单元的结构化很好，其基本复杂度为 1，就很容易简化。如果单元的基本复杂度超过了预先规定，则最好的选择常常是消除非结构化。

8.5 原则与注意事项

我们在研究功能测试过程中，观察到漏洞和冗余都会存在并且都难以发现。究其原因是功能测试使得我们离代码太远。而结构测试的路径测试方法又在另一个方向上走得太远：它机械地将源代码表达为有向图和程序路径，这会掩盖源代码中的重要信息，具体地说就是掩盖了可行路径和不可行路径的区别。下一章我们将研究基于数据流的测试，这些技术会更接近源代码，以便从路径分析这个极端方向重回正轨。基于代码的任何形式的测试都可以揭示在需求中指定缺失的功能。

McCabe（1982）的下述观点有一部分是正确的："意识到这些都只是些衡量测试质量的指标，而不是构造测试用例的过程，这一点很重要的。"他这里指的是 DD 路径覆盖指标（这等价于判断分支指标）和圈复杂度指标（这要求经过最低圈数个不同的程序路径）。因此基路径测试给出的是所需测试量的下限。

基于路径的测试还提供了一组指标，它们可以实现对功能测试的交叉检查。我们可以利用这些指标来解决漏洞和冗余的问题。如果发现同一条程序路径被多个功能测试用例遍历，就可以怀疑这种冗余是不会发现新故障的。如果没有达到一定的 DD 路径覆盖，则可以知道在功能测试用例中存在漏洞。举个例子，假设有一个程序包含大量的错误处理，而我们采用边界值测试用例（最小值、略大于最小值的值、正常值、略小于最大值的值和最大值）来测试。由于这些都是允许值，所以对应于错误处理代码的 DD 路径是不会被遍历的。如果增加了健壮性测试用例或传统等价类测试用例，则对 DD 路径的覆盖就会得到提高。除了这些覆盖性指标显而易见的使用方式之外，还给真正的测试工艺师保留了空间。8.3 节列出的覆盖指标可以有两种使用方式：作为一种强制执行的标准（例如所有单元都应该被测试，以达到完全 DD 路径覆盖），或作为一种机制来有选择性地严格测试某部分程序代码。对于包含复杂逻辑的模块可能选择多条件覆盖，而对于包含大量迭代处理的模块则可以采用循环覆盖方法来测试。这也许是一种最好的结构测试观点：利用源代码的性质来选取合适的覆盖性指标，然后再使用这些指标作为对功能测试用例的交叉检查。如果所期望的覆盖没有达到，则根据相关的路径来构造额外的（特殊值）测试用例。

8.6 习题

1. 给出图 8-3 中图的圈复杂度。
2. 找出图 8-3 中图的一个基路径集合。
3. 讨论 McCabe 出度大于等于 3 的节点的"翻转"的概念。
4. 假设以图 8-3 作为某段程序的 DD 路径图。请为 C_0、C_1 和 C_2 指标开发（可以是测试用例的）路径集合。
5. 为伪代码三角形程序构造多条件覆盖测试用例。（特别注意语句片段 14 和 16 之间表达式（$a = b$）AND（$b = c$）的依赖关系。）
6. 重新编写程序片段 14 ～ 20，用嵌套 if-then-else 语句替代复合条件。比较你编写的程序和下面这个程序的圈复杂度。

```
14. If (a = b) AND (b = c)
15.    Then Output ("Equilateral")
16.    Else If (a ≠ b) AND (a ≠ c) AND (b ≠ c)
17.       Then Output ("Scalene")
18.       Else Output ("Isosceles")
19.    EndIf
20. EndIf
```

7. 仔细研究原始语句片段 14 至 20。对于 $a = c$ 情况的测试用例（如 $a = 3$，$b = 4$，$c = 3$）会出现什么情况？在第 14 行的条件等式中，根据相等的传递性去掉了 $a = c$ 条件，这会有什么问题吗？

8. CRC 出版公司的网站（www.crcpress.com/product/isbn/9781446656068O）上的 codeBasedTesting.xls 包含了三角形问题、NextDate 函数和佣金问题的 VBA 实现，你可能已用 specBasedTesting.xls 数据表分析过。输出结果显示的是各个测试用例的 DD 路径覆盖度以及如果某个测试用例失败时所反映出来的故障。请使用这个程序执行各种测试用例集合，找到能够实现完全 DD 路径覆盖却又发现不了已知故障的测试用例。

9. （只供数学爱好者来解答。）为了使集合 V 成为一个向量空间，必须为该集合中的元素定义两种操作（加法和标量乘法）。在加法中，对所有向量 $x, y, z \in V$，以及所有标量 $k, l, 0$ 和 1，必须遵守下列准则。

a. 如果 $x, y \in V$，则向量 $x + y \in V$。

b. $x + y = y + x$。

c. $(x + y) + z = x + (y + z)$。

d. 存在一个向量 $0 \in V$，使得 $x + 0 = x$。

e. 对于任何 $x \in V$，存在一个向量 $-x \in V$，使得 $x + (-x) = 0$。

f. 对于任何 $x \in V$，向量 $kx \in V$，这里的 k 是一个标量。

g. $k(x + y) = kx + ky$。

h. $(k+l)x = kx + lx$。

i. $k(lx) = (kl)x$。

j. $lx = x$。

程序中路径的"向量空间"遵守这 10 条准则中的哪几条？

8.7 参考文献

Beizer, B., *Software Testing Techniques*, Van Nostrand, New York, 1984.

Chilenski, J.J., *An Investigation of Three Forms of the Modified Condition Decision Coverage (MCDC) Criterion*, DOT/FAA/AR-01/18, April 2001.

http://www.faa.gov/about/office_org/headquarters_offices/ang/offices/tc/library/ (see actlibrary.tc.faa.gov).

Huang, J.C., Detection of dataflow anomaly through program instrumentation, *IEEE Transactions on Software Engineering*, Vol. SE-5, 1979, pp. 226–236.

Miller, E.F. Jr., *Tutorial: Program Testing Techniques*, COMPSAC '77, IEEE Computer Society, 1977.

Miller, E.F. Jr., Automated software testing: a technical perspective, *American Programmer*, Vol. 4, No. 4, April 1991, pp. 38–43.

McCabe, T. J., A complexity metric, *IEEE Transactions on Software Engineering*, Vol. SE-2, No. 4, December 1976, pp. 308–320.

McCabe, T.J., *Structural Testing: A Software Testing Methodology Using the Cyclomatic Complexity Metric, National Bureau of Standards (Now NIST)*, Special Publication 500-99, Washington, DC, 1982.

McCabe, T.J., *Structural Testing: A Software Testing Methodology Using the Cyclomatic Complexity Metric*, McCabe and Associates, Baltimore, 1987.

Perry, W.E., *A Structured Approach to Systems Testing*, QED Information Systems, Inc., Wellesley, MA, 1987.

Schach, S.R., *Software Engineering*, 2nd ed., Richard D. Irwin, Inc. and Aksen Associates, Inc., Homewood, IL, 1993.

数据流测试

数据流测试容易使人联想到数据流图，用数据流测试这个术语不是很准确，因为两者之间并无任何联系。数据流测试考察变量接收值（点）和使用（或引用）这些值（点）的路径，路径是结构测试方法的一种。数据流测试可以用作路径测试的"真实性检验"。实际上，很多测试和研究人员都把这种方法看作一种路径测试方法。尽管对于单元测试来说，数据流和基于片的测试都是比较烦琐的，但是它们非常适合用面向对象的思维来编码。本章将介绍两种主流数据流测试方法：一种提供一组基本定义和统一的测试覆盖指标结构，另一种基于"程序片"的概念。这两种方法都从测试人员的直觉（和分析）出发的。虽然它们都以程序图为起点，却都趋向功能测试。而且这两种方法都很难用手工的方式来实现，不幸地是，很少有针对数据流和基于片测试的商业软件。好的方面是，这两种方法对于编码和调试都是非常有帮助的。

大多数程序的功能都是通过数据来表现的。表示数据的变量接收值，并用来计算其他变量的值。早在 20 世纪 60 年代初期，程序员就根据变量接收值（语句和语句段）和这些值的使用情况分析源代码。这种分析常常基于变量名所在语句行号的索引表。而索引表是第二代程序设计语言编译器的常见功能（COBOL 程序员现在仍然经常使用）。早期的数据流测试通常集中在（现在称之为）定义 / 引用异常故障分析上：

- 变量已定义，但从未使用（引用）；
- 使用未定义的变量；
- 变量在使用之前被重复定义。

通过程序索引表可以发现这些异常。因为索引表是在编译阶段生成的，所以这些异常可以通过静态分析（在源代码中）发现，而不需要执行程序。

9.1　定义 / 使用测试

定义 / 使用测试技术形成化的大部分工作是在 20 世纪 80 年代初完成的（Rapps 和 Weyuker 1985）。Clarke 等人（1989）归纳总结了定义 / 使用测试理论，本节给出的定义与其兼容。本章与第 4 章和第 8 章研究内容的理论基础是一致的。比如，程序图中节点代表语句片段（语句片段也可以指整个语句），并且遵循结构化程序设计原则。

下面定义程序 P：程序 P 包括程序图 $G(P)$ 和一组程序变量 V。$G(P)$ 按第 4 章介绍的方法构造，节点代表语句片段，边代表节点序列，有一个单入口节点和一个单出口节点，同样不允许存在从某个节点到其自身的边。路径、子路径和回路的定义均遵从第 4 章。P 中所有路径的集合记为作 ATHS（P）。

定义：当且仅当变量 $v \in V$ 的值由对应节点 $n \in G(P)$ 的语句片段定义时，n 称为变量 v 的定义节点，记作 DEF(v, n)。

输入语句、赋值语句、循环控制语句和过程调用，都是定义节点语句的示例。当执行与这种语句对应的代码时，与该变量关联的存储单元的内容会改变。

定义：当且仅当变量 $v \in V$ 的值在对应节点 $n \in G(P)$ 处的语句片段使用时，n 称为变量 v 的使用节点，记作 USE(v, n)。

输入语句、赋值语句、条件语句、循环控制语句和过程调用，都是使用节点语句的示例。当执行与这种语句对应的代码时，与该变量关联的存储单元的内容保持不变。

定义：当且仅当语句 n 是谓词语句，使用节点 USE(v, n) 是一个谓词使用（记作 P-use，即 P 使用）；否则，USE(v, n) 是计算使用（记作 C-use，即 C 使用）。

对应于谓词使用的节点永远有出度大于等于 2，而对应于计算使用的节点永远有出度小于等于 1。

定义：若 PATHS（P）中存在这样一条路径，对某个 $v \in V$，存在定义节点 DEF（v, m）和使用节点 USE(v, n)，使得 m 和 n 分别是该路径的开始节点和结束节点，则该路径称为关于变量 v 的定义使用路径（记作 du-path，即 du 路径）。

定义：若 PATH（P）中存在这样一条路径，具有开始节点 DEF(v, m) 和结束节点 USE(v, n)，使得该路径中没有其他节点是 v 的定义节点，则该路径称为关于变量 v 的定义清除路径（记作 dc-path，即 dc 路径）。

测试人员应该注意的是：如何通过存储数据的值是以上定义获取计算的关键点。定义使用和定义清除两条路径描述了横跨定义值的节点和使用值的节点源语句的数据流。定义使用路径与定义清除路径不同，这是个潜在麻烦。定义路径的一个主要价值在于，在集成开发环境中，它们可以从代码中标记出"标记"的点和断点。图 9-3 说明了这一情况。

9.1.1　举例

下面我们继续使用佣金问题及其程序图来说明这些定义。这里给出了伪代码及讨论的过程构建的程序图，如图 9-1 所示。这个程序根据枪机（*locks*）、枪托（*stocks*）和枪管（*barrels*）的销售量计算销售额的佣金。其中的 While 循环是经典的标志控制循环结构，其中 *locks* 值为 −1 标志着销售数据循环结束。总销售量通过在 While 循环中累加计算。打印这些基本信息之后，根据程序开头定义的商品价格常量计算销售额（*sales*）。最后，程序的条件选择部分使用销售额（*sales*）来计算佣金（*commission*）。

图 9-2 中展示了图 9-1 中程序图的 DD 路径。佣金问题的计算量较大，因此在该 DD 路径图中做了大量压缩。表 9-1 详细给出了与 DD 路径关联的语句片段，其中的某些 DD 路径（根据第 9 章中的定义）被合并，以简化图。后面我们需要这些图来帮助我们可视化 DD 路径、du- 路径和程序片之间的不同。

表 9-2 给出了佣金问题中变量的定义节点和使用节点。利用这些信息并参考图 9-1 中的程序图，我们可以对定义使用和定义清除路径进行标识。其中，大家一直在争论常量和变量声明语句是否应该被认为是定义节点：当沿着定义使用路径跟踪执行情况时，我们对这种节点并不感兴趣；但若存在错误，则测试这种节点会有所帮助。这可根据具体情况做出选择。我们将以节点编号序列引用各种路径。

表 9-3 和表 9-4 给出了佣金问题中部分定义使用路径，它们采用图 9-1 中的开始和结束节点命名。表 9-3 中的第三列表示定义使用路径是否定义清除。有些定义使用路径是很简单的，比如 *lockPrice*、*stockPrice* 和 *barrelPrice*；而有些则要复杂一些，比如 While 循环（节点序列 <14,15,16,17,18,19,20>）输入并对 *totalLocks*、*totalStocks* 和 *totalBarrels* 的值进行累加。表 9-3 只显示了 *totalStocks* 变量的细节，其初始值定义出现在节点 11 上，首次使用则

在节点 17 上。可知，路径（11，17）是定义清除的，由节点序列 <11，12，13，14，15，16，17> 组成；而路径（11，22）不是定义清除的，由节点序列 <11，12，13，（14，15，16，17，18，19，20）*，21，22> 组成，这是因为 *totalStocks* 的值在节点 11 和节点 17（在节点 17 处可能被多次定义）处定义。（While 循环后面的星号是常用于形式逻辑和正则表达式的 Kleene 星表示法，表示零次或多次重复。）

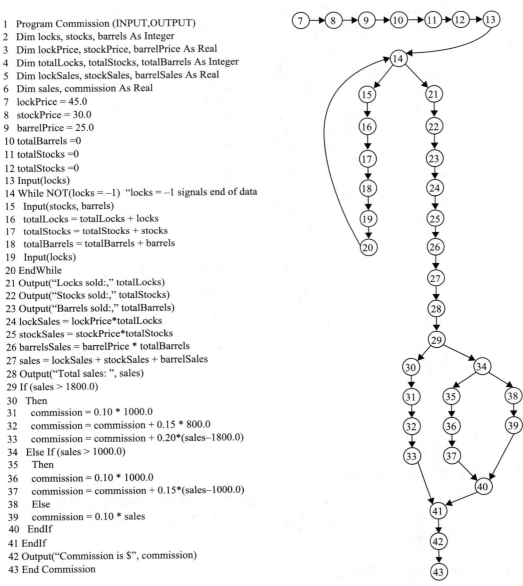

```
1  Program Commission (INPUT,OUTPUT)
2  Dim locks, stocks, barrels As Integer
3  Dim lockPrice, stockPrice, barrelPrice As Real
4  Dim totalLocks, totalStocks, totalBarrels As Integer
5  Dim lockSales, stockSales, barrelSales As Real
6  Dim sales, commission As Real
7  lockPrice = 45.0
8  stockPrice = 30.0
9  barrelPrice = 25.0
10 totalBarrels =0
11 totalStocks =0
12 totalStocks =0
13 Input(locks)
14 While NOT(locks = –1)   "locks = –1 signals end of data
15   Input(stocks, barrels)
16   totalLocks = totalLocks + locks
17   totalStocks = totalStocks + stocks
18   totalBarrels = totalBarrels + barrels
19   Input(locks)
20 EndWhile
21 Output("Locks sold:," totalLocks)
22 Output("Stocks sold:," totalStocks)
23 Output("Barrels sold:," totalBarrels)
24 lockSales = lockPrice*totalLocks
25 stockSales = stockPrice*totalStocks
26 barrelsSales = barrelPrice * totalBarrels
27 sales = lockSales + stockSales + barrelSales
28 Output("Total sales: ", sales)
29 If (sales > 1800.0)
30   Then
31     commission = 0.10 * 1000.0
32     commission = commission + 0.15 * 800.0
33     commission = commission + 0.20*(sales–1800.0)
34   Else If (sales > 1000.0)
35     Then
36       commission = 0.10 * 1000.0
37       commission = commission + 0.15*(sales–1000.0)
38     Else
39       commission = 0.10 * sales
40   EndIf
41 EndIf
42 Output("Commission is $", commission)
43 End Commission
```

图 9-1　佣金问题及程序图

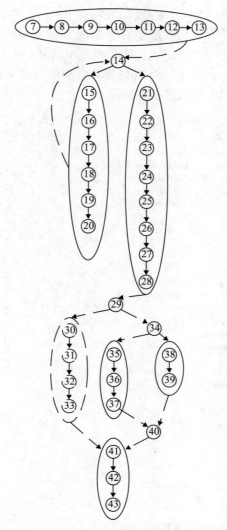

图 9-2　佣金问题伪代码的 DD 路径图

9.1.2　stocks 的定义使用路径

先来看变量 stocks 的定义使用路径，它比较简单，有 DEF（*stocks*，15）和 USE（*stocks*，17），因此路径 <15，17> 是一条关于 *stocks* 的定义使用路径。*stocks* 没有其他定义节点，因此这条路径还是定义清除路径。

9.1.3　locks 的定义使用路径

locks 变量更有意思，因为它有两个定义节点 DEF(*locks*, 13)、DEF(*locks*，19) 和两个使用节点 USE(*locks*, 14)、USE(*locks*, 16)，产生了 4 条定义使用路径：

p1 = <13, 14>

p2 = <13, 14, 15, 16>

p3 = <19, 20, 14>

p4 = <19, 20, 14, 15, 16>

　　注意：定义使用路径 p1 和 p2 都引用了 locks 的注入值，在节点 13 处读入。在 While 语句（节点 14）中 locks 有一个谓词使用，若该条件为真（比如在路径 p2 中），则在语句 16 处有一个计算使用。在 While 循环接近结束处出现了另外两条定义使用路径。这 4 条路径提供了第 8 章讨论过的循环覆盖，包括绕过循环、开始循环、重复循环和退出循环。同时这些定义使用路径均为定义清除路径。

```
13  Input(locks)
14  WhileNOT(locks = −1) 'locks = −1 signals end of data
15    Input(st ocks, barrels)
16    totalLocks = totalL ocks + locks
17    totalSto cks = totalSto cks + stocks
18    totalBarrels = totalB arrels + barrels
19    Input(locks)
20  EndWhile
```

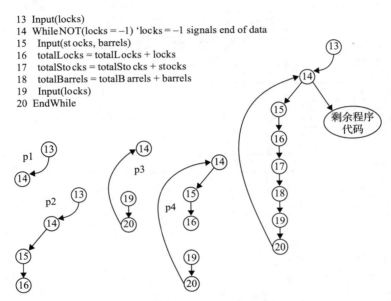

图 9-3　locks 的定义使用路径

表 9-1　图 9-1 中的定义使用路径

DD 路径	节点	DD 路径	节点
A	7、8、9、10、11、12、13	G	34
B	14	H	35、36、37
C	15、16、17、18、19、20	I	38
D	21、22、23、24、25、26、27、28	J	39
E	29	K	40
F	30、31、32、33	L	41、42

表 9-2　佣金问题中定义 / 使用的变量

变量	定义节点	使用节点
lockPrice	7	24
stockPrice	8	25
barrelPrice	9	26
totalLocks	10、16	16、21、24
totalStocks	11、17	17、22、25
totalBarrels	12、18	18、23、26
Locks	13、19	14、16
Stocks	15	17
Barrels	15	18

（续）

变量	定义节点	使用节点
lockSales	24	27
stockSales	25	27
barrelSales	26	27
Sales	27	28、29、33、34、37、38
Commission	31、32、33、36、37、38	32、33、37、41

表 9-3 被选择定义 / 使用的路径

变量	路径（开始、结束）节点	是否为定义清除？
lockPrice	7、24	是
stockPrice	8、25	是
barrelPrice	9、26	是
totalStocks	11、27	是
totalStocks	11、22	否
totalStocks	11、25	否
totalStocks	17、17	是
totalStocks	17、22	否
totalStocks	17、25	否
Locks	13、14	是
Locks	13、16	是
Locks	19、14	是
Locks	19、16	是
Sales	27、28	是
Sales	27、29	是
Sales	27、33	是
Sales	27、34	是
Sales	27、37	是
Sales	27、38	是

表 9-4 佣金中定义 / 使用的路径

变量	路径（开始、结束）节点	是否可行	是否为定义清除？
Commission	31、32	是	是
Commission	31、33	是	否
Commission	31、37	否	—
Commission	31、41	是	否
Commission	32、32	是	是
Commission	32、33	是	是
Commission	32、37	否	—
Commission	32、41	是	否
Commission	33、32	否	—
Commission	33、33	是	是
Commission	33、37	否	—
Commission	33、41	是	是
Commission	36、32	否	—
Commission	36、33	否	—

（续）

变量	路径（开始、结束）节点	是否可行	是否为定义清除？
Commission	36、37	是	是
Commission	36、41	是	否
Commission	37、32	否	—
Commission	37、33	否	—
Commission	37、37	是	是
Commission	37、41	是	是
Commission	38、32	否	—
Commission	38、33	否	—
Commission	38、37	否	—
Commission	38、41	是	是

9.1.4 totalLocks 的定义使用路径

totalLocks 的定义使用路径（见图 9-4）能够产生典型的计算测试用例。通过两个定义节点 DEF（*totalLocks*, 9）、DEF（*totalLocks*, 16）和 3 个使用节点 USE（*totalLocks*, 16）、USE（*totalLocks*, 21）、USE（*totalLocks*, 24），可以得到 6 条定义使用路径。下面进行进一步研究。

p5 = <10, 11, 12, 13, 14, 15, 16> 是一条定义使用路径，其中初始值 *totalLocks*（0）有一个计算使用。该路径是定义清除的。

p6 = <10, 11, 12, 13, 14, 15, 16, 17, 18, 19, 20, 14, 21>

P6 有点问题，它忽略了 While 循环可能的重复。子路径 <16，17，18，19，20，14，15> 被多次经过就能够说明这一点。此外，还有一条定义使用路径不是定义清除的。若节点 21 处（输出语句）的 *totalLocks* 值出现问题，就应该考虑加入 DEF(*totalLocks*, 16) 节点。

路径 p7 包含 p6，我们将对应节点序列的位置使用路径名替换表明了这一点：

p7 = <9, 11, 12, 13, 14, 15, 16, 17, 18, 19, 20, 21, 22, 23, 24>

p7 = <p6, 22, 23, 24>

定义使用路径 p7 不是定义清除路径，因为它包含节点 16。以节点 16（赋值语句）开始的子路径很有意思。首先，<16, 16> 好像是兼并语句，若将其"扩展"到机器码，则可以将定义和使用分开。我们不允许此类语句作为定义使用路径。从技术上看，赋值语句右侧对应于节点 9 定义的值（参见路径 p5）。其余两条定义使用路径都是 p7 的子路径：

p8 = <16, 17, 18, 19, 20, 21>

p9 = <16, 17, 18, 19, 20, 21, 22, 23, 24>

这两条路径都是定义清除路径，并且都有前面曾经讨论过的循环迭代问题。

9.1.5 sales 的定义使用路径

与 *sales* 相关的所有定义使用路径都必须是定义清除的，因为 *sales* 只使用了一个定义节点。这些定义使用路径非常有趣，因为它们能够说明谓词使用与计算使用。以下是 3 条简单的定义使用路径：

P10 = <27, 28>

p11 = <27, 28, 29>

p12 = <27, 28, 29, 30, 31, 32, 33>

```
10  totalLocks = 0
11  totalStocks = 0
12  totalBarrels = 0
13  Input(locks)
'locks = –1 signals end of data
14  While NOT(locks = –1)
15    Input(stocks, barrels)
16    totalLocks = totalLocks + locks
17    totalStocks = totalStocks + stocks
18    totalBarrels = totalBarrels + barrels
19    Input(locks)
20  EndWhile
21  Output("Locks sold:," totalLocks)
22  Output("Stocks sold:," totalStocks)
23  Output("Barrels sold:," totalBarrels)
24  lockSales = lockPrice*totalLocks
```

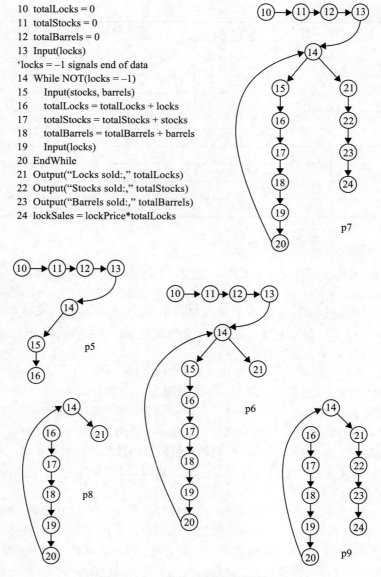

图 9-4　totalLocks 的定义使用路径

我们注意到，有 3 个使用节点的 p12 是定义清除路径，它包含路径 p9 和 p11。若对 p12 进行测试，自然会同时覆盖其他两条路径。本章结尾将继续讨论这个问题。

语句 29 至 40 中的 IF、ELSE IF 逻辑显示了我们最初研究中的一种二义性。开始于 p11 的定义使用路径有两种选择：一种选择是 <27, 28, 29, 30, 31, 32, 33>，另一种选择是 <27, 28, 29, 34>。其余几条 sales 的定义使用路径是：

p13 = <27, 28, 29, 34>

p14 = <27, 28, 29, 34, 35, 36, 37>

p15 = <27, 28, 29, 34, 38>

注意，动态选择观点与第 8 章中的 DD 路径使用的思想非常相像。

9.1.6　commission 的定义使用路径

如果你一直关注我们的讨论，可能会对关于 *commission* 的定义使用路径研究分析感到恐惧。确实如此！现在是改变一下思考方式的时候了。语句 29 至 41 中，佣金的计算由变量 sales 的范围控制。语句 31 至 33 使用存储单元保存中间值以累加佣金的值。这是一种常见的程序设计实践，令人满意的是它能够给出最终的佣金是如何计算的。（可以用语句"*commission* : = 220 + 0.20 * (*sales*−1800)"替代前面的程序，其中 220 是通过 0.10 * 900 + 0.15 * 800 计算得到的，但这对于维护人员很难理解。）这种"累加"版本使用中间值，并且作为定义使用路径分析中的定义节点和使用节点而出现。我们决定从定义使用路径中删除像语句 31 和 32 这样的赋值语句，这样只需考虑从 DEF(*commission*, 33)、DEF(*commission*, 37) 和 DEF(*commission*, 38) 这 3 个"实际"定义节点开始的定义使用路径即可。这里只用到了 USE(*commission*, 41) 这个使用节点。

9.1.7　定义使用路径的测试覆盖指标

对具有定义使用路径的程序进行分析，最重要的是定义一组与 Rapps-Weyuker 数据流指标（Rapps 和 Weyuker，1985）一致的测试覆盖指标。Rapps-Weyuker 数据流指标的前 3 项与第 8 章介绍的 E.F.Miller 的 3 个指标等价：全路径、全边和全节点。其余的数据流指标均假设所有变量都指示了定义节点和使用节点及定义使用路径。在以下定义中，T 是程序 P 的程序图 $G(P)$ 中的一个路径集合，其变量集合是 V。想要获得变量定义节点集合与使用节点集合的叉积，仅给出定义使用路径是不够的。前面已经讨论过，这种机械的方法会产生不可行路径。以下定义将假设定义使用路径都是可行的。

定义：当且仅当对每个变量 $v \in V$，T 包含从 v 的每个定义节点到 v 的一个使用的定义清除路径，则称集合 T 满足程序 P 的全定义准则。

定义：当且仅当对每个变量 $v \in V$，T 包含从 v 的每个定义节点到 v 的所有使用，以及到所有 USE（v, n）后续节点的定义清除路径，则称集合 T 满足程序 P 的全使用准则。

定义：当且仅当对所有变量 $v \in V$，T 包含从 v 的每个定义节点到 v 的所有谓词使用的定义清除路径，并且若 v 的一个定义没有谓词使用，定义清除路径将会导致至少一个计算使用，则称集合 T 满足程序 P 的全谓词使用 / 部分计算使用准则。

定义：当且仅当对所有变量 $v \in V$，T 包含从 v 的每个定义节点到 v 的所有计算使用的定义清除路径，并且若 v 的一个定义没有计算使用，定义清除路径将会导致至少一个谓词使用，则称集合 T 满足程序 P 的全计算使用 / 部分谓词使用准则。

定义：当且仅当对所有变量 $v \in V$，T 包含从 v 的每个定义节点到 v 的所有使用，以及到所有 USE（v, n）后续节点的定义清除路径，并且这些路径要么是单循环的，要么是无环的，则称集合 T 满足程序 P 的全定义使用路径准则。

上述测试覆盖指标有几个基于集合论的关系（Rapps 和 Weyuker，1985）称为"子假设"。图 9-5 描述了这些关系。现在，我们拥有了一种十分精细的结构测试视点，这个视点处于（一般不能达到的）全路径指标极限状态与（一般被认为是最低指标的）全边状态之间。这些指标的意义何在？定义使用测试提供了一种严格地系统检测故障点的方法。

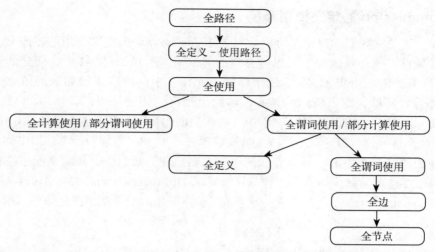

图 9-5　数据流覆盖指标 Rapps-Weyuker 层次结构

9.1.8　面向对象编码的定义 / 使用测试

所有的定义 / 使用测试与变量在哪里定义和使用有很大的距离。尽管在伪代码中这些常常被认为应在一个单元完成，但是它们通常会调用到其他单元。我们可能参照这些定义将它们区分开，即变量的定义和使用是独立的。面向对象可以改变这些——我们必须考虑定义和使用的位置，参考类的继承，动态绑定和多态。面向对象的测试的底线就是从本类的测试单元转移到这些集成的类单元中。

9.2　基于程序切片的测试

在 20 世纪 80 年代初，程序切片的概念就在软件工程文献中出现过，但后来又消失了。Weiser 于 1979 年最早提出了这个概念，Gallagher 和 Lyle（1991）将其作为一种软件维护方法，而 Bieman 和 Ott（1994）又用它来量化功能内聚。在 20 世纪 90 年代，有许多关于程序切片的公开活动，Ball 和 Eick（1994）展示了用一个程序来可视化程序切片。这篇文章描述了在工业中使用的一个工具。

这种多功能性部分出于程序切片概念的自然、直观的特点。通俗讲，程序切片是一组程序语句，这些语句确定或影响一个变量在程序某点上的取值。此概念还与其他学科的研究方法相对应，比如我们可以通过切片方法研究美国历史、欧洲历史、俄罗斯历史、远东历史、罗马历史等。两者可以很好地进行类比。

现在该给出程序切片的正式定义。这里继续沿用定义 / 使用路径中的符号：程序 P 具有一个程序图 $G(P)$ 和一个程序变量集合 V。Gallagher 和 Lyle（1991）首先尝试在定义中使 $G(P)$ 中的节点引用语句片段。

定义：给定一个程序 P 和 P 中的一个变量集合 V，变量集合 V 在语句 n 上的一个片，记作 $S(V,n)$，是 P 中在 n 以前对 V 中的变量值做出贡献的所有语句的集合。

在我们的讨论中，采用一个简便的记号，就是集合 V 由一个单变量 v 组成。扩展这个集合为超过一个变量的集合既明显又麻烦。对于超过一个变量的集合 V，我们仅仅采用集合 V 中单个变量的所有片段的集合。关于程序切片有两个基本的问题，它是前向还是后向？是动态还是静态的？后向切片是切分程序中所有影响语句 n 处变量 v 的值的语句片段。前向切片是切分程序中受语句 *n* 处变量 *v* 的值影响的所有语句片段。这就是定义 / 使用标志的一个用途。在 $S(V, n)$ 的后向片段中，语句 *n* 被视为变量 v 的一个使用节点，即 $S(V, n)$。前向切片不太容易描述，但是它们确实是依赖变量 *v* 的值来进行计算的（谓词使用和计算使用）。

　　静态和动态就更加复杂了。我们采用数据库中的两个术语来理解它们的不同。在数据库的术语中经常使用的是数据库的内涵和外延。内涵就是数据库的基本结构，多半是用数据模型语言来描述的。填充一个数据库会产生外延，而且对一个密集性数据库的各种改变都会导致出现新的外延。我们需要记住的是，静态后向程序切片 $S(V, n)$ 是由程序中所有影响语句 *n* 处变量 *v* 的值的语句片段组成。动态切片考虑到的是执行用特定的值来分开 $S(V, n)$ 所花费的执行时间。这些在图 9-6 和图 9-7 中都有详细的说明。

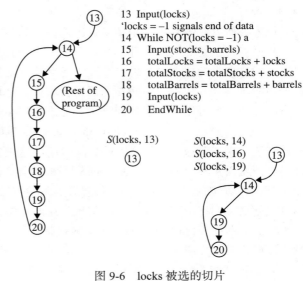

```
13  Input(locks)
    'locks = -1 signals end of data
14  While NOT(locks = -1) a
15      Input(stocks, barrels)
16      totalLocks = totalLocks + locks
17      totalStocks = totalStocks + stocks
18      totalBarrels = totalBarrels + barrels
19      Input(locks)
20  EndWhile
```

图 9-6　locks 被选的切片

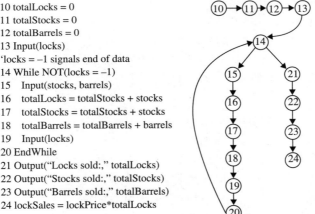

```
10 totalLocks = 0
11 totalStocks = 0
12 totalBarrels = 0
13 Input(locks)
   'locks = -1 signals end of data
14 While NOT(locks = -1)
15     Input(stocks, barrels)
16     totalLocks = totalStocks + stocks
17     totalStocks = totalStocks + stocks
18     totalBarrels = totalBarrels + barrels
19     Input(locks)
20 EndWhile
21 Output("Locks sold:," totalLocks)
22 Output("Stocks sold:," totalStocks)
23 Output("Barrels sold:," totalBarrels)
24 lockSales = lockPrice*totalLocks
```

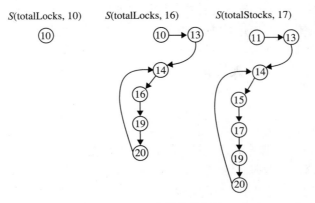

图 9-7　loop 中被选的切片

$S(V, n)$ 中的元素都是程序语句片段，所以列出它们很麻烦，而列出 $G(P)$ 中的语句片段编号却很简单，因此我们对上述定义稍微变动一下。

定义：给定程序 P 和程序图 $G(P)$，$G(P)$ 中给出了语句和语句块的编号，对于给定 P 中的一组变量 V，把变量集 V 在语句块 n 处的静态后向程序切片记为 $S(V,n)$，$S(V,n)$ 是在语句块 n 处所有对 V 中变量取值有影响的语句块节点编号的集合。

程序切片的思想是将程序划分为具有某种有用（功能）含义的模块。下面进一步解释上述定义，它包含两层含义。另一个改进是判断一个程序切片是否为可执行的？显然加入所有数据声明语句和其他语法上必要的语句会增大程序切片的大小，但是这样完整的程序切片将是可编译的，也可以独立运行和测试。更进一步，这样的可编译片可以被分开作为一种自底向上的方法来研究一个程序。Gallagher 和 Lyle 建议采用表意更清楚的术语"片拼接"。从某种程度上来说，这是一种机智的编程手段。这里也会讨论另一种考虑程序片的方法。我们最终要开发出一种片的格（一种有向无环图），其中的节点代表片段，边代表子集关系。

"贡献"则要复杂一些。从某种意义上来说，数据声明语句会对变量的值产生一定影响。不过在这里我们把所有不可执行语句排除在外。Rappst 和 Weyuker（1985）中定义的谓词使用（P-use）和计算使用（C-use）可以在一定程度上说明"贡献"的定义，这里仍需对这些变量使用形式进一步细化。具体来说，USE 关系适合下述 5 种形式的使用：

- 谓词使用（P-use），用在谓词（判断）中；
- 计算使用（C-use），用在计算中；
- 输出使用（O-use），用于输出；
- 定位使用（L-use），用于定位（指针、下标）；
- 迭代使用（I-use），迭代（内部计数器、循环控制变量）。

大部分程序片段的艺术都采用谓词使用和计算使用。我们构造两种定义节点以保持定义前后一致：

- 输入定义（I-def），通过输入定义；
- 赋值定义（A-def），通过赋值定义。

现在假设片段 $S(V, n)$ 是一个变量的片段，即 V 只有一个元素 v。若语句片段 n 是 v 的定义节点，则 n 包含在该片段中；若语句片段 n 是 v 的使用节点，则 n 不包含在该片段中。（请注意，这是对前边给出的第二个定义进行了更加细致的描述。）其他变量（不是片集合 V 中的 v）的谓词使用和计算使用被包含在其执行影响变量 v 的值的延伸中。下面设定这样一个规则：对一个语句片段，若增删该片段后 v 的值都保持不变，则去除该语句片段。

在其模块之外定位使用变量和迭代使用变量一般是不可见的，但是与此类变量相关的错误常常会出现。持不同观点的专家曾建议：从"贡献"中排除这些变量，即不把它们作为"贡献"的一部分。于是，输出使用节点、定位使用节点和迭代使用节点都不在片段中。

9.2.1　举例

由于佣金问题包含了我们感兴趣而在三角形问题和 NextDate 问题中不具备的数据流特性，因此下面使用佣金问题来进行讨论。下面结合定义使用路径分析中使用过的佣金问题源代码继续进行研究。参考源代码的佣金问题的例子如图 9-1 所示。其中有 42 个"有趣的"静态反向片段。它们的命名在表 9-5 中，我们将会看一看这些有趣的片段。

前六个片段是最简单的——它们的节点变量都已被初始化。

表 9-5　佣金问题中的片段

S_1: S ($lockPrice$, 7)	S_{15}: S ($barrels$, 18)	S_{29}: S ($barrelSales$, 26)
S_2: S ($stockPrice$, 8)	S_{16}: S ($totalBarrels$, 18)	S_{30}: S ($sales$, 27)
S_3: S ($barrelPrice$, 9)	S_{17}: S ($locks$, 19)	S_{31}: S ($sales$, 28)
S_4: S ($totalStocks$, 10)	S_{18}: S ($totalLocks$, 21)	S_{32}: S ($sales$, 29)
S_5: S ($totalBarrels$, 11)	S_{19}: S ($totalStocks$, 22)	S_{33}: S ($sales$, 33)
S_6: S ($totalBarrels$, 12)	S_{20}: S ($totalBarrels$, 23)	S_{34}: S ($sales$, 34)
S_7: S ($locks$, 13)	S_{21}: S ($lockPrice$, 24)	S_{35}: S ($sales$, 37)
S_8: S ($locks$, 14)	S_{22}: S ($totalLocks$, 24)	S_{36}: S ($sales$, 39)
S_9: S ($stocks$, 15)	S_{21}: S ($lockSales$, 24)	S_{37}: S ($commission$, 31)
S_{10}: S ($barrels$, 15)	S_{22}: S ($stockPrice$, 25)	S_{38}: S ($commission$, 32)
S_{11}: S ($locks$, 16)	S_{25}: S ($totalStocks$, 25)	S_{39}: S ($commission$, 33)
S_{12}: S ($totalLocks$, 16)	S_{25}: S ($stockSales$, 25)	S_{40}: S ($commission$, 36)
S_{13}: S ($stocks$, 17)	S_{27}: S ($barrelPrice$, 26)	S_{41}: S ($commission$, 37)
S_{14}: S ($lockPrice$, 17)	S_{28}: S ($totalBarrels$, 26)	S_{42}: S ($commission$, 39)

$$S_1: S(lockPrice, 7) = \{7\}$$
$$S_2: S(stockPrice, 8) = \{8\}$$
$$S_3: S(barrelPrice, 9) = \{9\}$$
$$S_4: S(totalLocks, 10) = \{10\}$$
$$S_5: S(totalStocks, 11) = \{11\}$$
$$S_6: S(totalBarrels, 12) = \{12\}$$

片段 7 到片段 17 都集中在标志控制，然而在 $locks$、$stocks$ 和 $barrels$ 上的总数都计算过了。变量 $locks$ 采用了两个循环：在片段 14 中的谓词使用和在片段 16 中的计算使用。而且在片段 13 和片段 19 中有两个定义节点，变量 $locks$ 和 $barrels$ 在片段 15 中进行定义，在片段 17 和片段 18 中分别进行计算。注意在片段 8 中出现相关的片段。$Locks$ 中的片段如图 9-6 中所示。

$$S_7: S(locks, 13) = \{13\}$$
$$S_8: S(locks, 14) = \{13, 14, 19, 20\}$$
$$S_9: S(stocks, 15) = \{13, 14, 15, 19, 20\}$$
$$S_{10}: S(barrels, 15) = \{13, 14, 15, 19, 20\}$$
$$S_{11}: S(locks, 16) = \{13, 14, 19, 20\}$$
$$S_{12}: S(totalLocks, 16) = \{10, 13, 14, 16, 19, 20\}$$
$$S_{13}: S(stocks, 17) = \{13, 14, 15, 19, 20\}$$
$$S_{14}: S(totalStocks, 17) = \{11, 13, 14, 15, 17, 19, 20\}$$
$$S_{15}: S(barrels, 18) = \{12, 13, 14, 15, 19, 20\}$$
$$S_{16}: S(totalBarrels, 18) = \{12, 13, 14, 15, 18, 19, 20\}$$
$$S_{17}: S(locks, 19) = \{13, 14, 19, 20\}$$

片段 18、19 和 20 都是输出片段，也都没有被定义过；因此，对应的语句没有包括在这些片段中。

$$S_{18}: S(totalLocks, 21) = \{10, 13, 14, 16, 19, 20\}$$
$$S_{19}: S(totalStocks, 22) = \{11, 13, 14, 15, 17, 19, 20\}$$
$$S_{20}: S(totalBarrels, 23) = \{12, 13, 14, 15, 18, 19, 20\}$$

从片段 21 开始到片段 30 处理变量 $sales$ 的计算。我们可以这样写出 S_{30} : $S(sales, 27)$ =

$S_{23} \cup S_{26} \cup S_{29} \cup \{27\}$。这和 Weiser 在 1979 年提出的用一种自然的方法来考虑程序片段是极为相似的。Gallagher 和 Lyle 在 1991 年认为这反映的是程序维护人员的思维模式。这也引出了 Gallagher 的 "片段拼接" 概念。S_{23} 计算了总共的 *lockSales*, S_{25} 计算总共的 *stockSales*, S_{28} 计算总共的 *barrelSales*。在自底向上的方法中，这些片段可以被编码分割和测试，"拼接" 实际上是一个很好的比喻，只要你试过把扭曲的线绳拼在一起，你就知道这需要精心地把每股绳头都放在恰到好处的地方。（程序片段中的循环效应参见图 9-7。）

S_{21}: $S(lockPrice, 24)$　　= {7}
S_{22}: $S(totalLocks, 24)$　　= {10, 13, 14, 16, 19, 20}
S_{23}: $S(lockSales, 24)$　　= {7, 10, 13, 14, 16, 19, 20, 24}
S_{24}: $S(stockPrice, 25)$　　= {8}
S_{25}: $S(totalStocks, 25)$　　= {11, 13, 14, 15, 17, 19, 20}
S_{26}: $S(stockSales, 25)$　　= {8, 11, 13, 14, 15, 17, 19, 20, 25}
S_{27}: $S(barrelPrice, 26)$　　= {9}
S_{28}: $S(totalBarrels, 26)$　　= {12, 13, 14, 15, 18, 19, 20}
S_{29}: $S(barrelSales, 26)$　　= {9, 12, 13, 14, 15, 18, 19, 20, 26}
S_{30}: $S(sales, 27)$　　= {7, 8, 9, 10, 11, 12, 13, 14, 15, 16, 17, 18, 19, 20, 24, 25, 26, 27}

片段 31 到 36 都是相同的。片段 S_{31} 是 *sales* 的 O-use，其他都是 C-use。因为在定义 S_{30} 时 *sales* 的值没有改变，所以我们仅仅在这里展示了这些片段中的一个。

S_{31}: $S(sales, 28)$　　= {7, 8, 9, 10, 11, 12, 13, 14, 15, 16, 17, 18, 19, 20, 24, 25, 26, 27}

最后的七个片段处理佣金问题中计算 sales 的值。这些都在字面上结合在一起。

S_{37}: $S(commission, 31)$　　= {7, 8, 9, 10, 11, 12, 13, 14, 15, 16, 17, 18, 19, 20, 24, 25, 26, 27, 29, 30, 31}
S_{38}: $S(commission, 32)$　　= {7, 8, 9, 10, 11, 12, 13, 14, 15, 16, 17, 18, 19, 20, 24, 25, 26, 27, 29, 30, 31, 32}
S_{39}: $S(commission, 33)$　　= {7, 8, 9, 10, 11, 12, 13, 14, 15, 16, 17, 18, 19, 20, 24, 25, 26, 27, 29, 30, 31, 32, 33}
S_{40}: $S(commission, 36)$　　= {7, 8, 9, 10, 11, 12, 13, 14, 15, 16, 17, 18, 19, 20, 24, 25, 26, 27, 29, 34, 35, 36}
S_{41}: $S(commission, 37)$　　= {7, 8, 9, 10, 11, 12, 13, 14, 15, 16, 17, 18, 19, 20, 24, 25, 26, 27, 29, 34, 35, 36, 37}
S_{42}: $S(commission, 39)$　　= {7, 8, 9, 10, 11, 12, 13, 14, 15, 16, 17, 18, 19, 20, 24, 25, 26, 27, 29, 34, 38, 39}
S_{43}: $S(commission, 41)$　　= {7, 8, 9 10, 11, 12, 13, 14, 15, 16, 17, 18, 19, 20, 24, 25, 26, 27, 29, 30, 31, 32, 33, 34, 35, 36, 37, 39}

与定义中的片段相比可知图 9-8 中这些集合对应的片段数是正确的，而且这些片段对看出集合之前的组成片段也是非常有帮助的。接下来我们将在图 9-9 中看到这些结构。

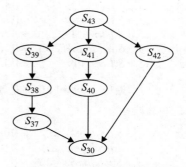

S_1: $S(lockPrice, 7)$　　= {7}
S_2: $S(stockPrice, 8)$　　= {8}
S_3: $S(barrelPrice, 9)$　　= {9}
S_4: $S(totalLocks, 10)$　　= {10}
S_5: $S(totalStocks, 11)$　　= {11}
S_6: $S(totalBarrels, 12)$　　= {12}
S_7: $S(locks, 13)$　　= {13}
S_8: $S(locks, 14)$　　= $S_7 \cup$ {14, 19, 20}

图 9-8　佣金问题上的部分并行框架

S_9: $S(stocks, 15)$ $= S_8 \cup \{15\}$
S_{10}: $S(barrels, 15)$ $= S_8$
S_{11}: $S(locks, 16)$ $= S_8$
S_{12}: $S(totalLocks, 16)$ $= S_4 \cup S_{11} \cup \{16\}$
S_{13}: $S(stocks, 17)$ $= S_9 = \{13, 14, 19, 20\}$
S_{14}: $S(totalStocks, 17)$ $= S_5 \cup S_{13} \cup \{17\}$
S_{15}: $S(barrels, 18)$ $= S_6 \cup S_{10}$
S_{16}: $S(totalBarrels, 18)$ $= S_6 \cup S_{15} \cup \{18\}$
S_{18}: $S(totalLocks, 21)$ $= S_{12}$

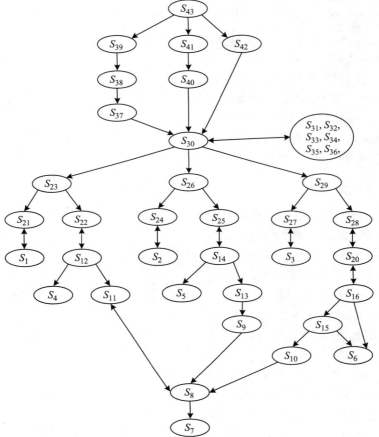

图 9-9 佣金问题的所有并行框架

S_{19}: $S(totalStocks, 22)$ $= S_{14}$
S_{20}: $S(totalBarrels, 23)$ $= S_{16}$
S_{21}: $S(lockPrice, 24)$ $= S_1$
S_{22}: $S(totalLocks, 24)$ $= S_{12}$
S_{23}: $S(lockSales, 24)$ $= S_{21} \cup S_{22} \cup \{24\}$
S_{24}: $S(stockPrice, 25)$ $= S_2$
S_{25}: $S(totalStocks, 25)$ $= S_{14}$
S_{26}: $S(stockSales, 25)$ $= S_{24} \cup S_{25} \cup \{25\}$
S_{27}: $S(barrelPrice, 26)$ $= S_3$
S_{28}: $S(totalBarrels, 26)$ $= S_{20}$

S_{29}: $S(barrelSales, 26)$ $= S_{27} \cup S_{28} \cup \{26\}$
S_{30}: $S(sales, 27)$ $= S_{23} \cup S_{26} \cup S_{29} \cup \{27\}$
S_{31}: $S(sales, 28)$ $= S_{30}$
S_{32}: $S(sales, 29)$ $= S_{30}$
S_{33}: $S(sales, 33)$ $= S_{30}$
S_{34}: $S(sales, 34)$ $= S_{30}$
S_{35}: $S(sales, 37)$ $= S_{30}$
S_{36}: $S(sales, 39)$ $= S_{30}$
S_{37}: $S(commission, 31)$ $= S_{30} \cup \{29, 30, 31\}$
S_{38}: $S(commission, 32)$ $= S_{37} \cup \{32\}$
S_{39}: $S(commission, 33)$ $= S_{38} \cup \{33\}$
S_{40}: $S(commission, 36)$ $= S_{30} \cup \{29, 34, 35, 36\}$
S_{41}: $S(commission, 37)$ $= S_{40} \cup \{37\}$
S_{42}: $S(commission, 39)$ $= S_{30} \cup \{29, 34, 38, 39\}$
S_{43}: $S(commission, 41)$ $= S_{39} \cup S_{41} \cup S_{42}$

在图 9-9 中我们用双箭头来表示它们是等价的。（相当于第 3 章所讲的如果满足 $A \subseteq B$ 和 $B \subseteq A$，那么有 $A = B$）我们可以通过移除这些来修改图 9-9，因此得到一个更加合理的框架。这个结果展示在图 9-10 中。

9.2.2   风格与技术

根据片段分析程序可以使注意力集中到感兴趣的部分，摒除不相关部分。但对于定义使用路径则做不到这一点——因为它可能是包含无意义语句或变量的序列。在具体讨论分析方法之前，我们先探讨一下什么是"好的风格"。本来想把这些规则结合到前面的定义中，但担心这会使定义更复杂。

（1）对于 V 的一个元素 v，若它不出现在语句片段 n 里，则永远不要为其建立片段 $S(V, n)$。虽然片段的定义并未禁止这样做，但这是失败的实践。比如，若在节点 27 处的 $locks$ 变量上定义一个片段，结果会如何？定义这样的片段对跟踪程序中所有点上的所有变量是必要的。

（2）在一个变量上建立片段。片段 $S(V, n)$ 中的集合 V 可以包含多个变量，并且有时这样的片段也是有用的，片段 $S(V, 26)$，其中

$$V = \{ lockSales, stockSales, barrelSales \}$$

包含片段 S_{30}:$S(sales, 27)$ 除语句 27 之外的所有元素。这两个片段如此相似，为什么不根据计算使用定义成一个片段呢？

（3）对所有 A-def 节点制作片段。当变量由赋值语句计算时，该变量在这个语句上的片段将包含计算中所使用变量的所有 DU 路径（或大部分）。片 S_{30}:$S(sales, 27)$ 就是一个很好的 A-def 片示例。对输入语句所定义的变量来说，（1-def 节点），情况与此类似，如 S_{10}:S

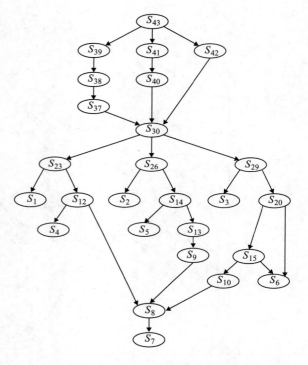

图 9-10   佣金问题的简化框架

（*barrels*,15）。

（4）对输出语句中的变量制作片段是无意义的。O-use 变量的片段总可以表示为该变量上所有的 A-def 节点（和 l-def 节点）片段的并集。

（5）对 P-use 节点制作片段。当变量在谓词中使用时，变量在决策语句中的片段显示了谓词变量如何得到它的值。这对三角形和 NextDate 这样的决策密集型程序是非常有用的。

（6）使片段可编译。不要求在片段定义中的语句集合是可编译的，但如果我们做了这样的选择意味着编译器指令集合和数据声明语句集合是每个片段的子集。若为佣金问题中建立的所有片段加入相同的语句集合，则原来的格不会受到影响，但是每个片段都是可独立编译的（因此是可执行的）。在第 1 章中，我们指出好的测试工作会产生好的程序设计。下面就是一个很好的例子：把可编译片段思想融入程序开发过程。这样就可以在编写出片段的代码后立即进行测试，然后再编写和测试其他片段，最后合并（有时称为"片段结合"）为相当健壮的程序。大家可以尝试采用这种方法来编写佣金程序。

9.2.3　切片拼接

尽管佣金程序是非常的小，但是它足以说明"切片拼接"的思想，从图 9-11 到图 9-14 佣金程序分为四段。在图 9-11 中对于段的数量和程序的图都进行了非常详细的说明。片段 1 包含着输入，然而 loop 循环被 *locks* 变量所控制。这是一个很好的开始，因为片段 2 和 3 分别使用了循环来获取 *stocks* 和 *barrels* 的值。片段 1、2 和 3 的每一个 *sales* 值的高峰，就是片段 4 的起点，计算着佣金的 *sales* 值。

```
1 Program Slice1 (INPUT,OUTPUT)
2 Dim locks As Integer
3 Dim lockPrice As Real
4 Dim totalLocks As Integer
5 Dim lockSales As Real
6 Dim sales As Real
7 lockPrice = 45.0
13 Input(locks)
'locks = –1 signals end of data
14 While NOT(locks = –1)
16 totalLocks = totalLocks + locks
19 Input(locks)
20 EndWhile
21 Output("Locks sold:", totalLocks)
24 lockSales = lockPrice*totalLocks
27 sales = lockSales
28 Output("Total sales: ", sales)
```

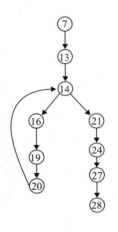

图 9-11　片段 1

对于这个小例子是过犹不及，然而，这个思想可以扩展为更大的程序。它同时也说明了程序理解需要软件维护。片段让维护员将注意力集中于棘手的问题上，避免定义使用路径中过多的信息。

```
1 Program Slice2 (INPUT,OUTPUT)
2 Dim locks, stocks As Integer
3 Dim stockPrice As Real
4 Dim totalStocks As Integer
5 Dim stockSales As Real
6 Dim sales As Real
8 stockPrice = 30.0
11 totalStocks = 0
13 Input(locks)
'locks = –1 signals end of data
14 While NOT(locks = –1)
15    Input(stocks)
17    totalStocks = totalStocks + stocks
19    Input(locks)
20 EndWhile
22 Output("Stocks sold:," totalStocks)
25 stockSales = stockPrice*totalStockd
27 sales = stockSales
28 Output("Total sales:," sales)
```

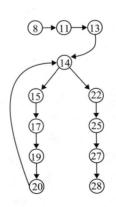

图 9-12　片段 2

```
 1 Program Slice3 (INPUT,OUTPUT)
 2 Dim locks, barrels As integer
 3 Dim barrelPrice As Real
 4 Dim totalBarrels As Integer
 5 Dim barrelSales As Real
 6 Dim sales As Real
 9 barrelPrice = 25.0
12 totalBarrels = 0
13 Input(locks)
'locks = −1 signals end of data
14 While NOT(locks = −1)
15    Input(barrels)
18    totalBarrels = totalBarrels + barrels
19    Input(locks)
20 EndWhile
23 Output("Barrels sold:," totalBarrels)
26 barrelSales = barrelsPrice * totalBarrles
27 sales = barrelSales
28 Output("Total sales:," sales)
```

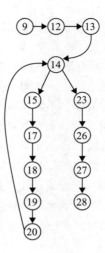

图 9-13　片段 3

```
 1 Program Slice4 (INPUT,OUTPUT)
 6 Dim sales, commission As Real
29 If (sales>1800.0)
30   Then
31     commission = 0.10 * 1000.0
32     commission = commission + 0.15*800.0
33     commission = commission + 0.20*(sales−1800.0)
34 Else If (sales > 1000.0)
35     Then
36     commission = 0.10 * 1000.0
37     commission = commission + 0.15*(sales−1000.0)
38     Else
39     commission = 0.10 * sales
40   EndIf
41 EndIf
42 Output("Commission is $," commission)
43 End Commission
```

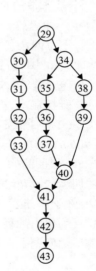

图 9-14　片段 4

9.3　程序切片工具

　　每一个认真阅读的读者都会觉得程序分片并不是一个可以手动操作的方式。我也很犹豫要不要把程序分片这个练习分给我的学生来做，因为如果采用很好的工具实际的学习效果甚微。市面上的分片程序是很少的，许多都是供学术研究使用或者非常昂贵，因为本身的商业化工具很少。（Hoffner[1995] 做了一个过时的比较。）

　　越来越多精心制作的分片工具正在产生，一些已经很好地运用到了大的系统中。它们大都使用程序分片来提高维护员对于程序的理解。JSlice 就是一个非常适合面向对象的分割程序。表 9-6 总结了一些分片程序工具。

表 9-6　程序分片工具

工具 / 产品	所使用的语言	静态 / 动态?
Kamkar	Pascal	动态
Spyder	ANSI C	动态
Unravel	ANSI C	静态
CodeSonar	C、C + +	静态
Indus/Kaveri	Java	静态
JSilce	Java	动态
SeeSilce	C	动态

9.4　习题

1. 请思考：如何利用 DD 路径表述定义使用路径的静态与动态二义性。开始从这里入手，考察在 *sales* 的定义使用路径 p12、p13 和 p14 中能找到哪些 DD 路径？
2. 尝试将图 9-5 所示的基于 DD 路径的测试覆盖指标合并到 Rapps-Weyuker 层次结构中。
3. 列出 *commission* 变量的定义使用路径。
4. 本章中关于片的讨论实际上指的是"反向片"。在某种意义上，我们关心的总是程序在哪些关键点的地方对变量值有所贡献。我们还可以考虑"正向片"，即使用变量的程序部分。试比较正向片和定义使用路径之间的异同。

9.5　参考文献

Bieman, J.M. and Ott, L.M., Measuring functional cohesion, *IEEE Transactions on Software Engineering*, Vol. SE-20, No. 8, August 1994, pp. 644–657.

Ball, T. and Eick, S.G., Visualizing program slices, *Proceedings of the 1994 IEEE Symposium on Visual Languages*, St. Louis, MO, October 1994, pp. 288–295.

Clarke, L.A. et al., A formal evaluation of dataflow path selection criteria, *IEEE Transactions on Software Engineering,* Vol. SE-15, No. 11, November 1989, pp. 1318–1332.

Gallagher, K.B. and Lyle, J.R., Using program slicing in software maintenance, *IEEE Transactions on Software Engineering*, Vol. SE-17, No. 8, August 1991, pp. 751–761.

Hoffner, T., *Evaluation and Comparison of Program Slicing Tools,* Technical Report, Dept. of Computer and Information Science, Linkoping University, Sweden, 1995.

Rapps, S. and Weyuker, E.J., Selecting software test data using dataflow information, *IEEE Transactions on Software Engineering,* Vol. SE-11, No. 4, April 1985, pp. 367–375.

Weiser, M., *Program Slices: Formal Psychological and Practical Investigations of an Automatic Program Abstraction Method.* PhD thesis, University of Michigan, Ann Arbor, MI. 1979.

Weiser, M.D., Program slicing, *IEEE Transactions on Software Engineering*, Vol. SE-10, No. 4, April 1988, pp. 352–357.

单元测试回顾

应该在什么时候停止测试呢？下面给出一些可能的答案。

（1）测试时间用完了。

（2）继续测试不再产生新失效了。

（3）继续测试不再发现新故障了。

（4）无法设计出新的测试用例了。

（5）测试回报已经很小了。

（6）已达到所要求的覆盖率了。

（7）所有故障都已经清除了。

不幸的是，第一个答案太常见，而第七个答案又无法保证，那么测试人员只好在其他几个答案中进行选择了。软件可靠性模型支持第二种和第三种选择，这两种方法在业界都被成功使用过。第四种选择很怪异，若遵循前面介绍的规则和指导方针，那么它可能是一个很好的选择；但从另一方面考虑，若没有可用新测试用例的原因是因为不愿意继续进行测试了，那么这个答案就与第一种等价了。测试回报具有一定吸引力，它是指在持续的测试严格条件下，发现新故障的个数急剧减少，导致继续测试的代价变得很高，而且可能不会再发现新的故障了。如果能够确定剩余故障的测试成本（或风险），我们就很容易进行折中（这是个关键条件）。第六种选择也相当不错。本章将介绍如何使用结构测试作为功能测试的交叉验证手段，从而产生更好的结果。首先，我们对所研究的单元测试方法进行一个全面的审视。打个比方，我们把这表述成在两个极端之间来回摇摆的钟摆。接下来，我们遵循着钟摆的一次摆动从最抽象的基于代码测试，经过依赖语义的方法，再回到非常抽象的基于需求测试。其中，我们主要使用三角形程序作为示例。其后，我们给出对这两种形式单元测试的一些建议。最后再给出一个汽车保险的案例研究。

10.1 测试方法的摇摆

生活中的许多问题都存在两个极端摆动。测试方法就是在低级语义内容和严格纯拓扑功能间摆动。一旦测试方法从极端转到中间时，它们就变得更加有效、更加困难（见图 10-1）。

在基于代码的测试中，路径测试依据于程序语义节点图的连接性。程序图就是代码的拓扑抽象过程，很缺乏代码的意义，只保留着流程的控制结构。这使得程序路径

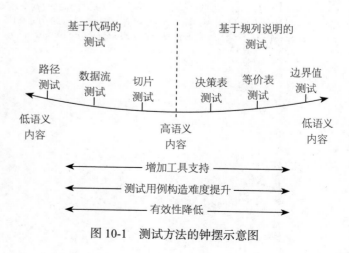

图 10-1 测试方法的钟摆示意图

将不会像自动识别那样容易。对于数据流测试，那些典型能够导致不可行路径的依赖关系通常都是可以被检测到的。最后从片段的角度来考察，我们能接近代码语义的最深处

根据基于规格说明的考虑，测试仅仅依靠变量的边界值容易变成一个坑或者冗余而导致错误，而且也不能作为纯的基于规格说明的测试。等价类测试采用"相似对待"的思想来识别类，而且使用了大量的基于规格说明的语义。最终，决策表测试着必要性和不可能结合的条件，源自于规格说明，来处理复杂的逻辑问题。

测试摇摆有两个极端，当测试移动到极端的时候，测试用例会识别到这样更简单，但是同时测试变得更加无效。随着测试技术在语义上的进步，它们变得更加难以自动实现。Edgar Allan Poe 认为测试是一个陷阱，方法是一个钟摆。同时，这些想法都在图 10-2 中展现。

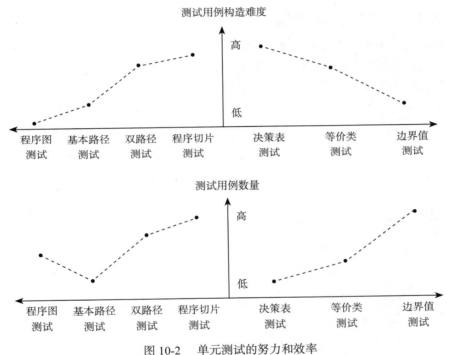

图 10-2　单元测试的努力和效率

我们需要进一步仔细推敲这些图。首先从程序图测试开始，注意这个节点根本没有这一段的语义信息，而且它的边仅仅描述了是否这个片段可以在它后面的片段执行。实际上，在一个拓扑可以到达的程序图路径中，它们就可以用 warshall 算法以数学的方式来生成。问题是在拓扑结构中既包含容易到达的路径也包含难以到达的路径，就像我们在第 8 章所讨论的那样。以 McCabe 的基本路径测试为指导，在另外增加一些语义内容。我们推荐的起点就是一个传统的方法，代表着通常的单元功能。就像在起点遇到的困难一样，由这个继承式简单的"冲击"决定，这个基本的路径也遇到了困难。这同样也造成了一些难以到达的路径。当我们采用定义使用测试的时候，我们使用了更多的语义信息。我们知道变量在哪里定义和使用它的地方。在使用路径和定义清除的定义使用路径的差别会带给我们更多的语义信息。最终，后向切片做两件事情，一是它们对不想要的细节进行评价，二是它们可以集中精力在需要的地方，在一个程序中，所有的语句都会影响给定点的变量值。程序切片包含了超出本书范围的自动分片算法。

就基于规格说明而言，边界值的变化是最抽象的。所有的测试用例都源自输入空间的属性，完全没有考虑在单元编码中这些值的使用情况。当我们研究等价类测试的时候，最主要的因素就是决定相似的对待原则。很明显，这就是向语义含义方面转移。从等价类测试转向决策表测试通常有两个原因：一是变量依靠的出现，二是不能结合的结合可能性。

在图 10-2 的下半部分展示了基于规格说明的测试，其中存在测试建立和测试执行时间之间的转化。如果测试像在 jUnit 环境中那样是自动的，这就不是一个惩罚。就基于代码而言，随着方法越来越复杂，这样就会产生更多的测试用例。

下面的一行讨论了基于规格说明和基于代码方法的自然单元测试，测试人员可以就此展示才能。

10.2 测试方法摇摆问题探索

我们将采用三角程序来探索一些测试摇摆的问题。这里采用（笨拙的）传统实现方法，主要是因为在众多的测试文献（Brown 和 Lipov1975；Pressman，1982）中这种实现最常用。如第 2 章所述的流程图展示在图 10-3 中，转换后的有向图如图 10-4 所示。在图 10-4 中非周期的流程图所保留的符号与节点数是对应相同的。

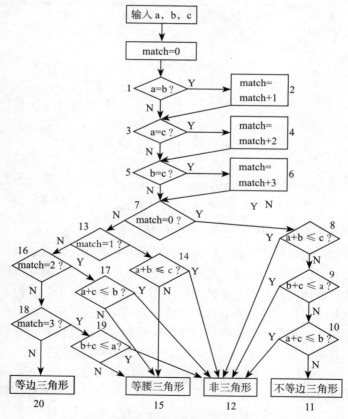

图 10-3　三角形问题的经典程序图

在一个程序图上进行基础的测试时，我们就会遇到一些麻烦。在图 10-4 中列出了 80 种可能的拓扑路径，但是只有 11 条是容易实现的，见表 10-1。虽然这是在一个测试钟摆的抽象结尾，但是我们不能期待任何自动的帮助来从难以到达的路径中分离中容易的路径。很多的困难是由于匹配的变化。它的计划是减少决定的数量。这个盒子增加了这三对等价测试的匹配的可变性。从盒子1到盒子7的8条路径，逻辑上可达到的匹配路径是0、1、2、3和6。三种可能的路径对应两对靠传递不可能相等的边，在流程图中只有13种决策，所以减少决策的意义就不那么大了。

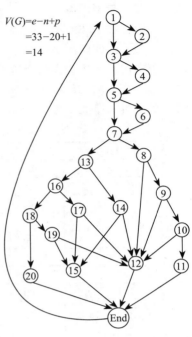

$$V(G)=e-n+p$$
$$=33-20+1$$
$$=14$$

这个类似 Fortran 的实现暗示着，在 Fortran 编程的早期内存非常昂贵，计算机的速度相对很慢。在基本的流程图中，一个好的 Fortran 程序员只会计算一次这些对（$a+b$，$a+c$，$b+c$）的和，而且会重复检测三角不等式（决策 8，9，10，14，17 和 19）。

再来看一下基本的路径测试，我们遇到了另一个问题。如图 10-4 所示的程序图，其圈复杂度为 14。McCabe 的基础路径测法会要求我们找出 14 个测试用例来，但是这里只有 11 种可行的路径。我们再次看到没有语义的代码很难对我们有所帮助。

图 10-4　类 Fortran 的有向图

数据流测试给了我们一些有价值的灵感。考虑匹配变量中的定义使用路径。它总有 4 个定义的节点，3 个用来计算，4 个用来预测，所以这里共有 28 种可能的定义使用路径。我们观察定义清除的路径将有利于开始测试数据流。边 a，b 和 c 有一个定义节点和 9 个用例节点。所有变量的 9 条定义使用路径都被清楚地定义了。这就意味着除非有输入错误，否则这些变量不会出错。

表 10-1　在类 Fortran 三角形程序中的可行路径

路径	节点序列	描述
p1	1-2-3-4-5-6-7-13-16-18-20	等边三角形
p2	1-3-5-6-7-13-16-18-19-15	等腰三角形（$b=c$）
p3	1-3-5-6-7-13-16-18-19-12	非三角形（$b=c$）
p4	1-3-4-5-6-7-13-16-17-15	等腰三角形（$a=c$）
p5	1-3-4-5-6-7-13-16-17-12	非三角形（$a=c$）
p6	1-2-3-5-7-13-14-15	等腰三角形（$a=b$）
p7	1-2-3-5-7-13-14-12	非三角形（$a=b$）
p8	1-3-5-7-8-12	非三角形（$a+b \leqslant c$）
p9	1-3-5-7-8-9-12	非三角形（$b+c \leqslant a$）
p10	1-3-5-7-8-9-10-12	非三角形（$a+c \leqslant b$）
p11	1-3-5-7-8-9-10-11	不等边三角形

使用反向静态片是一种好的测试思想。尽管原始的流程图中并没有变化，我们可以假设三角类型的一个变量，盒子 11、12、15 和 20 共有 4 个字符串的值。第一个片的值是 S，代表唯一的有范围的三角形。我们可以用三种用例 $(a，b，c)=(3，4，5)$，$(a，b，c)=(4，5，3)$，和 $(a，b，c)=(5，3，4)$ 来测试它。三个为一组使得每一个变量都有三种可能性，有点类似数独游戏。类似的结论也可以应用到 S 片段，在 S 片段我们期待的是等边三角形。我们只需

要一个测试用例，很有可能就是等价类测试。最后就是等腰三角形的片段测试，a，b，c有六种组成三角形的方式。

注意，在从非常抽象的程序图转变到富含语义的片测试时，测试是有所提高的。我们希望基于规格说明的测试也会有同样的提高。

现在假设使用边界值测试来定义测试用例。我们将给出基本情况与最坏情况的形式化测试用例。表 10-2 给出了使用一般边界值功能测试生成的测试用例，其中最后一列给出了测试用例经过的路径（见表 10-1）。

表 10-2　一般边界值测试用例的路径覆盖情况

测试用例	a	b	c	预期输出	路径
1	100	100	1	等腰三角形	p6
2	100	100	2	等腰三角形	p6
3	100	100	100	等边三角形	p1
4	100	100	199	等腰三角形	p6
5	100	100	200	非三角形	p7
6	100	1	100	等腰三角形	p4
7	100	2	100	等腰三角形	p4
8	100	100	100	等边三角形	p1
9	100	199	100	等腰三角形	p4
10	100	200	100	非三角形	p5
11	1	100	100	等腰三角形	p2
12	2	100	100	等腰三角形	p2
13	100	100	100	等边三角形	p1
14	199	100	100	等腰三角形	p2
15	200	100	100	非三角形	p3

由此可知，路径 p1、p2、p3、p4、p5、p6、p7 被覆盖，而路径 p8、p9、p10、p11 未被覆盖。现在假设使用更强的功能测试技术——最坏情况边界值测试，看看会有什么结果。第 5 章中曾讨论过，这种测试会产生总共 125 个测试用例，我们将其归纳在表 10-3 中，以便能够看到冗余路径覆盖的范围。

合起来看，125 种测试用例提供了一个全路径覆盖，但同时冗余也是非常明显的。

在钟摆进展的下一步是等价类测试。对于三角形问题，在单个变量上的等价类是没有意义的。

表 10-3　最坏情况边界值测试用例的路径覆盖

	p1	p2	p3	p4	p5	p6	p7	p8	p9	p10	p11
一般测试	3	3	1	3	1	3	1	0	0	0	0
最坏情况测试	5	12	6	11	6	12	7	17	18	19	12

表 10-4　类 Fortran 三角形程序的决策表

c1. Match =	0				1				2			
c2. $a + b < c$?	T	F!	F!	F	T	F!	F!	F	T	F!	F!	F
c3. $a + c < b$?	F!	T	F!	F	F!	T	F!	F	F!	T	F!	F
c4. $b + c < a$?	F!	F!	T	F	F!	F!	T	F	F!	F!	T	F
a1. Scalene			×									

（续）

a2. Not a triangle	×	×	×		×	×	×		×	×
a3. Isosceles							×			×
a4. Equilateral										
a5. Impossible										

c1. Match =	3				4	5	6			
c2. $a + b < c$?	T	F!	F!	F	−	−	T	F!	F!	F
c3. $a + c < b$?	F!	T	F!	F	−	−	F!	T	F!	F
c4. $b + c < a$?	F!	F!	T	F	−	−	F!	F!	T	F
a1. Scalene										
a2. Not a triangle	×	×	×				×	×	×	
a3. Isosceles				×						
a4. Equilateral										×
a5. Impossible					×	×				

　　相反，我们可以在三角形中实现等价类测试，对 a、b 和 c 有 6 种方式来组成三角形。在第 6 章（6.4 节）中，我们就是以这些等价类测试结束的：

$D1 = \{<a,\ b,\ c>: a=b=c\}$

$D2 = \{<a,\ b,\ c>: a=b,\ a \neq c\}$

$D3 = \{<a,\ b,\ c>: a=c,\ a \neq b\}$

$D4 = \{<a,\ b,\ c>: b=c,\ a \neq b\}$

$D5 = \{<a,\ b,\ c>: a \neq b,\ a \neq c,\ b \neq c\}$

$D6 = \{<a,\ b,\ c>: a>b+c\}$

$D7 = \{<a,\ b,\ c>: b>a+c\}$

$D8 = \{<a,\ b,\ c>: c>a+b\}$

$D9 = \{<a,\ b,\ c>: a=b+c\}$

$D10 = \{<a,\ b,\ c>: b=a+c\}$

$D11 = \{<a,\ b,\ c>: c=a+b\}$

　　这些都是等价类，我们只有 11 个测试用例，我们在图 10-3 中包含这 11 条可行的路径。

　　最后一步是看决策表是否将会增加任何等价类的测试用例。虽然它们不能增加等价类测试用例，但是它们可以为类 Fortran 流程图提供一些灵感。在表 10-4 中，注意 Match 的条件扩展为入口。尽管拓扑上可能有 Match=4 和 Match=5，但这些值在逻辑上都是不可能的。条件 c2、c3 和 c4 是在流程图中实际所使用的。我们用记号 F！表示没有一个条件为真。同时我们也要注意，对于单个变量 a、b 和 c 没有开发的条件。为了结束钟摆的摆动，并没有做更多基于决策表的测试，但是它强调了为什么这些情况是不可能的。

10.3　用于评估测试方法的指标

　　评价一个测试方法简化到评价这个测试方法产生的测试用例的有效性，但是我们要明白"有效"的含义。容易的决定是教条主义的：授权一个方法来使用它产生测试用例，然后执行这个测试用例。这是绝对可行的，由于一致性是可测量的，因此可把它作为按合同执行的基础。我们可以通过放松某些教条约束，靠测试人员来选择"合适的测试方法"来提升效果。至于如何实施，在各个章节的结束处都给出了一些指引。另外我们还可以采用合适的混合方法来进一步提高效果，在 10-4 节将给出一个这样的例子。

结构测试是评价测试的另一种方法。我们可以使用程序执行路径的标记，作为测试有效性的一个很好的形式。我们将根据执行路径来检测一系列测试用例。当一个特殊的路径不止一次被遍历时，我们就需要考虑它的冗余性了。第 21 章的主题是变异测试，可以评估一系列测试用例的有效性。

给出测试有效性的完美解释（毫无疑问）是最困难的。我们非常想知道一组测试用例在寻找程序中的错误时到底是多么有效。这里有两个原因：第一，它假定我们知道程序中所有的错误。这没法自圆其说，如果我们知道错误在哪，我们就能处理了。因为我们不知道程序中的所有错误，所以我们永远不可能知道用某种方法生成的测试用例是否能彻底发现它们。第二个原因更多是理论上的：要证明一个程序是无故障的就相当于计算机科学中著名的宕机问题，众所周知是不可能的。所以我们所能做的就是从故障类型出发后向处理。对于给定一种特定类型的故障，我们选用最有可能揭示此类故障的测试方法（基于需求的和基于代码的）。如果我们还能把最有可能错误的先验知识结合进来，那将有助于保障测试的效果。在开发中追踪错误的类型（和频度），将有助于软件的开发。

至此我们已确信，基于需求的测试方法始终会面临缺漏和冗余的双重问题，但我们仍可以制定一些基于需求测试的有效性指标来利用基于代码测试指标的效力。基于需求测试技术始终依赖一个测试用例集，而基于代码的测试指标则一直是一些可数的形式，如程序路径数、DD 路径数或程序切片数，等等。

在以下定义中，我们假设功能测试技术 M 生成 m 个测试用例，并且通过找出被测单元中的 s 个元素的结构测试指标 S 来跟踪这些测试用例。当执行 m 个测试用例时，会经过 s 个结构性测试元素中的 n 个。

定义：n 与 s 的比值称为方法 M 关于指标 S 的覆盖，记作 $C(M, S)$。

定义：m 与 s 的比值称为方法 M 关于指标 S 的冗余，记作 $R(M, S)$。

定义：m 与 n 的比值称为方法 M 关于指标 S 的净冗余，记作 $NR(M, S)$。

下面进一步解释一下这些指标。覆盖指标 $C(M, S)$ 处理漏洞问题，若该值低于 1（$C(M, S)<1$），则说明该指标在覆盖上存在漏洞。注意，若 $C(M, S)=1$，则一定存在 $R(M, S)=NR(M, S)$。冗余指标很明确，取值越大，冗余性越高。净冗余指标则更有用，它反映了实际经过元素（而不是要经过的元素）的总空间。综合上述 3 项指标，给出一种与结构指标相关的功能测试（特殊值测试除外）的有效性评估方法。不过这只完成了一半工作，我们实际想知道的是测试用例对于各种故障的有效性，而这样的信息不能轻松获取。选择与我们预期（或最担心）的故障相关的结构性测试指标，就可以接近这个目标。具体方法请参阅本章末指导方针部分给出的建议。

通常，越精细的结构性测试指标产生的元素（变量 s）会越多，因此给定功能性测试方法通过更严格的结构性测试指标评估时，其有效性变得更低，这与直观感觉是一致的，并且可以通过示例证明。设定这些指标的最佳可能取值都为 1。表 10-5 归纳了将上述定义用于前面章节的数据所得到的结果。表 10-6 给出了佣金问题的对应结果。

表 10-5　三角形程序的各项指标

方　法	m	n	s	$C(M, S) = n/s$	$R(M, S) = m/s$	$NR(M, S) = m/n$
一般情况	15	7	11	0.64	1.36	2.14
最坏情况	125	11	11	1.00	11.36	11.36
目标	s	s	s	1.00	1.00	1.00

表 10-6　佣金问题的各项指标

方　法	m	n	s	$C(M, S) = n/s$	$R(M, S) = m/s$
输出边界值	25	11	11	1	2.27
决策表	3	11	11	1	0.27
DD 路径	25	11	11	1	2.27
定义使用路径	25	33	33	1	0.76
片	25	40	40	1	0.63

10.4　重新修订的案例研究

这个案例可以使我们对基于规格的说明和基于代码测试的方法进行对比，并可以此作为指导。

我们假设两年入一次的汽车保险修订方案有两个参数：保单持有者的年龄和驾驶记录。

保险费 = 基础价 × 年龄因子 − 安全驾驶 − 折扣

其中年龄因子是投保人年龄的函数，安全驾驶折扣是当投保人驾照上的罚分点数低于一个与年龄相关的门限值时才能给予的（罚分由交警依据违章情况给出）。警察对驾驶者填写的年龄范围是 16 ～ 100 岁。一旦一个保单持有者超过 12 分，驾驶员的驾照就会被扣留。倍数是随时变化的：比如，两年一次的保单是 500 美元。表 10-7 是保险的数据。

表 10-7　保险费的数据

年龄范围	倍数	扣分	安全驾驶所减的费用（美元）
16 ≤ 年龄 < 25	2.8	1	50
25 ≤ 年龄 < 35	1.8	3	50
35 ≤ 年龄 < 45	1.0	5	100
45 ≤ 年龄 < 60	0.8	7	150
60 ≤ 年龄 < 100	1.5	5	200

10.4.1　基于规格说明的测试

在最坏边界值测试中，根据输入变量年龄（Age）和扣分（Point），会产生表 10-8 中的年龄和扣分的一些极端的值。在图 10-5 中展示了对应的 25 个测试用例。

表 10-8　保险费的数据边界

Variable	Min	Min+	Nom.	Max-	Max
Age	16	17	54	99	100
Points	0	1	6	11	12

没人会满足于这些测试用例。因为这里面缺少了很多问题描述。许多年龄都没有测试到，一些扣分也没有测试到。我们将重新更加仔细地研究基于年龄范围的这些类。

$A1 = \{age: 16 \leqslant age < 25\}$

$A2 = \{age: 25 \leqslant age < 35\}$

$A3 = \{age: 35 \leqslant age < 45\}$

$A4 = \{age: 45 \leqslant age < 60\}$

$A5 = \{age: 60 \leqslant age < 100\}$

下面就是驾照上年龄无关的类：

$P1(A1) = \{points = 0, 1\}, \{points = 2, 3, \cdots, 12\}$

$P2(A2) = \{points = 0, 1, 2, 3\}, \{points = 4, 5, \cdots, 12\}$

$P3(A3) = \{points = 0, 1, 2, 3, 4, 5\}, \{points = 6, 7, \cdots, 12\}$

$P4(A4) = \{points = 0, 1, 2, 3, 4, 5, 6, 7\}, \{points = 8, 9, 10, 11, 12\}$

$P5(A5) = \{points = 0, 1, 2, 3, 4, 5\}, \{points = 6, 7, \cdots, 12\}$

一个更加复杂的问题就是扣分的范围独立于保单持有者，同时也是交叠的。这些限制都展现在图 10-6 中。虚线是独立于年龄的等价类。

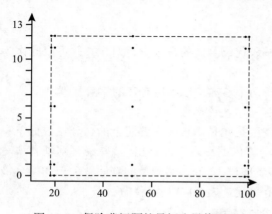

图 10-5　保险费问题的最坏边界值测试

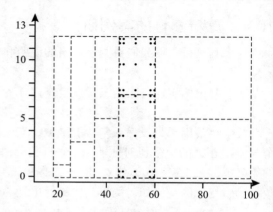

图 10-6　年龄类的最坏边界值测试

一些列最坏边界值的测试用例仅仅在 A4 类上有所体现，相关的点类在图 10-6 中有所体现。因为这些范围刚好吻合了"端点"，这体现在表 10-9 中。注意这些点的离散值不会导致在 min+ 和 max− 之间的转换。这就是导致 103 个测试用例的变量值。

表 10-9　最坏值的详细情况

变量	Min	Min+	Nom.	Max-	Max
Age	16	17	20	24	
Age	25	26	30	34	
Age	35	36	40	44	
Age	45	46	53	59	
Age	60	61	75	99	100
Points(A1)	0	n/a	n/a	n/a	1
Points(A1)	2	3	7	11	12
Points(A2)	0	1	n/a	2	3
Points(A2)	4	5	8	11	12
Points(A3)	0	1	3	4	5
Points(A3)	6	7	9	11	12
Points(A4)	0	1	4	6	7
Points(A4)	8	9	10	11	12

（续）

变量	Min	Min+	Nom.	Max-	Max
Points(A5)	0	1	3	4	5
Points(A5)	6	7	9	11	12

　　我们都很清楚这些冗余的地方：时间转移到等价类测试。A1-A5 是年龄集合，P1-P5 是等价类自然选择的扣分集合。图 10-7 展示了相对应的较弱的等价类测试。既然这些点类都不是独立的，我们不可以做通常的交叉产品。我们对年龄小于 16，或者超过 12 分的驾驶员有不同的健壮性期望。图 10-7 展示了传统的弱健壮性的测试用例。

　　下一步我们尝试观察决策表方法是否有帮助。表 10-10 是基于年龄的等价类决策表。决策表的测试用例几乎和图 10-7 中描述的一样；只不过在决策表中没有超过 12 分的弱健壮性测试用例。

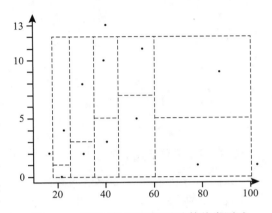

图 10-7　保险费问题的弱健壮等价类测试

表 10-10　保险费用决策表

	1	2	3	4	5	6	7	8	9	10	11	12
年龄	<16	16-24		25-34		35-44		45-59		60-100		>100
罚分是否低于门限值？	-	T	F	T	F	T	F	T	F	T	F	-
年龄因子 =2.8		×	×									
年龄因子 =1.8				×	×							
年龄因子 =1.0						×	×					
年龄因子 =0.8								×	×			
年龄因子 =1.5										×	×	
安全驾驶折扣		×		×		×		×		×		
不予投保	×											×

　　保险费用编程的易错方面在哪里？年龄范围的端点值看起来是一个很好的开端，而且这把我们推回到边界值的状态。我们可以想象到那些保险费没有一整年的保单持有者会有许多抱怨。顺便说一下，这是基于风险测试的一个很好的例子。处理这样的抱怨是非常昂贵的。同时，我们应该考虑年龄在 16 到 100 岁之间的人。最后，当所有的保险单丢失的时候，我们应该检查这些丢失安全驾驶减少，超过 12 分的值。在图 10-7 中展示了所有情况。（注意这里没有对问题的回应，但是我们的测试分析需要我们来考虑它们。）或许这就是混合功能测试：它使用了所有三种表格的优点，这些优点是程序的本质。混合应用各种测试方法是合适的，因为这样的混合测试通过都能提高质量。

　　为了将边界值测试和弱健壮等价类混合在一起，注意年龄类的边界是非常有帮助的。我们要自动地测试从一个年龄类转移到下一个年龄类的 max-、max 和 max+，因为这样是非常经济的。图 10-8 展示了在保险问题中年龄在 35 ～ 45 岁的人的混合测试用例。

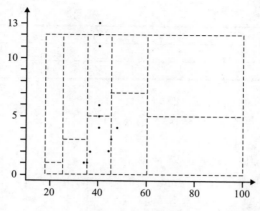

图 10-8　35～45 岁的混合测试用例

10.4.2　基于代码的测试

我们的分析都是基于规格的测试。为了完整性，我们也需要代码。这将会回答类似年龄变量是否为整型。毫无疑问扣分变量是整型。在某种程度上，伪代码只做了很少的错误检查。图 10-9 展示了伪代码和程序图。因为程序图是非周期的，在示例中仅有有限的路径（11 条）。最优的选择就是对每个路径进行测试用例。既包括了陈述又有定义使用路径的覆盖。混合的用例预测多条件覆盖；这些都是综合了最坏边界测试和混合测试来完成的。剩余的路径测试覆盖度量都是不使用的。

1. 路径测试

保险费程序图的周期复杂性为 $V(G)=11$，而且很明显存在 11 条可行的路径。这些路径在表 10-11 中列出了。如果你按照第 5 章对于功能测试用例的集合变量采用的伪代码，你将会得到表 10-12 中的结果。通过进一步研究结构测试，我们会对这些问题有更深刻的认识。其中之一就是漏洞和冗余问题是很明显的。只有通过混合方法获得的测试用例才能产生完全路径覆盖，用这 25 个测试用例的结果与产生相同数量测试用例的另外两种方法进行比较，会得到有益的启发：25 个边界值测试用例仅覆盖了 6 条可行的执行路径，而 25 个强一般等价类测试用例覆盖了 10 条。第二个问题是 case 语句中条件覆盖之间的差异。每个判断都是形如 $a \leqslant x < b$ 的复合条件。只有最坏情况边界值测试用例（273 个）和混合测试用例（25 个）能够产生这些极端值——差别真大呀！

2. 数据流测试

对保险费问题进行数据流测试很枯燥，变量 *driverAge*、*points* 和 *safeDriverReduction* 都出现在 6 个定义清除的定义使用路径中，并且 *driverAge* 和 *points* 的"使用"都是谓词使用。第 9 章曾经提到过，全路径准则意味着全底层数据流覆盖。

表 10-11　保险费程序中的路径

路径	节点序列	路径	节点序列
p1	1-2-3-4-5-6-8-31-32-33	p7	1-2-3-19-20-21-23-31-32-33
p2	1-2-3-4-5-6-7-8-31-32-33	p8	1-2-3-19-20-21-22-23-31-32-33
p3	1-2-3-9-10-11-13-31-32-33	p9	1-2-3-24-25-26-28-31-32-33
p4	1-2-3-9-10-11-12-13-31-32-33	p10	1-2-3-24-25-26-27-28-31-32-33
p5	1-2-3-14-15-16-18-31-32-33	p11	1-2-3-29-30-31-32-33
p6	1-2-3-14-15-16-17-18-31-32-33		

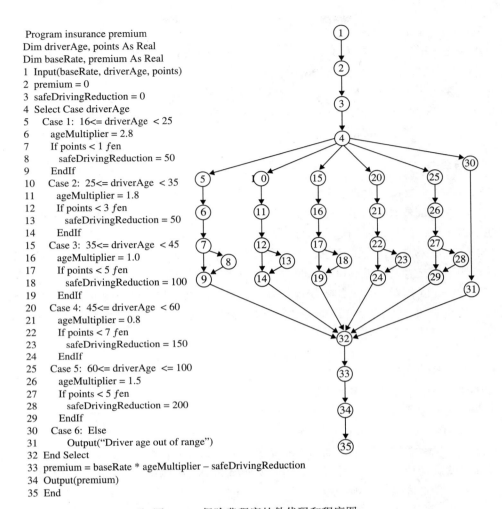

```
 Program insurance premium
 Dim driverAge, points As Real
 Dim baseRate, premium As Real
 1  Input(baseRate, driverAge, points)
 2  premium = 0
 3  safeDrivingReduction = 0
 4  Select Case driverAge
 5    Case 1:  16<= driverAge  < 25
 6      ageMultiplier = 2.8
 7      If points < 1 fen
 8        safeDrivingReduction = 50
 9      EndIf
10    Case 2:  25<= driverAge  < 35
11      ageMultiplier = 1.8
12      If points < 3 fen
13        safeDrivingReduction = 50
14      EndIf
15    Case 3:  35<= driverAge  < 45
16      ageMultiplier = 1.0
17      If points < 5 fen
18        safeDrivingReduction = 100
19      EndIf
20    Case 4:  45<= driverAge  < 60
21      ageMultiplier = 0.8
22      If points < 7 fen
23        safeDrivingReduction = 150
24      EndIf
25    Case 5:  60<= driverAge  <= 100
26      ageMultiplier = 1.5
27      If points < 5 fen
28        safeDrivingReduction = 200
29      EndIf
30    Case 6:  Else
31        Output("Driver age out of range")
32  End Select
33  premium = baseRate * ageMultiplier – safeDrivingReduction
34  Output(premium)
35  End
```

图 10-9 保险费程序的伪代码和程序图

表 10-12 保险费程序中功能测试方法的路径覆盖

图号	方法	测试用例	所覆盖的路径
10-5	边界值	25	p1、p2、p7、p8、p9、p10
10-6	最坏情况边界值	103	p1、p2、p3、p4、p5、p6、p7、p8、p9、p10
10-7	弱一般等价类	10	p1、p2、p3、p4、p5、p6、p7、p8、p9
10-7	强一般等价类	12	p1、p2、p3、p4、p5、p6、p7、p8、p9、p10、p11
10-7	决策表	12	p1、p2、p3、p4、p5、p6、p7、p8、p9、p10、p11
10-8	混合	32	p1、p2、p3、p4、p5、p6、p7、p8、p9、p10、p11

3. 片测试

这里片测试同样没有提供多少有用的信息，其中只有 4 个有意思的片（没有列出 EndIf 语句）：

$$S(safeDrivingReduction, 33) = \{ 1, 2, 3, 4, 5, 7, 8, 9, 10, 12, 13, 14, 15, 17, 18, 19, 20, 22,$$
$$23, 24, 25, 27, 28, 29, 32\}$$

$$S(ageMultiplier, 33) = \{1, 2, 3, 4, 5, 6, 10, 11, 15, 16, 20, 21, 25, 26, 32\}$$

$S(baseRate, 33) = \{1\}$

$S(Premium, 33) = \{$ 1, 2, 3, 4, 5, 6, 7, 8, 9, 10, 11, 12, 13, 14, 15, 16, 17, 18, 19, 20, 21, 22, 23, 24, 25, 26, 27, 28, 29, 32$\}$

这些片的并（加上 EndIf 语句）就是整个程序。通过基于片的测试获得的仅有信息是：若故障出现在第 32 行，$safeDriverReduction$ 和 $ageMultiplier$ 上的片会将程序分解为两个不相交的部分，这会简化故障隔离工作。

10.5 指导方针

这里讲一个我最喜欢的测试故事。一个醉酒的人在街道上沿着路灯走路。当一个警察问他在做什么，他回答自己在找车钥匙。"你的钥匙丢在这儿了吗？"警察问道。"没有，我把它落在了停车场，但是这儿的灯光更好些。"

对测试人员来说，这个故事包含了一个重要的信息：无意义的测试是没有用的。这背离了有效检测错误接着选择最有可能的测试方法来找到这些错误。

许多时候，我们对很常见的错误都没有感觉。那怎么办呢？最好的方法就是使用程序已知的属性来选择方法，用最合适的方法来找对应的错误。在选择基于规格说明的测试方法时，以下这些属性是非常有意义的：

- 变量是否代表了物理或者逻辑的数量？
- 变量是否有依赖？

  出现了单个错误还是多个错误？
- 异常处理是否重要？

"专家系统"是这样开始的：

1. 如果变量参考物理数量，预示着需要边界值测试和等价类测试。
2. 如果变量是独立的，预示着需要边界值测试和等价类测试。
3. 如果变量是依赖的，预示着需要决策表测试。
4. 如果是单变量假设错误，预示着需要边界值测试和健壮性测试。
5. 如果是多变量假设错误，预示着需要最坏测试、健壮性类测试和决策表测试。
6. 如果程序包含重要的异常处理，预示着需要健壮性测试和决策表测试。
7. 如果变量考虑逻辑数量，预示着需要决策表测试和等价类测试。

有时候也会出现这些的结合，表 10-13 对功能测试的选择做了总结。

表 10-13 功能测试的选择

	变量（P，物理变量；L，逻辑变量）	P	P	P	P	P	L	L	L	L	L
c2	是否为独立变量？	Y	Y	Y	Y	N	Y	Y	Y	Y	N
c3	是否符合单一故障假设？	Y	Y	N	N	–	Y	Y	N	N	–
c4	是否需要例外情况处理？	Y	N	Y	N	–	Y	N	Y	N	–
a1	边界值分析		×								
a2	健壮性测试	×									
a3	最坏情况测试				×						
a4	健壮最坏情况测试			×							
a5	弱健壮等价类测试	×		×							
a6	弱一般等价类测试	×	×				×	×			

（表头第一行行标签为 c1）

（续）

| a7 | 强一般等价类测试 | | | × | × | × | | | × | × | × |
| a8 | 决策表 | | | | | × | | | | | × |

10.6 习题

1. 使用第 2 章介绍的结构化实现和第 9 章介绍的 DD 路径图重新分析三角形问题的漏洞和冗余问题。

2. 针对习题 1 的研究，计算覆盖、冗余和净冗余指标。

3. 保险费程序伪代码没有检查低于 16 岁和超过 120 岁的驾驶员年龄。Else 子句（用例 6）会捕获这些问题，但输出消息不是很明确。此外，输出语句（33）不受驾驶员年龄检查的影响。哪些功能测试方法可以发现此类缺陷？哪些结构测试覆盖能够发现这类故障？

10.7 参考文献

Brown, J.R. and Lipov, M., Testing for software reliability, *Proceedings of the International Symposium on Reliable Software,* Los Angeles, April 1975, pp. 518–527.

Pressman, R.S., *Software Engineering: A Practitioner's Approach*, McGraw-Hill, New York, 1982.

超越单元测试

在第三部分中，我们将在第二部分所介绍的单元测试基本思想之上，做一个重要的改变。现在我们更关心的是知道所测试的是什么。为此，这一部分的讨论就开始于基于模型测试的思想体系。第 11 章讨论了基于软件开发生命周期模型的测试，第 12 章讨论了软件 / 系统的行为模型。第 13 章介绍了集成测试中基于模型的策略，并在第 14 章进一步扩展到系统测试。在第 15 章中，讨论了面向对象软件的测试问题，主要集中在讨论面向对象范式与传统范式的不同点上。完成了这些之后，我们就终于能够认真地来研究第 16 章中的软件复杂性问题了。在第 17 章中，我们将这一点应用于一个相对较新的问题中，即软件系统的系统测试。

基于生命周期的测试

在本章中，我们将介绍各大软件开发生命周期模型中的测试技术。在第 1 章中，我们简单介绍了软件开发瀑布式模型中存在的三个层次（单元、集成和环境）。自其诞生几十年来，层次测试技术取得了很大成功，但其他生命周期模型的出现迫使我们重新审视这些测试思想。这里我们首先介绍传统瀑布模型，主要是因为它广为人知并且是很多现代模型的参考框架，之后介绍瀑布模型的一些变体，最后介绍一些主流敏捷模型。

我们也在思维方式上做出了重要调整，更加注重被测试项的表示方式，以免表示方式限制我们构造测试用例的能力。统计一下在软件测试领域重大会议（产业界和学术界的）上发表的论文，我们会发现有关规格说明模型和技术的论文与有关测试技术的论文几乎一样多。在讲到基于模型的测试（Model-Based Testing，MBT）时，软件建模和各层级测试将交汇在一起。

11.1 传统瀑布模型测试

传统的软件开发模型是瀑布模型，如图 11-1 所示。有时为了说明测试活动如何对应于瀑布模型前期的各个阶段，也用图 11-2 中的 V 型图来表示瀑布模型（国际软件测试认证委员会（ISTQB）将其定义为 V- 模型）。在这种模型中，各个开发阶段产生的信息是构造层次测试用例的基础。这并不矛盾：我们当然希望系统测试用例与需求规格说明紧密相关，而单元测试用例则从详细的单元设计中获得。瀑布模型左上方的"什么 / 怎样"周期很重要，这些前期阶段规定了后续阶段需要完成的任务，也是进行软件评审的理想时刻 (见第 22 章)。有些人将左边的这些阶段戏称为错误制造阶段，将右边的阶段称为错误检测阶段。

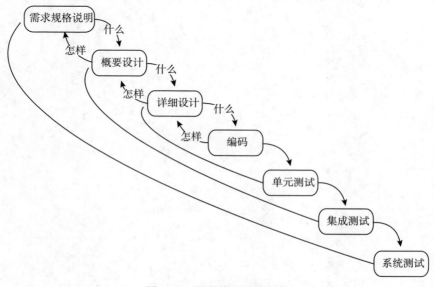

图 11-1　瀑布模型生命周期

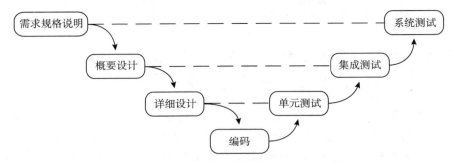

图 11-2　瀑布模型生命周期的 V- 模型表示

这里有两个要点：假设采用的是功能测试，并且使用自底向上的测试顺序。自底向上在这里是指抽象层次：首先是单元，然后集成，最后是系统测试。而在第 13 章中，自底向上也表示一种单元集成（或测试）的顺序。

在三个主要的测试层次（单元、集成、系统）中，单元测试是最好理解的。第 5 章到第 10 章介绍了测试理论和技术在单元测试上的应用。系统测试比集成测试更好理解，但是这两种测试都需要进一步说明。自底向上的测试方法首先测试单个组件，然后将测试完的组件集成为一个子系统继续测试，直到整个系统被测试完毕。系统测试应该是一种能被客户（或用户）理解的活动，常与客户验收测试结合在一起进行。一般来说，系统测试是一种功能测试而不是结构测试，这主要是由于缺乏更高层次的结构表示法。

11.1.1　瀑布模型测试

瀑布模型与通过功能分解进行的自顶向下开发和设计流程密切相关。概要设计阶段的最终结果是将整个系统按功能分解为由功能组件构成的树型结构。根据这种分解，自顶向下的集成将从主程序开始，依其树型结构检查下一层的单元调用，以此类推，直至分解树的叶子节点为止。在每个点上，较低层级的单元被桩——具有相同功能的一次性代码所取代。自底向上的集成顺序则是相反，先是从叶子节点开始然后向上直到主程序。在自底向上的集成中，较高层级的单元被模拟过程调用的驱动器（一次性代码的另一种形式）所取代。"大爆炸"方法并不使用桩或驱动器进行单元替换，而是一次性将所有单元放在一起。不论采用何种方法，传统集成测试的目标都是根据功能分解树把已被测试的单元集成到一起。虽然在这里将集成测试描述为一个过程，但是这种过程没有提供多少关于测试技术的信息。我们将在第 13 章回到这个话题。

11.1.2　瀑布模型的优缺点

自从 1968 年问世以来，瀑布模型不断受到检讨与批评。最早在 1986 年，Agresti 对瀑布模型进行了一次很好的总结，他指出：

- 瀑布模型框架非常适合层次管理结构。
- 每个阶段都有明确的产物（检验准则），方便项目管理。
- 详细设计阶段明确了每个人的任务分工，让他们可以并行工作，从而缩短整个项目的开发周期。

更重要的是，Agresti 强调了瀑布模型的局限性。我们会看到，这些局限性将被衍生生命周期模型所解决。他指出：

- 在需求规格说明和系统测试之间存在很长的反馈过程，而且客户并不参与其中。
- 模型几乎排除了综合的可能，最先发生在集成测试阶段。
- 单元级别的大规模并行开发可能会受到开发人员数量限制。
- 最重要的是，开发人员需要"完美的预见性"，因为在需求阶段的任何错误或疏忽都将影响剩下的生命周期阶段。

"疏忽"是早期使用瀑布模型的开发者最头疼的地方，导致现在几乎所有的需求规格说明文档都要求具有一致性、完整性和清晰性。大部分需求规格说明技术无法展示一致性（决策表除外），而清晰性显而易见。比较有趣的是完整性——所有后续生命周期的设计并不完整，但可以通过某种形式的迭代渐渐达到"完整性"。

11.2   在迭代生命周期中测试

从 20 世纪 80 年代初开始，为了弥补上述传统瀑布模型的不足，测试工作者相续提出了一些改进的生命周期模型。这些新模型有一个共同的特点，即从强调功能分解转向强调迭代和合成。功能分解适合瀑布模型的自顶向下程序构建方式，同时也能够很好地适合自底向上的测试顺序。Agresti(1986) 指出：过度依赖整体范型是瀑布式开发的主要弱点，因为只有完全理解系统才能顺利进行功能分解，并且这种分解几乎排除了综合的可能，结果使需求规格说明与所完成的系统长时间脱节，而且在这期间没法获得来自于用户的反馈。相对于分解而言，合成更接近人们的工作方式：从已知和已理解的东西开始构建，逐渐往上面添加东西或者移除不满意的部分。

分解与合成就好比雕塑艺术中的正雕塑与负雕塑。在负雕塑中，雕塑家需要逐步去掉与表达主题不符的多余材料，比如，以数学家的角度看，米开朗基罗的大卫一开始就是一块大理石材料，需要凿掉与主题（大卫）无关的部分。而正雕塑一般用蜡之类的比较柔软的材料进行创作，先做出一个与主题近似的核心形状，然后对其进行增添或削减等修整，直到得到所要的形状。雕塑完成之后用石膏浇铸，当石膏变硬，蜡融化后，就得到一个用来浇铸青铜的模具。在这两种雕塑工作中发生错误将会导致截然不同的结果：对于负雕塑，一旦有失误，整个工作就前功尽弃，必须推倒重来（意大利佛罗伦萨博物馆保存了五六件这类失败的大卫塑像）；但对于正雕塑，对有问题的部分可以采取去除并重建的方法加以解决。正如雕塑艺术中的正雕塑风格，软件开发中的这些新型改进模型以合成为核心，对集成测试技术产生了重要影响。

11.2.1   瀑布模型的变体

基于瀑布开发模型派生出 3 种主要模型：增量开发模型、演化开发模型和螺旋模型（Boehm，1988）。每种模型都包括图 11-3 所示的一系列流程和构建（build），其中很重要的一点是，保持概要设计阶段完整性而不把它分散到每一个构建阶段当中（因为这样会导致早期的概要设计不适合后期构建）。这种单一的设计步骤无法用于演化开发模型和螺旋开发模型，成为自底向上敏捷开发方法的一个主要缺陷。

新模型的构建方法都包括从详细设计到测试的一般瀑布型开发流程，但是系统测试被分成回归测试和累进测试两个步骤，这是新模型与传统瀑布模型的重要区别。在新模型中，影响一系列构建的主要因素是回归测试，其目标是保证在前一个构建阶段正常工作的功能，在下一个环节新增加了代码之后仍然能够正常工作。回归测试可以在集成测试之前或之后进行，也可以前后都进行。新模型中的累进测试首先假定回归测试已经成功，并有新功能可供测试（我们倾向于认为新增加的代码不代表回归而代表累进）。众所周知，任何微小的变化都会使其所在系统产生一系列的连锁效应（据业界统计，模型中每五个变更就会有一个引入新故障），所以引入回归测试对模型的一系列构建是非常有必要的。

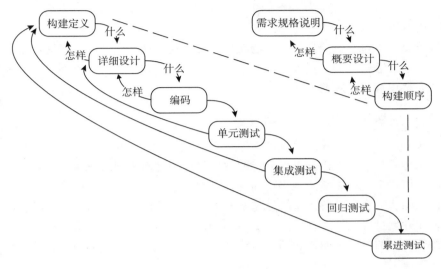

图 11-3　迭代开发

　　演化开发可以看作是一种基于客户的迭代，先提供给客户一个体量较小的初始版本然后根据客户提供的建议进行下一步迭代，这对市场投放优先的产品来说很有用。初始版本可能会收集到一部分来自目标市场的反馈，然后在未来版本中针对这些反馈作出改进。这让客户觉得他们的"声音"得到尊重，会更愿意对后续产品进行投资。

　　Barry Boehm 的螺旋模型有些演化模型的影子，不过最大的区别在于螺旋模型是由风险驱动的，每次迭代更多是考虑基本风险大小而不是客户的建议。这个螺旋坐落在一个二维的 x-y 坐标平面，四个象限把一次迭代分为了四部分，从左上开始按顺时针方向分别是：需求定义、风险分析、工程开发（和测试）、下一步迭代计划。这四个阶段将目标确定、风险分析、开发与测试以及下一步迭代计划都包括在内，沿着螺线不断迭代，产品逐渐扩大。

　　对于回归测试目前存在两种观点：一个是简单地重复之前的测试，另一个则是设计一套较小的测试用例集专注于发现可能受影响的错误。在自动化测试环境中重复先前的一整套集成测试是可行的，但是在人工测试情况下是无法接受的。测试用例在回归测试中失败的预望（应该）比在累进测试中低，一般是重复累进测试的 5% 左右，而累进测试可能会达到 20%。如果人工进行回归测试，则有一种特别的回归测试方法：肥皂剧式测试。其思想是进行冗长且复杂的回归测试，类似于电视肥皂剧中错综复杂的情节线索。导致肥皂剧式测试失败的原因有很多，不像累进测试那么少，当肥皂剧式测试失败时就需要进行进一步的详细测试来定位错误。我们将在第 20 章的全对测试中再进行讨论。

　　上述 3 种新模型之间的差别在于其标识构建的方法不同。在增量开发模型中，标识构建通常是为了均衡人员结构。如果进行纯瀑布式开发，则从详细设计到单元测试阶段所需的人力资源会急剧增多，很多组织机构无法承担如此巨大的人力资源投入，所以需要将系统划分为若干个现有人力能够进行的构建。在演化开发模型中，也需要假设一系列构建，但是只需定义第一个构建，并根据它来标识后续构建，其顺序通常与客户（或用户）对系统要求的优先级一致，使得系统的开发能够满足用户不断变化的需求。这体现了敏捷方法以客户为导向的宗旨。螺旋模型是快速原型开发和演化开发的结合，它首先采用快速原型法定义一个构建，然后根据与开发技术相关的风险因素，在决定是否继续。由此可见，对于演化模型和螺旋模型来说，概要设计很难成为一个完整的步骤，因此会对集成测试带来消极影响，但对系统测试基本没有影响。

　　由于构建是一组可交付给最终用户的功能，所以这3种新模型的共同优点是都能较早地结合成构建，还能够较早地获得客户的反馈，弥补了瀑布式开发的两点不足。下一节将介绍两种解决"完全理解"问题的方法。

11.2.2　基于规格说明的生命周期模型

　　如果系统不能被（客户或开发人员）充分理解，则功能分解就会具有相当的风险。快速原型开发方法（见图11-4）通过提供系统的"外观和感觉"原型来确认客户需求，这样通过尽早生成综合模式来大幅度缩短规格说明与客户的反馈周期。该方法并不是马上构建最终系统，而是快速构建一个不完善的系统原型来收集用户的反馈，用户的反馈可能会增加原型生命周期数。在开发过程中，一旦开发人员和客户双方就某原型表示的系统达成一致，开发人员就开始按照相应的规格说明构建系统。从这点上看，每一种瀑布模型的改进版本都可以在快速原型法中使用。

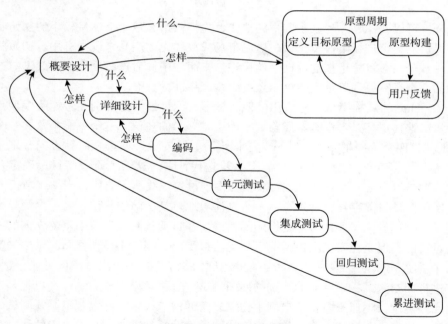

图 11-4　快速原型法生命周期模型

　　快速原型法对集成测试没有特别的要求，但对系统测试有。那么，要求什么呢？最终的原型是规格说明吗？系统测试用例是如何回溯到原型的呢？对于这些问题，一个好的答案是把原型法生命周期看作构建系统的信息收集过程，然后以传统的方式生成需求规格说明；另一个可能的答案是获取客户使用原型的所有可能信息，将其定义为重要场景，然后使用这些场景作为系统测试用例。这可能是敏捷开发模型中用户故事的前身。快速原型法的主要贡献在于将操作（或行为）的理念引入需求规格说明阶段。通常，需求规格说明技术强调的是系统的结构，而不是系统的行为，然而大多数客户只关心行为而不是结构，这有点令人遗憾。

可执行规格说明（见图 11-5）是快速原型概念的一种扩展，它用某种可执行格式（例如有限状态机、状态图或 Perti 网）来描述需求，然后客户执行这种规格说明，以观察所要实现的系统行为，并（与快速原型模型一样）提供反馈信息。可执行模型（可以）是非常复杂的，这对成熟的状态图来说还是比较保守的说法。可执行模型需要用专业知识构建，并用引擎执行，非常适合用于事件驱动的系统，特别是事件发生顺序不确定的系统。这种系统能够对外界事件做出响应，所以被状态图创始人 David Harel 称为"可响应"系统（Harel，1988）。与快速原型法一样，可执行规格说明方法的目的也是让客户体验所设计的功能并提出反馈，并且可能在反馈的基础上对可执行模型做一些修改。这种方法的一个好处就是，一个良好的可执行模型引擎能够捕获一些"有趣"的系统事务，并能够通过一个几乎通用的过程将这些转化为真正的系统测试用例，如果这一步做得好，则可以通过系统测试回溯到设计需求。

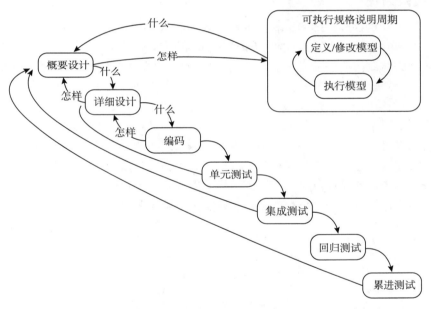

图 11-5 可执行规格说明

这种生命周期对集成测试没有特别的要求，这一点与快速原型法相同。不同的是，可执行规格说明法的需求规格说明文档是明确的，而原型法不是；更重要的是，从可执行规格说明中导出系统测试用例常常是一种机械过程，我们将在第 14 章讨论这一问题。虽然开发可执行规格说明需要更大的工作量，但可以减少生成系统测试用例的工作量作为补偿。另外还有一点重要区别：基于可执行规格说明进行系统测试，有利于结构测试在系统层面上展开。最后，就像我们在快速原型法中看到的，可执行规格说明方法也可以用于任何迭代生命周期模型。

11.3 敏捷测试

敏捷开发宣言（http://agilemanifesto.org/）是 2001 年 2 月由敏捷联盟（the Agile Alliance）的 17 位成员编写的，它彻底地改变了软件开发世界，已经被翻译成 42 种语言。敏捷开发生命周期的特点如下：

- 以客户为导向
- 自底向上开发
- 灵活应对需求变更
- 尽早发布功能完整的组件

图 11-6 描述了敏捷生命周期的一般过程。客户通过用户故事来表达自己的需求，当他们没有更多用户故事时，这个敏捷型开发项目便结束。此时我们会看到敏捷过程中的一系列迭代产品，特别是在 Barry Boehm 的螺旋模型中，许多网站在敏捷软件开发过程中也会出现少则三四次多则四十多次的变更。下面介绍敏捷开发过程的三个主要部分，重点介绍测试部分。

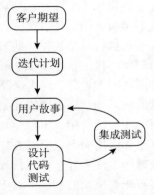

图 11-6　敏捷生命周期一般过程

11.3.1　极限编程

克莱斯勒公司的 Kent Beck(http://www.extremeprogramming.org/) 在 1996 年首次将极限编程概念引入到项目中（以一种文件记录的方式），尽管该项目只是对早期开发版本的一次修正，但它的成功促使他出版了一本书（Beck，2004）。图 11-7 描述了极限编程的主要概念，很显然这是一种用户驱动的开发方法，通过用户故事来驱动计划发布和系统测试。发布的计划制定了一系列迭代，每次迭代都会增加一小部分功能。极限编程强调两个开发者坐在同一工作台前进行结对编程，一个负责编程，一个则站在更高角度不断对新增代码进行评估，这是极限编程与其他开发方法的一个不同之处。在第 22 章中，会用一个更好的词语——连续代码演练来描述这一过程。极限编程和一般迭代式生命周期模型（见图 11-3）的一个重要区别在于它没有总体概要设计阶段，这是因为极限编程是一个自底向上的过程。如果极限编程真的由一系列用户故事驱动，很难想象在计划发布阶段会发生什么。

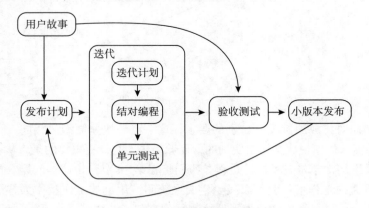

图 11-7　极限编程的生命周期

11.3.2　测试驱动开发

测试驱动开发 (Test-driven development，TDD) 是敏捷过程的极端情况，它是由一系列用户故事驱动的，如图 11-8 所示。TDD 最大的不同在于用户故事可以被分解成几项小任务，在编写代码解决任务之前，开发人员先编写针对这个任务的测试，这些测试便成为规格说明。下一步很有意思，是对还未存在的代码运行这些测试，这当然无法通过测试，但恰好体现了 TDD 的极度简化和故障隔离的特点。接着开发人员开始填写代码和重跑测试，如果测试未通过则继续修改和增添代码，当代码通过了所有测试时，一个新的用户故事便被实现。有时，开发人员会对现有代码进行重构，并把重构后的代码用现有的全部测试用例进行测试，这跟回归测试很像。为了让 TDD 更实用，我们需要在一个支持自动化测试的开发环境中进行测试，比较有代表性的如具有 nUnit 家族成员的自动化测试环境（我们将在第 19 章举例说明）。

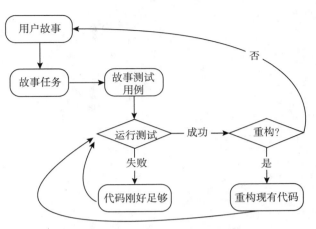

图 11-8　测试驱动开发的生命周期

在 TDD 中，故事层级的测试用例驱动编程，所以这些测试用例就是规格说明，换句话说，TDD 的测试是基于规格说明的，但它本质上是通过编写代码来尽量使测试通过，所以我们也可以认为它的测试是基于代码的。TDD 方法存在两个问题，第一个是一般敏捷方法都存在问题——自底向上过程无法进行高级层面的设计。用户故事来得太晚减少了早期设计的选择余地，这样在后续开发中不单单要进行代码层面的重构，还要在设计层面进行重构。敏捷开发社区的人员相信好的设计来自于反复的重构，在这一前提下，当客户不确定自身需求时，也就是说，需求一直在改变时，为了得到一个好的设计，似乎只能在代码和设计层面不断进行重构。这是自底向上开发中无法避免的问题。

第二问题是所有的开发者都会犯错——这也是我们把测试放在第一位的主要原因。但是思考一下：我们凭什么认为 TDD 开发者在设计用于驱动开发的测试用例都是完美的呢？或者更糟糕的是：如果后续用户故事与前面的相互矛盾怎么办？所以在生命周期中无法进行用户故事水平的交叉验证是 TDD 最后一个缺陷。

11.3.3　Scrum

Scrum 可能是使用最频繁的敏捷开发方法，它强调团队成员之间的交流合作。这个名字来源于英式橄榄球比赛，在比赛中，每一队伍的成员都肩并肩靠在一起努力地将球送入对方的球门，这种橄榄球式拼抢需要团队成员之间的通力合作，所以被引入到软件开发当中。

Scrum（开发生命周期）给人的第一感觉是有很多描述以往思想的新词汇，例如：角色、仪式、神器。一般来说，Scrum 里的角色指代项目参与者，仪式指代会议，而神器代表产品。Scrum 项目拥有 Scrum 领导（类似以往项目主管，不过管理权利没那么大），以往的客户现在叫作产品负责人，开发团队叫作 Scrum 团队。图 11-9 是从 Scrum 联盟官网（http://www.scrumalliance.org/learn_about_scrum）上下载的一个"官方"Scrum 流程说明。对照图 11-3 中传统的迭代生命周期过程，传统的迭代变成 2 到 4 周的"短跑冲刺"。在"短跑冲刺"期间，每天会有一个站立式会议探讨之前遇到的问题及今天要完成的工作，然后在一天结束时对团队的工作进行整合并做一次代码设计测试。这种每日进行构建体现了敏捷开发思想，有助于冲刺期内的产品开发。Scrum 与传统的迭代开发方法最大的区别在于描述开发过程的特殊用语和迭代时间的长短。

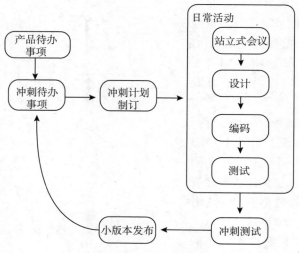

图 11-9   Scrum 生命周期

　　Scrum 生命周期中有两种层级的测试——每天结束时的单元层面测试和"短跑"结束时的集成层面测试。一次冲刺可以选择产品订单中的哪些订单项由产品负责人（客户）决定，这一步大致反映了客户的需求。冲刺计划制订就像是概要设计，因为这时候 Scrum 团队需要确定每一个冲刺的任务内容及进行的先后顺序。怎么保证开发质量呢？ Scrum 拥有两个不同的测试层级——单元和集成 / 系统。为什么叫集成 / 系统？是因为每一个小版本都是可以交付给产品负责人使用的，所以它是系统级的产品，但实际上它只是所有开发工作的第一次集成而已。

11.4   敏捷模型驱动开发

　　我的一位德国朋友 Georg 不仅是数学博士，还是软件开发者，同时也是一位围棋玩家。我和他通过邮件讨论了几个月关于敏捷开发的问题。他告诉我在围棋游戏中，玩家必须学会使用战略和战术，缺少任何一个都会使自己处于劣势。在软件开发领域，他把整体设计比作围棋中的战略，而单元级别开发比作战术，认为敏捷开发缺少战略部分，我们需要在传统软件开发方法和敏捷开发方法中作出一些取舍。下面我们先看下由 Scott Ambler 推广的敏捷模型驱动开发（Agile Model-Driven Development，AMDD），然后介绍他的其余工作，由我粗略整理暂且就叫作模型驱动的敏捷开发（Model-DrivenAgile Development，MDAD）。

11.4.1   敏捷模型驱动开发概述

　　AMDD 的敏捷部分体现在建模这一步，Ambler 建议对当前的用户故事充分建模，然后用 TDD 方法实现。AMDD 与其他敏捷开发方法不同之处在于它有一个与众不同的设计步骤，见图 11-10。（敏捷开发者通常将这种建模称为"大量预先设计"来表达他们的厌恶，并简称

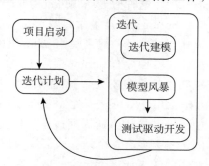

图 11-10   敏捷模型驱动的生命周期

为 BDUF。）

　　Ambler 的贡献在于让人们承认了设计在敏捷开发方法中的地位。在撰写本部分内容时，LinkedIn 上正在进行以"设计在敏捷软件开发中是否还有一席之地？"为题的讨论，绝大部分人对现有敏捷开发生命周期中的设计需求做出了肯定。除此之外，集成 / 系统测试在 AMDD 中似乎没有发挥的余地了。

11.4.2　模型驱动的敏捷开发

　　受到 Georg 关于战术和战略需要兼备这一观点的启发，本人针对传统和敏捷开发存在的问题提出模型驱动的敏捷开发（Model-Driven Agile Development，MDAD）作为折中方案。那么 MDAD 与其他迭代式开发方法有什么不同呢？ MDAD 建议采用测试驱动开发作为战术，并采用 Ambler 观点使用短迭代，而战略层面则体现在对整体模型的重视，这让模型能够支持 MBT。图 11-11 显示了 MDAD 的单元测试、集成测试和系统测试三个层级。

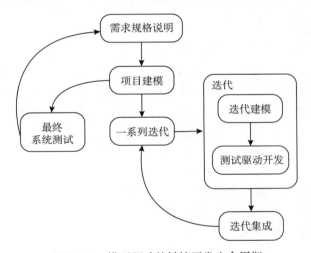

图 11-11　模型驱动的敏捷开发生命周期

11.5　参考文献

Agresti, W.W., *New Paradigms for Software Development,* IEEE Computer Society Press, Washington, DC, 1986.

Beck, K., *Extreme Programming Explained: Embrace Change*, 2nd ed., Addison Wesley, Boston, 2004.

Boehm, B.W., A spiral model for software development and enhancement, *IEEE Computer*, Vol. 21, No. 6, May 1988, pp. 61–72.

Harel, D., On visual formalisms, *Communications of the ACM*, Vol. 31, No. 5, May 1988, pp. 514–530.

基于模型的测试

"请相信！40多年了，我一直在谈散文，但我实际上对它却是一无所知的。"

——汝尔丹先生（Monsieur Jourdain），源自莫里哀的小说《贵人迷》

我同莫里哀的汝尔丹先生有同感，所以在本书的第一版就主张基于模型的测试。本章将介绍基于模型测试的基本方法，讨论如何选择恰当的模型，考察基于模型测试的优缺点，并简单地讨论一下可用的工具。基于模型测试的实例分布于本书的各个章节之中（也包括在本书的前几版中）。

12.1 基于模型测试

对系统行为进行建模的最大好处在于，构建模型的过程常常能促进对被测系统或被建模系统更为深刻、透彻的研究与理解。特别是当采用可执行模型进行建模时情况更是如此，此类可执行模型包括有限状态机、Petri 网和状态图。在第 14 章中我们将看到，从许多行为模型中可以很容易地导出关于系统行为的线索，这些系统行为线索又可以很容易地被变换成系统级测试用例。鉴于此，基于模型测试方法的适用性总是依赖于模型的准确度。基于模型测试的精髓在于以下一系列处理步骤。

（1）对系统进行建模。

（2）从模型中分析出系统行为线索。

（3）将这些系统行为线索变换成测试用例。

（4）（在实际系统上）执行测试用例并记录运行结果。

（5）根据需要修正模型，重复上述过程。

12.2 恰当的系统模型

"avvinare"是一个我钟爱的意大利词儿。avvinare 指的是秋天里很多意大利家庭把葡萄酒装瓶的这个过程。当买来一大桶起泡葡萄酒之后，人们清洗保存了一年的空酒瓶，这时瓶壁上总会附着一些小水滴，很难彻底弄干。于是意大利人就在一个瓶中先装上半瓶葡萄酒，摇晃酒瓶把小水滴都沾到酒里。接下来把这些酒倒入下一个清洗过的空瓶中接着摇，再接下来倒入后面的瓶中。就这样把所有水洗过的空酒瓶都用酒涮过了一遍后，就可以往瓶中装酒了。"avvinare"是个动词，表示整个处理过程。考考你：你能把它恰当地翻译成英语吗？我实在是找不到合适的英文单词来与之对应，这的确不是件简单的事儿。语言的演变是为了满足人们表达的需要，但在讲英语的世界中这种演变却并不常见。而软件工程理论与人类的认识论是趋同的。

因为基于模型的测试是从建模入手的，所以选择恰当的模型是关系测试工作成败的关键。正确、恰当的模型的选择受到若干因素的影响：各种模型的表达能力，被建模系统的本质属性，以及分析人员使用各种模型的能力。下面我们来讨论前两个因素。

12.2.1 Peterson 构架

为了方便比较各种计算模型的特点，James Peterson（1981）开发出了一种简约的构架，简单总结如图 12-1 所示。构架中的箭头方向表示两种模型之间一个比另一个的表达能力"更强"。Peterson 在其著作中详细地介绍了他开发出的构架中每条边的具体实例。例如，他指出无法用有限状态机来表达信号量系统。但在他的架构中，有 4 种不好比较的模型：向量替换系统模型、向量加法系统模型、UCLA 图模型和消息系统模型。在这方面 Petri 网则更具扩展能力，但为简单起见，Peterson 把 Petri 网的扩展结合在了一起。标记图是数据流图的形式化形式，Peterson 把它们表达成有限状态机的另一种规范化形式。

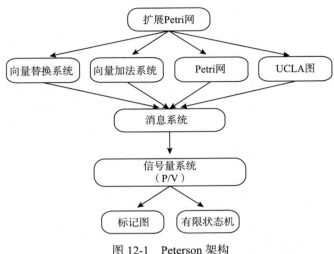

图 12-1　Peterson 架构

　　Peterson 格是基于模型测试的良好开端。对于某个具体应用，一个好的实现过程要求选用必要且充分的模型——既不能过弱也不能过强。如果模型太弱，对应用中某些重要的部分无法建模，那么也就无法进行测试。如果模型太强，建立模型的过程中投入过多的精力也是不必要的浪费。

　　但是，Peterson 格出现在 David Harel 开发出状态图之前。状态图应处于 Peterson 格中的什么位置呢？目前看，状态图在表达能力上至少等同于也可能会超过 Petri 网的大部分扩展。几个伟谷州立大学的毕业生通过多种方法探索这个问题。他们的工作是出色的，但是至今我仍无法对这种潜在的等价性给出严格的证明，但给定一个相对复杂的状态图，总有办法把它表达成一个事件驱动的 Petri 网（在第 4 章被证明）。然而状态图中各种转移所关联的丰富语言，却很难在绝大多数 Petri 网的扩展中表达。目前最有可能的一种方式是 DeVries（2013）提供的泳道 Petri 网。

　　图 12-2 展示了包含状态图的 Peterson 架构。状态图被放于预期位置。单向箭头表示，一个给定的状态图可以表示并发性（通过并发区域），但是 Petri 网及其大部分扩展并不能表达这种并发性。DeVries 的部分工作就是描述泳道 Petri 网。通过使用 UML 中"泳道"的概念来描述并发性活动。在第 17 章中，

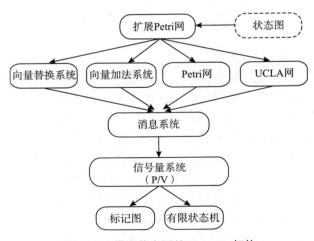

图 12-2　带有状态图的 Peterson 架构

我们将再次使用这个概念并用它来描述系统间的交互。这里，我们将使用一些提示性的扩展系统建模语言来展示事件驱动的 Petri 网的多通道的交流。图 12-3 描述了事件驱动 Petri 网，泳道事件驱动 Petri 网，状态图的子类的预期构架。

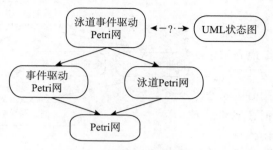

图 12-3   带有泳道模型的架构

12.2.2   主流模型的表达能力

Peterson 按照行为问题的种类分为四种主流模型。图 12-4 的韦恩图是 Peterson 关于这个问题的总结。

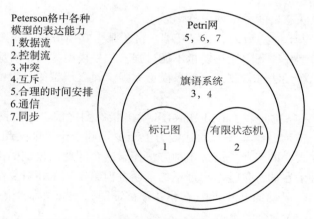

图 12-4   Peterson 格中各种模型的表达能力

12.2.3   建模问题

本章的大部分信息来源于 Jorgensen（2009）。用于需求规格说明的模型主要有两类：表述结构的模型和表述行为的模型。这与从两个基本方面定义系统是对应的：系统"是什么"和系统"干什么"。数据流图、实体 / 关系图（E/R 图）、层次图、类图和对象图等模型均着眼于解释系统"是什么"——系统的组件、组件的功能和各个组件之间的接口，这些强调的是结构；第二类模型包括决策表、有限状态机、状态图和 Petri 网，它们描述系统的行为——解释系统"干什么"。系统行为模型的表达能力具有很大差异，要表述这种技术上的差异性，就如同想在另一种语言中找到一个词来表述 avvinare 一样。

Jorgensen（2009）参考识别了 19 种行为模型问题，将它们划分为表 12-1 所示的 3 组。第一组的三个是程序结构中的编码结构问题，第二组是扩展系统建模语言（Bruynet 等人，1988）。在第 17 章中的系统建模体系中使用泳道事件驱动 Petri 网的时候将会提到这些。第三组是任务管理，由基础 Petri 网结构组成，最后一种是范畴，它是事件驱动系统。

表 12-1 行为模型的表达能力

行为问题	问题来源
顺序性	
选择性	结构编程
重复性	
可能	
不可能	
触发	
激活	扩展系统建模语言
延迟	
恢复	
暂停	
冲突	
优先	
互斥	任务管理
并发	
死锁	
上下文无关输入事件	事件
多结果输出事件	
异步事件	
事件静止	

表 12-2 将 19 种行为问题映射到 5 种可执行模型，每种模型都适用于 MBT。

表 12-2 5 种可执行模型的表达能力

	决策表	有限状态机	Petri 网	事件驱动的 Petri 网	状态图
顺序性	No	Yes	Yes	Yes	Yes
选择性	Yes	Yes	Yes	Yes	Yes
重复性	Yes	Yes	Yes	Yes	Yes
可能	No	No	Yes	Yes	Yes
不可能	No	No	Yes	Yes	Yes
触发	No	No	Yes	Yes	Yes
激活	No	No	Yes	Yes	Yes
延迟	No	No	Yes	Yes	Yes
恢复	No	No	Yes	Yes	Yes
暂停	No	No	Yes	Yes	Yes
冲突	No	No	Yes	Yes	Yes
优先	No	No	Yes	Yes	Yes
互斥	Yes	No	Yes	Yes	Yes
并发	No	No	Yes	Yes	Yes
死锁	No	No	Yes	Yes	Yes
上下文无关输入事件	Yes	Yes		Yes	Yes
多结果输出事件	Yes	Yes		Yes	Yes
异步事件	No	No		Yes	Yes
静止事件	No	No		Yes	Yes

12.2.4   选择恰当的模型

要选用一个恰当的模型，首先要从理解被建模（和被测试）系统的根本属性开始。这些都涉及刚刚讨论的各种能力，一旦明确了这些属性，做出恰当的选择也就简单了。但最终的选择还要取决于其他现实条件，如公司的政策、相关的标准、分析人员的能力和可供使用的工具等。总是选用表达能力最强的模型不是明智的做法，更好的选择策略是应用最简单的、能表达出所有被建模系统重要属性的模型。Peterson 格中各种模型的表达能力见图 12-4。

12.3   支持基于模型的测试的商用工具

Alan Hartman（2003）将支持基于模型测试的商用工具分成 3 类：

- 建模工具；
- 基于模型测试的输入生成器；
- 基于模型测试的生成器。

按照 Hartman 的说法，建模工具（如 IBM 公司的 Rational Rose、Telelogic 公司的 Rhapsody 和 StateMate 等）为真正的基于模型测试生成器提供输入，但这些工具本身并不能生成测试用例。而基于模型测试的输入生成器则前进了一步——它们能够生成测试用例的输入部分，但是不能生成期望输出部分。完整的基于模型测试生成器需要有某种形式的预测方法来构造期望输出。这是所有完整的测试用例生成的症结所在。一些大学和公司现在已经拥有了测试用例生成系统，但只有为数不多的几家公司声称已拥有了可以商用的测试工具。在这项技术成熟到可以真正商用之前，还是要使用基于用例测试来提供测试用例的期望输出。

Hartman 的总结有些过于宽泛了——我们知道，具有期望输出结果的完整的测试用例并不复杂，甚至完全可以利用简单的有限状态机来导出（如果模型确实表达了期望输出）。当建模人员成为预言家并为其所有模型提供了期望输出时，模型就可以作为一个完整的测试用例生成器了。

Mark Utting 和 Bruno Legeard 在他们的书中提出了基于模型测试（Utting 和 Legeard，2006）。

12.4   参考文献

Bruyn, W., Jensen, R., Keskar, D. and Ward, P. An extended systems modeling language (ESML), Association for Computing Machinery, ACM SIGSOFT Software Engineering Notes, Vol. 13, No. 1, January 1988, pp. 58–67.

DeVries, B., Mapping of UML Diagrams to Extended Petri Nets for Formal Verification, Master's thesis, Grand Valley State University, Allendale, MI, April 2013.

Hartman, A., Model Based Test Generation Tools, 2003, available at www.agedis.de/documents/ModelBasedTestGenerationTools_cs.pdf.

Jorgensen, P.C., *Modeling Software Behavior: A Craftsman's Approach*, CRC Press, New York, 2009.

Peterson, J.L, *Petri Net Theory and the Modeling of Systems*, Prentice Hall, Englewood Cliffs, NJ, 1981.

Utting, M. and Legeard, B., *Practical Model-Based Testing*, Morgan Kaufman Elsevier, San Francisco, 2006.

集 成 测 试

1999 年 9 月，火星气象人造卫星在历经了 41 周 4.16 亿英里[⊖]成功的飞行后以失败告终。它在开始探索火星的时候失去了联系。事后调查表明，引发问题的这个故障本来完全可以通过集成测试发现。洛克希德·马丁的太空科学家使用的是英制单位（磅）的加速度数据，而喷气推进器实验室使用的却是公制单位（牛顿）。随后，NASA 宣布设立一项 5 万美元的项目，专门调查出现这一问题的原因（Fordahl，1999）。他们真应该阅读本章的内容。

我们已经知道，软件测试有 3 个不同的层次——单元级、集成级和系统级，集成测试是我们了解最少的，在实际工作中，这个阶段也是最难进行的。本章将继续通过具体示例进行讨论，重点介绍两种主要的集成测试策略，以及一种不太为大家所熟知的集成测试策略，研究其中的一些细节，并对它们的优缺点进行评价。

一般来说，所有优秀的技艺师都有两个基本特征：一是对自己所从事的行业所用的工具非常熟悉，二是对工作的对象有一定的了解，这样才能了解如何熟练地使用合适的工具对其进行加工。本书在第 5 章到第 10 章已经集中讨论了测试技艺师在单元测试中可用的工具（技术），我们的目标是针对特定的软件类型分析这些技术的优点和局限性。现在，我们继续将重点放到基于模型的测试上，旨在更好地理解三种基础的模型，以此来提高软件测试者的判断力。我们把关注焦点转向测试对象，目标是让测试技艺师更好地理解工作对象，提高判断能力。面向目标软件的集成测试将被集成在本章中。

13.1 基于功能分解的集成

一些软件工程教材（例如 Pressman, 2005；Schach, 2002）常以功能分解树为代表来介绍以下 4 种系统集成策略：自顶向下策略、自底向上策略、三明治策略和大爆炸策略。许多软件测试经典教材也采用这种方法，如 Deutsch（1982）、Hetzel（1988）、Kaner 等人（1993）和 Mosley（1993）等。这几种集成策略（除了大爆炸策略以外）都描述了单元在系统中被集成的顺序。我们现在不考虑大爆炸集成，因为在大爆炸集成测试中，所有的单元一起被编译并立即进行测试。这种方法的缺点是，一旦发现某处失效，我们几乎没有任何线索来定位到错误发生的地方。（回想我们在第 1 章讲的故障与失效的区别。）

功能分解树是集成测试的基础，因为该树形结构通常从源代码推导而来，这些代码则显示了以单元为着眼点的系统结构。在各种集成策略中，假设每个单元都完成相对独立的测试，那么，基于功能分解树的集成策略，其目标就是测试已通过独立测试的单元间的接口。功能分解树对应所含单元包含的语句，在集成顺序上需要确保编译正确，并且有可参考的变量取值范围和单元名称。在本章中，我们熟悉的 NextDate 单元被扩展成一个主程序——包含过程与函数的日历。图 13-1 是这个日历程序的功能扩展树。程序的伪代码在下面给出。

这个日历程序以伪代码的形式给出。该程序需要一个形如"mm, dd, yyyy"的标准日

⊖　1 英里 ≈ 1.609 公里。

期格式，并提供以下功能：

- 计算给定日期的下一天（我们的老朋友，NextDate）。
- 给定日期在一周中的位置（即周一、周二……）。
- 给定日期位于十二宫的位置。
- 该日期离哪一年的纪念日（5 月 27 日）最近。
- 最近的星期五且这天是 13 号。

一个日历程序的概况在下面给出，基于图 13-1 的功能分解树给出一个简略的框架。

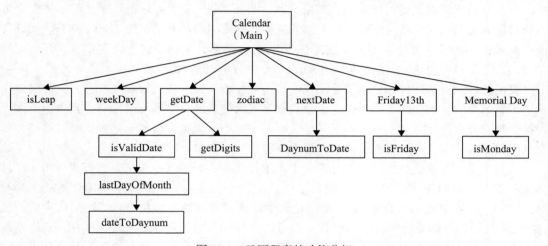

图 13-1　日历程序的功能分解

日历程序的伪代码：

```
Main    Calendar
Data Declarations
    mm, dd, yyyy, dayNumber, dayName, zodiacSign
Function isLeap (input yyyy, returns T/F)
    (isLeap is self-contained)
End Function isLeap

Procedure getDate (returns mm, dd, yyyy, dayNumber)
    Function isValidDate (inputs mm, dd, yyyy; returns T/F)
        Function lastDayOfMonth (inputs mm, yyyy, returns 28, 29, 30, or 31)
            lastDayOfMonth body
                (uses isLeap)
            end lastDayOfMonth body
        End Function lastDayOfMonth

        isValidDate body
            (uses lastDayOfMonth)
        end isValidDate body
    End Function isValidDate

    Procedure getDigits(returns mm, dd, yyyy)
        (uses Function isValidDate)
    End Procedure getDigits

    Procedure memorialDay (inputs mm, dd, yyyy; returns yyyy)
        Function isMonday (inputs mm, dd, yyyy; returns T/F)
            (uses weekDay)
        End Function isMonday
```

```
        memorialDaybody
            isMonday
        end memorialDay
    End Procedure memorialDay

Procedure friday13th (inputs mm, dd, yyyy; returns mm1, dd1, yyyy1)
        Function isFriday (inputs mm, dd, yyyy; returns T/F)
            (uses weekDay)
        End Function isFriday

    friday13th body
        (uses isFriday)
    end friday13th
End Procedure friday13th

getDate body
    getDigits
    isValidDate
    dateToDayNumber
end getDate body
End Procedure getDate
Procedure nextDate (input daynum, output mm1, dd1, yyyy1)
    Procedure dayNumToDate

    dayNumToDate body
        (uses isLeap)
    end dayNumToDate body
nextDate body
    dayNumToDate
end nextDate body
End Procedure nextDate

Procedure weekDay (input mm, dd, yyyy; output dayName)
    (uses Zeller's Congruence)
End Procedure weekDay

Procedure zodiac (input dayNumber; output dayName)
    (uses dayNumbers of zodiac cusp dates)
End Procedure zodiac

Main program body
    getDate
    nextDate
    weekDay
    zodiac
    memorialDay
    friday13th
End Main program body
```

日历程序的词汇包含：

```
Main   Calendar
    Function isLeap
    Procedure weekDay
    Procedure getDate
        Function isValidDate
            Function lastDayOfMonth
        Procedure getDigits
    Procedure memorialDay
        Function isMonday
    Procedure friday13th
        Function isFriday
    Procedure nextDate
        Procedure dayNumToDate
    Procedure zodiac
```

13.1.1　自顶向下的集成

自顶向下集成从主程序（树根）开始，所有被主程序调用的下层单元都作为"桩"出现，桩是模拟被调用单元的一次性代码。如果要对日历程序进行自顶向下的集成测试，第一步就是为主程序调用的每一个单元（即 isLeap、weekDay、getDate、zodiac、nextDate、Friday13th 和 memorialDay）开发桩。在任何单元的桩中，测试者编码来获得一个调用单元的正确响应。例如，在 zodiac 单元的桩中，如果主程序调用以 05，07，2012 的方式调用 zodiac，zodiac 的桩应该返回" Gemini"。在极端的测试中，返回值可能会是" pretend zodiac returned Gemini"。加前缀的方法并不是一个真实的响应。在实践中，努力地开发桩是非常有意义的。有很好的理由把桩代码看作软件开发的一部分，并在配置管理下维护。图 13-2 是自顶向下集成测试的第一步。灰色标记的单元是所有的桩。第一步的目标是检测主程序功能是否正确。

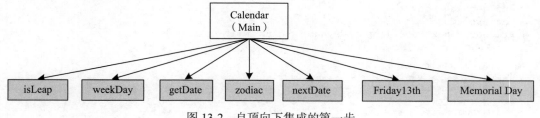

图 13-2　自顶向下集成的第一步

一旦主程序检测完成，我们每次置换一个桩，让余下的桩一起检测。图 13-3 是实际集成检测中逐步置换桩的前三步。桩的逐步置换过程通过一个广度优先路径来实现，直到所有的桩被替换。（在图 13-2 和图 13-3 中，第一层单元下的单元没有被列出，因为并不需要这些。）

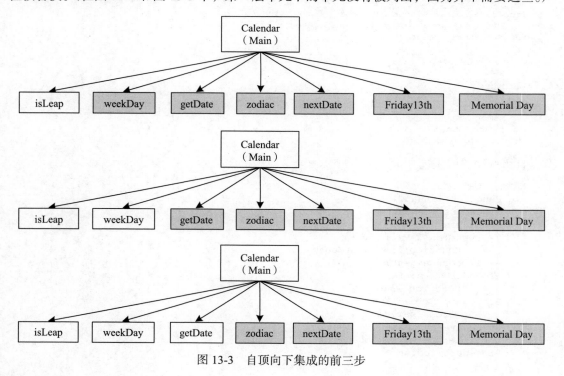

图 13-3　自顶向下集成的前三步

自顶向下集成的好处在于，随着每次替换的进行，一旦出现问题，那么问题一定出现在最近替换的那个桩上。(注意，故障隔离类似于测试驱动开发。)但是，这里有一个问题，功能分解是具有欺骗性的。因为功能分解来源于大部分编译器中的词汇器，可能产生一些不可能存在的接口。日历程序永远不会直接调用 isLeap 或者 weekDay，所以这些测试可能并不会发生。

13.1.2　自底向上的集成

自底向上集成就像是自顶向下集成的"镜像"，但不同的是，自底向上测试不使用桩，而使用模拟功能分解树上一层单元的驱动器(如图 13-4 所示，灰色单元就是驱动器)。自底向上集成首先从分解树的叶子着手，并用专门编写的驱动程序进行测试(注意与测试驱动单元的相似性)。随着测试的进行，驱动器被不断替换，直到功能分解树遍历完成。在自底向上的集成测试中很少产生额外代码，但是不可能存在的接口问题仍然存在。

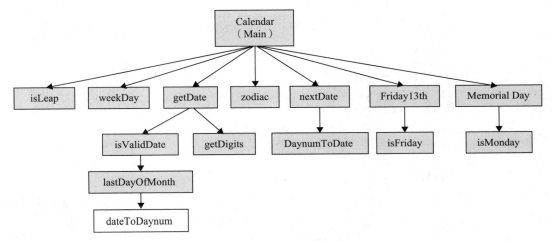

图 13-4　自底向上集成的第一步

图 13-5 是一个单元(zodiac)用驱动器测试的案例。在这个案例中，日历驱动器将会通过 36 个测试日期来调用 zodiac，每个测试日期包括分界日期的前一天、分界日期当天和分界日期后一天。对 Gemini 来说分界的日期是 5 月 21 日，所以驱动器可能会调用 zodiac 三次，分别是 5 月 20 日、5 月 21 日、5 月 22 日。预期的响应应该是"Taurus""Gemini"和"Gemini"。注意，这跟 jUnit 测试环境中的断言机制十分相似。

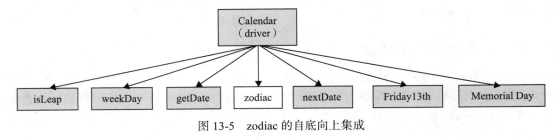

图 13-5　zodiac 的自底向上集成

13.1.3　三明治集成

三明治集成整合了自顶向下和自底向上两种方法。如果从功能分解树方面考虑三明治集成，则只需要在子树上执行大爆炸集成（如图 13-6 所示）。这样的话，开发桩和驱动器的工作量都比较小，但在一定程度上增加了定位故障的难度，这是大爆炸集成的后果。（我们还会讨论三明治的大小，从美味手指三明治到多层三明治，不过不是现在。）

　　一个三明治是功能分解树从根到叶子的全路径。在图 13-6 中，单元集合几乎是连贯的，除了 isLeap 是缺失的。这种单元集合能被更好地集成，但是不会包含二月末这个测试用例。也要注意，其故障定位能力不及自顶向下和自底向上集成。三明治集成不需要桩和驱动器。

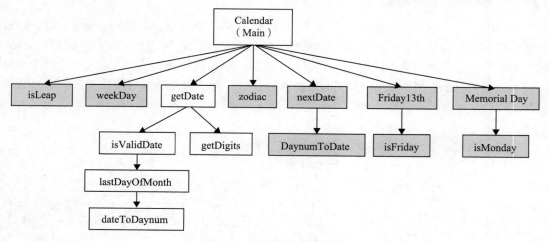

图 13-6　三明治集成的样例

13.1.4　优点和缺点

　　基于分解的方法（除了大爆炸集成）是所有方法中最清晰的。系统由经过测试的组件构建，一旦发现失效，只需怀疑最新加入的单元。集成测试进程很容易通过分解树进行跟踪（如果树很小，随着节点被成功集成，树将逐渐变成节点）。我们介绍的自顶向下和自底向上技术都采用了广度优先的分解树遍历策略，但这样做并不是必需的。（我们也可以使用全高度三明治，以深度优先的方式遍历分解树。）

　　功能分解和瀑布型开发策略经常遇到的一个非议就是二者都是基于人工的，主要是为了满足项目管理的需要，而不是软件开发的需要。同样，基于分解的测试也是如此，其机制是根据系统结构集成单元，假设正确的系统行为来自正确、独立的单元和正确的接口（实际开发人员对这一点理解得更透彻）。此类方法的另一个缺点是开发桩和驱动器的工作量较大，还需要考虑重新测试所需工作量的问题。

13.2　基于调用图的集成

　　前面介绍的基于分解的集成方法的缺点之一就是：它是以功能分解树为基础的。可以使用调用图代替分解树以克服其缺点，并使我们向结构测试方向发展。调用图将单元视为节点，如果单元 A 调用了单元 B，那么就有一条从节点 A 指向节点 B 的边。日历程序的调用图如图 13-7 所示。

　　因为调用图中的边指的是程序运行时的实际连接，所以调用图避免了基于功能分解树的集成的所有问题。实际上，我们在图 13-7 中重复使用了 13.1 节讨论的桩和驱动器。这种方

法的效果很好，并且在功能分解路径中保存了故障信息。图 13-8 是基于调用图的自顶向下
集成方法的第一步。

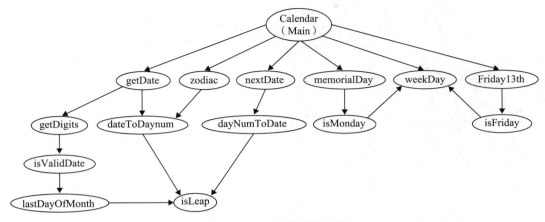

图 13-7　日历程序的调用图

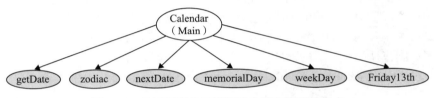

图 13-8　日历程序基于调用的自顶向下图的集成

13.1 节中的桩可以进行如下操作。当日历主程序调用 getDate 桩，桩可能返回 2013 年 5
月 27 日。zodiac 桩将会返回 "Gemini"，等等。一旦主程序开始测试，桩将会被替换，如 13.1
节所述。13.1 节中的三种集成策略在基于桩和驱动器的调用图中工作得比功能分解效果要好。

我们预先进行了一项富有远见的铺垫，那就是介绍了图论。既然调用图是一种有向图，
那么我们为什么不像使用程序图那样使用它呢？这又引出了两种新的集成测试方法——成对
集成和相邻集成。

13.2.1　成对集成

成对集成的目的是减少开发桩或驱动器的工作量。为什么不使用实际代码却使用开发桩
和驱动器呢？乍看起来，这种想法类似于大爆炸集成，只是加入以下限定：集成测试只能发
生在调用图中的一对单元上。最终结果是对应调用图中的每条边都有一个集成测试会话。成
对测试在一个节点被两个或多个其他节点调用时增加了集成会话的数量。在日历程序这个例
子中，在自顶向下的集成中，这里有 15 个独立的会话（每个会话对应一条边）。这就是减少
桩或驱动器开发的代价。图 13-9 是三个成对测试会话。

成对测试的主要好处是高精度的故障定位。如何测试出现故障，故障一定出现在两个单
元中的一个。成对测试的最大缺点是，单元在几对测试对都出现时，可能会出现在一个测试
对中能正常工作，而在另一个测试对中不能正常工作。这是我们在第 10 章讨论的另一种测
试问题。基于调用图的集成比基于功能分解树方法稍微好些，但是两种方法都离实际代码测
试较远。

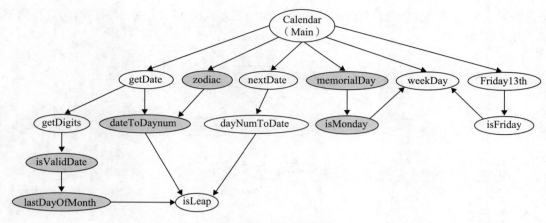

图 13-9   三对成对集成

13.2.2   相邻集成

　　下面我们将借助拓扑学中的相邻概念，再向前推进一步（这一步不算太大，图论就是拓扑学的一个分支）。图中一个节点的邻居是指与该节点通过边直接连接的节点的集合（专业地说，这是一个半径为 1 的区域，在大系统中，增加半径的长度是有意义的）。在一个有向图中节点邻居则包括所有最近的前驱节点和所有最近的后继节点（注意，这正与节点的桩和驱动器集合相对应）。getDate、nextDate、Friday13th 和 weekDay 的相邻区域如图 13-10 所示。

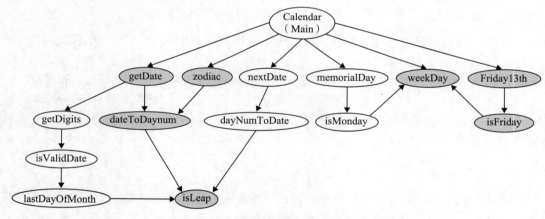

图 13-10   相邻集成的三个区域（半径为 1）

　　表 13-1 列出了 15 个日历程序的相邻区域（基于图 13-7 的调用图）。为了让图表简单一点，我们将节点名字按照广度优先序号来代替（见图 13-11）。图 13-11 展示了相应的连通性和区域性。

表 13-1   日历程序调用图中的半径为 1 的相邻区域

日历程序调用图中的相邻区域			
节点	模块名称	前驱节点	后继节点
1	Calendar(Main)	无	2,3,4,5,6,7
2	getDate	1	8,9

（续）

	日历程序调用图中的相邻区域		
节点	模块名称	前驱节点	后继节点
3	zodiac	1	9
4	nextDate	1	10
5	memorialDay	1	11
6	weekDay	1,11,12	无
7	Friday13th	1	12
8	getDigits	2	13
9	dateToDayNum	4	15
10	dayNumToDate	5	15
11	isMonday	6	6
12	isFriday	7	6
13	isValidDate	8	14
14	lastDayOfMonth	13	15
15	isLeap	9,10,14	无

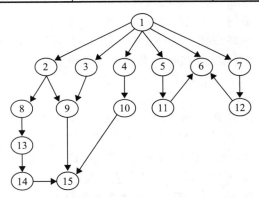

图 13-11　用数字代替模块的日历调用图

表 13-2 是表 13-1 的调用图的邻接矩阵的信息。列是每个节点的入度，行是每个节点的出度。

表 13-2　日历程序调用图的邻接矩阵

	1	2	3	4	5	6	7	8	9	10	11	12	13	14	15	总和
1		1	1	1	1	1	1									6
2								1	1							2
3									1							1
4										1						1
5											1					1
6																0
7												1				1
8													1			1
9															1	1
10															1	1
11							1									1

（续）

	1	2	3	4	5	6	7	8	9	10	11	12	13	14	15	总和
12							1									1
13														1		1
14															1	1
15																0
总和	0	1	1	1	1	1	3	1	2	1	1	1	1	1	3	

对于给定的调用图，我们总能计算出节点的邻居的数量。每个内部节点有一个邻居，如果叶节点直接连接到根节点，则还要加上一个邻居（内部节点具有非零入度和非零出度）。我们有：

$$内部节点数 = 节点数 - （源节点数 + 汇节点数）$$
$$邻居数 = 内部节点数 + 源节点数$$

结合这两个公式，我们得到：

$$邻居数 = 节点数 - 汇节点数$$

相邻集成可大大减少集成测试会话的数量，而且避免了桩和驱动器的开发。相邻集成技术与前面介绍过的三明治集成技术在本质上基本相同（稍有不同的地方在于反映邻居基本信息的是调用图，而在三明治集成技术中是功能分解树）。与三明治集成一样，相邻集成测试在某种程度上具有"中爆炸"集成的缺点（即故障分离困难）。

13.2.3 优点和缺点

基于调用图的集成技术不再以纯结构作为基础，转而以行为作为基础。这是针对底层的一种改进（参见第 10 章的测试摇摆问题）。相邻集成同时还减少了开发桩和驱动器的工作量。除了这些优点之外，这种技术还与基于构建（build）和合成的系统开发匹配得很好。比如，邻居序列可以用于定义构建，相邻的邻居还可以合并（形成村庄），并提供一种基于合成的有序的成长路径。这样的话，基于合成的生命周期模型开发的系统，采用基于邻居的集成技术进行测试也就顺理成章了。

这种技术的最大缺点则是故障分离问题，尤其是有大量邻居存在的情况。此外，还有一个更敏感的问题与之密切相关：在一个节点（单元）中发现的故障出现在几个邻居中该怎么办（比如，屏幕驱动器单元的故障出现在 11 个邻居的 7 个中）？显然，我们能够解决这个故障，但同时却免不了以某种方式修改该单元的代码，而这又意味着所有那些包含这部分变更代码的已经通过测试的邻居都需要重新进行测试。

最后，在测试的任何结构形式中都存在这种基础性的不确定性，所以现阶段只能假设经过基于结构信息的单元测试后，测试单元能够表现出正确的行为。我们知道测试方向：努力让行为的系统级线索保持正确。执行完基于调用图的集成测试后，仍然与得到系统级线索有一定距离。我们通过把基础结构的描述形式由调用图转移到路径的具体形式来解决这个问题。

13.3 基于路径的集成

数学的发展很大程度上得益于这种精细的模式：首先明确发展方向，然后定义相关概念。我们现在就为基于路径的集成测试做这样的工作，不过需要先定义一些概念。

在执行单元级测试时，结构测试和功能测试的结合取得了非常理想的成果，我们希望对于集成测试（以及系统测试）来说最好也能如此。我们知道系统测试需要从行为线索方面进行表示。为此，集成测试目标不再针对独立开发和测试的单元间的接口，而将注意力转移到这些单元的交互上（"协同功能"可能是更确切的术语）。接口是结构性的，而交互是行为性的。

单元执行时会遍历源语句的某个路径，假设调用命令沿这种路径进入另一个单元：控制从调用单元传递到被调用单元，期间遍历了其中一些源语句的其他路径。本书的第三部分忽略了这种情况，现在是讨论这个问题的时候了。有两种可能的解决办法：第一种是放弃单入口、单出口原则，把这种调用看作调用命令从一个单元移出后另一个调用才能进入；第二种是抑制调用语句，因为控制最终总是要返回调用单元的。抑制调用对于单元测试很有用，但是对集成测试则正好相反。

13.3.1　新概念与扩展概念

为便于进行说明，我们需要对一部分程序图概念进行细化。程序图还是指用命令式语言编写的程序的图形表示，语句片段（包括完整语句）是程序图中的节点。

定义：源节点是程序执行开始或重新开始处的语句片段。

单元中的第一条可执行语句显然是源节点，它还会出现在紧接转移控制到其他单元的节点之后。

定义：汇节点是程序执行结束处的语句片段。

程序中的最后一条可执行语句显然是汇节点，将控制转移到其他单元的语句也是汇节点。

定义：模块执行路径是以源节点开始、以汇节点结束的语句序列，中间没有插入汇节点。

从这几个定义我们可以看出，现在的程序图有多个源节点和汇节点。这会大大增加单元测试的复杂性，但是集成测试假设单元测试已经完成。

定义：消息是一种程序设计语言机制，通过这种机制一个单元将控制转移给另一个单元。

在不同的程序设计语言中，消息可以被解释为子例程调用、过程调用或函数引用。我们约定接受消息的单元（消息的目的地）最终总是会将控制返回给消息源。消息可以向其他单元传递数据。最终，我们可以给基于路径的集成测试下一个定义，将集成测试与 DD 路径做类比。

定义：MM 路径是模块执行路径和消息穿插出现的序列。

MM 路径（Jorgensen 1985；Jorgensen and Erickson 1994）的基本思想是：通过 MM 路径，我们现在可以描述包含单元之间控制转移在内的模块执行路径序列。转移是通过消息完成的，因此 MM 路径永远是可执行路径，并且这些路径要跨越单元边界。在经过扩展的程序图中可以发现 MM 路径，其中节点表示模块执行路径，边表示消息。图13-12 中的例子给出了一个 MM 路

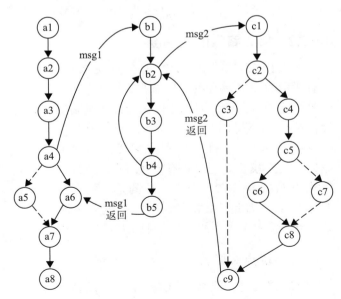

图 13-12　三个模块的 MM 路径

径（用实线表示）：模块 A 调用模块 B，模块 B 又调用模块 C。请注意，对于传统（过程）软件，MM 路径永远始于主程序，止于主程序。

在模块 A 中，节点 a1 和节点 a6 是源节点（a5 和 a6 是 a5 节点的决策结果），a4 节点和 a8 节点是汇节点。同样，在模块 B 中，b1 和 b3 是源节点，b2 和 b5 是汇节点。请注意 b2 是汇节点因为 b2 控制着模块 B 的离开，它也可以是一个源节点，因为模块 C 在 b2 有一个返回值。模块 C 只有一个独立的源节点 c1 和一个独立的汇节点 c9。模块 A 包含 3 条模块执行路径：<a1,a2,a3,a4>，<a4,a5,a7,a8> 和 <a4,a6,a7,a8>。在这个假设的例子中，实线是指两个节点实际相连，虚线是指在程序图中独立的单元，但是在 MM 路径中它们并不执行。我们可以定义一种与之类似的 DD 路径的有效的集成测试方法。

定义：给定一组单元，这组单元的 MM 路径图是一个有向图，其中的节点表示模块执行路径，边表示消息以及从一个单元到另一个单元的返回。

应当注意的是，MM 路径图是按照单元集合定义的，这使得这种方法能够直接支持单元合成以及基于合成的集成测试。我们甚至可以向下合成到单个模块执行路径，不过在实际中没有必要这样做，因为太过详细了。

我们应该考虑模块执行路径、程序路径、DD 路径和 MM 路径之间的关系：程序路径是 DD 路径序列，而 MM 路径是模块执行路径序列。但是，DD 路径和模块执行路径之间不存在简单的对应关系，两者可能相互包含，也可能部分重叠。MM 路径能够实现跨越单元边界的功能，因此我们必须考虑模块的 MM 路径中的交叉情况。存在与模块执行路径交叉的另外一条路径，换句话说，在执行时这条路径对单元功能起到约束作用。

对 MM 路径的定义还需要一些更具有实际指导意义的方针。比如，MM 路径应该有多长（用"深"字来形容可能会更确切一些）？消息静止的概念可能会帮助我们解答这个问题。消息静止发生在消息到达不发送消息的节点时（如图 13-12 中的模块 C）。从某种意义上来说，这可能带来 MM 路径的中间节点问题——余下的执行模块包含消息返回。这仅有一定的帮助，两个节点发生消息静止会怎么样？答案可能是使用二者中较长的，或者在等长时使用二者中后来的。消息静止的节点一般是 MM 路径的终点。

13.3.2　MM 路径的复杂度

比较图 13-12 和图 13-17 就会直观地发现，后者所示的 MM 路径图要比前者的复杂得多。由于是强连通有向图，因此可以试着计算其圈复杂度。前面介绍过圈复杂度的计算公式为 $V(G) = e-n+2p$，其中，p 是强连通区的个数。因为消息返回到发送模块，这里总有 $p=1$，所以公式可以简化为 $V(G)=e-n+2$。令人吃惊的是，两个图都有 $V(G)=7$。因此，MM 路径的复杂度除了圈复杂度外还需要有大小的概念（见图 13-13）。

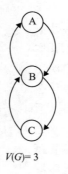

$V(G)=3$

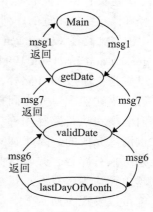

$V(G)=4$

图 13-13　两条 MM 路径的圈复杂度

13.3.3　优点和缺点

MM 路径是功能测试和结构测试的结合：从表示输入和输出行动上看，MM 路径是功能性的，因此所有功能测试技术都是潜在可用的。结合的结果就是功能方法和结构方法交叉结合到基于路径的集成测试中。于是，我们在避免结构测试缺点的同时，使集成测试与系统测试无缝衔接。基于路径的集成测试既适用于采用传统瀑布模型开发的软件，也适用于基于合成的生命周期模型开发的软件。最后，MM 路径的概念可直接用于面向对象的软件。

基于路径的集成测试最重要的优点在于，它与实际系统的行为紧密相连，而不是依靠基于分解和调用图集成的结构性。然而，执行基于路径的集成测试需要相当的工作量来标识MM 路径。这种工作量可能会抵消减少桩和驱动器开发的工作量。

13.4　示例：集成版 NextDate

本节给出具体示例，重新编写读者已经熟悉的 NextDate 例子，将主程序的功能分解为过程和函数。这个集成版本在原有版本上稍微扩展：对月、日期和年增加了有效性检查，伪代码从 50 行增加到了 90 行。图 13-14 和图 13-15 分别为 NextDate 的功能分解和调用图。图 13-16 显示了 NextDate 集成版的单元程序图，图 13-17 是对于输入日期 2012 年 5 月 27 日的 MM 路径图。

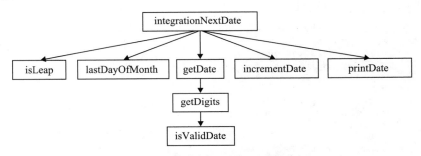

图 13-14　集成版 NextDate 功能分解

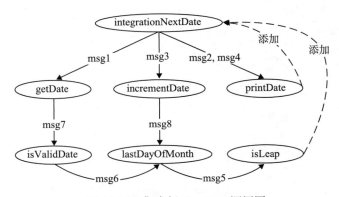

图 13-15　集成版 NextDate 调用图

13.4.1　基于分解的集成

位于分解的第一层的函数是 isLeap 和 lastDayOfMonth，因为它们必须为函数 GetDate 和 IncrementDate 提供服务（可以移动 isLeap，让其包含在 lastDayOfMonth 的作用域内）。图 13-14 所示的基于分解的成对集成是有问题的，函数 isLeap 和 lastDayOfMonth 从来没有被主程序直接调用过，因此这些集成会话为空。从 isLeap 开始，然后是 lastDayOfMonth、

ValidDate 和 GetDate 的自底向上成对集成是很有用的。同时包含主程序，以及函数 GetDate、IncrementDate 和 PrintDate 的函数对都是有用（但很短）的会话。构建 ValidDate 和 lastDayOfMonth 的桩将会很容易。

13.4.2 基于调用图的集成

图 13-15 所示的基于调用图的成对集成，是对基于分解的成对集成技术的改进。显然，由于边指的是实际的单元引用，所以不会产生空的集成会话。但在这里桩仍然是问题。由于这个例子很小，所以可以采用三明治集成。事实上，三明治集成本身就可以产生构建序列：构建 1 可以包含主程序和 PrintDate，构建 2 可以包含主程序、IncrementDate、lastDayOfMonth，并且 IncrementDate 已经提供给了 PrintDate，最后，构建 3 增加其余的单元，即 GetDate 和 ValidDate。

基于调用图的相邻集成可以通过 ValidDate 和 lastDayOfMonth 节点的邻居产生，接下来可以集成 GetDate 和 IncrementDate 的邻居，最后集成主程序的邻居。值得注意的是，这些邻居能够形成构建序列。

集成版 NextDate 的伪代码如下：

```
1   Main integrationNextDate 'start program event occurs here
        Type        Date
                    Month As Integer
                    Day As Integer
                    Year As Integer
        EndType
        Dim today, tomorrow As Date
2       Output("Welcome to NextDate!")
3       GetDate(today)                                          'msg1
4       PrintDate(today)                                        'msg2
5       tomorrow = IncrementDate(today)                         'msg3
6       PrintDate(tomorrow)                                     'msg4
7   End Main
8   Function isLeap(year) Boolean
9       If (year divisible by 4)
10          Then
11              If (year is NOT divisible by 100)
12                  Then isLeap = True
13                  Else
14                      If (year is divisible by 400)
15                          Then isLeap = True
16                          Else isLeap = False
17                      EndIf
18              EndIf
19      Else isLeap = False
20      EndIf
21  End (Function isLeap)

22  Function lastDayOfMonth(month, year)    Integer
23      Case month Of
24          Case 1: 1, 3, 5, 7, 8, 10, 12
25              lastDayOfMonth = 31
26          Case 2: 4, 6, 9, 11
27              lastDayOfMonth = 30
28          Case 3: 2
29              If (isLeap(year))                               'msg5
30                  Then lastDayOfMonth = 29
31                  Else lastDayOfMonth = 28
32              EndIf
33      EndCase
```

```
34 End (Function lastDayOfMonth)
35 Function GetDate(aDate)  Date
      dim aDate As Date

36    Function ValidDate(aDate)    Boolean 'within scope of GetDate
          dim aDate As Date
          dim dayOK, monthOK, yearOK As Boolean
37        If ((aDate.Month > 0) AND (aDate.Month <=12)
38        Then      monthOK = True
39                  Output("Month OK")
40        Else  monthOK = False
41                  Output("Month out of range")
42        EndIf
43        If (monthOK)
44        Then
45            If ((aDate.Day > 0) AND (aDate.Day <=
              lastDayOfMonth(aDate.Month, aDate.Year))                'msg6
46                Then      dayOK = True
47                          Output("Day OK")
48                Else      dayOK = False
49                          Output("Day out of range")
50            EndIf
51        EndIf
52        If ((aDate.Year > 1811) AND (aDate.Year <=2012)
53        Then      yearOK = True
54                  Output("Year OK")
55        Else      yearOK = False
56                  Output("Year out of range")
57        EndIf
58        If (monthOK AND dayOK AND yearOK)
59        Then ValidDate = True
60                  Output("Date OK")
61        Else ValidDate = False
62                  Output("Please enter a valid date")
63        EndIf
64    End (Function ValidDate)

  ' GetDate body begins here
65    Do
66        Output("enter a month")
67        Input(aDate.Month)
68        Output("enter a day")
69        Input(aDate.Day)
70        Output("enter a year")
71        Input(aDate.Year)
72        GetDate.Month = aDate.Month
73        GetDate.Day = aDate.Day
74        GetDate.Year = aDate.Year
75    Until (ValidDate(aDate))                                       'msg7
76    End (Function GetDate)
77    Function IncrementDate(aDate)Date
78        If (aDate.Day < lastDayOfMonth(aDate.Month))                'msg8
79            Then aDate.Day = aDate.Day + 1
80            Else aDate.Day = 1
81                If (aDate.Month = 12)
82                    Then      aDate.Month = 1
83                              aDate.Year = aDate.Year + 1
84                    Else      aDate.Month = aDate.Month + 1
85                EndIf
86        EndIf
87 End (IncrementDate)

88 Procedure PrintDate(aDate)
89    Output("Day is ", aDate.Month, "/", aDate.Day, "/", aDate.Year)
90 End (PrintDate)
```

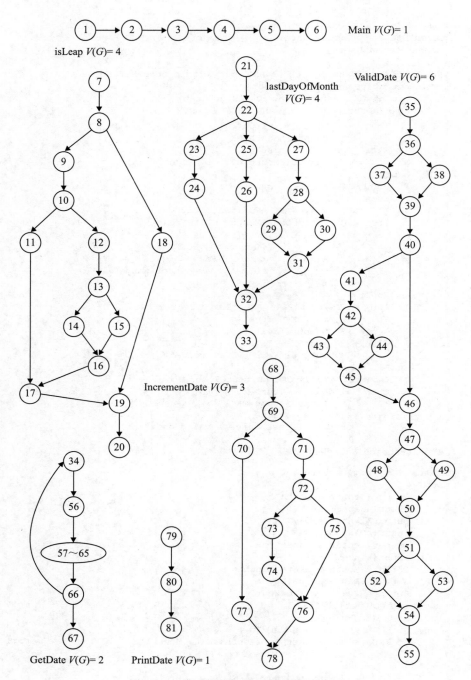

图 13-16   集成版 NextDate 的单元程序图

13.4.3   基于 MM 路径的集成

因为程序是数据驱动的，因此所有的 MM 路径都要从主程序开始，并回到主程序。下面是 NextDate 示例中日期为 2012 年 5 月 27 日的第一条 MM 路径（当主程序调用 PrintDate 和 IncrementDate 时，还有其他 MM 路径存在），如图 13-17 所示。

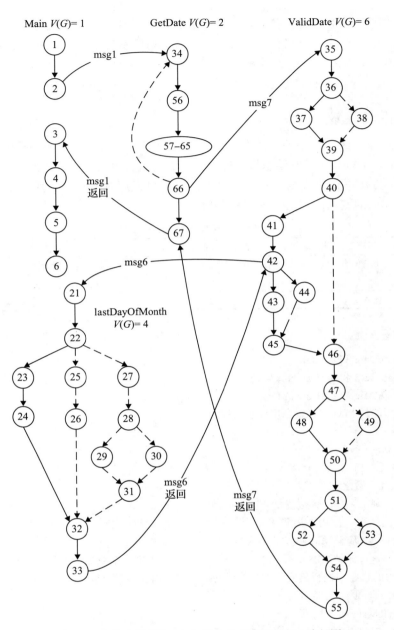

图 13-17　输入日期为 2012 年 5 月 27 日的 MM 路径图

```
Main (1, 2)
    msg1
    GetDate (34, 56, 57, 58, 59, 60, 61, 62, 63, 64, 65, 66)
        msg7
        validDate (35, 36, 37, 39, 40, 41, 42))
            msg6
            lastDayOfMonth (21, 22, 23, 24, 32, 33)
                'point of message quiescence
        ValidDate (43, 45, 46, 47, 48, 50, 51, 52, 54, 55)
    GetDate (67)
Main (3)
```

我们现在可以清楚地描述需要多少条 MM 路径：MM 路径集合需要能够覆盖单元集合中从源节点到汇节点的所有路径，这在图 13-17 中均已精确表示，实线边表示在 MM 路径中，虚线边则表示不在。当存在循环时，可以通过压缩来产生有向无环图，因此可以解决无限多（或非常多）条潜在路径问题。

13.5   结论和建议

表 13-3 总结了前面介绍的集成测试策略的优缺点。作为集成测试的基础，MM 路径法有效提高测试效果得益于其对动态软件行为的精确表示。而且，MM 路径法也是应用数据流（定义 / 使用）方法进行集成测试研究的基础。用 MM 路径法进行集成测试需要一些额外的工作，退一步也可以使用调用图进行集成测试。

表 13-3   集成测试策略的比较

策　略	对接口的测试能力	对交互功能的测试能力	故障分离辨别力
功能分解	满意但有可能不可靠	有限单元对	好，尤其对有故障单元
调用图	满意	有限单元对	好，尤其对有故障单元
MM 路径	优秀	全部单元	优秀，尤其对有故障单元执行路径

13.6   习题

1. 找出 isValidateDate 和 getDate 中的源节点和汇节点。
2. 写出 isValidateDate 和 getDate 的驱动器模块。
3. 写出 isValidateDate 和 getDate 的桩。
4. 下面是一些可能的 MM 路径复杂度度量指标：
   - a. $V(G)=e-n$
   - b. $V(G)= 0.5e-n+2$
   - c. 节点出度之和
   - d. 节点数和边数之和

   请你构建一些例子，并计算这些复杂度指标，尝试一下看是否可行。
5. 构建几个测试用例，使用 MM 路径对其进行解释，看看你的 MM 路径遍历了图 13-16 中的哪一部分。尝试设计一个基于 MM 路径的集成测试的路径覆盖指标。
6. 集成测试的一个目标是当测试用例造成系统故障时能够隔离这个故障。思考一下在使用面向过程的编程语言编写的程序中进行集成测试是怎样的。比较下面这些集成策略的相对故障隔离能力：

   A = 基于分解的自顶向下集成

   B = 基于分解的自底向上集成

   C = 基于分解的三明治集成

   D = 基于分解的"大爆炸"集成

   E = 基于调用图的成对集成

   F = 基于调用图的相邻集成（半径 =2）

   G = 基于调用图的相邻集成（半径 =1）

   用图来表示比较结果，把相应策略对应的字母放在一个连续的标尺上，例如，策略 X 和 Y 的效果是相等的，但不是特别好，策略 Z 的效果很好，则它们的比较结果用下图表示：

```
        Y
        X                                                        Z
Low                                                            High
```

13.7 参考文献

Deutsch, M.S., *Software Verification and Validation-Realistic Project Approaches*, Prentice-Hall, Englewood Cliffs, NJ, 1982.

Fordahl, M., *Elementary Mistake Doomed Mars Probe*, The Associated Press, available at http://mars.jpl.nasa.gov/msp98/news/mco990930.html, October 1, 1999.

Hetzel, B., *The Complete Guide to Software Testing*, 2nd ed., QED Information Sciences, Inc., Wellesley, MA, 1988.

Jorgensen, P.C., *The Use of MM-Paths in Constructive Software Development*, Ph.D. dissertation, Arizona State University, Tempe, AZ, 1985.

Jorgensen, P.C. and Erickson, C., Object-oriented integration testing, *Communications of the ACM*, September 1994.

Kaner, C., Falk, J. and Nguyen, H.Q., *Testing Computer Software*, 2nd ed., Van Nostrand Reinhold, New York, 1993.

Mosley, D.J., *The Handbook of MIS Application Software Testing*, Yourdon Press, Prentice-Hall, Englewood Cliffs, NJ, 1993.

Pressman, R.S., *Software Engineering: A Practitioner's Approach*, 6th ed., McGraw-Hill, New York, 2005.

Schach, S.R., *Object-Oriented and Classical Software Engineering*, 5th ed., McGraw-Hill, New York, 2002.

系 统 测 试

在测试的三个层次中，系统级测试跟日常生活最接近。我们平常就测试很多东西，比如购买二手车之前我们要试一下，在签约网络上的在线服务时也要试一下，等等。这些熟知测试的共同特征是我们根据自己对产品的期望进行评估，而不是根据规格说明或某个技术标准。可见这种测试的目标不是找出系统故障，而是证明其性能。因此，系统测试倾向于功能测试，而不是结构测试。鉴于大家对系统测试都已有了很直观的认识，因此在实践中执行起来常常就不那么正规了，这就是为什么通常在产品交付期限之前被压缩的都是系统测试的时间。

本章继续把测试人员和技工进行类比。要更好地理解系统测试方法，就要从系统级的行为线索方面来考察。本章先介绍一种新结构——原子系统功能（Atomic System Function，ASF），然后进一步详细讨论线索的概念，最后着重说明在实践中运用基于线索的系统测试时将会遇到的一些问题。系统测试与需求说明密切相关，因此要采用恰当的系统级模型以便继承基于模型测试的各种成果。此处的核心概念是线索，所以需要讨论如何从一大堆模型中找出系统级的线索来。所有这些方法实际上都反映在一种通用的基于线索的系统测试理念之中，即需要把功能测试和结构测试有机地融合在一起。本章中还会继续使用第 2 章建立的 SATM 系统。

14.1　线索

给出线索（thread）的标准定义是很困难的。事实上，现有的线索定义中有很多是相互矛盾的，有的还会产生误导，有的甚至是错误的。我们可以先把线索简单地看成一个不需要形式化定义的基本概念。这里我们先用一些示例来给出一个线索的笼统印象，比如下面这几个对线索的认识：

- 普通的应用场景；
- 系统级测试用例；
- 激励 / 响应对；
- 由系统级输入序列产生的行为；
- 端口输入和输出事件交替出现的序列；
- 系统状态机描述中的状态转移序列；
- 对象消息和方法执行交替出现的序列；
- 机器指令序列；
- 源指令序列；
- MM 路径序列；
- 原子系统功能序列（本章后面会给出定义）。

线索有几个不同的级别：单元级线索通常被理解为源指令执行的时间路径或 DD 路径序列，而集成级线索是 MM 路径，即模块执行和消息传递交替出现的序列。如果这样延伸下去，那么系统级线索就是原子系统功能 ASF（稍后定义）的序列。ASF 把端口事件作为其输入和输出，所以 ASF 序列必然是端口输入和输出事件交替出现的序列。这样的话，利用线索就能够在三个层次上给出一个统一的测试视图。单元测试检验单个函数，集成测试检测单元之间的交互，系统测试则检查 ASF 之间的交互。本章重点介绍系统级的线索，并回答一些基本问题，例如：线索的范围有多大？如何构造线索？怎样测试线索？

14.1.1　线索存在的可能性

要明确定义系统级线索的端点是有一定难度的。这里我们从一个具体例子开始，给出一种基于图论的简洁定义。下面是 SATM 系统的 4 个候选线索：

- 输入数字。
- 输入个人身份码（PIN）。
- 某个简单业务活动：插入 ATM 卡，输入 PIN，选择业务类型（存款、取款），提供账户信息（支票账户或储蓄账户，金额等），确认操作，报告结果。
- 包含两个或多个简单业务活动的 ATM 会话。

其中，第一个候选线索"输入数字"是最小 ASF 的一个很好示例。它开始于一个端口输入事件（输入数字），终于一个端口输出事件（屏幕显示数字），因此被视为一个激励 / 响应对。显然这种粒度的线索对于系统测试来说是过于细致了。

第二个候选线索"输入 PIN"既是集成测试的上限，又是系统测试的起点。这是一个很好的 ASF，也是一个很好的激励 / 响应对（由端口输入事件发起系统级行为，遍历若干编程实现的逻辑，然后终止于作为端口输出事件的多种可能应答中的一种）。"输入 PIN"需要一系列系统级的输入和输出：

1）显示请求输入 PIN 码的屏幕。

2）数字输入和屏幕显示的交替序列。

3）在输入完整 PIN 码之前，客户也可能取消执行。

4）系统的处理活动：客户最多有三次机会来输入正确的 PIN。一旦输入了正确的 PIN，用户会看到提示输入业务类型的屏幕；否则，屏幕会提示客户 ATM 卡将不被返还，而且系统将不再提供任何 ATM 服务。

显然，这属于系统级测试的范畴，几个激励 / 响应对也很明显。其他 ASF 可以包括"插入 ATM 卡""业务选择""提供业务细节""业务报告"和"会话结束"等。在集成测试中它们都是最大的单元，而在系统测试中则是最小的。这就意味着，我们不想对大于 ASF 的单元进行集成测试，同时也不想对小于 ASF 的单元实施系统测试。

第三个候选线索是"简单业务活动"，它是"端到端"的完整性单元。客户永远不能单独执行一次 PIN 输入（因为需要插入银行卡），但却常常需要执行某个简单业务。因此这是一个很好的系统级线索示例。值得注意的是，它还会涉及多个 ASF 之间的交互。

"会话"是最后一个候选，它实际上是一系列线索。严格来讲，它也是系统测试的一部分，在这个层次上，我们感兴趣的是线索之间的交互。但很可惜的是，大多数系统测试都达不到线索交互的层次。

14.1.2　线索定义

这里我们来定义几个术语以使讨论更加简单易懂。

定义：原子系统功能（ASF）是指在系统级上可观测的行为，可以用端口输入和端口输出事件来表述。

在事件驱动系统中，各 ASF 由事件静止点分开。一般在系统（接近）空闲或等待端口输入事件来触发进一步的处理时，就会出现这种事件静止的情况。可以用 Petri 网来解释事件静止：在传统 Petri 网中，若没有可用的状态转移就会出现死锁；而在事件驱动 Petri 网中（见第 4 章中的定义），可能出现与死锁类似的事件静止，不同的是可以通过输入事件来打破事件静止，为 Petri 网注入新的活力。SATM 系统有很多事件静止，比如在主程序开始时的第一个循环，系统显示欢迎屏幕，等待在 ATM 卡槽中插入卡就是一个事件静止。回忆一下，消息静止是集成级的特征，而事件静止是系统级的。

ASF 的事件静止概念具有与 MM 路径中的消息静止类似的作用：它们都提供了一种自然的端点。ASF 开始于一个端口输入事件，遍历一个 MM 路径或多个 MM 路径的一部分，终止于一个端口输出事件。在系统层面上观察，没有特别理由需要将 ASF 向更小的底层进行分解（这就是 ASF 被称为原子的原因）。在 SATM 系统中，数字输入事件就是 ASF 的一个典型例子，类似的 ATM 卡插入事件、现金给付事件和会话关闭事件也是。"输入 PIN"事件可能太大了，应该称为分子系统功能了。

原子系统功能单元处于集成测试与系统测试的中间层。它在集成测试中是最大测试项，在系统测试中则是最小测试项。在两个级别上都可以测试 ASF。在 14.10 节将重新考察前面给出的 integrationNextDate 程序，以找出各个 ASF。

定义：对于给定的一个采用原子系统功能 ASF 定义的系统，其 ASF 图是一个有向图，其中的节点表示 ASF，边表示序列流。

定义：源 ASF 是系统 ASF 图中处于源节点位置的 ASF；相似地，汇 ASF 处于系统 ASF 图中的汇节点。

比如在 SATM 系统中，"插入 ATM 卡"就是源 ASF，而"会话结束"ASF 是汇 ASF。可见，源和汇之间的 ASF 永远不可能在系统级上通过自身来测试，因为需要通过前面的 ASF 才能到达这里。

定义：系统线索是系统 ASF 图中一条从源 ASF 到汇 ASF 的路径。

这组定义提供了一个更宽广的考察线索的视角，从非常短的线索开始（在一个单元内），到系统级线索之间的交互。这就像一架显微镜，可以通过调节目镜看到不同层次上微粒的情况。定义出这些概念只是解决问题的一小部分，如何用好这些概念更为重要。下面就从测试人员的角度，从需求说明出发来研究如何构造线索。

14.2   需求说明的基本概念

首先我们回顾一下关于向量空间基的定义：向量空间的基是一组相互独立的元素，用它们可以生成空间中的所有元素（参考第 8 章中的问题 9）。本节从需求说明中的数据、行为、设备、事件和线索等基本要素出发来讨论系统测试，并不去深究具体的需求说明方法、表示方法和技术等。每个系统都可以用这 5 个基本概念来建模，而且实际上所有需求说明技术也都是这些概念的某种组合。本节就讨论这些基本概念，以便说明测试人员如何利用它们来构建线索。

14.2.1   数据

当用数据来描述系统时，考察的焦点是系统所使用和创建的信息。我们采用变量、数据结构、字段、记录、数据存储和文件等来描述数据。实体 / 关系模型常用于高层次的数据描述，而在更精细的层次上则会使用一些正则表达式，比如 Jackson 图或数据结构图等。以数据为核心概念也是面向对象分析的初始动机。数据指的是任何经过初始化、存储、更新或（可能）销毁的信息。在 SATM 系统中，原始数据记录各种账户 PAN 及其 PIN 信息，其中每个账户都有一个数据结构，包含诸如账户余额这样的信息。在发生 ATM 业务时，结果就会被作为生成的数据保存起来，并且每天会将这些终端数据报告给中央银行。很多系统都是绝对地以数据为中心的，这些系统的开发一般是遵循 CRUD 方法（创建、检索、更新和删除数据）。我们就采用这种方式来讨论一下 SATM 系统的业务处理部分，但这种方法对用户界面部分就不那么管用了。

有时可以直接从数据模型中构建出线索。数据实体之间的联系可以是一对一、一对多、多对一或多对多的，这些关系的差异都会包含在处理数据的线索中。比如，如果银行客户可以拥有多个账户，那么每个账户都需要唯一的 PIN 码；如果多个人可以访问同一个账户，则要求这几个人持有相同 PAN 号的 ATM 卡；还可能有只读取不写入的原始数据，比如 PAN 码、期望的 PIN 组合等。这种只读数据应该是系统初始化过程的一部分；如果不是，那么就必须有创建这种数据的线索。所以，只读数据可以作为源 ASF 的标志。

14.2.2　操作

依据系统行为来建模也是需求说明的一种常见形式。这是有其历史渊源的：最早的命令式程序设计语言正是以操作为中心的。操作有输入和输出，这些输入和输出既可以是数据，也可以是端口事件。在谈到具体的做法时，变换、数据转换、控制切换、处理、活动、任务、方法和服务等都成了操作的同义词。一个操作还可以分解为若干更低层次的操作，比如在数据流图中进行结构化分析时那样。考察操作的输入 / 输出正好是基于规格说明测试的基础，而操作的分解（以及最终实现）则是基于代码测试的基础。

14.2.3　设备

每个系统都有端口设备，它们是系统级输入和输出（端口事件）的发源地和目的地。对测试人员来说，了解端口和端口设备间细微的差别有时是很有帮助的。在技术上，端口是 I/O 设备与系统的连接点，比如串行端口、并行端口、网络端口和电话端口等。物理操作（击键和屏幕发光）发生在端口设备上，并转换为逻辑的形式（或从逻辑形式转换成物理形式）。在没有实际端口设备的情况下，很多系统测试也可以通过将"端口边界向内移动"到端口事件的逻辑实例上来实现。所以后面我们也将使用术语"端口"来代替"端口设备"。SATM 系统中的端口包括数字键和取消键、功能键、显示屏幕、存款和取款通道、ATM 卡和凭条插入口，以及其他若干不太明显的设备，比如将 ATM 卡和存款信封传递给机器的传送器、现金给付器、凭条打印机等（见图 14-1）。

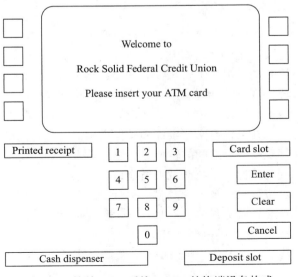

图 14-1　简单 ATM 系统 SATM 的终端设备构成

采用端口的概念有助于测试人员来定义基于规格说明的系统测试所需要的输入空间。类似地，输出设备也可以提供基于输出测试所需的信息。比如必须要有足够多的线索才能生成图 14-2 中的 15 个 SATM 屏幕显示。

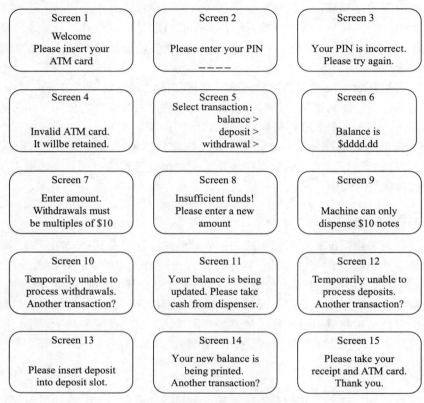

图 14-2　SATM 系统的屏幕显示

14.2.4　事件

事件这个概念有点儿模棱两可，它同时具有数据和操作两方面的特征。事件是发生在端口设备上的系统级输入（或输出）。与数据类似，事件也可以是操作的输入或输出。事件可以是离散的（比如 SATM 的键盘输入），也可以是连续的（比如温度、海拔高度或压力）。离散事件肯定会有一定的持续时间，这在实时系统中至关重要。我们可以形象地把输入事件看成破坏性读出数据，那么延伸一步——输出事件就可以看成破坏性写入操作。

在某种意义上事件和操作是相似的，它们都是现实世界中物理事件和这些事件在系统内部逻辑表示之间的转换点。端口输入事件是物理到逻辑的转换，端口输出事件则是逻辑到物理的转换。系统测试人员应该关注的是事件的物理层面，而不是逻辑层面（那是集成测试人员应该关注的），特别是在当前数据的上下文语境会改变物理事件逻辑含义的情况下。比如在 SATM 系统中，当处在 #5 显示屏幕时，按下 B1 键的端口输入事件表示"查看余额"；而在 #6 显示屏幕时，却表示"检查"；在显示屏幕 #10、#11 和 #14 时，又表示"是"。我们称这种情况为"与语境相关的端口事件"，而且应该把每种语境情况都进行测试。

14.2.5 线索

对于测试人员来说，线索事实上是这五种基本结构中最不常用的。因为很难在数据、事件和操作之间的交互中找出线索。在需求说明中出现线索的唯一一处是在把快速原型法同场景记录器结合在一起使用时。在控制模型中是很容易找出线索的，这点下面将会讨论，但问题的关键是控制模型只是一种模型，并不是现实的系统。

14.2.6 基本概念之间的关系

图 14-3 用 E/R 模型给出了上述基本概念之间的关系。可以看到这里所有的关系都是多对多的：数据和事件都是操作实体的输入和输出。同样的事件可以发生在多个端口上，多个事件也常常发生在一个端口上。一个操作可以出现在多个线索中，一个线索也可以由多个操作构成。该图表现出了系统测试的一些难点问题。测试人员必须使用事件和线索来保证五个基本概念之间所有的多对多关系都是正确的。

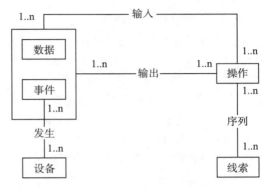

图 14-3　基本概念的 E/R 模型

14.3　基于模型的线索

在这一部分，我们将用 SATM 系统（见第 2 章中的定义）来说明如何通过模型定义线索。图 14-2 显示了 SATM所需的 15 个屏幕（这是一个真正简洁、经济的 ATM 系统）。

SATM 系统的有限状态机模型最适合构造系统测试需要的线索。首先从状态机的层次结构开始，其顶层如图 14-4所示。在这一层中，状态对应于业务处理的不同阶段，状态转移则由抽象逻辑事件所引发（而不是端口事件引发）。比如，ATM 卡插入状态可分解为一些更底层的处理细节，诸如处理：卡被卡住、卡被插反、卡传送器堵塞以及对照可提供服务的 ATM 列表检查此卡片等。这样一旦宏状态的细节都能通过测试，就可以使用某个"简单"的线索来转到处理下一个宏状态。

图 14-5 中 PIN 输入状态 S2 被分解为更为详细的视图。邻近状态都被显示

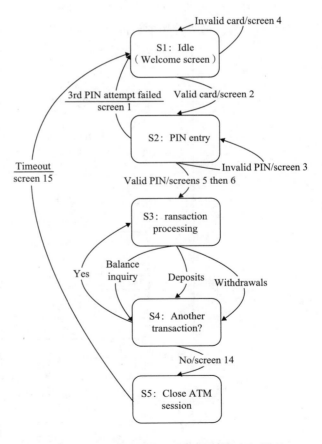

图 14-4　SATM 系统的最顶层有限状态机模型

出来了，因为它们是上一层的"PIN 输入"部分转换的起点和终点（这种分解方法最主要是沿袭了以前对"余额查询"操作进行分解时所采用的数据流图模式）。在 S2 分解中，我们强调"重新输入 PIN"的机制。所有的输出事件都是真正的端口事件，但是输入事件仍然是逻辑事件。

图 14-6 中把"交易过程"状态 S3 进一步分解成了更详细的视图。在这个有限自动机中，输入事件还是抽象化的，但输出则是实际的端口事件。状态 3.1 还需要进一步添加信息，这由两步操作来完成：选择账号类型和选择交易类型。小于号"<"和大于号">"代表与屏幕对应的功能键，如图 14-1 所示。此处还需要进一步强调的是：如果把这个状态分成两个子状态，那系统在第一个状态时就必须记住所选择的账号类型。然而有限状态机是没有内存的，所以要使用这个组合状态。此外使用抽象输入事件和实际输出事件也是基于这个考虑。

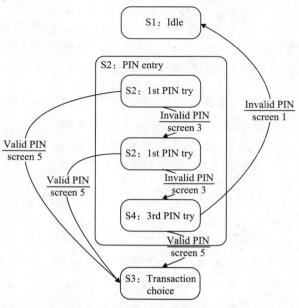

图 14-5 "PIN 输入"操作的状态分解

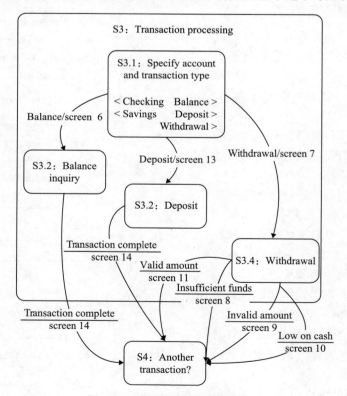

图 14-6 "交易处理"的状态分解

　　最后我们来看一下如何对"PIN 输入尝试"状态 S2.1、S2.2 和 S2.3 进行状态分解（见图 14-7）。每种 PIN 输入的尝试都是不同的，所以较低层状态用数字 S2.n 来表示，这里 n 代表 PIN 尝试。这几乎是一个真正的输入事件了：如果我们假设期望的 PIN 码是"2468"，然后开始输入数字，比如第一个数字就输入"2"，这样我们产生了真正的端口输入事件。还会有一些抽象输入，比如保存输入有效和无效状态，以及尝试次数等信息。

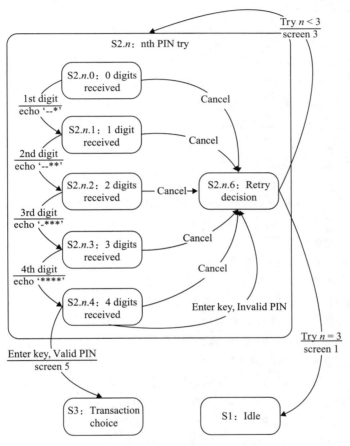

图 14-7　"PIN 输入尝试"的状态分解

　　这是一种构造有限状态机的好方法：通过实际端口输入事件来引发状态转换，而状态转换上的操作就成为端口输出事件。若存在一台这样的有限状态机，那么对这些线索生成系统测试用例就可以按部就班地进行了——只要简单地追踪转移路径，并标出来所有的端口输入事件和端口输出事件就可以了。表 14-1 给出了追踪图 14-7 中"PIN 输入尝试"有限状态机的路径，这个例子对应的线索是在 PIN 首次尝试时就进行了正确输入。为了给出明确的测试用例，假设期望 PIN 码为 2468。表 14-1 中最后一行括号中的事件是一个逻辑事件，该事件会引发系统"返回"上一级，并转移到"等待选择业务"的状态。

表 14-1　首次尝试即输入正确 PIN 码的端口事件序列

端口输入事件	端口输出事件
	Screen 2 displayed with '- - - -'
2 Pressed	

（续）

端口输入事件	端口输出事件
	Screen 2 displayed with '- - - *'
4 Pressed	
	Screen 2 displayed with '- - * *'
6 Pressed	
	Screen 2 displayed with '- * * *'
8 Pressed	
	Screen 2 displayed with '* * * *'
(Valid PIN)	Screen 5 displayed

　　基于模型测试的最常见产品（Jorgensen，2009）是基于对系统的有限自动机建模，然后通过图产生出所有的路径。如果图中存在循环，就需要（应该）用两个路径来代替之，如第8章中对程序图所做的操作。对于这样的路径，引发状态转移的端口输入就成为系统测试用例中的事件，类似地就把端口输出作为产生状态转移的操作。

　　这里介绍一个产业界的经验教训：有一个电话交换机系统实验室曾力图采用有限状态机来定义一个小型的电话系统，该系统是一个专用的自动分支交换机（PABX），十分简单易行。当时有一个头发斑白的系统检测老将卡西米尔（Casimir）被指派来协助开发此模型。这个人选非常好，因为根据维基百科他名字的意思就是"在战斗中破坏对手威信的人"（http://en.wikipedia.org/wiki/Casimir）。在整个开发过程中，卡西米尔一直对系统持有怀疑甚至不信任的态度。但开发小组向他保证，在项目完成后会有一个工具来产生数千个系统测试用例。而且更好的是，这个工具还能提供一个对系统测试进行追踪的功能，可以一直追踪到具体的需求模型。实际的有限状态机有200多种状态，这个工具就产生出了超过3000个测试用例。这让卡西米尔印象极为深刻。但是有一天他居然发现了一个自动生成的测试用例实际上是逻辑不可能的。通过进一步详细的分析研究，他发现这个无效测试用例来源于有一对状态之间实际上存在很微小的依赖关系（有限状态机要求状态必须是独立的）。在200多个状态中，要找出这种依赖显然是非常困难的。开发团队对卡西米尔宣称，这个工具可以分析通过相互依赖状态对的任何线索，也就可以确定任何其他不可能的线索。然而，当卡西米尔质问这个工具是否能发现相互依赖的状态时，这个工具立刻就废掉了。实际上没有工具可以做到这一点，因为这相当于著名的停机问题（Halting Problem）。其中给我们的教训就是：通过有限状态机生成线索是可行的而且相当有效；然而，必须注意避免存储的问题和状态依赖的问题。

14.4　基于用例的线索

　　用例是统一建模语言（UML）的核心，其主要优点是很容易被顾客 / 用户和开发人员所理解和接受。用例能够反映出表述行为的 does 视图（does view），而不是表达结构的 is 视图（is view）。客户和测试人员通常都倾向于从 does 视图出发来考察系统，所以基于用例就是一个自然的选择。

14.4.1　用例的层次

　　有人给出了一个用例的层次结构（Larman，2001），其中每一层都比下层增加了更多的信息。Larman 把各个层次命名如下：

- 高级用例（非常类似于一个敏捷用户故事）
- 基本用例
- 基本扩展用例
- 实际用例

这些层次所包含信息内容的差异见图 14-8。

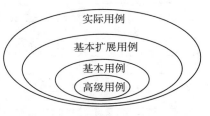

图 14-8　Larman 所提出的用例层次示意图

表 14-2 至 14-4 给出了针对表 14-1 中的例子，Larman 的用例层次是如何逐渐提升的。

高级用例处于敏捷软件开发中的用户故事层面。一组高级用例给出了系统 does 视图的概貌。基本用例添加了一系列的端口输入和输出事件。对客户 / 用户和开发人员来说，由此开始端口的边界变得越来越清晰了。

表 14-2　"第一次尝试 PIN 码输入正确"的高级用例

用例名称	第一次尝试 PIN 码输入正确
用例标号	HLUC-1
用例描述	客户第一次尝试输入 PIN 码即输入正确

表 14-3　"第一次尝试 PIN 码输入正确"的基本用例

用例名称	第一次尝试 PIN 码输入正确
用例标号	EUC-1
用例描述	客户第一次尝试输入 PIN 码即输入正确
事件序列	
输入事件	输出事件
	1. 屏幕 #2 显示 '----'
2. 客户输入第一个数字	
	3. 屏幕 #2 显示 '---*'
4. 客户输入第二个数字	
	5. 屏幕 #2 显示 '--**'
6. 客户输入第三个数字	
	7. 屏幕 #2 显示 '-***'
8. 客户输入第四个数字	
	9. 屏幕 #2 显示 '****'
10. 客户按回车	
	11. 屏幕 #5 出现

表 14-4　"第一次尝试 PIN 码输入正确"的基本扩展用例

用例名称	第一次尝试 PIN 码输入正确
用例标号	EEUC-1
用例描述	客户第一次尝试输入 PIN 码即输入正确
前置条件	1. 已知待输入的 PIN 码
	2. 已显示屏幕 #2
事件序列	
输入事件	输出事件
	1. 屏幕 #2 显示 '----'
2. 客户输入第一个数字	

（续）

用例名称	第一次尝试 PIN 码输入正确
	3. 屏幕 #2 显示 '---*'
4. 客户输入第二个数字	
	5. 屏幕 #2 显示 '--**'
6. 客户输入第三个数字	
	7. 屏幕 #2 显示 '-***'
8. 客户输入第四个数字	
	9. 屏幕 #2 显示 '****'
10. 客户按回车	
	11. 屏幕 #5 出现
交叉调用相关功能	
后置条件	"选择交易类型"界面已被激活

　　基本扩展用例增加了前置条件和后置条件。可以看到在把基本扩展用例表述为系统测试用例时，这些条件是连接用例的关键所在。

　　实际用例处在实际的系统测试用例层面。实际用例表现为给端口事件所取的抽象名称，如"无效 PIN 码"等。在此会被一个实际的无效 PIN 特征字符所代替。这里实际上是假设事先已经建立了测试所需的数据库。在 SATM 系统中，数据库中可能已经包括了几个账户和与之相关的 PIN 码、账户余额等信息（见表 14-5）。

表 14-5   "第一次尝试 PIN 码输入正确"的实际用例

用例名称	第一次尝试 PIN 码输入正确
用例标号	RUC-1
用例描述	客户第一次尝试输入 PIN 码即输入正确
前置条件	1. 已知待输入的 PIN 码为"2468"
	2. 已显示屏幕 #2
事件序列	
输入事件	输出事件
	1. 屏幕 #2 显示 '----'
2. 客户输入数字"2"	
	3. 屏幕 #2 显示 '---*'
4. 客户输入数字"4"	
	5. 屏幕 #2 显示 '--**'
6. 客户输入数字"6"	
	7. 屏幕 #2 显示 '-***'
8. 客户输入数字"8"	
	9. 屏幕 #2 显示 '****'
10. 客户按回车	
	11. 屏幕 #5 出现
交叉调用相关功能	（此处的常用操作）
后置条件	"选择交易类型"界面已被激活

14.4.2   一个实用的测试执行系统

　　本节介绍了我在 20 世纪 80 年代早期曾经负责的一个自动测试执行系统。因为它的设计目的是为自动执行回归测试用例（这是一个非常枯燥的手工任务），所以就把它命名为自动回归测试系统（ARTS）。这是我离梦想世界最近的一次，ARTS 系统采用了一种可读的系统测试用例语言，在个人计算机上就可以解释执行。在 ARTS 语言中，有两个动词：CAUSE，用来表示引发端口输入事件；VERIFY，表示检查端口输出事件。此外，测试人员可以指定若干设备及与之相关联的若干输入事件。下面是一个典型 ARTS 测试用例中的一小段表述。

```
CAUSE Go-Offhook On Line 4
VERIFY Dialtone On Line 4
CAUSE TouchDigit '3' On Line 4
VERIFY NoDialtone On Line 4
```

要把个人计算连接到电话机原型系统的实际端口上需要通过一个专门的插排。这里的测试用例语言包括 CAUSE 和 VERIFY 关键词、端口输入和输出事件的名称、连接到插排上的有效设备的名称等。在输入端，插排完成一个逻辑至物理的转换，在输出端完成物理到逻辑反向转换。这个系统的基本架构如图 14-9 所示。

图 14-9　自动化测试执行系统框架

在考察人为因素影响时我们还要注意这么一个问题：测试用例语言实际上是完全随意形式的，所以编译器会消除很多无意义的噪音词。保持自由添加噪音词的便利是为了给测试用例设计者一种添加额外注释信息的可能，这些注释将不会被执行，仅仅是保留在测试执行报告中。结果形成的测试用例可以是这样的（请注意测试设计者是如何自由添加注释的）：

在不下雨的情况下，看看能否恰好在第 4 行 CAUSE（引发）一个“Go-Offhook”事件？然后查看是否能 VERIFY（检测）到“Dialtone”（拨号音）发生变化。

在第 4 行，如果你现在心情不错，何不试试在第 4 行搞一个 CAUSE（引发）“Touch Digit‘3’”（输入数字“3”）的事件？最后（真的是最后啦！），看看是否能在第 4 行 VERIFY（检测）“NoDialtone”（无效拨号音）事件的出现。

现在回想起来，ARTS 系统一直在等待用例的到来。这里可以看到实际用例的事件序列部分同一个 ARTS 测试用例是多么接近。后来我了解到，该系统最后演变成了一个商业产品，而且一直用了 15 年。

14.4.3　系统级的测试用例

无论是手动或自动地执行，系统级测试用例同实际用例本质上具有相同的信息（见表 14-6）。

表 14-6　“第一次尝试 PIN 码输入正确”的系统级测试用例

用例名称	第一次尝试 PIN 码输入正确
用例标号	TC-1
用例描述	客户第一次尝试输入 PIN 码即输入正确
前置条件	1. 已知待输入的 PIN 码为“2468”
	2. 已显示屏幕 #2

(续)

用例名称	第一次尝试 PIN 码输入正确
事件序列	
输入事件	输出事件
	1. 屏幕 #2 显示 '----'
2. 客户输入数字 "2"˝	
	3. 屏幕 #2 显示 '---*'
4. 客户输入数字 "4"	
	5. 屏幕 #2 显示 '--**'
6. 客户输入数字 "6"	
	7. 屏幕 #2 显示 '-***'
8. 客户输入数字 "8"	
	9. 屏幕 #2 显示 '****'
10. 客户按回车	
	11. 屏幕 #5 出现
交叉调用相关功能	
后置条件	"选择交易类型" 界面已被激活
测试执行结果?	通过 / 不通过
测试执行人	<测试员姓名> 时间

14.4.4　用事件驱动 Petri 网来表述用例

第 4 章中定义了事件驱动 Petri 网（EDPN），最初是想用在电话交换机系统中。顾名思义，它可适合于任何事件驱动系统，尤其是使用上下文敏感端口输入事件的系统。在 EDPN 图中，用三角形代表端口事件，圆形代表数据位置，窄矩形代表状态转换，箭头代表输入和输出。从人性化的角度考虑，EDPN 图中输入端口事件被画成指向下方的三角形，好像一个个漏斗。类似地，把输出端口事件画成向上的三角形，就像是扩音器。图 14-10 继续以 "第一次尝试 PIN 码输入正确" 事件为例，给出了一个事件驱动 Petri 网。

目前还不能彻底实现从用例自动地构建出一个 EDPN，仅能做到从事件序列的输入部分自动获得端口输入事件。输入和输出事件之间的交替出现次序也可以保留下来。还可以把前置条件和后置条件都映射到数据位置。但是下列问题目前还难以克服：

（1）最明显的是端口输出事件 P1：它指向 #2 屏幕，这里显示了 4 个可以输入 PIN 码的空位置。这个事件是独立的，因为它不是由任何状态转换来创建的。

（2）状态转换无法命名：如果有人要开发一个 EDPN，那就很可能会需要命名每个状态转换，例如把 S1 称为 "接受第一个数字"。

（3）默认因果过程都是直接的：如果需要两个序列以外的输入事件来生成一个输出事件时就会失败。

（4）没有预见到可能会产生的中间数据。

（5）数据位置 d1-d5 都不会出现在用例中（然而可以从有限状态机导出）。

对上述问题的一种处理办法是遵循正则系统理念，对 "品相良好的用例" 定义其中的信息内容。所谓 "品相良好" 的含义是至少要符合以下要求：

（1）事件序列不能从输出事件开始，这是前置条件之一。

（2）事件序列不能以输入事件结束，这是后置条件之一。

（3）前置条件对用例来说必须是充分和必要的。没有多余的前置条件，每一个前置条件必须被使用到，而且必须是用例真正需要的。对后置条件的要求也一样。

（4）至少有一个前置条件和一个后置条件。

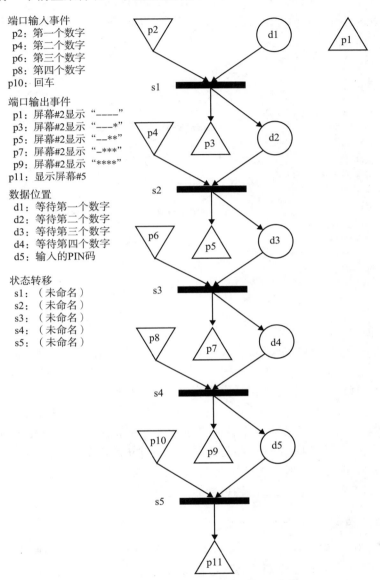

端口输入事件
p2：第一个数字
p4：第二个数字
p6：第三个数字
p8：第四个数字
p10：回车

端口输出事件
p1：屏幕#2显示 "————"
p3：屏幕#2显示 "———*"
p5：屏幕#2显示 "——**"
p7：屏幕#2显示 "—***"
p9：屏幕#2显示 "****"
p11：显示屏幕#5

数据位置
d1：等待第一个数字
d2：等待第二个数字
d3：等待第三个数字
d4：等待第四个数字
d5：输入的PIN码

状态转移
s1：（未命名）
s2：（未命名）
s3：（未命名）
s4：（未命名）
s5：（未命名）

图 14-10 "第一次尝试 PIN 码输入正确"的事件驱动 Petri 网

从用例导出 EDPN 的意义在于它继承了丰富的分析可能性，因为它是特殊的 Petri 网。下面的情况对 Petri 网分析来说是很容易的，而对用例却无法实施。

（1）用例之间的交互，比如一个用例是另一个的前置条件。

（2）用例之间的冲突。

（3）上下文敏感的输入事件。

（4）互相对立的用例，其中一个会使其他的失效。

14.4.5　用事件驱动 Petri 网来表述有限状态机

从数学上讲，有限状态机是普通 Petri 网的一种特殊情况，即每个 Petri 网的状态转换都只有一个输入点和一个输出点。由于 EDPN 是普通 Petri 网的一个扩展，所以肯定能把有限状态机转化为 EDPN。图 14-11 给出了把图 14-12 中有限状态机的一部分转换为 EDPN 的结果。

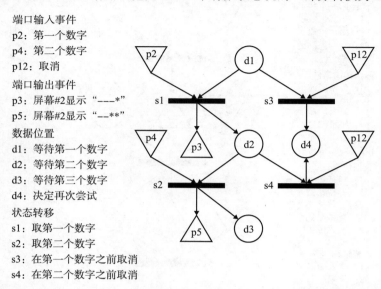

图 14-11　将图 14-12 中有限状态机的一部分表达成事件驱动 Petri 网的结果

在图 14-11 中，当 ATM 机等待输入第一个 PIN 码时，输入事件 P2 和 P12 均可发生。同样，当 ATM 机在等待第二个 PIN 码时，输入事件 P4 和 P12 均可发生。进一步研究可以发现有三条不同的路径。描述这些路径主要有两种方法：作为端口输入事件的序列，或者作为 EDPN 状态转换的序列。若使用后者，图 14-11 中的三个路径是 <S1，S2>、<S1，S4> 和 <S3>。在 EDPN 和不太清晰的数据库名称之间存在一种很有趣的对应关系。数据库的设计意图是提供底层的数据模型。不同意图是数据库的各种拓展。给定一个数据库其意图是唯一的，但可以有无数可能的拓展。这种情况也体现在未标记 EDPN 和已标记 EDPN 之间，因为一个未标记的 EDPN 可以执行许多种可能的标记序列。

14.4.6　哪种视角最适用于系统测试

就本节所介绍的三种视图来说，客户 / 用户同开发商之间的交流最好是采用用例；然而对分析来说用例就不太合适。有限状态机也是常常会用到的，但在构造有限状态机时不可避免地会出现众所周知的"状态爆炸"问题。有很多基于有限状态机的支持工具可用，但状态爆炸始终是个问题。这两种表示法均可以转化为 EDPN，尽管还要添加一些来源于用例的信息。EDPN 的最大优势是很容易把它们组合使用，加上无标记 EDPN 和各种标记（执行序列）之间的意向 – 拓展关系，使得 EDPN 成为系统测试的首选。我们不需要讨论如何从 EDPN 构造系统测试用例，因为这个过程是显而易见的。

14.5　长用例与短用例

在前面的讨论中始终暗含着一个问题。最早我们谈到了各种的线索候选。在讨论中，我们看到了由短到长的线索。各种各样的线索都可以直接转化为这里谈到的三种模型：用例、有限状态机和 EDPN。对用例来说，通常都把它视为完整的、端到端的处理过程。对于 SATM 系统，所有用例都起始并终止于界面 #1（欢迎界面）。在这之间，会有一些路径，或者作为一个具体的用例，或有限状态机中的一条路径，或是完整 EDPN 中的一个标记。问题是在每种模型中都会有大量的路径，以及大量的单个用例。端到端用例是长用例。第 22 章中的用例则是短用例。举个长用例的例子，请见如下故事中所描述的一系列操作：

一位顾客在 SATM 机上插入了一张有效的卡，随后的第一次输入就输入了有效 PIN 码。之后顾客选择提款，并输入 20 美元的取款金额。SATM 系统给出了 2 张 10 美元的钞票，并给顾客机会选择是否需要其他业务。客户拒绝选择其他业务时，SATM 系统更新了顾客账户余额，返回客户的 ATM 卡，打印出交易凭条，并返回欢迎界面。

在这里我们建议用"短用例"，它从一个端口输入事件开始，到一个端口输出事件结束。短用例必须处于扩展基本用例层上，所以其前置条件和后置条件是已知的。然后我们可以基于前置条件和后置条件之间的关系来开发一系列短用例。如果短用例 A 的后置条件和短用例 B 的前置条件一致，那么序列顺序就是 A 到 B。上述的长用例则可以用以下四个短用例来表示：

1. 有效卡
2. 第一次尝试即正确输入 PIN 码
3. 取款 20 美元
4. 不选择其他业务

采用短用例是因为在图 14-5 的 SATM 有限状态机中，在四种状态分解情况下一共存在有 1909 条可能的路径。绝大多数的路径是在处理 PIN 码输入失败的情况（有六种情况会导致失败，只有一种成功方式）。表 14-7 列出了成功 SATM 交易的一组短用例。如果我们在其中补充所有 PIN 输入失败的短用例，就能很好地覆盖 SATM 系统。

图 14-12 显示了一些短用例，与表 14-7 中的 SATM 系统有限状态机模型略有不同。

对于 PIN 码输入失败的情况又是怎样的呢？一方面，有人可能会说这实际上是

表 14-7　SATM 机上成功交易的短用例

短用例	用例描述
SUC1	插入的 ATM 卡有效
SUC2	插入的 ATM 卡无效
SUC3	输入 PIN 码正确
SUC4	输入 PIN 码错误；
SUC5	选择了查看余额业务
SUC6	选择了存款业务
SUC7	选择了提款业务：输入的提款金额有效
SUC8	选择了提款业务：金额不是 20 美元的整数倍
SUC9	选择了提款业务：金额大于账户余额
SUC10	选择了提款业务：金额超过当日提款金额上限
SUC11	不选择其他业务
SUC12	选择其他业务

一个单元层面的问题；因此不需要使用短用例。另一方面在图 14-7 中，PIN 输入的详细视图中只有 13 次状态转换，对数字输入转换也有相应的端口输入和输出。（这些状态转换中包含了五个可能取消操作的点和一个有效四位 PIN 码输入，这些都采用了一个中间状态来简化整个状态图。）表 14-8 列出了完全覆盖 PIN 输入操作的全部短用例。

现在我们看到采用短用例的优点了，只用 25 个短用例就覆盖了 1909 个长用例。通过把长用例压缩为短用例，基于模型测试的优点就清晰地呈现出来了。留心一下还能注意到，这非常类似于第 8 章介绍的在单元层次节点与边的测试覆盖率。

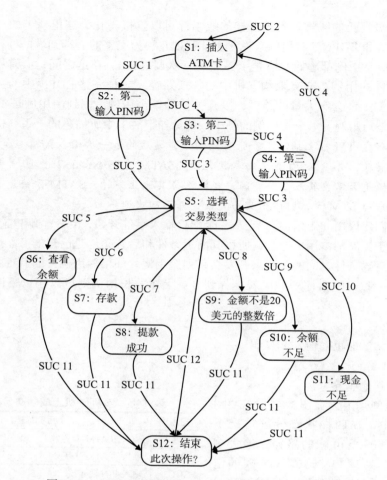

图 14-12   SATM 有限状态机以及引起状态转移的短用例

表 14-8   PIN 码输入失败的短用例

短用例	用例描述
SUC13	输入了第一个数字
SUC14	输入了第二个数字
SUC15	输入了第三个数字
SUC16	输入了第四个数字
SUC17	输入了有效的 PIN 码
SUC18	在第一个数字前决定取消后续操作
SUC19	在第一个数字后决定取消后续操作
SUC20	在第二个数字后决定取消后续操作
SUC21	在第三个数字后决定取消后续操作
SUC22	在第四个数字后决定取消后续操作
SUC23	输入了无效的 PIN 码
SUC24	下一次 PIN 码输入
SUC25	最后一次 PIN 码输入

14.6　到底需要多少用例

当一个项目是通过用例驱动的，不可回避的一个问题是要问到底需要多少用例呢？用例驱动的软件开发无疑是一个自底向上的过程。在敏捷软件开发中，回答这个问题比较容易，因为客户 / 用户决定需要多少用例。但在非敏捷软件项目中呢？用例驱动开发仍然是（或可以是）一个有吸引力的办法。在本节中，我们考察四种策略来帮助确定需要多少自底向上用例。每种策略都利用了关联矩阵（见第 4 章）。如果能把自底向上的用例开发和递增式开发模型一起使用，我们可以提出第五种策略，类似在 14.5 节中所做的那样。

14.6.1　关联到输入事件

由于用例是由客户 / 用户与开发人员一同确定的，所以都需要逐步分析端口层面上的输入事件。这很可能会成为一个反复迭代的过程，其中为了构造用例就需要辨别端口输入事件，而反过来，端口输入事件又会招来更多的用例。这些信息被保存在一个关联矩阵中，表示出哪个用例需要什么端口输入事件。随着这个处理过程的延续会达到一种状态，此时已形成的这组输入事件对任何新用例来说就都是充分的了。很明显，达到这个状态就说明这个最小用例集覆盖了所有的端口级输入事件。表 14-9 列出了 SATM 系统的（大部分）端口输入事件。表 14-10 显示了这些端口输入事件同前 12 个短用例的关联关系。习题 5 让你为"输入 PIN 码"功能构造一个类似的输入事件表。

表 14-9 和表 14-10 都应被理解为迭代过程所产生的结果，这自然是一个自底向上的方法。如果有一个构造出来的端口输入没有用在任何地方，那我们就知道还需要至少一个短用例。同样，如果发现有一个短用例不涉及任何现有的端口输入事件，那我们就知道还需要至少一个事件。

表 14-9　SATM 系统的端口输入事件

端口输入事件	事件描述
e1	插入的 ATM 卡有效
e2	插入的 ATM 卡无效
e3	尝试输入的 PIN 码正确
e4	按下回车
e5	PIN 码无效
e6	取消输入
e7	按检查键
e8	按保存键
e9	选择查看余额
e10	选择存款
e11	输入存款金额
e12	选择取款
e13	输入取款金额
e14	取款金额有效
e15	取款金额不是 20 美元的整数倍
e16	取款金额大于账户余额
e17	取款金额多于 SATM 机中的现金总量
e18	按 YES 键
e19	按 NO 键

表 14-10　短用例和端口输入事件的关联矩阵

SUC	端口输入事件																		
	1	2	3	4	5	6	7	8	9	10	11	12	13	14	15	16	17	18	19
1	×																		
2		×																	
3			×	×															
4				×															
5							×	×	×										
6							×	×		×	×								
7							×	×				×	×	×					

（续）

SUC	端口输入事件																		
	1	2	3	4	5	6	7	8	9	10	11	12	13	14	15	16	17	18	19
8							×	×				×	×		×				
9							×	×				×	×			×			
10							×	×				×	×				×		
11																			×
12															×				

14.6.2　关联到输出事件

对于表达短用例与端口输出事件关联的关联矩阵，其迭代进行的构建方式同输入事件关联矩阵的构建是一样的。表14-11列出了SATM系统的端口输出事件。当你据此要建立一个关联矩阵时（见习题5），必须要特别留心在图14-4到图14-7的有限状态机中，是不是会有始终没有用到的界面。这个问题在第22章介绍软件的技术评审时还要再讨论一次。

表 14-11　SATM 系统的端口输出事件

端口输出事件	事件描述
屏幕 #1	欢迎！请插入 ATM 卡
屏幕 #2	请输入 PIN 码
屏幕 #3	PIN 码不正确，请再次输入
屏幕 #4	ATM 卡无效，将被退回
屏幕 #5	请选择交易类型：查看余额，存款或提款
屏幕 #6	您的账户余额为 ×××× 美元
屏幕 #7	请输入取款金额，必须是 10 的整数倍
屏幕 #8	账户余额不足，请重新输入取款金额
屏幕 #9	对不起，本机仅提供 10 元面额的钞票
屏幕 #10	当前暂时无法取款。还需要其他交易么？
屏幕 #11	账户余额已经更新，请取走钞票
屏幕 #12	当前暂时无法存款。还需要其他交易么？
屏幕 #13	请在存款口放入纸币
屏幕 #14	已打印新的账户余额。还需要其他交易么？
屏幕 #15	请取走凭条和卡片

14.6.3　关联到全部端口事件

在实践中，所有端口事件都需要进行关联。这是 16.2.1 节和 16.2.2 节中所讨论内容的合并。全部端口事件关联矩阵的优势之一是可以采用很多有效的方式对其重新排序。例如，可以把短用例简单放在一起，也可能需要基于业务序列把它们合理排列。端口事件也可以根据其属性进行分组，例如可以分成同 PIN 输入相关的输入事件组，同存款相关的输出事件组等。

14.6.4　关联到类

面向对象的软件开发人员长期争论不休的问题是应该如何开始？是从用例入手，还是从类入手？我一个同事（一个非常优雅的类的粉丝）就坚持采用类优先的方法，而其他人则觉得从用例入手更方便。更好的折中办法是建立一个关联矩阵，显示出哪些用例需要哪些类来支持。通常情况下，面向用例来定义类会更容易些，而面向完整系统可就难了。与其他关联矩阵相比，这种方法能够很好地预测所构造的类集合何时够用。

14.7　系统测试的覆盖性指标

在第 10 章中，我们看到了把基于规格说明测试和基于代码测试进行结合的优势，因为这两种技术具有互补性。本章中对系统测试也是如此。14.3 节中的基于模型方法可以同 14.4 节中的基于用例方法有机地结合起来。此外，14.6 节的关联矩阵还可以用作基于规格说明系统测试的覆盖性指标。

14.7.1 基于模型系统测试的覆盖性

在单元测试时，我们使用 DD 路径来表征基于规格说明测试用例之间的漏洞和冗余性。同样地可以采用基于模型的指标来对基于用例的线索进行交叉验证。由于节点和边的覆盖指标都是根据系统模型来定义，而不是直接从系统实现中获得的，所以从这个意义上讲我们是可以进行伪结构化测试的（Jorgensen，1994）。一般说来，行为模型只能是对真实系统的近似，所以我们可以把模型自上而下进行多层分解，以便体现出若干层面的细节来。假如要建立一个完全真实的基于代码的模型，那它的大小和复杂度将使其难以使用。基于结构的指标也有一个很大的问题：最基本的模型很可能不是最优的选择。三种最常见的行为模型（决策表、有限状态机和 Petri 网）各自分别适用于表达状态转换式、交互式和并发式的系统。

决策表或有限状态机适合进行 ASF 测试。如果用决策表来描述 ASF，那一般情况下条件就是端口输入事件，行为就是端口输出事件。我们可以据此设计出测试用例来，使其覆盖每个条件、每个行为或更完备地覆盖每条规则。在采用有限状态机模型时，测试用例则可以覆盖每个状态、每种转移，甚至每条路径。

要利用决策表进行线索测试则比较麻烦。我们当然可以把来自不同决策表的规则序列表达为线索，但是这样会使覆盖性指标对线索的表达变得非常低效。所以最低水平也要采用有限状态机，如果系统还存在着交互，那 Petri 网就是更好的选择。这样就可以设计线索测试来覆盖每个状态、每次转移，以及每个转移序列。

14.7.2 基于规格说明系统测试的覆盖性

显然基于模型的线索构造方法是很有效的，但是如果找不到被测试系统的行为模型那该怎么办呢？对于这种情况，软件测试大师通常有两种办法：开发一个行为模型，或者借鉴基于规格说明的方法在系统层面上进行测试。回顾一下，一旦构建了基于规格说明的测试用例，我们所采用的信息就同时涉及了输入/输出空间以及功能本身。此处我们采用覆盖指标的概念来表述系统测试线索，这个覆盖指标来源于三个最基本的概念：事件、端口和数据。

1. 基于事件的线索测试

考察端口输入事件空间，很容易给出以下五个端口输入线索覆盖指标，而要达到这些级别的系统测试覆盖性，就需要构造一组线索，使得：

- 端口输入指标 PI1：每个端口输入事件都发生
- 端口输入指标 PI2：常见的端口输入事件序列会发生
- 端口输入指标 PI3：每个端口输入事件都发生在各自"相关"数据语境中
- 端口输入指标 PI4：对于给定语境，所有"不适合"的输入事件会发生
- 端口输入指标 PI5：对于给定语境，所有可能的输入事件会发生

PI1 指标是底限，对大多数系统都不太适合。PI2 是最常用的指标，因为它处理的是系统正常使用的情况，所以也最符合对系统测试的直观认识。PI2 很难量化。很难说清楚什么是常见的输入事件序列，什么又是不常见的呢？

后三种指标是根据"语境"来定义的。最好把语境看作事件的静止状态。在 SATM 系统中，屏幕显示就发生在事件静止状态上。PI3 指标用于处理对语境敏感的端口输入事件，它们是物理输入事件，同时具有由其发生语境所确定的具体逻辑含义。比如在 SATM 系统中，按下 B1 功能键这个事件会在五种独立的语境（屏幕显示）中出现，具有 3 种不同的含义。这个指标的关键是要把事件放在所在的语境中考察。PI4 和 PI5 是两个互为相反的指标：

它们从语境开始，来考察各种事件。PI4 指标常常是测试人员尝试跳出系统时所使用的非正式指标。对于给定的语境，测试人员想考察系统在获得预期之外的输入事件时会出现什么情况。比如对 SATM 系统来说，在"PIN 输入"过程中按下某个功能键会出现什么情况呢？此时预期的事件应该是按下数字键或取消键，按下 B1、B2 和 B3 键就是非预期的。

这种情况也部分归咎于规格说明：也就是规定行为（应该发生的事）和禁止行为（不应该发生的事）之间差别的问题。大多数需求规格说明只是尽力描述了规定行为，而禁止行为通常都是测试人员发现的。负责维护我们社区 ATM 系统的人告诉我，有一次竟然有人向存款入钞口中塞了一块鱼肉三明治。（显然是把 ATM 机当成垃圾箱了！）银行的任何人怎么都不会想到把"插入鱼肉三明治"作为一个端口输入事件的。PI4 和 PI5 通常非常有效，但也会产生一个奇怪的难题：测试人员怎么知道对禁止行为的预期响应是什么呢？直接忽略这些输入吗？是否应该输出一条警告消息呢？通常解决这些问题只能靠测试人员的直觉了。要是时间允许的话，这些都应该好好反馈给需求规格说明。这也是对快速原型法和可执行规格说明来说需要重点探讨的问题。

对端口输出事件也可以定义以下两种覆盖指标：

- 端口输出指标 PO1：每个端口输出事件都要发生
- 端口输出指标 PO2：每个端口输出事件在每种原因下发生

PO1 覆盖是可接受的底限。当系统存在大量的错误条件输出提示时（SATM 系统不属此类），PO1 尤其有效。PO2 覆盖是一个很好的测试目标，但却很难量化。我们将在第 15 章研究线索交互时再来讨论这个问题，而现在只要注意 PO2 覆盖指的是与端口输出事件有关的线索即可。通常对一个给定的输出事件只有很少的诱因。在 SATM 系统中，有三种原因会显示屏幕 #10：一是 ATM 机里没有现金了，二是无法连接到中央银行获得账户余额，三是取款通道可能被卡住了。在现实中，最难处理的问题是某种没想到的原因引发的输出事件。有这样一个例子：我附近的 ATM 机（不是 SATM 而是真的提款机），若当天内取款金额超过 300 美元就会出现一个屏幕提示我"已经达到每日取款限额"。当出现这个屏幕时，我一直认为是我妻子刚刚取过一笔钱（线索交互），所以我就想少取一点好了。但后来我发现，在 ATM 机里所剩现金不多时系统也会给出这个屏幕。因为银行的策略是：不给先来的客户大笔现金，而为更多客户都提供少量现金。

2. 基于端口的线索测试

基于端口的测试是对基于事件测试的有益补充。对于基于端口测试，需要在每个端口都检查会有什么事件发生。然后根据每个端口的事件列表找出使用输入端口和输出端口的线索（这里假设事件列表都已经具备了，有些需求规格说明技术本身就会提供这些事件列表）。有些系统采用的端口设备是来自外部供应商的，基于端口的测试就特别有用。采用基于端口测试的主要原因可以从系统基本结构的 E/R 模型中看到（如图 14-3 所示）。对于设备和事件之间存在多对多关系，应该在两个方向上进行测试：基于事件的测试覆盖了从事件到端口的一对多关系，而基于端口的测试则覆盖了从端口到事件的一对多关系。可惜的是在 SATM 系统中看不到这种情况，因为 SATM 的事件只发生在单个端口上。

14.8 系统测试的其他方法

所有基于模型的测试方法已经对业界公开，测试变得和底层模型一样基础了。没有能跳过测试的。对此一些专家建议"随机"补充一些其他方法。第 21 章中会讨论另外两个技术：

变异测试和模糊测试。本章中我们先来考察两个备用策略，每个都有可能会成为线索执行的起点。这里的性能分析（operational profiling）和基于风险的测试都是为了缓解可用的系统测试时间不足的问题。

14.8.1 性能分析

在最普遍的情况下 Zipf 定律（Zipf's Law）可以表述为：80% 的活动发生在 20% 的空间（或时间）中。这里的活动和空间可以有许多解释：有人的办公桌杂乱无章，上面的大部分东西都没有用到；程序员即使对他最喜欢的程序设计语言，也很少用到超过该语言总特性的 20%；莎士比亚的作品包含大量词汇，但在绝大多数情况下也只使用了其中一小部分。Zipf's 定律适用于软件（及其测试）的很多方面，而对测试人员最有用的解释是：测试空间包了所有可能的线索，行为是线索的执行（或遍历）。因此在一个线索众多的系统中，80% 的执行只能遍历 20% 的线索。

前面提到过当执行错误（fault）时系统就会失效。测试的基本思想是运行各个测试用例，在发现有失效时，能够发现错误的所在。这里需要给出一个明确的界定：在系统中，故障的分布只是间接地与其可靠性相关。系统可靠性可以简单地理解为在一个特定的时间段内系统没有发生失效的概率。（注意，对系统错误的构成、数量或密度等因素并没有这样的定义）。错误若只"局限"在较少遍历的线索中，则相比于同样数量的故障存在于"经常使用"的线索中，系统整体可靠性要更高些。运行剖面法的基本思想是计算各个线索被执行的频率，并依照该频率为系统测试选择线索。在测试时间很紧张时（这是很常见的事情），运行剖面法能够在频繁遍历的线索中最大限度地发现错误。以 SARM 系统为例，在图 14-13 中给出了图 14-12 的有限状态机中各个状态转换的转换概率估值。

有限状态机是识别线索执行概率的首选模型。这背后的数学原理是状态转换概率，能够用转换矩阵来表达，i 行 j 列的元素代表从状态 i 变到状态 j 的转换概率。转换矩阵的幂次运算类似于在第 4 章所讨论的可达性邻接矩阵的幂次运算。对于小型系统来说，通常很容易采用一个如表 14-12 所示的转换概率表。一旦给出了线索的概率，就可以根据执行概率

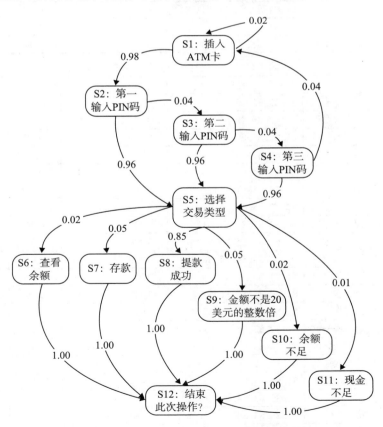

图 14-13　图 14-12 中 SATM 有限状态机的转换概率

把它们由大到小排序，见表 14-13。

表 14-12 SATM 系统的转换概率表

	路径	转换概率					路径概率
第一次尝试	S1, S2, S5, S6, S12	0.999	0.96	0.02	1	1	0.019 181
	S1, S2, S5, S7, S12	0.999	0.96	0.05	1	1	0.047 952
	S1, S2, S5, S8, S12	0.999	0.96	0.85	1	1	0.815 184
	S1, S2, S5, S9, S12	0.999	0.96	0.05	1	1	0.047 952
	S1, S2, S5, S10, S12	0.999	0.96	0.02	1	1	0.019 181
	S1, S2, S5, S11, S12	0.999	0.96	0.01	1	1	0.009 590
第二次尝试	S1, S2, S3, S5, S6, S12	0.999	0.04	0.96	0.02	1	0.000 767
	S1, S2, S3, S5, S7, S12	0.999	0.04	0.96	0.05	1	0.001 918
	S1, S2, S3, S5, S8, S12	0.999	0.04	0.96	0.85	1	0.032 607
	S1, S2, S3, S5, S9, S12	0.999	0.04	0.96	0.05	1	0.001 918
	S1, S2, S3, S5, S10, S12	0.999	0.04	0.96	0.02	1	0.000 767
	S1, S2, S3, S5, S11, S12	0.999	0.04	0.96	0.01	1	0.000 384
第三次尝试	S1, S2, S3, S4, S5, S6, S12	0.999	0.04	0.04	0.96	0.02	0.000 031
	S1, S2, S3, S4, S5, S7, S12	0.999	0.04	0.04	0.96	0.05	0.000 077
	S1, S2, S3, S4, S5, S8, S12	0.999	0.04	0.04	0.96	0.85	0.001 304
	S1, S2, S3, S4, S5, S9, S12	0.999	0.04	0.04	0.96	0.05	0.000 077
	S1, S2, S3, S4, S5, S10, S12	0.999	0.04	0.04	0.96	0.02	0.000 031
	S1, S2, S3, S4, S5, S11, S12	0.999	0.04	0.04	0.96	0.01	0.000 015
卡片故障	S1, S1	0.001	1	1	1	1	0.001 000
PIN 码无效	S1, S2, S3, S1	0.999	0.04	0.04	0.04	1	0.000 064

表 14-13 SATM 系统的操作剖面

	路径	转换概率					路径概率
第一次尝试	S1, S2, S5, S8, S12	0.999	0.96	0.85	1	1	81.518 4%
第一次尝试	S1, S2, S5, S7, S12	0.999	0.96	0.05	1	1	4.759 2%
第一次尝试	S1, S2, S5, S9, S12	0.999	0.96	0.05	1	1	4.759 2%
第二次尝试	S1, S2, S3, S5, S8, S12	0.999	0.04	0.96	0.85	1	3.260 7%
第一次尝试	S1, S2, S5, S6, S12	0.999	0.96	0.02	1	1	1.918 1%
第一次尝试	S1, S2, S5, S10, S12	0.999	0.96	0.02	1	1	1.918 1%
第一次尝试	S1, S2, S5, S11, S12	0.999	0.96	0.01	1	1	0.959 0%
第二次尝试	S1, S2, S3, S5, S7, S12	0.999	0.04	0.96	0.05	1	0.191 8%
第二次尝试	S1, S2, S3, S5, S9, S12	0.999	0.04	0.96	0.05	1	0.191 8%
第三次尝试	S1, S2, S3, S4, S5, S8, S12	0.999	0.04	0.04	0.96	0.85	0.130 4%
卡片故障	S1, S1	0.001	1	1	1	1	0.100 0%
第二次尝试	S1, S2, S3, S5, S6, S12	0.999	0.04	0.96	0.02	1	0.076 7%
第二次尝试	S1, S2, S3, S5, S10, S12	0.999	0.04	0.96	0.02	1	0.076 7%
第二次尝试	S1, S2, S3, S5, S11, S12	0.999	0.04	0.96	0.01	1	0.038 4%
第三次尝试	S1, S2, S3, S4, S5, S7, S12	0.999	0.04	0.04	0.96	0.05	0.007 7%
第二次尝试	S1, S2, S3, S4, S5, S9, S12	0.999	0.04	0.04	0.96	0.05	0.007 7%
PIN 码无效	S1, S2, S3, S1	0.999	0.04	0.04	0.04	1	0.006 4%
第三次尝试	S1, S2, S3, S4, S5, S6, S12	0.999	0.04	0.04	0.96	0.02	0.003 1%
第三次尝试	S1, S2, S3, S4, S5, S10, S12	0.999	0.04	0.04	0.96	0.02	0.003 1%
第三次尝试	S1, S2, S3, S4, S5, S11, S12	0.999	0.04	0.04	0.96	0.01	0.001 5%

正如基于模型测试的质量受到其基础模型正确性的限制一样，运行剖面法的分析能力也受限于转换概率估计的有效性。有一些方法可以获得这些概率估计。一种方法是利用相似系统中的历史数据，另外一种方法是使用客户给出的估计。还有一种方法是 Delphi 方法，由一组专家们给出他们的估计，然后求出某种平均值。平均值可以是一系列估计最后的收敛值，亦可简单地请七位专家打分，去掉最高分和最低分后取平均分。无论采用何种方法，最终的转换概率仍需估计。从积极的一面来看，我们可以做一个敏感性分析。因为在这种情况下，概率的总体排序对单个概率的微小变化是不敏感的。

运行剖面法可以给出一个系统在路径交错方面的状态。这实际上是有益的，不仅仅是可以据此对系统测试进行优化，还在于通过和模拟器的配合使用，可以尽早获得系统在运行时间和业务处理能力等方面的表现。

14.8.2 基于风险的测试

基于风险的测试是运行剖面法的进一步细化。仅仅知道了哪些线索最可能执行是不够的。考虑一下这种情况，如果有个比较隐蔽的线索其功能故障的代价非常昂贵？这个代价可能会是司法上的责任、收入上的损失或修复上的困难。这里我们给出风险的基本定义为：

$$风险 = 代价 \times 发生的概率$$

由于运行剖面法能够给出这个发生概率（估值），这里就只需要估计代价的因素了。

汉斯·谢弗（Hans Schaefer）是一个专门从事基于风险测试的专家，他建议首先应该把系统按照风险来分类，并提出了四种风险类别：灾难型、破坏型、障碍型和烦人型（Schaefer,2005）。接着要估计出代价的权重，并建议采用对数型的加权：1 代表失效的代价低，3 为中间值，10 为代价最高。为什么采用对数型？因为心理学家们的研究发现：如果让受试者给出线性的等级评分，1 为最低 5 为最高，常常难以有效地表现出主观感受上的区别来。表 14-14 给出了表 14-13 中 SATM 各个用例的风险评估结果。可以看出，这个评估把存款失败的代价定为最严重的。

表 14-14　SATM 系统的风险评估结果（操作剖面）

用例描述	用例概率	失效代价	风险
第一次尝试，正常提款	81.5184%	3	2.4456
第一次尝试，存款	4.7952%	10	0.4795
第一次尝试，提款但余额不足	1.9181%	10	0.1918
第一次尝试，提款额度不是 20 元的整数倍	4.7952%	3	0.1439
第二次尝试，正常提款	3.2607%	3	0.0978
第一次尝试，提款但 ATM 机现金储备量少	0.9590%	10	0.0959
第一次尝试，查询余额	1.9181%	1	0.0192
第二次尝试，存款	0.1918%	10	0.0192
插入的银行卡无效	0.1000%	10	0.0100
第二次尝试，提款但余额不足	0.0767%	10	0.0077
第二次尝试，提款额度不是 20 元的整数倍	0.1918%	3	0.0058
第三次尝试，正常提款	0.1304%	3	0.0039
第二次尝试，提款但 ATM 机现金储备量少	0.0384%	10	0.0038
第二次尝试，查询余额	0.0767%	1	0.0008
第三次尝试，存款	0.0077%	10	0.0008

（续）

用例描述	用例概率	失效代价	风险
第三次尝试，提款但余额不足	0.0031%	10	0.0003
第三次尝试，提款额度不是 20 元的整数倍	0.0077%	3	0.0002
尝试三次后 PIN 码输入失败	0.0064%	3	0.0002
第三次尝试，提款但 ATM 机现金储备量少	0.0015%	10	0.0002
第三次尝试，查询余额	0.0031%	1	0.0000

用 Schaefer 的风险分类方法得到的 SATM 用例分类结果如下，其中存款失败是最严重的，因为客户依靠存款来进行其他交易。无法查询余额是最不严重的，因为此故障仅仅是带来一些不便。

灾难型：存款，无效的取款

破坏型：正常取款

障碍型：无效银行卡，PIN 码输入错误

烦人型：查询余额

表 14-14 中的 SATM 用例风险序列与表 14-13 中它们的运行剖面略有不同。排在第一位的始终是在第一次输入 PIN 码成功后进行一次正常取款操作。这是发生概率最高的操作。

若进一步细化的话，Schaefer 建议给用例设置多个属性，并给出这些属性的权重。对于 SATM 系统而言，可能需要考虑客户方便性，银行安全性和身份盗窃等因素。

14.9　非功能性系统测试

至此所讨论的所有系统测试思想都是基于规格说明、行为或需求的。功能需求绝对是从"行为"的角度来考察系统的，它描述了系统做什么（或应该做什么）。一般来说，非功能测试是指系统在达到其功能要求时表现得有多么好。许多非功能性的需求都可以归结为"××性"如：可靠性、可维护性、可扩展性、易用性、兼容性等。尽管许多业界人士在其产品领域内对这些概念都有清晰的看法，但在概念定义和相关技术上没有太多的标准可循。

此处我们只讨论一种最常见的非功能测试——压力测试。

14.9.1　压力测试的策略

压力测试又称为性能测试、能力测试或负载测试，它是最常见的非功能测试，也可能是最重要的一种。由于压力测试与待测系统的本质密切相关，所以压力测试技术也依赖于具体应用。这里介绍两种常见的压力测试策略，并用实例加以说明。

1. 微缩

微缩方法主要考察系统在出现极端负载时的性能表现。极端负载对于基于 Web 的应用来说可能是很常见的情况，其服务器的负载能力可能会不够用。在电话交换机系统中，常使用忙时呼叫尝试（BHCA）这个术语来专指这种流量负载情况。所有这些系统中所采取的策略都可以理解为微缩。

对一个本地交换机系统而言，当用户发起呼叫时它必须能识别出来，所以不仅仅要检测到用户电话线的状态从闲置变为了活跃，还要看到呼叫尝试的主要标志是输入了号码。虽然现在还有一些是拨号的电话机，但大多数用户都使用数字按键了。这在电话术语上被称作双音多频拨号音（DTMF）方式，像常见的 3×4 阵列数字键盘，就用三个频率来表示按键的列和四个频率来表示行。每个数字因此由两个频率音调来表示，由此得名 DTMF。本地交换机系统中由一个 DTMF 接收器来负责把音调转换成数字的形式。

这里我们假设一个简单情况的数据来说明什么是微缩。假设一个本地交换机系统必须支持 50 000 个 BHCA，系统可能会有 5000 个 DTMF 接收器。为了测试这个流量负载，就必须在 60 分钟内产生 50 000 次呼叫。微缩的整体思路是把总量减小到一个易于管理的规模。如果找个只有 50 个 DTMF 接收器的原型系统，那负载测试只需要生成 500 次呼叫尝试就可以了。在许多应用领域中，都使用这种微缩的形式来研究流量模式和相关设备的关系。这在一般意义上被称为交通运输工程。

2. 替代

要想实际执行某些非功能性需求可能会异常困难。许多时候，实际的执行可能就会把待测系统破坏掉（这就出现了破坏性测试与非破坏性测试）。有一个卡尔文和霍布斯表演的喜剧所表现的情景正好可以简明地解释这种测试形式。在第一个镜头中，卡尔文看到桥上写着一个标志"最大重量 5 吨。"他就问他父亲这是如何确定出来的？父亲回答说把越来越重的卡车开上桥，直到把桥压塌。之后的镜头里，卡尔文给出了他那特有的震惊表情。当然是不应该破坏掉系统了，完全可以采用某种形式的替代品来做实验。请见下面的两个例子。

对战场上的电话交换机来说，有个非功能性需求是用降落伞空投下来后必须仍能正常使用。做一个实际的测试显然是成本太高而且难以实现。没有系统测试人员知道如何能做一个替代来完成这个任务。然而在咨询了一个退役的伞兵后，测试人员了解到降落伞下降的冲击影响和从 10 英尺（三米）高的墙上跳下来差不多。于是测试人员就把原型设备放在起重机上，升高到十英尺的高度再让它掉下来。结果发现击中地面后的原型系统仍然能工作，所以测试就通过了。

对飞行器来说，一种最危险的事故是和鸟在空中相撞。这个非功能性需求是由洛克希德·马丁公司对建造的 F35 喷气式飞机提出的（Owens 等人，2009）。

要求飞机的加固座舱玻璃以 480 海里时速（约为 889 千米 / 时）飞行时经受住 4 磅（约为 1.8 千克）重飞鸟的撞击，座舱盖以 350 海里时速（约为 648 千米 / 时）飞行时受到撞击不能出现如下情况：

- 出现碎裂或变形，对坐在高视角处的飞行员造成伤害；
- 出现导致飞行员受伤的损伤；
- 出现威胁飞行安全或紧急出口通畅的损伤。

显然不可能安排一次空中的撞鸟事故，所以洛克希德·马丁公司的测试员想出了一种替代方法，他们用一个特殊的炮向飞机座舱玻璃和树冠上发射死鸡，结果通过了测试。

据说还有个八卦故事被发在 Snopes.com 上，有一家公司，学着用同样的方法进行座舱测试，结果他们所有的测试都失败了。于是他们就请教同行为什么他们总是不成功。同行只能苦笑着回答："你需要先把鸡解冻了啊。"我们为什么要在这提这个事儿呢？主要是因为如果要采用替代的方法来进行非功能测试，所有的替代物就都要尽可能接近实际的测试场景。（这是不是很有趣？）

14.9.2 利用数学的方法

在某些情况下，非功能测试无法直接、间接或者利用商业工具来完成。有三种分析形式有助于解决这个问题，它们是：排队论、可靠性模型和模拟。

1. 排队论

排队论主要处理服务器和使用所服务器提供服务的一系列任务。排队论及其设计的数学问题是如何处理任务到达率、服务时间、队列的数目以及服务器的数目。在日常生活中，我们看到很多排队情况的实例：在杂货店排队结账，在电影院排队买票，或者在滑雪场排队坐电梯。还有一些情况是这样的，比如在邮局就采用只排成一队去等待几个业务员之一提供服务的方法。这种单个队列的情况是排队规则中最有效的：多个服务器为单个队列服务。服务时间代表了某种形式的系统容量，而队列代表了提供给系统的业务流量。

2. 可靠性模型

可靠性模型和排队论多少有些关联。可靠性表征系统部件出故障的概率，一般计算如下特征：系统发生故障概率、平均故障时间（MTTF）、平均无故障时间（MTBF）、平均修复时间（MTTR）等。给出系统部件的实际或假设故障率，这些特征都能被计算出来。

对一台电话交换系统的可靠性要求是在 40 年的连续运行中不能出现超过两小时的当机。可靠性为 0.99999429，或者反过来说故障率为 5.7×10^{-6}（0.0000057）。这如何保证呢？可靠性模型是首选方法。可靠性模型可以表示为树图或有向图，与计算运行剖面的方法非常相似。这些模型基于单个系统组件的故障率，组件之间的物理连接被表达为可靠性模型中的抽象连接。

美国农村市场中使用的数字终端必须通过美国政府一个机构的认证，这个机构是农村电力管理局（REA）。REA 一直采用微缩策略，要求 6 个月的现场测试。如果系统运行过程中的宕机时间小于 30 分钟，则可以通过认证。在一次测试中，测试开始了几个月时系统的宕机时间还不到 2 分钟。突然一股龙卷风袭击了小镇，摧毁了系统所在的房子。结果 REA 宣布测试失败。经过强烈的申诉，REA 同意再次测试。结果在第二次测试的 6 个月时间里，系统当机时间还不到 30 秒。

可靠性模型适用在具体的物理设备和系统上已经有很长历史了，但能用在软件上使用吗？物理器件会老化，最后终结。通常可以表达为韦伯分布，其中故障率会迅速降到几乎为零，间隔一定时间后又会上升。这个时间间隔就代表了器件的使用寿命。问题在于软件，一旦充分测试了就不会老化和终结。可靠性模型应用于软件和硬件的主要区别在于判断失效的发生概率。基于运行剖面的测试及其在基于风险测试上的拓展就是好的方法；然而，再多的测试也不能保证软件不出错。

3. 蒙特卡洛测试

蒙特卡洛测试可能会是系统测试员最后的杀手锏了。蒙特卡洛测试基本思想是随机生成大量线程（业务），然后考察系统是否会发生什么意外。蒙特卡洛的含义是使用伪随机数，而不是把测试当成一场赌博。蒙特卡洛测试已经成功地应用到很多涉及对物理变量进行计算的软件了（像对逻辑所做的那样，详见第 6 章）。蒙特卡洛测试的主要问题是，大量的随机业务同时也需要同样大量的期望输出，有了期望输出才能断定这些随机测试用例能否通过测试。

14.10 原子系统功能测试示例

这里我们采用如下一套完整的 integrationNextDate 伪代码来说明 ASF 测试。这个程序版本与第 13 章中的略有不同，此处增加了几个输出语句以使 ASF 更加清晰。

```
1    Main integrationNextDate        'start program event occurs here
         Type   Date
               Month As Integer
               Day As Integer
               Year As Integer
         EndType
         Dim today As Date
         Dim tomorrow As Date
2        Output("Welcome to NextDate!")
3        GetDate(today)                              'msg1
4        PrintDate(today)                            'msg2
5        tomorrow = IncrementDate(today)             'msg3
6        PrintDate(tomorrow)                         'msg4
7    End Main


8    Function isLeap(year) Boolean
9        If (year divisible by 4)
10           Then
11               If (year is NOT divisible by 100)
12                   Then isLeap = True
13                   Else
14                       If (year is divisible by 400)
15                           Then isLeap = True
16                           Else isLeap = False
17                       EndIf
18               EndIf
19       Else isLeap = False
20       EndIf
21   End (Function isLeap)


22   Function lastDayOfMonth(month, year) Integer
23       Case month Of
24           Case 1: 1, 3, 5, 7, 8, 10, 12
25               lastDayOfMonth = 31
26           Case 2: 4, 6, 9, 11
27               lastDayOfMonth = 30
28           Case 3: 2
29               If (isLeap(year))                   'msg5
30                   Then lastDayOfMonth = 29
31                   Else lastDayOfMonth = 28
32               EndIf
33       EndCase
34   End (Function lastDayOfMonth)


35   Function GetDate(aDate) Date
         dim aDate As Date

36       Function ValidDate(aDate)    Boolean 'within scope of GetDate
             dim aDate As Date
             dim dayOK, monthOK, yearOK As Boolean
37       If ((aDate.Month > 0) AND (aDate.Month < = 12)
38           Then   monthOK = True
39                  Output("Month OK")
40           Else   monthOK = False
41                  Output("Month out of range")
42       EndIf
43       If (monthOK)
44           Then
45               If ((aDate.Day > 0) AND (aDate.Day < =
                     lastDayOfMonth(aDate.Month, aDate.Year))   'msg6
46                   Then   dayOK = True
47                          Output("Day OK")
48                   Else   davOK = False
```

```
49                           Output("Day out of range")
50                       EndIf
51                   EndIf
52               If ((aDate.Year > 1811) AND (aDate.Year < = 2012)
53                   Then   yearOK = True
54                          Output("Year OK")
55                   Else   yearOK = False
56                          Output("Year out of range")
57               EndIf
58               If (monthOK AND dayOK AND yearOK)
59                   Then ValidDate = True
60                         Output("Date OK")
61                   Else ValidDate = False
62                         Output("Please enter a valid date")
63               EndIf
64       End (Function ValidDate)

     'GetDate body begins here
65         Do
66               Output("enter a month")
67               Input(aDate.Month)
68               Output("enter a day")
69               Input(aDate.Day)
70               Output("enter a year")
71               Input(aDate.Year)
72               GetDate.Month = aDate.Month
73               GetDate.Day = aDate.Day
74               GetDate.Year = aDate.Year
75           Until (ValidDate(aDate))                          'msg7
76   End (Function GetDate)
77   Function IncrementDate(aDate) Date
78             If (aDate.Day < lastDayOfMonth(aDate.Month))    'msg8
79                Then aDate.Day = aDate.Day + 1
80                Else aDate.Day = 1
81                    If (aDate.Month = 12)
82                        Then aDate.Month = 1
83                             aDate.Year = aDate.Year + 1
84                        Else aDate.Month = aDate.Month + 1
85                    EndIf
86             EndIf
87   End (IncrementDate)

88   Procedure PrintDate(aDate)
89        Output("Day is ", aDate.Month, "/", aDate.Day, "/", aDate.Year)
90   End (PrintDate)
```

14.10.1　找出输入事件和输出事件

如前所述，一个 ASF 以端口输入事件开始，进行一些处理后，根据该项目所定义的粒度，结束于一个或多个端口输出事件。从源代码中找出 ASF 的方法是定位出端口输入和输出所发生的节点。表 14-15 列出了 integrationNextDate 程序中的端口输入事件和输出事件，以及所对应的节点编号。

表 14-15　integrationNextDate 程序中的端口事件位置

输入事件	节点	输出事件描述	节点
e0：程序开始事件	1	e7：欢迎信息	2
e1：输入了有效月份	67	e8：打印当天的日期	4
e2：输入了无效月份	67	e9：打印第二天日期	6
e3：输入了有效日子	69	e10：输出"Month OK"	39

（续）

输入事件	节点	输出事件描述	节点
e4：输入了无效日子	69	e11：输出"Month out of range"	41
e5：输入了有效年份	71	e12：输出"Day OK"	47
e6：输入了无效年份	71	e13：输出"Day out of range"	49
		e14：输出"Year OK"	54
		e15：输出"Year out of range"	56
		e16：输出"Date OK"	60
		e17：输出"Please enter a valid date"	62
		e18：输出"Enter a month"	66
		e19：输出"Enter a day"	68
		e20：输出"Enter a year"	70
		e21：输出"Day is month, day, year"	89

14.10.2　找出原子系统功能

下一步是利用端口输入事件和输出事件确定出 ASF。表 14-16 给出了第一轮定义的 ASF 结果。在定义 ASF 的第一轮尝试中会有一个很微妙的问题，一般会认为图 14-14 的 ASF 图中所给出的状态都是独立的，但实际情况却不尽然。正如我们前面所看到的，相互依赖的节点往往会导致不可能的路径。该 ASF 图显示出了所有可以输入有效月、日和年的路径，但转换到状态 ASF-8（或 ASF-9）却需要依赖于前面的 ASF。由于有限状态机都是没有记忆的，所以这些转变肯定都还没有定义。

表 14-16　第一轮定义的 ASF

原子系统功能 ASF	输入	输出
ASF-1：程序启动	e0	e7
ASF-2：输入了有效月份	e1	e10
ASF-3：输入了无效月份	e2	e11
ASF-4：输入了有效日子	e3	e12
ASF-5：输入了无效日子	e4	e13
ASF-6：输入了有效年份	e5	e14
ASF-7：输入了无效年份	e6	e15
ASF-8：对有效输入进行打印输出		
ASF-9：对无效输入进行打印输出		

14.10.3　修正原子系统功能

在从节点 65 至节点 75 的 Do-Until 循环体会允许许多错误的出现。对于有效的月、日和年取值的检查都是线性的，但这三项必须都正确才能终止 Do-Until 循环。因为我们可以采用任意的顺序制造任何数量的输入变量错误，所以根本没有办法在 ASF 图中来表示 Do-Until 循环的终止。恰好，这种情况正是所谓的安娜卡列尼娜原理（Diamond，1997）。该原理指的是要求所有条件都为真才能成立的情况，任何一个条件为假就会否定整个局势。它来自托尔斯泰的著名小说

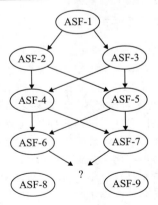

图 14-14　integrationNextDate 程序原子系统功能的 ASF 有向图

《安娜·卡列尼娜》的第一句话："幸福的家庭都是相似的；每个不幸的家庭却各有各的不幸。"

第二轮尝试中假定了较大 ASF（见表 14-17），它们有多个端口输入和端口输出。现在每个 ASF 都是一个三元组（month，day，year）。在 ASFS-2，3，4 处，一次出一个错；而在

ASF-5 处，会拿到全部正确的值。我们真正需要后面四个错误么（在同一时间出现两个或三个错误）？一般都不会这样。此类测试应该在单元级别完成。图 14-15 给出了修订后的前五个 ASF 图。

表 14-17　第二轮定义的 ASF

原子系统功能 ASF	输入	输出
ASF-1：程序启动	e0	e7
ASF-2：输入了一个日期，其中月份无效、日子有效、年份有效	e2,e3,e5	e11,e12,e14,e17
ASF-3：输入了一个日期，其中月份有效、日子无效、年份有效	e1,e4,e5	e10,e13,e14,e17
ASF-4：输入了一个日期，其中月份有效、日子有效、年份无效	e1,e3,e6	e10,e12,e15,e17
ASF-5：输入了一个日期，其中月份、日子、年份均有效	e1,e3,e5	e10,e12,e14,e16,e21
ASF-6：输入了一个日期，其中月份有效、日子和年份无效	e1,e4,e6	e10,e13,e15,e17
ASF-7：输入了一个日期，其中日子有效、月份和年份无效	e2,,e3,e6	e11,e12,e15,e17
ASF-8：输入了一个日期，其中年份有效、月份和日子无效	e5,e4,e6	e14,e13,e15,e17
ASF-9：输入了一个日期，其中月份、日子和年份均无效	e2,e4,e6	e11,e13,e15,e17

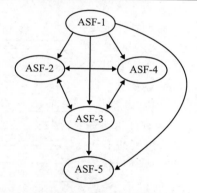

图 14-15　integrationNextDate 程序修正原子系统功能的 ASF 有向图

14.11　习题

1. 系统测试（特别是交互式系统的系统测试）的一个问题是，如何预测用户可能做出的所有怪异操作。如果 SATM 系统的客户在输入 PIN 时，输入了 3 位数字后就离开了，系统会出现什么情况呢？

2. 为了使异常用户行为保持"在控制之下"（是行为有异常而不是用户出异常），SATM 系统需要引入一个 30 秒超时计时器。即如果在 30 秒内没有任何端口输入事件发生，则 SATM 系统会询问用户是否需要更长时间。用户可以回答是或否。请设计一个新屏显，来表现所实现的这种超时端口事件。

3. 假设你给 SATM 系统增加了习题 2 中的超时功能，那你得怎样执行回归测试呢？

4. 请进一步细化"尝试输入 PIN 码"的有限状态机（如图 14-6 所示），实现习题 2 中的超时机制，然后再修改表 14-3 中给出的线索测试用例。

5. 设计一个与表 14-10 相似的偶然矩阵，在表 14-8 中表现出这种 PIN 码输入不够的用例。

6. 在测试中，把运行剖面方法和测试覆盖指标结合在一起使用，你认为有意义吗？而对于基于风险的测试呢？请讨论之。

对习题 7 到习题 9，参看第 2 章中的车库门控制器和第 4 章中对应的有限状态自动机。

7. 设计车库门控制器扩展基本用例。

8. 车库门控制器的输入 / 输出事件如图 4-6 所示，利用它们来构建偶然矩阵，要表现出输入事件、输出事件和全部事件。

9. 为车库门控制器设计一个事件驱动 Petri 网。

14.12 参考文献

Diamond, J., *Guns, Germs, and Steel,* W. W. Norton, New York, 1997.

Jorgensen, P.C., System testing with pseudo-structures, *American Programmer*, Vol. 7, No. 4, April 1994, pp. 29–34.

Jorgensen, P.C., *Modeling Software Behavior: A Craftsman's Approach*, CRC Press, New York, 2009.

Larman, C., *Applying UML and Patterns: An Introduction to Object-Oriented Analysis and Design*, 2nd ed., Prentice-Hall, Upper Saddle River, NJ, 2001.

Schaefer, H., Risk based testing, strategies for prioritizing tests against deadlines, *Software Test Consulting*, http://home.c2i.net/schaefer/testing.html, 2005.

Owens, S.D., Caldwell, E.O. and Woodward, M.R., Birdstrike certification tests of F-35 canopy and airframe structure, *2009 Aircraft Structural Integrity Program (ASIP) Conference*, Jacksonville, FL, December 2009, also can be found at Trimble, S., July 28, 2010, http://www.flightglobal.com/blogs/the-dew-line/2010/07/video-f-35-birdstrike-test-via.html and http://www.flightglobal.com/blogs/the-dewline/Birdstrike%20Impact%20Studies.pdf.

面向对象测试

进入 20 世纪 90 年代后半期，面向对象软件测试在理论和实践两方面都得了长足发展。面向对象软件最初的设想之一是，使对象不需修改或进行额外测试就可以直接应用到其他程序中，其基础是构思精巧的对象封装函数和数据 "一体化"，这样开发和测试出来的对象就成为了可复用组件。近期越来越多的软件工程师意识到，如此乐观为时尚早，因为与传统软件相比，面向对象软件可能存在更严重的测试问题。幸运的是，统一建模语言（UML）的问世对面向对象技术的多个方面起到了强大的统一和推动作用。

15.1　面向对象测试的相关问题

本章专注于发现面向对象软件的测试问题。首先，我们讨论测试层次的问题，进而需要澄清面向对象单元的概念。然后，要考虑合成策略（与功能分解相反）的含义。面向对象软件的主要特征是继承、封装和多态性，因此本章将着眼于扩展传统测试，以解决这些特征带来的新问题。其他章节将介绍面向对象软件的类测试、集成测试与系统测试、基于 UML 的测试，以及数据流测试在面向对象软件中的应用。我们将使用集成 NextDate 的面向对象日历和汽车风挡雨刷系统程序示例来做详细说明。

15.1.1　面向对象测试的单元

传统软件对单元的定义有很多种，其中适用于面向对象软件测试的有以下两种定义：
- 单元是最小的可以编译和执行的软件组件。
- 单元是决不会分配给多个设计人员共同开发的软件组件。

这两种定义可能存在矛盾，比如，有些应用程序的类很庞大以至于需要多人协同开发，这显然与一个设计人员完成一个类的定义是冲突的。在这种应用程序中，似乎这样定义面向对象单元更合适：在大的类中，由一个人完成的类操作的子集的工作。在极端情况下，一个面向对象单元可以是一个只包含一个操作或方法所需属性的子类。（在这一章中，操作指类函数的定义，方法指其实现。）对于这种单元，面向对象单元测试就退化为传统测试。这种简化虽然很好，但也存在一些问题，因为它把大量面向对象测试的负担转嫁给了集成测试，而且还放弃了封装的优点。

以类为单元有很多优点：在 UML 语境下，类具有与描述其行为相关联的 "状态图"。稍后大家就会了解到，这种方法在构造测试用例时非常有用。以类为单元的第二个优点是，它能使面向对象集成测试具有更清晰的目标，也就是检查已经通过独立测试的类之间的协同操作，这点与传统软件测试是类似的。

15.1.2　合成与封装的含义

合成（与分解相反）是面向对象软件开发的核心设计策略。面向对象软件以复用为目标，这使得合成产生了非常强烈的单元测试需求。由于单元（类）可以由事先缺乏了解的其他单元合成，因此传统的耦合和聚合就非常适用。封装具有解决这种问题的潜力，但只有当单元（类）具有高内聚性和松耦合性时，它才能发挥作用。合成的主要含义在于它将测试的真正负担放在了集成测试上，即使是已经采取了非常成功的单元测试。

下面我们将举例来说明这些问题。现在从面向对象的角度重新审视土星牌汽车风挡雨刷系统。在这个系统中，我们一般都会设计三个类，即 level 类、wiper 类和 dial 类，其行为可通过有限状态机（一种特殊的状态图）来说明，如图 15-1 所示。

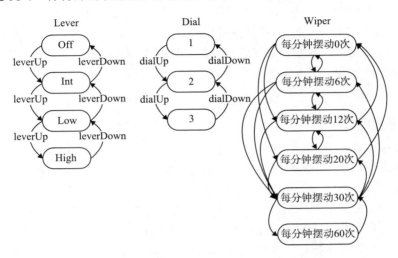

图 15-1　风挡雨刷系统各个类的行为

这些类之间的接口可以用以下伪代码来表示：

```
Class lever(leverPosition;
        private senseLeverUp(),
        private senseLeverDown())
Class dial(dialPosition;
        private senseDialUp(),
        private senseDialDown())
Class wiper(wiperSpeed;
        setWiperSpeed(newSpeed))
```

lever 类和 dial 类具有感知对应设备上物理事件的操作。当执行这些方法（对应于操作）时，它们向 wiper 类报告相应设备的位置。这个例子有趣的地方是，控制杆和刻度盘都是独立设备，并且只有在控制杆位于 INT（间歇）位置时，它们才可能进行交互。于是在对其进行封装时所产生的问题是：应该在什么地方控制这种交互？

封装要求类只了解自身所处状态，并依此进行操作。这样一来，控制杆不知道刻度盘的位置，而刻度盘也不知道控制杆的位置。但问题在于雨刷操作需要知道控制杆和刻度盘各自的位置。如上述接口所示，一种可行的处理方法是：控制杆和刻度盘不断地向雨刷报告各自的位置，由雨刷来以此计算出必要的操作。于是，wiper 类成为"主程序"，包含整个系统的基本逻辑。

另一种方法是使 lever 类成为一个"聪明的"对象，因为它知道控制杆在什么时候处于间歇位置。这样，就可以在对控制杆置于 INT 位置的控制杆事件做出响应时，使用一个方法获取刻度盘状态（通过 getDialPosition 消息获得），并直接通知雨刷所需摆动速度的大小。这种方法使三个类更密切地耦合在一起，但结果却使类的可复用性变差了。还有另外一个问题：如果控制杆处于 INT 位置，而且随后触发刻度盘事件，会出现什么情况呢？此时，控制杆不能得到刻度盘的新位置的信息，也不会向 wiper 类发送消息。

第三种方法与第一种方法一样，也是让雨刷成为主程序，不同的是，lever 类和 dial 类存在"拥有"关系。这样，wiper 类将使用 lever 类和 dial 类的感知操作来检测物理事件。这就要求 wiper 类持续地轮流检测，以便能够观察到控制杆和刻度盘的异步事件。

现在，我们从合成和封装的角度讨论上述三种方法。第一种方法（称之为第一很贴切，因为这种方法是最好的）使类之间的耦合度非常低，这可以使类的复用潜力得到很大提高（可以用随机方式合成），比如，一些便宜的风挡雨刷可能会完全忽略刻度盘的存在，而贵一些的雨刷则可能会用"连续型"刻度盘替换掉三挡刻度盘（对控制杆也是如此）。另外两种方法提高了类之间的耦合度，降低了合成能力。总之，好的封装会使类的合成（进而重用）与测试变得更容易。

15.1.3　继承的含义

虽然把类作为单元的做法看起来很自然，但类的继承性使问题变得复杂了。对于一个继承了其父类属性或操作的子类，作为单元会牺牲其独立编译性。Binder 建议用"扁平类"作为解决这种问题的一种方法（Binder，1996）。扁平类是指原始类经过扩充后包含其全部继承属性和操作而形成的类。它有些类似于结构化分析中彻底扁平化的数据流图。（注意，多继承使扁平类变得复杂，而实际上选择性继承和多选择性继承才使它变得复杂了。）扁平类的单元测试解决了继承问题，却带来了另一个问题：扁平类存在一定不确定性，因为它并不是最终系统的一部分。此外，扁平类中的方法对类的测试可能是不充分的。另一种方法是增加具有"特殊用途"的测试方法。这样可以使以类为单元的测试变得容易，但还会产生一个问题：带有测试方法的类不是（或不应该是）最终系统的一部分。这同传统软件测试中是测试原始代码还是经过处理的代码的问题非常类似。这其中存在一个问题，即测试方法也可能是有缺陷的。如果测试方法错误地报告故障该怎么办？更糟糕地，如果错误地报告了测试成功又该怎么办？因此测试方法与系统诊断检测一样要采用"假阳性"（误报）、"假阴性"（漏报）指标。这会产生一种没完没了地采用新的方法来测试其他方法的无穷链，非常类似于为正式系统提供一致性的外部证明的问题。

图 15-2 给出了前面提到过的 SATM 系统的部分 UML 继承图。为了使这个例子更加完善，我们增加了支票账户和储蓄账户的编号和余额子类，并且它们都可以被访问和修改。支票账户对每张支票含有一个手续费，需要从支票账户余额中扣除；储蓄账户含有利息，必须定期计算利息并将其加入账户余额中。

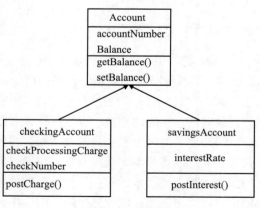

图 15-2　类继承

如果不对 checkingAccount 和 savingsAccount 两个类进行"扁平化"，就不能访问 balance 属性，即不能访问或修改账户余额。对于单元测试，这显然是不能接受的。图 15-3 给出了"扁平化"后的 checkingAccount 类和 savingsAccount 类。显然，它们是适于测试的独立单元。但另一个问题又出现了：这将会分别对 getBalance 和 setBalance 各进行两次测试，因而在一定程度上损害了面向对象技术的经济性。

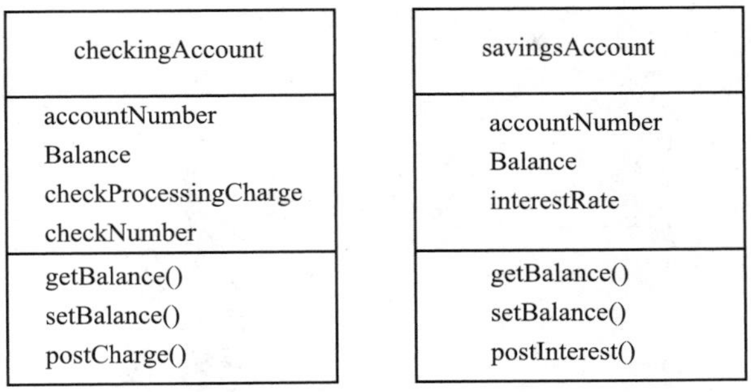

checkingAccount
accountNumber Balance checkProcessingCharge checkNumber
getBalance() setBalance() postCharge()

savingsAccount
accountNumber Balance interestRate
getBalance() setBalance() postInterest()

图 15-3　扁平化的 checkingAccount 类和 savingsAccount 类

15.1.4　多态性的含义

类的多态性的本质是：同一个方法适用于不同的对象。把类作为单元，意味着多态性的任何问题都将被类 / 单元测试所覆盖。同样，又需要在测试多态性操作所带来的冗余性与测试经济性之间做出权衡。

15.1.5　面向对象测试的层次

根据单元的构成方式，面向对象程序的测试常常分成三个层次或四个层次。如果把每一个独立的操作或方法看作单元，则测试分为四个层次，即操作 / 方法级、类级、集成级和系统级。其中，操作 / 方法测试相当于单元测试。类和集成测试可以被称为类内测试和类间测试。这样在第二级测试中就主要处理已通过第一级测试的操作 / 方法之间的交互问题。集成测试是面向对象测试的主要工作，所以一定要考虑对已通过测试的类之间的交互进行测试。最后，系统测试是在端口事件层次上进行的，所以与传统软件的系统测试相同，唯一不同的就是系统级测试用例的来源不同。

15.1.6　面向对象软件的数据流测试

我们在第 9 章讨论数据流测试时，测试仅局限于一个单元内部。继承和合成对数据流测试的影响则需要更深入的研究。面向对象测试领域存在一个日趋一致的观点：把数据流测试拓展到面向对象测试时必须考虑这些特殊的问题。通过学习第 9 章，我们知道数据流测试的主要方法是在单元程序图中找出定义和使用节点并研究各种定义 / 使用路径。传统软件中的过程调用使这种方法复杂化了，所以通常的处理方法是将被调用的过程嵌入被测试的单元中（这非常类似于被充分扁平化的类）。15.4 节将介绍一种改进的事件驱动 Petri 网，它能够准确描述面向对象操作之间的数据流。使用这种方法，我们就可以把传统的基于数据流的测试拓展到面向对象软件了。

15.2　面向对象 NextDate 示例

统一建模语言（UML）在单元 / 类级上所需文档较少。这里我们给出了每个类的类—职责—协作（CRC）卡和相应类的伪代码，以及类操作的程序图（见图 15-4 ～图 15-7）。CRC卡并不是正规 UML 的组成部分。

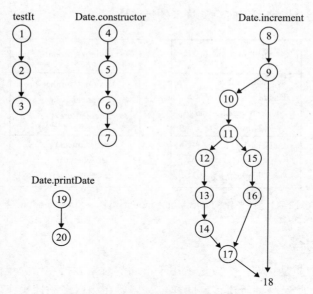

图 15-4 testIt 和 Date 类的程序图

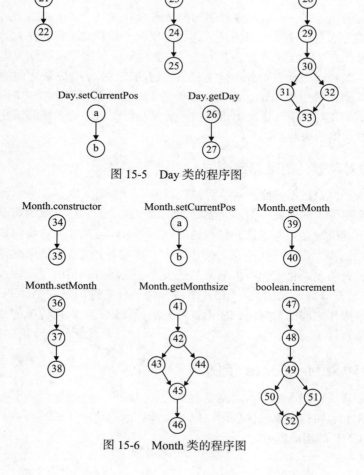

图 15-5 Day 类的程序图

图 15-6 Month 类的程序图

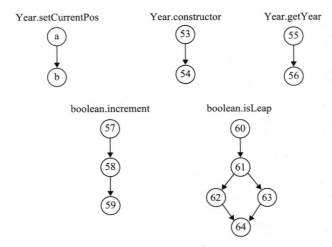

图 15-7　Year 类的程序图

15.2.1　CalendarUnit 类

职责：提供一个在其继承类中"设置取值"的操作；提供一个布尔操作，判断在其继承类中某个属性值是否"加 1"。

```
class CalendarUnit  'abstract class
     currentPos As Integer
     CalendarUnit(pCurrentPos)
          currentPos = pCurrentPos
     End     'CalendarUnit
a    setCurrentPos(pCurrentPos)
b         currentPos = pCurrentPos
     End          'setCurrentPos
     abstract protected Boolean increment()
```

15.2.2　testIt 类

职责：用作测试驱动器，创建一个测试日期对象，使该对象自身属性值"加 1"，最后显示新值。

```
  class testIt
    main()
1       testdate = instantiate Date(testMonth, testDay, testYear)   msg1
2       testdate.increment()                                        msg2
3       testdate.printDate()                                        msg3
    End          'testIt
```

15.2.3　Date 类

职责：Date 对象由 Day、Month 和 Year 对象类组成。Date 对象使用继承的 Day 对象和 Month 对象中的增量方法对其自身属性值"加 1"。若 Day 对象和 Month 对象遇到自身不能"加 1"的情况（比如日期处于月份或年份的最后一天），则 Date 的增量方法会根据需要重新设置日期和月份。若日期为 12 月 31 日，则年份也要"加 1"。printDate 操作使用 Day 对象、Month 对象和 Year 对象的 get() 方法，以 mm/dd/yyyy 的格式显示日期。

```
   class Date
      private Day d
      private Month m
      private Year y
4     Date(pMonth, pDay, pYear)
5         y = instantiate Year(pYear)                              msg4
6         m = instantiate Month(pMonth, y)                         msg5
7         d = instantiate Day(pDay, m)                             msg6
      End       'Date constructor
8     increment ()
9         if (NOT(d.increment()))                                  msg7
10            Then
11                if (NOT(m.increment()))                          msg8
12                    Then
13                        y.increment()                            msg9
14                        m.setMonth(1,y)                          msg10
15                    Else
16                        d.setDay(1, m)                           msg11
17                    EndIf
18            EndIf
      End       'increment

19    printDate ()
20        Output (m.getMonth()+"/"+                                msg12
                         d.getDay()+"/"+                           msg13
                         y.getYear())                              msg14
      End       'printDate
```

15.2.4 Day 类

职责：Day 对象有一个私有的月份属性，增量方法用它来判断其日期取值是"加 1"还是"还原到 1"。Day 对象也提供了 get() 和 set() 方法。

```
   class Day isA CalendarUnit
      private Month m
21    Day(pDay, Month pMonth)
22        setDay(pDay, pMonth)                                     msg15
      End       'Day constructor

23    setDay(pDay, Month pMonth)
24        setCurrentPos(pDay)                                      msg16
25        m = pMonth
      End       'setDay

26    getDay()
27        return currentPos
      End       'getDay

28    boolean increment()
29        currentPos = currentPos + 1
30        if (currentPos < = m.getMonthSize())                     msg17
31            Then     return 'True'
32            Else     return 'False'
33        EndIf
      End       'increment
```

15.2.5 Month 类

职责：Month 对象有一个值属性专门用来标记月份中的最后一天（作为数组下标）。比如，1 月的最后一天是 31 号，2 月的最后一天是 28 号（也可能是 29 号），等等。Month 对象提供了 get() 和 set() 方法，以及继承的布尔增量方法。对 2 月 29 日的判断，则通过 isLeap 方法向 Year 对象传递消息完成。

```
    class Month isA CalendarUnit
        private Year y
        private sizeIndex = <31, 28, 31, 30, 31, 30, 31, 31, 30, 31, 30, 31>
34  Month(pcur, Year pYear)
35      setMonth(pCurrentPos, Year pyear)                              msg18
    End       'Month constructor

36  setMonth(pcur, Year pYear)
37      setCurrentPos(pcur)                                            msg19
38      y = pYear
    End       'setMonth

39  getMonth()
40      return currentPos
    End       'getMonth

41  getMonthSize()
42      if (y.isleap())                                                msg20
43          Then    sizeIndex[1] = 29
44          Else    sizeIndex[1] = 28
45      EndIf
46      return sizeIndex[currentPos -1]
    End       'getMonthSize

47  boolean increment()
48      currentPos = currentPos + 1
49      if (currentPos > 12)
50          Then    return 'False'
51          Else    return 'True'
52      EndIf
    End 'increment
```

15.2.6　Year 类

职责：Year 对象具有常规的 get() 和 set() 方法，并且当测试日期是 12 月 31 日时，Year 对象的属性值自身也要加 1。Year 对象提供一个布尔判断，确定当前值是否对应闰年。

```
    class Year isA CalendarUnit
53      Year(pYear)
54  setCurrentPos(pYear)                                               msg21
    End          'Year constructor

55  getYear()
56      return currentPos
    End       'getYear

57  boolean increment()
58      currentPos = currentPos + 1
59      return 'True'
    End          'increment

60  boolean isleap()
61      if (((currentPos MOD 4 = 0) AND NOT(currentPos MOD 100 = 0))
                                OR (currentPos MOD 400 = 0))
62          Then    return 'True'
63          Else    return 'False'
64      EndIf
    End       'isleap
```

15.3　面向对象的单元测试

本节将继续讨论以类为单元还是以方法为单元。大多数面向对象文献都倾向于把类作为单元，但这样做是有问题的。15.1.1 节所提到的规则对于面向对象软件的开发同样有意义，但是它们并没有确定到底应该把类作为单元还是把方法作为单元。一般，一个方法实现一个功能，所以不会指派给多人完成，这样把“方法”作为单元看似比较合理。但这在程序最小编译要求方面却存在问题。从技术上看，我们可以通过忽略类中的其他方法（或许可以注释掉）来编译一个方法类。但是，这样做会使类内组织产生混乱。本章将给出面向对象单元测试的两种观点，读者可以根据具体开发环境确定最合适的方法。

15.3.1　以方法为单元的测试

以方法为单元将面向对象单元测试归结为传统的（过程的）单元测试。方法几乎与过程等价，因此所有传统基于规格说明的测试和基于代码的测试技术均可使用。对过程代码进行单元测试需要开发桩和驱动器测试程序，以便提供测试用例并记录测试结果。模拟对象是这种做法在面向对象程序中的实现手段。鉴于绝大多数面向对象编程语言均提供 nUnit 框架的实例，最方便的办法就是利用这些框架中的声明机制。

通过对单个方法进行更细致的研究，我们发现封装所产生的良好效果：每个方法都变得很简单。15.2 节给出了构成面向对象 Calendar 应用程序的类的伪代码及相应的程序流程图。请注意，这种方法的圈复杂度总是很低的，比如，其中 Date 类的增量方法圈复杂度最高，但也只有 $V(G)=3$。坦率地说，故意将这个方法的实现设计得很简单，不需要对输入进行有效性检查；否则，圈复杂度就会提高。

正如第 6 章所介绍的那样，等价类是测试逻辑密集型单元的好方法。Date.increment 操作处理日期的 3 个等价类：

D1={day：1 < = day <该月的最后一天 }

D2={day：day 不是 12 月的最后一天 }

D3={day：day 是 12 月 31 日 }

看上去这些等价类的定义不甚严密，尤其是 D1，既没有指明每月的最后一天，也没有具体指明月份。幸亏有封装，我们才能够忽略这些问题。（实际上问题转移到对 Month.increment 操作的测试上了。）

这里虽然圈复杂度低，但接口复杂度却很高。再看一下 Date.increment 方法，它具有高密度的消息传送：消息要发送给 Day 类中的两个方法、Year 类里的一个方法和 Month 类中的两个方法。这意味着开发合适的桩所需的工作量与构造测试用例的工作量基本相同。这个方法还会产生另一个更重要的结果，即大部分负担被转移到集成测试中。我们将会关注这两个级别的集成测试：类内集成测试和类间集成测试。

15.3.2　以类为单元的测试

以类为单元可以解决类内集成问题，但同时也会引发其他问题，其中的一个问题与定义类的各种视角相关。在静态视角下，类作为源代码存在。如果全部工作就是读取代码，那事情可就简单了。问题是这里忽略了类的继承，当然，我们可以通过扁平类来解决这个问题。第二种视角称为编译时视角，因为在程序实际执行过程中，继承“发生”在编译时。第三种视角称为运行时视角，因为类的实例化“发生”在程序运行时。在实际测试中，我们大都采用第三种定义，但还是存在一些问题，比如不能测试抽象类，因为它不能被实例化。此外，如果使用充分扁平化的类，则需要在完成单元测试后使其"复原"为原始状态；如果不使用充分扁平化的类，则为了对一个类进行编译需要使用继承树中此类的所有父类。同样地，软件配置管理也有这种需求。

若类之间继承很少，并且具有所谓的内部控制复杂性，则此时把类作为单元最有意义。类应该拥有"有趣"（与简单或枯燥相对）的状态图，以及大量的内部消息传递。为了研究以类为单元的测试，下面我们继续完善风挡雨刷的例子。

1. windshieldWiper 类的伪代码

在这里，我们把 15.1.2 节中讨论过的 3 个类合并成一个类。这样，"方法"可以感知控制杆事件和刻度盘事件，并在状态变量 leverPosition 和 dialPosition 中保持控制杆和刻度盘的状态。当控制杆或刻度盘事件发生时，相应的感知方法会向 setWiperSpeed 方法发送一个（内部）消息，而 setWiperSpeed 方法会依次设定与之相对应的 wiperSpeed 状态变量。修改后的 windshieldWiper 类有 3 个属性，即对每个变量的获取操作、设置操作以及在控制杆和刻度盘设备上感知 4 种物理事件的方法。

```
class windshieldWiper
      private wiperSpeed
      private leverPosition
      private dialPosition
      windshieldWiper(wiperSpeed, leverPosition, dialPosition)
      getWiperSpeed()
      setWiperSpeed()
      getLeverPosition()
      setLeverPosition()
      getDialPosition()
      setDialPosition()
      senseLeverUp()
      senseLeverDown()
      senseDialUp(),
      senseDialDown()
End class windshieldWiper
```

图 15-8 中所示的状态图描述了类的行为，其中 3 个设备出现在正交组件中。状态图中，正交区域被标注为并行区域。换一个角度看，正交区域可代表通信有限状态机。在刻度盘和控制杆组件中，转移通过事件引发，而雨刷组件中的转移，均由刻度盘和控制杆正交组件中指示状态为"活动"的命题引起（这类命题是 StateMate 使用的一种表示转移的方法）。

2. windshieldWiper 类的单元测试

以类为单元进行测试的难点是存在单元测试的层次问题。可行的方法是从状态变量的 get/set 方法开始（当其他类需要这些变量时才呈现），自底向上地展开测试。刻度盘和控制杆的感知方法是完全相同的，下面给出 senseLeverUp 方法的伪代码：

```
senseLeverUp()
      Case leverPosition Of
            Case 1: Off
                  leverPosition = Int
                  Case dialPosition Of
                        Case 1:1
                              wiperSpeed = 6
                        Case 2:2
                              wiperSpeed = 12
```

```
                                Case 3:3
                                        wiperSpeed = 20
                        EndCase 'dialPosition
                Case 2:Int
                        leverPosition = Low
                        wiperSpeed = 30
                Case 3: Low
                        leverPosition = High
                        wiperSpeed = 60
                Case 4: High
                        (impossible; error condition)
        EndCase 'leverPosition
End enseLeverUp
```

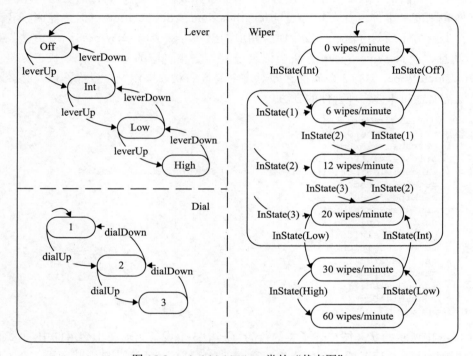

图 15-8   windshieldWiper 类的"状态图"

对 senseLeverUp 方法进行测试需要检查 Case 语句和嵌套 Case 语句的每一个分支。对"外层" Case 语句的测试覆盖了状态图中对应于 leverUp 的状态转移。类似地，我们还必须对 leverDown 方法、dialUp 方法以及 dialDown 方法进行测试。一旦确定了刻度盘和控制杆组件的正确性，我们就可以测试雨刷组件了。下面给出测试驱动器类的伪代码：

```
class testSenseLeverUp
        wiperSpeed
        leverPos
        dialPos
        testResult 'boolean
main()
        testCase = instantiate windshieldWiper(0, Off, 1)
        windshieldWiper.senseLeverUp()
        leverPos = windshieldWiper.getLeverPosition()
        If leverPos = Int
                Then testResult = Pass
                Else testResult = Fail
```

```
        EndIf
End 'main
```

还有两个测试用例测试从 INT 到 LOW 和从 LOW 到 HIGH 的转移。我们用下面的伪代码测试 windshieldWiper 类的余下部分：

```
class test WindshieldWiper
        wiperSpeed
        leverPos
        dialPos
        testResult 'boolean
main()
        testCase = instantiate windshieldWiper(0, Off, 1)
        windshieldWiper.senseLeverUp()
        wiperSpeed = windshieldWiper.getWiperSpeed()
        If wiperSpeed = 6
                Then testResult = Pass
                Else testResult = Fail
        EndIf
End 'main
```

这里出现了两个难以捉摸的问题。其中的第一个问题比较直接：实例化 windshieldWiper 语句建立了测试用例的前置条件。伪代码中的测试用例产生了对应于图 15-8 所示状态图的刻度盘和控制杆组件的默认输入状态。同样可以很容易就给出其他测试用例的前置条件。第二个问题比较难以理解：状态图里的雨刷组件具有所谓类的测试人员（或外部）视图，在这种视图中，根据各种 inState 命题，引发雨刷默认输入和状态转移；但在实现中，转移是通过 set 方法改变状态变量的值而引起的。

表 15-1 中用例描述了雨刷刻度盘和控制杆事件的一种典型方案。表 15-2 给出了相应的测试用例。这个例子代表了面向对象代码中集成和系统测试之间的巨大差异。

表 15-1　测试用例及相应消息序列

例名	正常用法
用例 ID	UC-1
描述	风挡雨刷在 OFF 位置，刻度盘在位置 1；用户将控制杆推到 INT，然后将刻度盘从位置 2 转换到位置 3；然后将控制杆推到 LOW；用户将控制杆推到 INT，然后推到 OFF
前置条件	1. 风挡雨刷在 OFF 位置
	2. 刻度盘在位置 1
	3. 雨刷的速度为 0
事件序列	
输入事件	输出事件
1. 将控制杆推到 INT	2. 雨刷速度为 6
3. 将刻度盘转到 2	4. 雨刷速度为 12
5. 将刻度盘转到 3	6. 雨刷速度为 20
7. 将控制杆推到 LOW	8. 雨刷速度为 30
9. 将控制杆推到 INT	10. 雨刷速度为 20
11. 将控制杆推到 OFF	12. 雨刷速度为 0
前置条件	1. 风挡雨刷在 OFF 位置
	2. 刻度盘在位置 1
	3. 雨刷的速度为 0

有了类行为的状态图定义，我们就可以对测试用例进行定义了，这与使用有限状态机标识系统级测试用例的方法几乎相同。对基于状态图的类测试可以应用很多合理的测试覆盖指标，其中一些常用的指标包括：

- 每个事件；
- 组件中的每个状态；
- 组件中的每个转移；
- 所有（不同组件中的）交互状态对；
- 对应于客户定义用例的场景。

表 15-2 以控制杆组件中的"每个转移"覆盖级别的实例化语句（用于创建前提）和期望输出给出了测试用例。

表 15-2 控制杆组件的测试用例

测试用例	前置条件（实例化语句）	windshieldWiper 事件（方法）	期望的 leverPos 输出值
1	windshieldWiper (0,Off,1)	senseLeverUp()	INT
2	windshieldWiper (0,Int,1)	senseLeverUp()	LOW
3	windshieldWiper (0,Low,1)	senseLeverUp()	HIGN
4	windshieldWiper (0,High,1)	senseLeverDown()	LOW
5	windshieldWiper (0,Low,1)	senseLeverDown()	INT
6	windshieldWiper (0,Int,1)	senseLeverDown()	OFF

值得注意的是，较高级别的覆盖实际上意味着方法的类内集成，这似乎与以类为单元的思想相悖。场景覆盖准则与系统级测试的几乎相同。表 15-2 给出一个测试用例以及在一个测试类中所需的相应消息序列。

```
class testScenario
      wiperSpeed
      leverPos
      dialPos
      step1OK 'boolean
      step2OK 'boolean
      step3OK 'boolean
      step4OK 'boolean
      step5OK 'boolean
      step6OK 'boolean
main()
      testCase = instantiate windshieldWiper(0, Off, 1)
      windshieldWiper.senseLeverUp()
      wiperSpeed = windshieldWiper.getWiperSpeed()
      If wiperSpeed = 4
            Then step1OK = Pass
            Else step1OK = Fail
      EndIf

      windshieldWiper.senseDialUp()
      wiperSpeed = windshieldWiper.getWiperSpeed()
      If wiperSpeed = 6
            Then step2OK = Pass
            Else step2OK = Fail
      EndIf

      windshieldWiper.senseDialUp()
      wiperSpeed = windshieldWiper.getWiperSpeed()
```

```
        If wiperSpeed = 12
              Then step3OK = Pass
              Else step3OK = Fail
        EndIf

        windshieldWiper.senseLeverUp()
        wiperSpeed = windshieldWiper.getWiperSpeed()
        If wiperSpeed = 20
              Then step4OK = Pass
              Else step4OK = Fail
        EndIf

        windshieldWiper.senseLeverDown()
        wiperSpeed = windshieldWiper.getWiperSpeed()
        If wiperSpeed = 12
              Then step5OK = Pass
              Else step5OK = Fail
        EndIf

        windshieldWiper.senseLeverDown()
        wiperSpeed = windshieldWiper.getWiperSpeed()
        If wiperSpeed = 0
              Then step6OK = Pass
              Else step6OK = Fail
        EndIf
End 'main
```

15.4　面向对象的集成测试

　　集成测试是软件测试的 3 个主要级别中最难掌握的，对传统软件测试如此，对面向对象软件测试也是如此。在面向对象软件的测试中，进行集成测试的前提是单元级测试已经完毕，这一点与在传统过程软件测试中是一样的。而两种单元选择方法在面向对象的集成测试中都是有意义的。若以操作 / 方法作为单元，则必须在两个层次上进行集成：一个层次是将操作集成到完整的类中，另一个层次是将该类与其他的类集成。这一点需要考虑。一般来说，只有类的规模太大，并且参与的设计人员过多，才会考虑将操作作为单元。

　　以类为单元是更常见的方法，在这种方法中，完成单元测试后必须执行以下两个步骤：（1）若使用了扁平类，则必须将其原始的类层次结构复原；（2）若在测试过程中增加了测试方法，则必须将其删除。

　　一旦建立了"集成测试平台"，接下来就该确定需要测试的具体内容了。与传统软件集成一样，既可以选择静态测试，也可以选择动态测试。由类多态性所引入的系统复杂性可以用纯静态方式进行处理：测试与每个多态语境对应的消息。在面向对象集成测试中，动态视图更加重要。

15.4.1　UML 对集成测试的支持

　　我们将使用统一建模语言（UML）对实例进行描述。前面我们已经定义了协作图和顺序图，它们是进行面向对象集成测试的基础。一旦层次确定下来了，集成级细节内容就可能增加进来了。协作图表现类之间信息的传递。图 15-9 显示了面向对象 Calendar 应用程序的协作图。协作图与第 13 章中的单元调用图非常类似。同样地，协作图也支持成对集成测试方法与相邻集成测试方法。

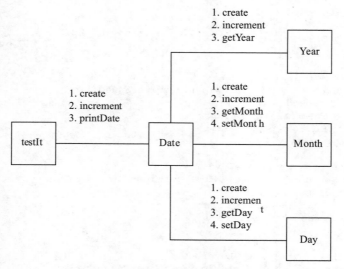

图 15-9   面向对象 Calendar 的协作图

对于成对集成来说，是要把独立的相邻类作为单元进行测试，这个单元向那些已被集成的类发送消息或接收消息。一个类与其他类发送/接收消息时，这些"其他类"必须表示为桩。这给成对集成增添了许多额外的工作，正如过程单元的成对集成一样。根据图 15-9，我们得到以下要集成的类对。

- testIt 和 Date，为 Year、Month 和 Day 建立桩。
- Date 和 Year，为 testIt、Month 和 Day 建立桩。
- Date 和 Month，为 testIt、Year 和 Day 建立桩。
- Date 和 Day，为 testIt、Month 和 Year 建立桩。
- Year 和 Month，为 Date 和 Day 建立桩。
- Month 和 Day，为 Date 和 Year 建立桩。

以协作图为基础进行面向对象集成测试的一个缺点是：在类层次上，UML 方法的行为模型是状态图，虽然对于类层次的行为，状态图是测试用例的极好的基础，而且特别适合以类为单元的测试，但是一般来说很难将不同类的状态图合并，因此难以在较高层次上对行为进行观察（Regmi，1999）。

相邻集成方法则涉及图论中一些很有意思的问题。利用图 15-9 中的（无向）图，Date 的邻居是整个图，而 textIt 的邻居恰好是 Date。我们可以利用这一点找出各种线性图的"中心"。比如，其中之一是超中心，它最小化其自身到图中其他节点的最大距离。对于集成的顺序，我们可以把它想象成在平静的水面上投入石子所产生的环状涟漪：首先从超中心和与之相距一条边的节点邻居开始，然后增加到两条边之外的节点，以此类推。对类进行邻居集成肯定会降低开发桩的工作量，但这是以降低诊断精度为代价的。测试用例如若失败，对故障的寻找将不得不在更多的类中展开。

顺序图比协作图更清晰地显示了执行的时间路径（在 UML 中，顺序图有两个层次，即系统/用例级和类交互级）。图 15-10 给出了面向对象 Calendar 应用程序（一部分）的顺序图，功能是显示新日期，其中，粗竖线表示类或类的实例，箭头上标记了通过类（的实例）按时间顺序发送的消息。

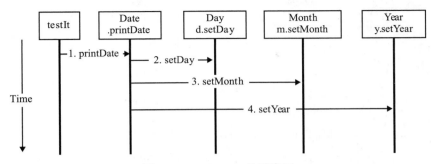

图 15-10　printDate 的顺序图

顺序图是面向对象集成测试的极好工具，它几乎等价于面向对象软件测试中的 MM 路径（这将在下一节定义）。利用这个顺序图进行测试的实际测试程序一般与以下伪代码类似：

```
1.      testDate
2.           d.setDay(27)
3.           m.setMonth(5)
4.           y.setYear(2013)
5.           Output ("Expected value is 5/27/2013")
6.           testIt.printDate
7.           Output ("Actual output is...")
8.      End testDate
```

其中的语句 2、语句 3 和语句 4 使用前面给出的单元测试方法来设置向其发送消息的类的期望输出。可以看出，这种测试驱动程序需要依靠人工来根据显示的输出结果对测试通过与否进行判断。我们可以在 testDriver 类中加入比较逻辑以进行内部比较。这可能会带来一个问题，即如果我们在被测试的代码中会犯错误，那么在比较逻辑中同样也可能会犯错误。

基于协作图和顺序图的面向对象集成测试方法并非最优方法。协作图要求集成测试使用成对方法。顺序图稍优于协作图，但测试人员需要一组待集成特定单元的所有顺序图。而且，非统一建模语言策略采用了第 13 章讨论的调用图，图中的节点代表过程单元或面向对象方法。对于面向对象集成，边代表一个方法对另一个方法传递的消息。基于调用图的集成策略的其他方法适用于面向对象集成测试。

15.4.2　面向对象软件的 MM 路径

定义：面向对象软件中的 MM 路径是由消息连接起来的方法执行序列。

在传统软件的 MM 路径中，我们用"消息"表示独立单元（模块）之间的调用，并且用模块执行路径（模块级线索）取代完整的模块。这里，我们使用同样的缩写方式来表示依消息分开的各种方法执行序列，即方法 – 消息路径。与传统软件的情况类似，该方法也可能有多条内部执行路径。我们选择不在面向对象集成测试这种细节层次上进行操作。面向对象的 MM 路径以某个方法为起点，以消息静止点（指自身不发送任何消息的方法）为终点。图15-11 给出了面向对象软件调用图的延伸。其中的类、方法和消息都来源于 15.2 节的面向对象 NextDate 伪代码。从某种意义上讲，该图是一种更具体的协作图，它给出了所有的潜在消息流，这非常类似于第 14 章对 EDPN 所讨论的意图与拓展的问题。从这个观点出发，我们可以认为无论是把单元看作运算还是类，都不影响面向对象的集成测试。

下面是实例化 Date（用具体日期 2013 年 1 月 3 日对其进行实例化）的一部分 MM 路径。这里直接使用 15.2 节伪代码中的语句和消息编号。这个 MM 路径参见图 15-12。

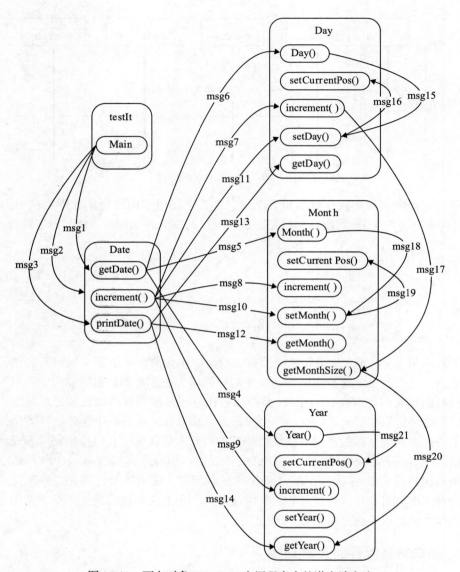

图 15-11　面向对象 NextDate 应用程序中的潜在消息流

```
testIt<1>
        msg1
Date:testdate<4, 5>
        msg4
Year:y<53, 54>
        msg21
Year:y.setCurrentPos<a, b>
        (return to Year.y)
        (return to Date:testdate)
Date:testdate<6>
        msg5
Month:m<34, 35>
        msg18
Month:m.setMonth<36, 37>
        msg19
Month:m.setCurrentPos<a, b>
```

```
         (return to Month:m.setMonth)
         (return to Month:m)
         (return to Date:testdate)
Date:testdate<7>
         msg6
Day:d<21, 22>
         msg15
Day:d.setDay<23, 24>
         msg16
Day:d.setCurrentPos<a, b>
         (return to Day:d.setDay)
Day:d.setDay<25)
         (return to Day:d)
         (return to Date:testdate)
```

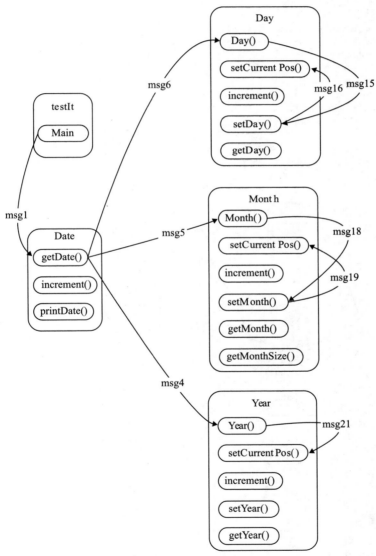

图 15-12　实例化 Date（2013 年 1 月 3 日）的 MM 路径

下面是用 2013 年 4 月 30 日实例化的 MM 路径（参见图 15-13），这条路径更有意义一些。

```
testIt<2>
       msg2
Date:testdate.increment<8,9>
       msg7
Day:d.increment<28, 29>                          'now Day.d.currentPos = 31
       msg17
Month:m.getMonthSize<41, 42>
       msg20
Year:y.isleap<60, 61, 63, 64>                         'not a leap year
       (return to Month:m.getMonthSize)
Month:m.getMonthSize<44, 45, 46>                 'returns month size = 30
       (return to Day:d.increment)
Day:d.increment<32, 33>                              'returns false
       (return to Date:testdate.increment)
Date:testdate.increment<10, 11>
       msg8
Month':m.increment<47, 48, 49, 51, 52>               'returns true
       (return to Date:testdate.increment)
Date:testdate.increment<15, 16>
       msg11
Day:d.setDay<23, 24, 25>                         'now day is 1, month is 5
       (return to Date:testdate.increment)
Date:testdate.increment<17, 18>
       (return to testIt)
```

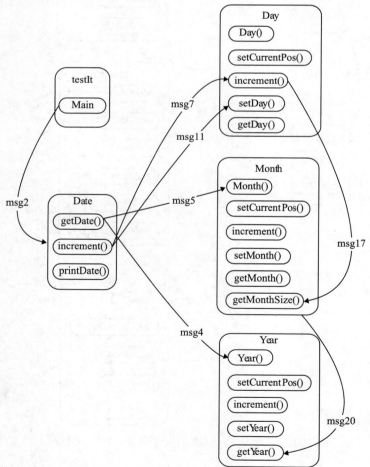

图 15-13　实例化 Date（2014 年 4 月 30 日）的 MM 路径

利用有向图，我们能够分析并选择基于 MM 路径的集成测试用例。首先要回答的问题是：到底需要多少测试用例？图 15-11 中有向图的圈复杂度是 23（每个消息的返回边虽然没有在图中显示，但是在计算时必须考虑）。虽然能够找出同样数量的基本路径，但并没必要这么做，因为其中很多条路径可能被一条 MM 路径所覆盖，并且还可能存在大量逻辑上不可行的路径。测试中最少使用这 3 个用例，即从 testIt 伪代码中语句 1、语句 2 和语句 3 开始的 MM 路径。因为选择"普通"日期（比如 2013 年 1 月 3 日）不会出现关于 isLeap 和 setMonth 的消息，使得测试很不充分。正如在过程代码单元测试中所遇到的情况一样，最低限度的测试用例也需要一组覆盖所有消息的 MM 路径。在第 8 章中，我们通过定义 NextDate 程序的 13 个基于决策表的功能测试用例，构建了面向对象 Calendar 应用程序完整的集成测试用例集合。在这一点上，面向对象集成测试从基于代码的视图所能得到的内容，是在基于规格说明的视图中无法获得的。于是，我们需要寻找使得图 15-11 中的每个消息（边）都被遍历的 MM 路径。

15.4.3　面向对象数据流集成测试的框架

对于适用于集成测试的 MM 路径，其定义与 DD 路径的定义相似。正如测试过程软件时所介绍的那样，基于 DD 路径的测试通常是不充分的，所以数据流测试方法就更合适一些。对于面向对象软件的集成测试也同样如此，如果说有区别的话，那就是对应用数据流测试方法的需求更强烈了，这是因为数据可以通过继承树获得值，并且可以在消息传递的不同阶段定义数据。

对于过程代码，程序图是描述和分析数据流测试的基础。但面向对象软件的复杂性已经超出了有向（程序）图的表达能力。本节介绍一种新的表示框架，用于描述和分析面向对象软件的数据流测试问题。

1. 事件驱动 / 消息驱动的 Petri 网

我们已在第 4 章定义了事件驱动的 Petri 网，这里将对其进行扩展以描述对象之间的消息通信。图 15-14 给出了在事件驱动和消息驱动 Petri 网（EMDPN）中使用的表示符号。其中对消息所绘制的融合在一起的两个三角符号是要表示这个消息既是发送方法的输出，也是目的方法的输入。

定义：EMDPN 是一个由 4 部分组成的有向图，其中 (*P*, *D*, *M*, *S*, *In*, *Out*) 表示图包含 4 组节点（即 *P*、*D*、*M* 和 *S*）以及两个映射（即 *In* 和 *Out*）。其中：

- *P* 是端口事件集合；
- *D* 是数据地点集合；
- *M* 是消息地点集合；
- *S* 是转移集合；
- *In* 是 $(P \cup D \cup M) \times S$ 的有序偶对集合；
- *Out* 是 $S \times (P \cup D \cup M)$ 的有序偶对集合。

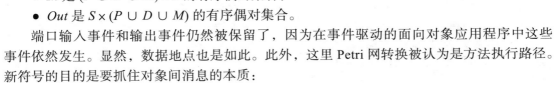

图 15-14　事件驱动 / 消息驱动的 Petri 网符号（E/MDPN 符号）

端口输入事件和输出事件仍然被保留了，因为在事件驱动的面向对象应用程序中这些事件依然发生。显然，数据地点也是如此。此外，这里 Petri 网转换被认为是方法执行路径。新符号的目的是要抓住对象间消息的本质：

- 在发送消息对象中，消息是方法执行路径的一个输出；
- 在接收消息对象中，消息是方法执行路径的一个输入；
- 在接收消息对象中，返回是方法执行路径的一个非常特殊的输出；
- 在发送消息对象中，返回是方法执行路径的一个输入。

图 15-15 给出了在 EMDPN 中，新消息地点出现的唯一方式。

EMDPN 是一种有向图，这种结构给面向对象软件数据流分析提供了框架。前面已经介绍过，过程代码的数据流分析是侧重在定义和使用值的节点上的。而在 EMDPN 框架中，数据由数据地点表示，数据取值在方法执行路径中定义和使用。其中，数据地点是到方法执行路径的输入或者输出；这样，我们就可以用与处理过程代码非常相似的方法来表示定义使用路径（du-path）。尽管节点只有 4 类，但其间仍然存在大量路径，因此我们将在定义使用路径中忽略节点的类型，而只关注其连通性。

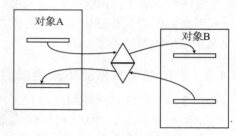

图 15-15　对象之间的消息连接

2. 由继承导出的数据流

让我们考虑一下定义了数据项取值的继承树，其中的一条链始于定义了取值的数据地点，止于树的"末端"。这条链将是一种数据地点的替代序列，会削弱方法执行路径，其中方法执行路径在链中实现了面向对象语言的继承机制。这种框架支持多种继承形式，包括单继承、多继承和选择继承。描述继承的 EMDPN 仅由数据地点和方法执行路径组成，如图 15-16 所示。

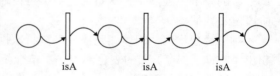

图 15-16　有继承的数据流

3. 由消息导出的数据流

图 15-17 中的 EMDPN 给出了 3 个对象之间的消息通信。与定义使用路径的例子一样，我们假设 mep3 是数据项定义节点，它由 mep5 转发，在 mep6 中修改，并最终在使用节点 mep2 中使用。我们可以将这两条定义使用路径表示为：

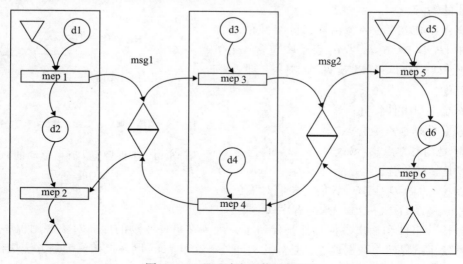

图 15-17　通过消息通信的数据流

```
du1 = < mep3, msg2, mep5, d6, mep6, return(msg2), mep4, return(msg1), mep2 >
du1 = < mep6, return(msg2), mep4, return(msg1), mep2 >
```

在此例中，du2 是定义清除操作，du1 不是。尽管我们未对面向对象软件进行数据流测试，但是这个方法可用于数据流测试。

4．是否需要片

还需要说的是：在面向对象软件中，数据流集成测试方法同样支持片。这里将继续使用前面介绍其基本原理时用到的图论知识。最有用的片形式是可执行片，因为若片不能执行，则其只能作为定位故障的"浅层检测"方法来使用。

15.5　面向对象的系统测试

系统测试（或者说应该是）独立于系统的具体实现。也就是说，系统测试人员并不需要知道实现是用过程代码还是用面向对象代码。在第 14 章中我们已经了解了系统测试的基本要素是端口输入事件和端口输出事件，以及将系统级线索表示为事件驱动 Petri 网（EDPN）的方法。现在的问题是：我们如何构造作为测试用例的线索？第 14 章使用了需求规格说明模型，尤其是行为模型，作为构建线索测试用例的依据，此外还讨论了根据底层行为模型确定的虚结构覆盖指标。有了这样的基础，本章继承传统软件系统测试中的很多思想，集中讨论面向对象系统测试。本章假设系统已经使用统一建模语言（UML）定义并细化。本章的重点就是通过标准 UML 模型来确定系统级的线索测试用例。在第 14 章中，我们已经了解，对于系统级，UML 模型包括各种层次的用例，如用例图、类定义和类图。

15.5.1　货币兑换计算器的 UML 描述

本章以货币兑换应用程序为例研究系统测试。因为由对象管理工作组（Object Management Group）定义的 UML 已经被广泛接受，我们这里使用相当完整的 UML 描述，采用 Larman 的风格（1997）。为了对基本用例进行扩展，还增加了前置条件和后置条件。

1．问题陈述

货币兑换应用程序的功能是将美元转换为以下 4 种货币中的任意一种：巴西雷亚尔、加拿大元、欧元和日元。用户可以修改输入，并反复执行货币兑换。

2．系统功能

第一步有时也称为项目启动，客户 / 用户以常规方式描述应用程序，获得可能的"用户故事"，而用户故事就是测试用例的雏形。通过这些描述可以确定 3 种系统功能，即显式功能、隐藏功能和装饰功能。显式功能是系统最明显的功能，隐藏功能可能难以立即发现，装饰功能则是为系统"锦上添花"的功能。表 15-3 给出了货币转换应用程序的系统功能。

表 15-3　货币兑换应用程序的系统功能

引用编号	功能	类别
R1	启动应用程序	显式功能
R2	结束应用程序	显式功能
R3	输入美元金额	显式功能
R4	选择国家	显式功能
R5	执行转换计算	显式功能
R6	清除用户输入和程序输出	显式功能
R7	维护国家之间的异或关系	隐藏功能
R8	显示国旗图案	装饰功能

3．表示层

Larman 方法的第三步是：绘制用户界面草图。一图抵万语，本例的用户界面如图 15-18 所示。这其中的信息足以向客户展示系统功能，并证明这些功能都可以由用户界面支持。

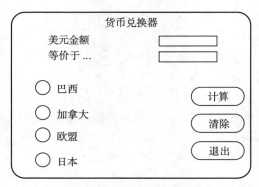

图 15-18 货币兑换器的用户界面

4. 高层用例

用例开发往往始于高层视图。值得注意的是，随着用例开发层次不断深化，我们仍需保留早期的大部分信息。为方便起见，对于不同层次用例的描述，我们规定一种简短通用的结构化命名规则，如用 HLUC 表示高层用例。高层用例提供的细节很少，但是对于构造测试用例已经足够了。应用高层用例的主要目的是能够对待建系统中发生的事件进行叙述性的描述。

HLUC 1	启动应用程序
描述	用户在 Windows 系统中启动货币转换应用程序

HLUC 2	结束应用程序
描述	用户在 Windows 系统中结束货币转换应用程序

HLUC 3	转换美元
描述	用户输入美元金额并选择国家，应用程序计算并显示所选国家货币的等价金额

HLUC 4	修改输入
描述	用户重新设置输入，开始一个新的业务

HLUC 5	美元金额不变，重新转换
描述	用户输入美元金额并选择国家，应用程序计算并显示所选国家货币的等价金额

HLUC 6	修改输入
描述	输入美元金额或选择国家

HLUC 7	异常情况：未选择国家
描述	用户输入美元金额，但未选择国家，单击计算按钮

HLUC 8	异常情况：未输入美元金额
描述	用户选择国家，但未输入美元金额，单击计算按钮

HLUC 9	异常情况：未输入美元金额，未选择国家
描述	用户未输入美元金额并且未选择国家，单击计算按钮

5. 基本用例

基本用例是在高层用例的基础上增加了"参与者"事件和"系统"事件而形成的。UML 中的"参与者"是系统级输入源（如端口输入事件），它可以是人员、设备、相邻系统或抽象的概念（如时间）。由于唯一的"参与者"是用户，一个基本用例就是遗漏。"参与者"行动和系统响应（端口输出事件）的编号能够表示出其大致的时间顺序，比如在 EUC 3 中，测试人员不能确定系统响应 4 和 5 的顺序，它们似乎是同时发生的。而且，由于部分基本用例是显而易见的，因此被删除，但是，编号仍然保留在高层用例。

EUC 1	启动应用程序
描述	用户在 Windows 系统中启动货币转换应用程序
事件序列	
输入事件	输出事件
1. 用户通过 Run 命令或双击应用程序图标启动应用程序	
	2. 货币转换应用程序 GUI 出现在监视器上，并准备接收用户输入

EUC 3	转换美元
描述	用户输入美元金额并选择国家，应用程序计算并显示所选国家货币的等价金额
事件序列	
输入事件	输出事件
1. 用户通过键盘输入一个美元金额	
	2. 在 GUI 上显示美元金额
3. 用户选择国家	
	4. 显示指定国家的货币名称
	5. 显示该国家的国旗
6. 用户请求转换计算	
	7. 显示等价货币值

EUC 4	修改输入
描述	用户重新设置输入，开始一个新的业务
事件序列	
输入事件	输出事件
1. 用户通过键盘输入一个美元金额	
	2. 在 GUI 上显示美元金额
3. 用户选择国家	
	4. 显示指定国家的货币名称
	5. 显示该国家的国旗
6. 用户取消输入	
	7. 取消指定国家的货币名称
	8. 不再显示该国家的国旗

EUC 7	异常情况：未选择国家
描述	用户输入美元金额，未选择国家，单击计算按钮

事件序列	
输入事件	输出事件
1.用户通过键盘输入一个美元金额	2.在 GUI 上显示美元金额
3.用户单击计算按钮	4.弹出"必须选择一个国家"的消息框
5.用户关闭消息框	6.不再显示消息框
	7.不再显示该国家的国旗

6. 详细的 GUI 定义

一旦一组基本用例构造完毕，就可以通过设计细节来充实图形用户界面（GUI）了。这里我们采用 Visual Basic 实现货币转换器，Visual Basic 控件的命名采用一般推荐使用的规则，如图 15-19 所示。（对于不熟悉 Visual Basic 的读者，这个设计使用了 4 个控件：用于输入的文本框、用于输出的标签、用于指示选择的选项按钮，以及用于控制应用程序执行的命令按钮。）这些控件在扩展基本用例过程中会用到。限于篇幅，本节只介绍选择控件的扩展基本用例。

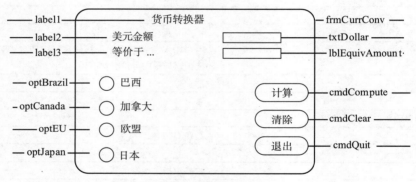

图 15-19　GUI 设计细节

7. 扩展的基本用例

扩展的基本用例（EEUC）是高层用例细化层次的倒数第二层。这里，我们增加了前置条件和后置条件信息（这不是传统的 Larman 风格），事件的替代序列信息，以及与过程早期定义的系统功能的交叉引用信息。另一种扩展是确定并添加更多的用例，因为视图越详细对系统的认识就越深入，这是所有规格说明和设计过程的一般需求。请注意，在这一层忽略了对横跨用例层标号的跟踪。

前置条件和后置条件保证了可以进行额外的注释。这里，我们只对其中的某些条件感兴趣，这些条件完全属于扩展的基本用例，正如第 14 章所讨论的线索用例。我们总能向用例中加入类似"电源接通"、"计算机运行于 Windows 系统中"等前置条件。类似的注释也适用于后置条件。

EEUC 1	启动应用程序
描述	用户在 Windows 系统中启动货币转换应用程序
前置条件	货币转换应用程序在存储器中
事件序列	
输入事件	输出事件
1.用户双击应用程序图标启动应用程序	2.frmCurrConv 出现在屏幕上

后置条件	1. 货币转换应用程序现在处于系统内存中 2. txtDollar 得到焦点

EEUC 3	正常使用（先输入美元金额）
描述	用户输入美元金额并选择国家，应用程序计算并显示所选国家货币的等价金额
前置条件	txtDollar 得到焦点
事件序列	
输入事件	输出事件
1. 用户通过键盘输入一个美元金额	2. 美元金额出现在 txtDollar 中
3. 用户单击某个国家按钮	4. 指定国家的货币名称出现在 lblEquiv 中
5. 用户单击计算按钮	6. 计算出等价金额出现在 lblEqAmount 中
后置条件	cmdClear 得到焦点

EEUC 4	重复转换，相同国家
描述	用户输入美元金额并选择国家，应用程序计算并显示所选国家货币的等价金额
前置条件	txtDollar 得到焦点
事件序列	
输入事件	输出事件
1. 用户通过键盘输入一个美元金额	2. 美元金额出现在 txtDollar 中
3. 用户单击某个国家按钮	4. 国家的货币名称出现在 lblEquiv 中
5. 用户单击计算按钮	6. 计算出的等价金额出现在 lblEqAmount 中
7. 用户单击美元输入框	8. txtDollar 得到焦点
9. 用户通过键盘输入另一个不同的美元金额	10. 美元金额出现在 txtDollar 中
11. 用户单击计算按钮	12. 计算出的等价金额出现在 lblEqAmount 中
后置条件	cmdClear 得到焦点

8. 真实用例

在 Larman 版本中，真实用例与扩展的基本用例这两个概念之间只有细微的差别。比如，在真实用例中的短语"输入一个美元金额"，在扩展的基本用例中必须用更具体的"在txtDollar 中输入 125"这样的表述来代替；类似地，"选择某个国家"要由"单击 optBrazil按钮"来代替。为了不使读者感到厌倦，我们省略了真实用例，以节省篇幅。值得注意的是，系统级测试用例本是可以由真实用例自动导出的。

15.5.2　基于 UML 的系统测试

这里介绍的方法使我们对系统级测试有了非常具体明确的了解：对于 GUI 应用程序，至少有 4 个层次，每个都具有对应的覆盖指标。第一个层次是对 Larman UML 方法第一步中给出的系统功能进行测试（见表 15-3）。在扩展的基本用例中，这些功能被交叉引用，因此可以很容易构建出表 15-4 所示的关联矩阵。

表 15-4　用例与系统功能的关联矩阵

EEUC	R1	R2	R3	R4	R5	R6	R7
1	×	—	—	—	—	—	—

（续）

EEUC	R1	R2	R3	R4	R5	R6	R7
2	—	×	—	—	—	—	—
3	—	—	×	×	×	—	—
4	—	—	×	×	×	—	—
5	—	—	×	×	×	—	×
6	—	—	×	×	—	×	—
7	—	—	×	×	×	—	—
8	—	—	×	—	×	—	—
9	—	—	—	—	×	—	—

从这个关联矩阵中我们可以发现，存在多种可能的方式覆盖 7 个系统功能。其中的一种方式是：通过对应于扩展的基本用例 1、2、5 和 6 的真实用例导出测试用例。这里需要与扩展的基本用例相对的真实用例，其不同之处在于使用具体国家和美元金额值，来代替更高层次的描述，比如"点击一个国家按钮"和"输入一个美元金额"。从真实用例中导出系统测试用例是机械式的：真实用例的前置条件作为系统测试用例的前置条件，参与者行动顺序直接映射到用户输入事件序列，而系统响应则映射到系统输出事件序列。扩展的基本用例 1、2、5 和 6 的集合是回归测试用例集合的一个非常好的样例。总之，这些用例能够覆盖所有 7 个系统功能。

第二个层次是根据所有真实用例来开发测试用例。假设客户对原始的扩展的基本用例感到满意，这就达到了系统测试覆盖可接受的最低限度。下面的系统级测试用例是从以扩展的基本用例 EEUC 3 为基础的真实用例推导而得的。（假设兑换比率为 1 欧元兑换 1.31 美元。）

系统测试用例 3	正常使用（先输入美元金额）
测试操作者	Paul Jorgensen
前置条件	txtDollar 得到焦点
事件序列	
输入事件	输出事件
1. 通过键盘输入 10 美元	
	2. 10 美元出现在 txtDollar 中
3. 用户单击欧盟按钮	
	4. 欧元出现在 lblEquiv 中
5. 用户单击计算按钮	
	6. 7.60 欧元出现在 lblEqAmount 中
后置条件	cmdClear 得到焦点
测试结果	通过
运行日期	2013 年 5 月 27 日

第三个层次是根据有限状态机推导测试用例。有限状态机是通过对 GUI 外部状态进行描述而获得的，与第 14 章中的 SATM 框图相同。第四个层次是利用基于状态的事件表产生测试用例。这样就不得不对每个状态重复进行测试工作。我们称之为穷尽层，因为这需要执行每个状态中的每一种可能的事件。但是，这并不是真正意义上的穷尽，因为我们并没有测试跨越状态的所有事件序列。另一个问题是，该层次产生的系统测试视图极为详细，非常有可能与集成测试用例甚至单元测试用例产生重复。

15.5.3　基于状态图的系统测试

需要提醒的是，状态图是进行系统测试的良好基础，但问题是在 UML 中"状态图"被指定为在类层次上，这样提供合成多个类的"状态图"以得到系统级"状态图"就很困难了（Regmi，1999）。一种可行的方法是将每个类级"状态图"转换为一组 EDPN，然后对 EDPN 进行合成。

15.6　习题

还可以通过很多种方式来扩展面向对象 Calendar 应用程序。一种扩展是添加关于星相的内容：黄道十二宫中的每一个都有自己的名称和开始日期（每月的 21 号）。请在 Month 类中添加属性和方法，使得 testIt 可以找出给定日期的黄道十二宫。

15.7　参考文献

Binder, R.V., The free approach for testing use cases, threads, and relations, *Object*, Vol. 6, No. 2, February 1996, pp. 73–75.

Jorgensen, P.C., *Modeling Software Behavior: A Craftsman's Approach*, CRC Press, New York, 2009.

Larman, C., *Applying UML and Patterns*, Prentice-Hall, Upper Saddle River, New Jersey, 1997.

Regmi, D.R., *Object-Oriented Software Construction Based on State Charts*, Grand Valley State University Master's project, Allendale, MI, 1999.

软件复杂度

对软件复杂度的研究主要集中在两个模型——圈复杂度（或决策复杂度）和利用 Halstead 度量法计算的文本复杂度。这两种方法广泛应用于单元级，也可用于集成级和系统级。本章将从三个层次研究软件复杂度——单元级、集成级和系统级。对于单元级，将从两方面展开探讨圈复杂度模型（也称 McCabe）。对于集成级，我们将计算有向图的圈复杂度，其中节点代表单元，边代表面向对象消息或过程调用。在讨论了面向对象编程的复杂性之后，系统级复杂度便可以用关联矩阵来表示了，关联矩阵把软件系统的 is 视图和 does 视图联系在一起。

软件复杂度通常被理解为源代码的静态属性（如编译时间），而不是执行时间。本章所讨论的方法可以从源代码或者设计模型和规格说明的模型中导出。为什么要关心软件复杂度？因为它直接影响到软件测试的程度，而且是软件维护，特别是程序理解的难度指标。软件复杂度增加，开发工作量会随之增加。尽管这种说法不太准确因为复杂度的分析基于现有的代码。总之，重视软件复杂度有助于提高编程实践，甚至更好地利用设计技术。

16.1 单元级复杂度

在介绍单元级复杂度之前，我们首先回顾一下第 8 章中有关程序图的定义。给定一段用命令式程序设计语言编写的程序，其程序图是一种有向图，图中的节点表示完整语句或者语句片段，边表示控制流。如果 i 和 j 是程序图中的节点，那么当且仅当节点 j 所对应的语句（或语句片段）可以在节点 i 所对应的语句（或语句片段）之后立即被执行时，就存在一条从节点 i 到节点 j 的边。程序图表示源代码的控制流结构，也由此引出了圈复杂度的常规定义。

16.1.1 圈复杂度

定义：在一个强连通有向图 G 中，其圈复杂度可由 $V(G)$ 表示，则

$$V(G) = e - n + p$$

其中，e 是边数，n 是节点数，p 是连通区域数。

在结构化程序设计代码（单入口，单出口）中，通常取 $p=1$。不同文献中计算圈复杂度 $V(G)$ 的公式存在一定的差异。常见的主要有如下两种公式：

（1）$V(G) = e - n + p$

（2）$V(G) = e - n + 2p$

等式（1）适用于强连通有向图 G，即对于 G 中的任意两个节点 n_j 和 n_k，存在从节点 n_j 到节点 n_k 的路径，以及从节点 n_k 到节点 n_j 的路径。由于结构化程序的程序图只有一个单输入节点和一个单输出节点，不存在从汇节点到源节点的路径，因此其程序图不是严格的强连通。为了应用公式，我们通常增加一条从汇节点到源节点的边。如果增加了这条边，则可采用等式（1）计算圈复杂度，否则，采用等式（2）计算。按照这种定义，一个程序图的圈复杂度就可以通过简单地计算其节点数和边数并利用等式（2）计算得到。这种方法对于简单

程序是可行的，但是用于如图 16-1 所示的程序图效果如何呢？对于这种规模的程序图，计算节点数和边数是非常复杂的，而且在这种情况下，画程序图也显得很冗长。通过对有向图理论的深入研究，本书提出一些比较简单的方法可以解决上述问题，下面将介绍两种解决方法。

1. Cattle Pen 及圈复杂度

在强连通有向图中，圈复杂度与独立环路的数目有关。对于简单程序，通常可以画出其程序图（见图 16-1），这些环路一目了然。然而，对于复杂程序图，与其计算所有节点和边，不如把节点设想为 Cattle Pen 里的篱笆桩，把边设想为篱笆，那么就能很容易地观测并计算 Cattle Pen 的数目。（拓扑学家常采用更为深奥的术语"封闭区域"来描述。）在图 16-1 的程序图中，存在 37 条边和 31 个节点，因为此程序图并非强连通，所以采用等式（2）计算其圈复杂度，$V(G)=37-31+2=8$。图中 8 个 Cattle Pen 被编号，其中一个 Cattle Pen 在其他 Cattle Pen 的外围。

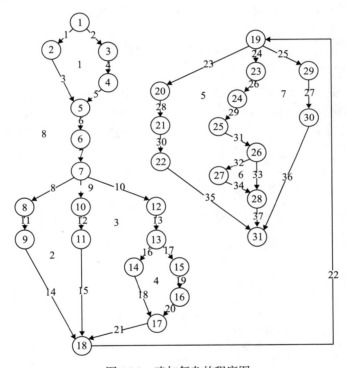

图 16-1　略加复杂的程序图

2. 节点出度与圈复杂度

在第 4 章中我们看到，在有向图中节点的入度是以该节点为终止节点的边的数目。类似地，节点的出度是以该节点为起始节点的边的数目。节点 n 的入度与出度分别记作 $\text{inDeg}(n)$ 和 $\text{outDeg}(n)$。为了取代 Cattle Pen 方法的思路，我们给出另外一种定义。

定义：在有向图中，节点 n 的 reduced 出度比节点 n 的出度小 1。将其记作 reducedOut (n)，则

$$\text{reducedOut}(n)=\text{outDeg}(n)-1$$

在程序图中，我们可利用节点 reduced 出度来计算其圈复杂度。值得注意的是，一个 Cattle Pen 起始于一个出度 $\text{outDeg}(n)>=2$ 的节点。表 16-1 列出了图 16-1 中符合上述规则的

节点。

Reduced 出度求和即为 Cattle Pen 的数目，但并不包括"outside"Cattle Pen，使得有向图的圈复杂度为 8。出度可由源代码决定，避免了画有向图和其他烦琐的步骤。下面设定一个规则，一个简单的循环确定一个 Cattle Pen，如 If, Then and If, Then, Else 语句；具有 k 个条件分支的 Switch（case）语句可以确定 k-1 个 Cattle Pen。因此，计算圈复杂度就简化为计算源代码中所有决策语句的 reduced 出度。我们可以用一个正式的定理来表述（未给出证明）。

表 16-1　图 16-1 中符合 outDeg(n)>=2 这一个条件的节点

节点	outDeg	reducedOut
1	2	1
7	3	2
13	2	1
19	3	2
26	2	1
总计		7

定理：给定具有 n 个节点的有向图 G，其圈复杂度 $V(G)$ 等于所有节点 reduced 出度的总和加 1，即

$$V(G) = 1 + \left(\sum_{i=1}^{n} \ldots \text{reducedOut}(i) \right)$$

3. 决策复杂度

圈复杂度是研究的开始，但是它过于简单。因为决策语句的复杂度并不都是相等的，复合条件会增加复杂度。下面是一段程序（判断由 3 个整数 a、b、c 组成的三角形的类型）的代码片段。该片段采用三角不等式，即在三角形中，任意一边小于另外两边之和。

```
1. If (a < b + c) AND (b < a + c) AND (c < a + b)
2.     Then IsATriangle = True
3.     Else IsATriangle = False
4. Endif
```

此代码片段的程序图非常简单，圈复杂度为 2。从软件测试的角度来看，我们可采用复合条件测试，或者重新编写程序片段如下代码所示，其圈复杂度为 4。

```
1. If (a < b + c)
2.     Then If (b < a + c)
3.             Then  If (c < a + b)
4.                       Then IsATriangle = True
5.                       Else IsATriangle = False
6.                   EndIf '(c < a + b)
7.             Else IsATriangle = False
8.         EndIf '(b < a + c)
9.     Else IsATriangle = False
10. EndIf '(a < b + c)
```

图 16-2 给出了这两段程序片段的程序图。复合条件增加的复杂度并非由程序图决定，而是归因于源代码。对一个复合条件进行全面的复合条件测试分析需要制作真值表，表中简单条件可看作一个命题，进而得到复合表达的真值表。现在，我们简化该方法，规定复合条件所增加的复杂度比表达式中简单条件的数目少 1。其原因是符合条件产生一个复杂度，因此可避免重复计算。

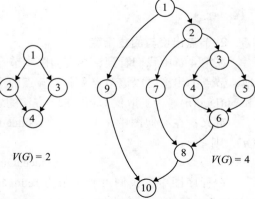

$V(G) = 2$ 　　$V(G) = 4$

图 16-2　等价的两个程序片段的程序图

16.1.2　计算复杂度

到目前为止，我们的讨论主要集中在控制复杂度或者决策复杂度，基本都是通过程序图中的边来计算。那么，如果选用节点来计算复杂度呢？与决策一样，并不是所有的节点复杂度都是相等的。为此，我们回顾第 8 章所提出的 DD 路径和 DD 路径图的定义。

DD 路径的执行就如排列起来的多米诺骨牌一样，当第一个语句被执行后，其他语句也会依次执行，直到下一个决策点出现才停止。此时，我们可以考虑 DD 路径的长度。对于任意程序 P，DD 路径不包含内部决策语句。因此，P 的圈复杂度等于其 DD 路径图的圈复杂度。这样，我们的问题就简化为研究 DD 路径的计算复杂度，并可通过 Halstead 度量法求得。

1. Halstead 度量法

给定一个程序图（DD 路径），首先明确程序代码中的运算子和运算元。运算子包括常用的算法以及逻辑运算和内置函数，例如平方根。运算元包括标识符。Halstead 度量基于以下数值，需要从程序（DD 路径）的源代码中计算得到。

- 不同运算子个数 n_1
- 不同元算元个数 n_2
- 运算子合计出现的次数 N_1
- 运算元合计出现的次数 N_2

依据上述数值，Halstead 定义：

- 程序长度 $N=N_1+N_2$
- 程序词汇数 $n=n_1+n_2$
- 程序体积 $V=N\log_2(n)$
- 程序难度 $D=(n_1N_2)/2n_2$

其中，程序体积的公式看起来最有意义，但我们可以选择使用程序难度，因为在语言上看，它与描述软件复杂度似乎更相近。

2. 举例：利用蔡勒公式计算星期

下面我们比较蔡勒公式的两个不同实现。给定一个日期，蔡勒公式可以推算该日期属于一星期中的哪一日。输入 d, m, y 分别代表天数，月份，年。表 16-2 和表 16-3 列出了 Halstead 度量的输入值。

第一种实现：

```
if (m < 3) {
        m += 12;
            y -= 1;
        }
int k = y% 100;
int j = y/100;
int dayOfWeek = ((d + (((m + 1) * 26)/10) + k + (k/4) + (j/4)) + (5 * j))%7;
```

第二种实现：

```
if (month < 3)
    {
            month += 12;
            -year;
    }
    return dayray[(int)(day + (month + 1) * 26/10 + year +
                    year/4 + 6 * (year/100) + year/400)% 7];
```

表 16-2　第一种实现的 Halstead 度量

操作符	出现次数	变量	出现次数
If	1	*m*	3
<	1	*y*	3
+=	1	*k*	3
−=	1	*j*	3
=	3	*dayOfWeek*	1
%	2	*d*	1
/	4	3	1
+	6	12	1
*	2	1	1
n_1=9	N_1=21	100	2
		26	1
		10	1
		4	2
		5	1
		7	1
		n_2=15	N_2=25

表 16-3　第二种实现的 Halstead 度量

操作符	出现次数	变量	出现次数
If	1	*Month*	3
<	1	*Year*	5
+=	1	*Dayray*	1
−	1	*Day*	1
Return	1	3	1
+	6	12	1
*	2	1	1
/	2	26	1
%	1	10	1
n_1=9	N_1=16	4	1
		6	1
		100	1
		400	1
		7	1
		n_2=14	N_2=20

表 16-4 列出了上述两种实现的 Halstead 度量。读者可通过对比这两个版本来确定这个度量是否有效。值得注意的是，这两个版本都是规模很小的片段。

表 16-4　两种实现的 Halstead 度量

Halstead 度量	版本 1	版本 2
程序长度，$N = N_1 + N_2$	21+25=46	16+20=36
程序词汇数，$n = n_1 + n_2$	9 + 15 = 24	9 + 14 = 23
程序容积，$V = N\log_2(n)$	46 ($\log_2(24)$) =46*4.58 =210.68	36 ($\log_2(23)$) =36*4.52 =162.72
程序难度，$D = (n_1N_2)/2n_2$	(9*25)/2*15 =225/30 = 7.500	(9*20)/2*14 =180/28 = 6.428

表 16-4 中的近似值均取合理的精度。这两个版本中，不同运算子和不同运算元的个数几乎相同，但出现次数有很大不同（运算子分别为 21 和 16，运算元分别为 25 和 20，导致程序长度分别为 46 和 36）。表 16-5 给出了利用微软 Word 编辑器对程序进行的文本统计，可以发现第一个版本从这两个角度来看都是最长的。程序长度是否影响复杂度？这依赖于代码是如何执行的。程序的规模、运算子和运算元的数量都会对程序理解和软件维护产生明显的影响。本节对这两个版本的测试方法是完全相同的。

表 16-5　两个版本的字符统计

属性	版本 1	版本 2
字符（不包括空格）	99	107
字符（包括空格）	147	157
行数	7	7

16.2　集成级复杂度

16.1 节所讨论的单元级复杂度全部适用于过程代码和面向对象的方法。

这两种范式之间的差别首先表现在系统集成的层次上，实际上也是仅限于系统集成层面。在集成测试层面，所关注的问题从单个单元的正确性转移到跨单元之间功能的正确性。集成测试的一个前提假设是所有的单元都独立地经过了严格的测试。于是，关注点就落在了单元之间的接口上，我们可以把这称为"通信流量"。就像所采用的单元级复杂度那样，这里我们利用有向图来辅助后面的分析讨论。我们将从第 13 章中的 call 图开始。

定义：给定一段用命令式程序设计语言编写的程序，其调用图是一种有向图，节点代表程序单元，边代表消息。

对于面向对象的代码，如果方法 A 向方法 B 发送一条消息，则在调用图中会有一条边从节点 A 指向节点 B。对于过程代码，如果单元 A 调用单元 B，则会有一条边从节点 A 指向节点 B。一般地，在实现相同功能时，与面向对象的代码相比，过程代码的集成级调用图更加简单。但是，方法的单元级复杂度一般小于程序的单元级复杂度。由此引出了"复杂度守恒定律"，在面向对象的代码中，复杂度并不会减少，而是重新分配到集成级层次。（该内容超出本章范围。）

16.2.1 集成级圈复杂度

集成级圈复杂度的计算与单元级采用的方法相似，只是用调用图代替了程序图。我们需要区分强连通调用图与"近似"强连通的调用图。回顾以下两个公式：

（1）$V(G) = e - n + p$，适用于强连通调用图。

（2）$V(G) = e - n + 2p$，适用于存在单一源点，多个汇点的调用图。

请注意，下述定义对面向对象代码和过程代码都适用。我们将回顾第 4 章的两个定义。

定义：给定一个程序的调用图（不考虑语言范例），调用图的圈复杂度即为集成级圈复杂度。

定义：给定具有 n 个节点的有向图 G，其邻接矩阵为 $n \times n$ 的矩阵 $A = (a_{i,j})$，如果从节点 i 到节点 j 存在一条边，那么 $a_{i,j} = 1$，否则为 0。

正如第 4 章所述，有向图的所有信息（除了节点和边的几何位置）都可以从其唯一的邻接矩阵中得到。例如，第 n 行元素求和等于节点 n 的出度，第 n 列元素求和等于节点 n 的入度，节点入度与出度相加为该节点的度。节点的出度由边数决定，同时，边数和节点数共同决定圈复杂度。$V(G) = \text{edges} - \text{nodes} + 2p$.

因此，提供邻接矩阵有时比画调用图更加简单。16.3 节重新编写 NextDate 程序作为单元复杂度与集成复杂度的例子。图 16-3 为新版本的调用图，表 16-6 列出了其邻接矩阵。

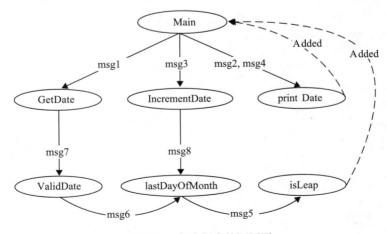

图 16-3　集成版本的调用图

表 16-6   图 16-3 中调用图的邻接矩阵

	Main	GetDate	Increment Date	printDate	ValidDate	lastDayOf Month	isleap	row sum (outdegree)
Main		1	1	1				3
GetDate				1				1
IncrementDate						1		1
printDate								0
ValidDate						1		1
lastDayOfMonth							1	1
isleap								0
Column sum	0	1	1	1	1	2	1	7

集成级调用图很少（甚至没有？）是强连通的，但是我们仍然可以从调用图的邻接矩阵中得到任何我们需要的信息。行求和（或列求和）后再求和为 7。出度等于 0 的节点一定是汇点；对于每一个汇点，我们可以增加一条边使调用图成为强连通。图 16-3 中有两个这样的点，因此，集成级圈复杂度为：

$$V(G) = \text{edges} - \text{nodes} + 1 = 9 - 7 + 1 = 3$$

16.2.2   消息流量复杂度

从单元级复杂度可以知道，只考虑圈复杂度过于简单。因为不是所有的决策复杂度或者接口复杂度都相等。例如，假设一个方法重复向同样的终点发消息，毫无疑问，这会增加整体复杂度，在集成测试中经常遇到这样的问题。为了解决这个问题，我们引进调用图的扩展邻接矩阵。在扩展的邻接矩阵中，不局限于 1's 和 0's，元素代表一个方法（或一个单元）调用另外一个方法（或单元）的次数。以图 16-3 为例，Main 单元调用 printDate 两次，但只能画出一次。我们可以利用扩展邻接矩阵。

16.3   软件复杂度案例

我们将 NextDate 程序（通常称作方程）重新编写为一个主程序和一系列功能分解的程序或函数（见图 16-4），伪代码由 50 条语句增加到 81 条语句。图 16-5 至图 16-7 列出了 NextDate 另一种集成版本的单元程序图，图 16-4 给出了其功能分解图，图 16-3 为其调用图。增加的决策复杂度用加粗字体标注。

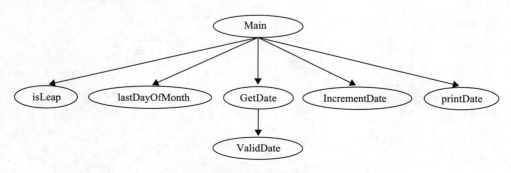

图 16-4   Next Date 集成版本的功能分解

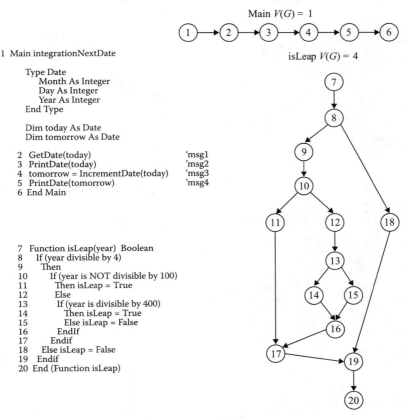

图 16-5　Next Date 集成版本程序图（1）

16.3.1　单元级圈复杂度

单元	圈复杂度	增加的决策复杂度	总复杂度
Main integrationNextDate	1	0	1
GetDate	2	0	2
IncrementDate	3	0	3
PrintDate	1	0	1
ValidDate	6	5	11
lastDayOfMonth	4	0	4
isLeap	4	0	4
单元复杂度总和			26

16.3.2　消息集成级圈复杂度

在图 16-3 中，增加的从 printDate 到 Main 的边以及从 isLeap 到 Main 的边使得调用图成为强连通有向图。（因此可以利用 $V(G)=e-+p$ 公式。）

$$V(G(\text{call graph}))=9-7+1=3$$

这里的扩展邻接消息流量增量为 1，因此集成级复杂度为 4，再加上单元级复杂度（25），总复杂度为 29。

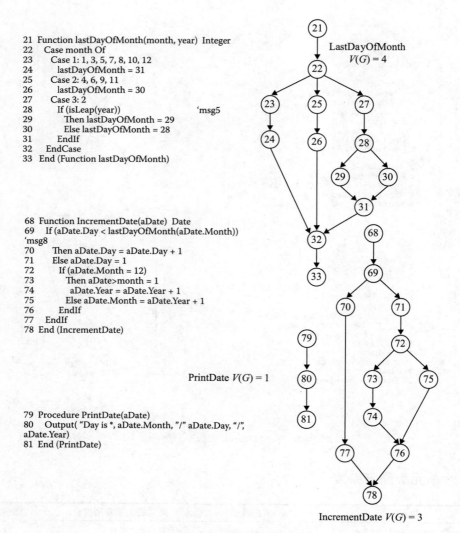

```
21 Function lastDayOfMonth(month, year) Integer
22   Case month Of
23     Case 1: 1, 3, 5, 7, 8, 10, 12
24       lastDayOfMonth = 31
25     Case 2: 4, 6, 9, 11
26       lastDayOfMonth = 30
27     Case 3: 2
28       If (isLeap(year))              'msg5
29         Then lastDayOfMonth = 29
30         Else lastDayOfMonth = 28
31       EndIf
32     EndCase
33 End (Function lastDayOfMonth)
```

```
68 Function IncrementDate(aDate)  Date
69   If (aDate.Day < lastDayOfMonth(aDate.Month))
'msg8
70     Then aDate.Day = aDate.Day + 1
71     Else aDate.Day = 1
72     If (aDate.Month = 12)
73       Then aDate>month = 1
74         aDate.Year = aDate.Year + 1
75       Else aDate.Month = aDate.Year + 1
76     EndIf
77   EndIf
78 End (IncrementDate)
```

```
79 Procedure PrintDate(aDate)
80   Output( "Day is *, aDate.Month, "/" aDate.Day, "/",
aDate.Year)
81 End (PrintDate)
```

图 16-6　Next Date 集成版本程序图（2）

16.4　面向对象复杂度

在面向对象软件度量体系中，最常使用 Chidamber/Kemerer (CK) 度量法（Chidamber 和 Kemerer, 1994）。CK 度量法所提出的 6 个度量的名字是不言自明的。其中一部分可通过调用图得到；另外一部分利用 16.2 节单元级复杂度得到。

- WMC——每个类的加权方法
- DIT——继承树的深度
- NOC——子类数量
- CBO——类之间的耦合性度量
- RFC——对类的响应
- LCOM——方法内聚缺乏度

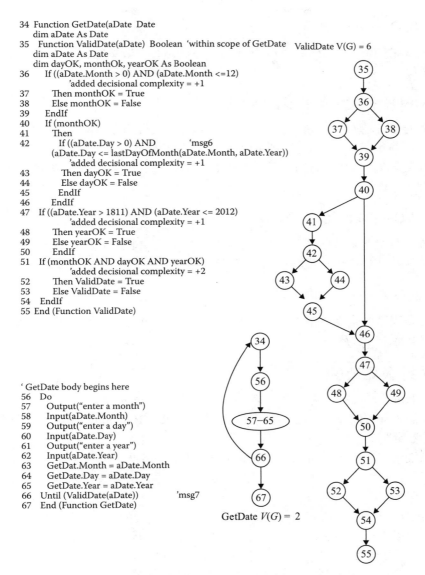

```
34  Function GetDate(aDate  Date
      dim aDate As Date
35    Function ValidDate(aDate)  Boolean  'within scope of GetDate
        dim aDate As Date
        dim dayOK, monthOk, yearOK As Boolean
36      If ((aDate.Month > 0) AND (aDate.Month <=12)
          'added decisional complexity = +1
37        Then monthOK = True
38        Else monthOK = False
39      EndIf
40      If (monthOK)
41        Then
42          If ((aDate.Day > 0) AND       'msg6
            (aDate.Day <= lastDayOfMonth(aDate.Month, aDate.Year))
              'added decisional complexity = +1
43            Then dayOK = True
44            Else dayOK = False
45          EndIf
46        EndIf
47      If ((aDate.Year > 1811) AND (aDate.Year <= 2012)
          'added decisional complexity = +1
48        Then yearOK = True
49        Else yearOK = False
50      EndIf
51      If (monthOK AND dayOK AND yearOK)
          'added decisional complexity = +2
52        Then ValidDate = True
53        Else ValidDate = False
54      EndIf
55    End (Function ValidDate)
```

ValidDate V(G) = 6

```
' GetDate body begins here
56  Do
57    Output("enter a month")
58    Input(aDate.Month)
59    Output("enter a day")
60    Input(aDate.Day)
61    Output("enter a year")
62    Input(aDate.Year)
63    GetDat.Month = aDate.Month
64    GetDate.Day = aDate.Day
65    GetDate.Year = aDate.Year
66  Until (ValidDate(aDate))       'msg7
67  End (Function GetDate)
```

GetDate V(G) = 2

图 16-7　Next Date 集成版本程序图（3）

16.4.1　WMC——每个类的加权方法

WMC 度量计算每个类的方法的数量，并用对应的圈复杂度进行加权。这种加权也可以包括 16.2 节所讲的决策复杂度。对于过程代码，这种度量可以很好地预测程序的实现及测试。

16.4.2　DIT——继承树的深度

名字就说明了一切。如果我们用另外一个调用图来说明继承，这种量度可定义为从树根到节点的最长继承路径的长度，可直接从标准 UML 类继承图中得到。当 DIT 值较大时，则表示有很多方法被重用，但也增加了测试的难度。一种方法是使继承类扁平化，使得一个类中所有的继承方法均用于测试。现有的文献建议 DIT 不超过 3。

16.4.3　NOC——子类数量

在 DIT 度量的继承图中，一个类的子类数量就是每个节点的出度，这与调用图的圈复杂度非常类似。

16.4.4　CBO——类之间的耦合性度量

CBO 量度源于程序耦合量度。程序耦合量度是结构化分析设计技术的核心，即当一个单元调用另外一个单元的变量时，耦合度增加。在过程版本和面向对象方法中，耦合都可以分为多种层次。以过程代码为例，耦合度越高，则表示测试和维护难度越大。设计巧妙的类可以减小 CBO 值。

16.4.5　RFC——对类的响应

RFC 方法与初始化消息得到的消息序列的长度有关。通过学习第 13 章我们知道，这个长度就是集成级测试结构的长度——MM 路径。

16.4.6　LCOM——方法内聚缺乏度

LCOM 是程序内聚度度量的一种延伸，计算类中使用给定实例变量的方法总数，需对每一个实例变量进行计算。

16.5　系统级复杂度

从理论上讲，可以从系统层次计算圈复杂度，但是系统的规模很大，使其很难实现——利用一些商用工具可以计算，但其结果不一定有效。R.J. Hamming 提到："计算的目的是理解，而不是数字"。

部分系统级复杂度主要研究软件单元是如何紧密联系的。这种联系可通过关联矩阵很好地体现出来，正如第 14 章所述，将用例与类（或者事件与方法）联系起来。行对应用例，列对应类（或方法）。第 i 行 j 列的 "×" 表示类（或方法）j 用于支持用例 i 的执行。值得注意的是，对于过程代码，关联矩阵是特征与程序 / 函数之间的关系。接下来研究这种度量是稀疏的还是稠密的。稀疏的关联矩阵说明软件之间耦合度低，使得维护和测试相对简单。相反，稠密的关联矩阵意味着单元之间是紧密耦合的，并且相互依赖。当关联度很大时，很简单的改变会引起一系列连锁反应，则需要更严格的回归测试。关联矩阵可以有效地控制项的回归测试。

16.6　习题

1. 比较 NextDate 程序实现的圈复杂度与集成版本的总复杂度的区别。之后对于第 15 章中介绍的面向对象版本也进行同样的比较。
2. 以下日历函数计算给定日期的黄道十二宫。请比较 zodiac1、zodiac2 和 zodiac3 函数伪代码的总复杂度。Zodiac1 利用 validEntry 函数检测年、月、日的有效范围。

```
public zodiac1(month, day, year)
{
  if (validEntry(month, day, year))
    {
    if (month = 3 AND day > = 21 OR month = 4 AND day < = 19) {
        return("Aries");
    } else if (month = 4 OR month = 5 AND day < = 20) {
```

```
            return("Taurus");
    } else if (month = 5 OR month = 6 AND day < = 20) {
            return("Gemini");
    } else if (month = 6 OR month = 7 AND day < = 22) {
            return("Cancer");
    } else if (month = 7 OR month = 8 AND day < = 22) {
            return("Leo");
    } else if (month = 8 OR month = 9 AND day < = 22) {
            return("Virgo");
    } else if (month = 9 OR month = 10 AND day < = 22) {
            return("Libra");
    } else if (month = 10 OR month = 11 AND day < = 21) {
            return("Scorpio");
    } else if (month = 11 OR month = 12 AND day < = 21) {
            return("Sagittarius");
    } else if (month = 12 OR month = 1 AND day < = 19) {
            return("Capricorn");
    } else if (month = 1 OR month = 2 AND day < = 18) {
            return("Aquarius");
    } else {
            return("Pisces");
    }
  } else {
    return("Invalid Date");
  }
}
```

Zodiac2 假设年、月、日的值为有效值。星座被设为一个数组 zodiac(i)。

```
public Zodiac2(month, day, year)
{
    switch(month
    {
    case 1: {if(day() > = 20)
            return zodiac[0];
        else
            return zodiac[3];    }
    case 2: {if(day() > = 19)
            return zodiac[7];
        else
            return zodiac[0];    }
    case 3: {if(day() > = 21)
            return zodiac[1];
        else
            return zodiac[7];    }
    case 4: {if(day() > = 20)
            return zodiac[10];
        else
            return zodiac[1];    }
    case 5: {if(day() > = 21)
            return zodiac[4];
        else
            return zodiac[10];    }
    case 6: {if(day() > = 21)
            return zodiac[2];
        else
            return zodiac[4];    }
    case 7: {if(day() > = 23)
            return zodiac[5];
        else
            return zodiac[2];    }
    case 8: {if(day() > = 23)
            return zodiac[11];
```

```
         else
              return zodiac[5];    }
    case 9:  {if(day() > = 23)
              return zodiac[6];
         else
              return zodiac[11];   }
    case 10:  {if(day() > = 23)
              return zodiac[9];
         else
              return zodiac[6];    }
    case 11:  {if(day() > = 22)
              return zodiac[8];
         else
              return zodiac[9];    }
    case 12:  {if(day() > = 20)
              return zodiac[3];
    else
         return zodiac[8];    }
default:
    return zodiac[12]; }
}
```

将一年内的所有日期按顺序排列，如 2 月 1 日表示为第 32 天。Zodiac 3 中的函数可以将日期转换为一年中的顺序第几天（ordinalDay）。这个版本只适用于普通年份，如果遇到闰年，还需要进行一天的修正。

```
public String zodiac3()
 { switch(month)
  { case 1:   if(ordinalDay<20)
              return "Capricorn";
    case 2:   if(ordinalDay<50)
              return "Aquarius";
    case 3:   if(ordinalDay<79)
              return "Pisces";
    case 4:   if(ordinalDay<109)
              return "Aries";
    case 5:   if(ordinalDay< = 140)
              return "Taurus";
    case 6:   if(ordinalDay<171)
              return "Gemini";
    case 7:   if(ordinalDay<203)
              return "Cancer";
    case 8:   if(ordinalDay<234)
              return "Leo";
    case 9:   if(ordinalDay<265)
              return "Virgo";
    case 10:  if(ordinalDay<295)
              return "Libra";
    case 11:  if(ordinalDay<325)
              return "Scorpio";
    case 12:  if(ordinalDay<355)
               return "Sagittarius";
               else
               return "Capricorn";
    }
 }
```

16.7   参考文献

Chidamber, S.R. and Kemerer, C.F., A metrics suite for object-oriented design, *IEEE Transactions of Software Engineering*, Vol. 20, No. 6, 1994, pp. 476–493.

基于模型的综合系统测试

在 2012 年 3 月 2 日，一个 EF-4 等级的龙卷风袭击了美国印第安纳州 Henryville 镇。这个龙卷风风速达到每小时 170 英里，摧毁了 50 英里长的区域。我和我妻子当时正沿着 65 号州际公路向南行驶；当我们在 Henryville 镇以北 50 英里时，我们看到一个印第安纳州警车上的指示牌指导机动车驾驶员转移到高速路的左侧车道。这是一次直接接触综合系统的开始。很快，车流停滞了，接着失去耐心的司机开始使用右侧车道，很快右侧车道的车也停下了。然后我们看到紧急救援车辆和重型机械沿着路肩向南行驶。我们从一个卡车司机那里听说一个小时以前龙卷风袭击了 Henryville 镇，那些救援车辆和重型机械正试图抵达受灾地区。我们注意到在 65 号公路上只有很少的车往北行驶，所以显然，在 Henryville 南部往北的交通也中断了。第二天，我们看见一个高速公路休息区被改造成一个印第安纳州国民警卫队的指挥中心，用于协调救灾队伍。救灾队伍包括：

- 印第安纳州警
- 当地和郡警察局
- 区域消防队
- 区域救护车服务
- 公共电力部门的重型（树木搬运）机械
- 印第安纳州国民警卫队
- 印第安纳波利斯多家电视台的交通报导直升机
- 美国气象局
- 其他有关部门

想一想这都是如何发生的。这些分开的部门是如何一起处理紧急事件的？他们是如何沟通的？有没有任何集中协调？

综合系统在软件工程的多个领域已经成为一个日趋重要的话题。在本章中，我们要研究一下早期定义（Maier，1999），一些描述这些系统特定需求的 SysML 技术，最终我们要开发一种新的模型来描述综合系统，并基于模型测试综合系统。

17.1 综合系统的特征

我们每天都接触复杂系统，但是综合系统与复杂系统的区别是什么呢？下面是描述这些区别的早期尝试：

- 一个"超级系统"
- 一系列互相协作的系统
- 一系列自治的系统
- 一套作为组件的系统

这些早期尝试都涵盖了中心思想，但是它们也可以适用于其他系统，如一辆汽车，一个公司内的集成管理信息系统（MIS），甚至是人体。对于综合系统的根本性质有一个越来越清晰的定义。Maier 通过提示两个基本的不同之处来展开他描述的区别：综合系统不是被控制的就是协作的。起初，他使用"协作的系统"作为"综合系统"的同义词，同时定义综合系统是由大规模的有自主权的系统作为组件构成的。他提出空中防御系统、互联网和应急响应工作队作为更好的例子。Maier 接着提出几个更具体的性质：

- 综合系统由独立的（或可独立的）系统作为组件构成。
- 它们有管理／行政独立性。
- 它们通常以逐渐演进的形式开发。
- 它们表现出自然发生的（与事先计划相反的）行为。

另外，他注意到这些组件可能不是同地协作的，这约束了信息的共享。这些组件的广为接受的术语名称为"组件系统"。图 17-1 展示了一种总体架构。请注意组件系统可能有除了

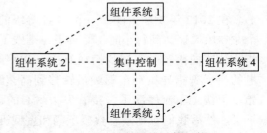

图 17-1　组件系统总体架构

集中控制节点以外的链接。集中控制部分引出 Maier 提出有关组件系统之间协作性质的三个重要的区别。

定义（Maier，1999）：

一个受控的综合系统是为了某一专门的用途设计、建造和管理的。

一个协作的综合系统有有限的集中化管理和控制。

一个虚拟的综合系统没有集中化管理和控制。

使这三类体系互相区分的决定性质是组件系统之间如何通信和控制／合作。Maier 进一步推断一个潜在的综合系统必须满足以下两个条件：

（1）所有组件系统必须是独立的、有自主权的系统。

（2）每一个组件都与其他组件在管理上独立。

第四类别（告知式）被提出以扩展 Maier 提出的三种类别（Lane，2012）。按照控制程度由高到低排序为，我们有受制的、告知式的、协作的，以及虚拟的四种综合系统。

综合系统（System of Systems, SoS）是可以演进的。Henryville 龙卷风事件开始时是一个虚拟的综合系统——没有集中化的控制节点。当印第安纳州警到来时，它演进为一个协作式的综合系统。第二天早上，印第安纳州国民警卫队把一个休息区变为一个指挥中心，它又变为一个告知式的综合系统。为什么它不是一个受控的综合系统呢？这些组件系统全部是有自治权的独立系统，而且每一个都有独立的管理控制；然而，作为一个综合系统，它并不是人们有意为这个目的建造的。

17.2　综合系统的实例

为了深入了解 Maier 提出的综合系统分类，我们为每一类设想一个例子。这一节的重点是组件系统之间如何通信，以及它们是如何受控，或可能受控的。

17.2.1　车库门控制器（受控）

图 17-2 以综合系统的形式展示了一个接近完工的车库门控制系统（见第 2 章）。有些单元必须存在，例如驱动电机，墙上的按钮和极限高度传感器。其他组件是可选的但是也很常见。遥控开门器通常放在车里，并可能同时有一个或多个开门器。有时一个数字键盘被安装

在车库外面，所以孩子可以在放学后进入。这些开门器和数字键盘向无线接收器发送微弱的无线电信号，无线接收器接着控制驱动电机。一个可能的基于互联网的控制器没有出现在图里，但是也可以添加它。最后，光线和电阻传感器被加入作为可选的保安设备。许多组件系统由独立的生产商制造并被集成到一个市售的车库门开启系统里。

这个车库门控制器满足绝大部分 Maier 提出的定义标准——这里有一个真正的集中控制器而且这个综合系统的市售版本可以随着添加一些组件系统（例如数字键盘）来演进。

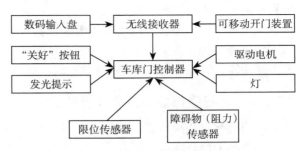

图 17-2　车库门控制器的组成示意图

17.2.2　空中交通管理系统（告知式）

在一个商业机场（或其他任何受管制的机场），空管员使用一个空中交通管理系统（Air Traffic Management system，另一个 ATM）来管理起飞和降落。在图 17-3 中展示了一个空中交通控制系统的主要组件系统。一个空管员要做的第一个决定是跑道分配。这主要取决于风向，但也可能考虑当地噪音限制。抵达的飞机通常比出发的飞机优先级更高，因为在地面上的飞机可以为着陆中的飞机让出空间。在空中的飞机受制于三种间隔，每种都必须保持：垂直间隔、横向间隔和时间间隔。这些规定的唯一例外是在紧急情况时，抵达航班的驾驶员可以要求优先紧急降落。

为什么这个系统是告知式的而不是受控的？总体来说，空管员（就像这个名字所表示的那样）控制涉及跑道使用、间隔、飞机降落和起飞的所有事项。然而，紧急情况很可能发生，正如我们稍后看到的，使得这一综合系统是告知式的。

图 17-3　空中交通管理系统的组成示意图

17.2.3　GVSU 雪灾应急系统（协作式）

大峡谷州立大学（Grand Valley State University，GVSU）位于密歇根州西部，在那里经常有大规模的降雪。在极端情况下，为了学生和教职工的安全校园必须关闭。在雪灾应急情况中，防止车辆进入校园，并安全地移开校园内的车辆，是很重要的。IT 办公室维护一个"反向 911"系统，通过电子邮件和电话告知全部有关人员（学生、教师和工作人员）是否进入雪灾应急和校园关闭状态。如果雪灾应急状态发布时间在早上六点之前，当地电视和广播电台也会被告知（见图 17-4）。

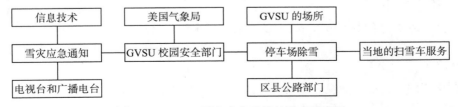

图 17-4　GVSU 雪灾应急系统的组成示意图

校园安全部门（校警）在雪灾应急状态时作为一个控制节点发挥作用。校园安全巡逻车放置在校园入口阻止任何车辆入内。当上课期间发生紧急状态时，问题就更加复杂了。校园停车场里所有车辆必须移开以便开始清雪作业。清雪作业可能只需要校园的设备即可；然而当出现极端降雪时，也需要当地清雪公司和郡高速公路管理部门协助清雪。所有的这些组件都有主要功能，但是当出现雪灾应急状态时，总体的应急状态应对措施就比那些职责更加重要。

17.2.4   磐石联邦信贷联盟（虚拟式）

虚构的磐石联邦信贷联盟（Rock Solid Federal Credit Union，RSFCU）是由美国政府资助的一个小型信贷联盟，所有的信贷联盟都是为服务联盟成员而建立的非营利组织。成员服务包括：

- 建立和关闭账户
- 借贷（按揭，房屋净值贷款，车/船贷款和无担保贷款）
- 信贷咨询

除此之外，也有一些行政管理功能，包括：

- 雇员管理（薪水，工作分配，雇佣/解雇义务）
- 与董事会成员交流
- 公共关系

因为 RSFCU 是联邦特许经营的，这里也有一些政府管制和责任，包括当地、州和联邦干预。为了进行它的业务，RSFCU 和其他组件系统一起工作。图 17-5 展示了主要的组件系统。

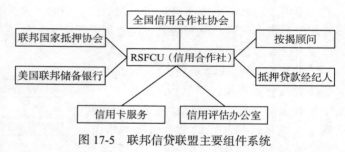

图 17-5   联邦信贷联盟主要组件系统

RSFCU 是一个虚拟的综合系统，因为每一个组件系统在某些情况下都可以向信贷联盟提出要求。反过来，信贷联盟也可以对一些子系统提出要求。每一个组件系统都很显然拥有管理自治权，但是也有已经建立好的协作模式。为了发放按揭贷款，除了联邦储备银行每一个成员都会被涉及。

17.3   用于综合系统的软件工程

几乎没有公开的成果来将软件工程原理和技术应用到综合系统中。在这里我们介绍一些早期的工作和一些原创内容。我们将使用 UML 的一种方言来描述这些内容。在展示了这种 UML 方言如何表示综合系统后，我们将转向研究一种支持基于模型测试综合系统的方法。

17.3.1   需求引出

在一个网络研讨会中，Jo Ann Lane 展示了一个用于处理南加州草坪火灾的应急处置综合系统（Lane，2012）。Lane 提出一个瀑布式的活动顺序来描述一个综合系统的总体需求。这些步骤包括：

- 标识资源——潜在的组件系统，并使用 SysML 对它们建模
- 确定可选方案——责任和依赖

- 评估方案——以用例图描述
- 分配职责给组件系统

在下面的几节中，我们将修订和拓展标准的 UML 方法使之适用于综合系统。我们将使用 17.2 节的例子描述这些方法。

17.3.2 用 UML 方言 SysML 描述方案

SysML 方言包括三部分——像类一样给其他组件描述一个组件的职责和提供的服务，通过用例图表示的跨组件的总体综合系统功能调用流程，以及用传统的 UML 序列图表示的这些用例影响的组件系统范围。

1. 空中交通管理系统中的类

SysML 方言拓展和修订了一些传统的 UML 模型。SysML 方言使用类对组件系统进行建模，其中与其他类相关联的职责占据了属性的位置，服务取代了类方法。下文以文字形式将图 17-3 中的两个组件系统作为类描述。

进场飞机

对其他系统的职责：

- 与空管员交流

服务：

- 飞行
- 降落
- 为紧急情况做好准备

空管员

对其他系统的职责：

- 进场飞机
- 出发飞机
- 跑道（状态）
- 间隔仪表
- 天气仪器

服务

- 基于天气条件分配跑道
- 监视间隔仪表
- 分配降落空隙
- 分配起飞空隙
- 维持跑道状态

2. 空中交通管理系统用例和序列图

在标准 UML 和这里使用的方言里，类构成了 is view，这一视图重点集中在系统（及综合系统）的组件和结构。

is view 对于开发者来说非常有用，但对于顾客/用户和测试人员来说就没那么有用，他们使用强调行为的 do view。用例图是最早的与 does view 有关的 UML 模型而且它被认为是顾客/用户有限选择的视图。UML 序列图是唯一的 is view 和 do view 相关联的视图。图 17-6 是正常降落用例的序列图。在我们提出的方言中，向用例图格式里增加了参与者

(Actor)（组件系统）。而且，一个标准的 UML 事件序列被组件系统操作序列取代。

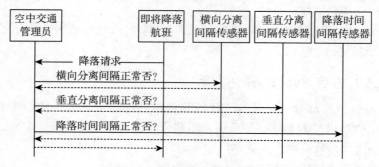

图 17-6   正常降落用例的序列图

正常降落用例

ID：名字	SoS UC1：正常飞机降落
描述	在正常条件下支配一架即将降落的飞机的步骤
参与者	1. 空管员
	2. 进场飞机
	3. 间隔传感器
前置条件	1. 指定的跑道已经清空
	2. 进场飞机准备着陆
动作顺序	
参与者	动作
进场飞机	1. 请求降落许可
空管员	2. 检查所有间隔传感器
水平间隔	3. 同意
垂直间隔	4. 同意
时间间隔	5. 同意
空管员	6. 授予着陆许可
进场飞机	7. 开始降落步骤
进场飞机	8. 到达分配的跑道
进场飞机	9. 滑行道分配的登机口
空管员	10. 降落结束
后置条件	1. 跑道可以分配给其他飞机

在 1993 年 11 月，一架商业航班正在进行降落在芝加哥奥黑尔国际机场跑道的最后步骤。当这架进场飞机处于 100 英尺高度时，一个等待起飞的驾驶员看见这架即将降落的飞机没有放下起落架。在起飞和降落飞机之间没有直接通信，所以这个飞行员联络了奥黑尔机场控制塔台，告知了这个即将发生的灾难。塔台取消了降落，避免了灾难。这是我们第二个用例和序列图的主题。在这个用例里，飞机 L 是降落飞机，飞机 G 是在地面的飞机。我们可以想象第二个用例应该紧接第一个用例的第七个动作。我们也可以想象如果后置条件被满足了，每个人都会长舒一口气。

1993 年 11 月事件用例

ID：名字	SoS UC2：奥黑尔机场的 1993 年 11 月事件
描述	进行最终步骤的飞机起落架没有放下。滑行道上的飞行员看到了并通知塔台

（续）

参与者	1. 空管员
	2. 进场飞机 L
	3. 等待起飞的飞机 G
前置条件	1. 飞机 G 被许可降落
	2. 飞机 G 等待起飞
	3. 飞机 L 起落架没有放下
动作顺序	
参与者	动作
空管员	1. 授权飞机 L 降落
飞机 L	2. 开始降落准备
飞机 L	3. 无法放下起落架
飞机 L	4 在分配跑道的末端上空 100 英尺
飞机 G	5. 飞机 G 的飞行员无线电告知空管员
空管员	6. 终止降落许可
飞机 L	7. 飞机 L 终止降落
飞机 L	8. 飞机 L 恢复高度
空管员	9. 指示飞机 L 盘旋和降落
空管员	10. 感谢飞机 G 的驾驶员
空管员	11. 授权飞机 L 降落
飞机 L	12. 降落完成
后置条件	1. 跑道可以分配给其他飞机

当这一事件发生时我刚抵达芝加哥做关于软件技术评审的报告。奇怪的是，那天的主题是评审核对清单的重要性。明显降落飞机的飞行员没有注意降落核对清单。在后来的电视报道里，一个联邦航空管理局的官员评论说相比极端条件下的航班他更担心正常条件下的航班。他的理由是极端条件下人们更加专注。图 17-7 展示了 1993 年 11 月事件的序列图。请注意很多内部动作（如动作 2、3 和 4）在这个用例中很重要，但是它们没有出现在序列图里。

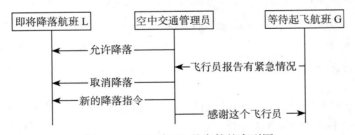

图 17-7　1993 年 11 月事件的序列图

17.3.3　测试

测试综合系统必须将重点放在组件系统之间通信的方式。正如集成测试假定完整的单元测试，测试综合系统必须假定组件系统已经作为独立的组件被彻底测试过。SysML 方言模型只是综合系统测试的总体指南。测试综合系统的主要目标是把重点集中在组件之间的通信上。在下一节，我们要开发一套基本模块来描述组件系统之间通信的类型。它们将被展示为 Petri 网，而且我们要使用它们描述控制上的区别，这是四种层次合作（受控、告知式、自发式和虚拟式）的基础。

17.4　综合系统的基本通信单元

四种综合系统的区别可以简化为组件系统之间通信的方式。在这一节，我们首先把扩展系统建模语言（Extended Systems Modeling Language，ESML）映射到泳道 Petri 网中。在 17.5 节，我们使用泳道中 Petri 网形式的 ESML 描述不同类型的综合系统的通信机制。我们知道泳道是面向设备的，非常像状态图的正交区域。更详细地说，我们使用泳道来表示组件系统，并用 ESML 提示符来表示组件之间不同种类的通信。最后在 17.6 节，我们使用泳道事件驱动 Petri 网描绘 1993 年 11 月事件的综合系统通信。

基本通信单元的第一个备选是一套 ESML 提示符。其中的大部分表示中央控制组件的权利，所以它们显然适合用于受控式的综合系统，可能也适合于告知式的综合系统。我们需要相似的基础模块来描绘协作式和虚拟式的综合系统。在这里我们提出四种新基本单元：请求、同意、拒绝和推迟。

17.4.1　Petri 网表示 ESML 提示符

结构化分析的 ESML 实时拓展（Bruyn 等人，1988）被开发用于描述一个数据流图中的一个活动如何控制另一个活动。总共有五种基本的 ESML 提示符：启用、禁用、触发、暂缓和继续，它们明显非常适用于受控式和应答式综合系统。其他两个提示符是从五个提示符中选两个组合而成的：激活是先启用再禁用，而暂停是暂缓后继续。在这一节中我们简单介绍一下 ESML 提示符，并使用它来表示传统的 Petri 网。Petri 网的标记和触发在第 4 章中进行过介绍。

1. Petri 网冲突

我们首先介绍 Petri 网冲突因为它在一些 ESML 提示符中出现了。图 17-8 展示了基本的 Petri 网冲突模式——地点 p2 是转移函数 1 和转移函数 2 的输入。所有这些地点都被标记了，所以在这个 Petri 网场景里两个转移都被启用（"启用"在这里是一个被重新赋予含义的术语——

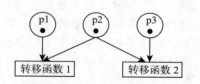

图 17-8　Petri 网冲突模式

在 ESML 场景里它指代一个提示符，在 Petri 网转移场合里它指代转移的一种性质）。如果我们选择激活转移函数 1，地点 1 和地点 2 的记号就被使用了，而这会导致转移函数 2 被禁用，产生冲突。

在空中交通管制例子里，两个组件，抵达和出发航班都使用同一条跑道，使得它们竞争有限的资源，这是 Petri 网竞争的好样例。因为抵达航班比出发航班更优先，我们得到了下文描述的互锁机制的示例。

2. Petri 网互锁

一个互锁常常被用来确保一个动作在另一个动作之前进行（或者优先级更高）。在 Petri 网里，我们使用互锁地点实现互锁，互锁地点在图 17-9 中被标记为"i"，它在图中既是优先转移动作的输出也是第二个转移的输入。互锁地点被标记的唯一方法是激活优先转移。

3. 启用、禁用和激活

启用提示符表示一个动作允许另一个动作发生的交互过程。这里没有要求第二个动作真正发生，它只是可能发生。在图 17-10 中的 Petri 网中，标签为"受控动作"的转移有两个输入地点。作为一个被启用的转移，它的两个输入地点必须都被标记。但是标签为"e/d"的地点只有在启用转移被触发的时候才能被标记。受控动作接下来就有了其中一个前提，但它仍需要等待另一个输入地点被标记。当受控动作转移触发时，它再一次标记 e/d 地点，所以它保持启用。

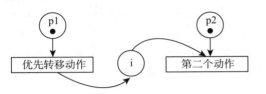

图 17-9　Petri 网互锁

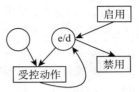

图 17-10　ESML 中的启用、禁用和激活

在一个受管制的机场，空管员选择一条跑道，然后授予一架抵达航班降落许可。我们可以使用启用提示符对此进行建模。由于抵达飞机和出发飞机之间的互锁关系，这产生了一个对于等待起飞飞机的禁用提示符。因为飞机降落有始有终，这也可以被当作激活提示符。空管员负责"激活"降落过程。

禁用提示符依赖于 Petri 网的冲突模式。图 17-10 中的禁用转移和受控动作转移因为 e/d 地点的原因而处于冲突状态。如果禁用转移触发了，受控动作转移就无法激活。而且，e/d 地点的作用是充当启用和禁用转移之间的互锁，所以一个受控动作只能在被启用之后才能被禁用。最初的 ESML 小组发现启用和禁用序列被频繁使用，就给它准备了新名字：激活（Activate）。

4. 触发器

触发器提示符（图 17-11）是启用提示符的加强版本——它使得受控动作可以立即执行。在常规语言里，我们可以说启用的作用是"你可以"，而触发器则是"你必须马上"。请注意触发器有跟启用提示符一样的更新模式。我们可以修改这一点使得触发器变为一种单次动作。为达到这一目的我们只需要把受控动作的输出边移回到"t"地点。ESML 委员会从来没对此进行区分。

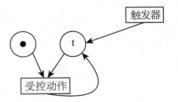

图 17-11　ESML 触发器

5. 暂缓和继续

在图 17-12 里展示了 ESML 暂缓和继续提示符。当它们同时发生时，这一序列变为 ESML 暂停提示符。暂缓有跟触发器提示符一样的中断权利——它可以中断一项进行中的活动，而且当中断完成后，继续提示符确保被中断的活动不需要重新再来——它从中断的地方继续。这通常可以称为"放下你手中的活"。

与启用 / 禁用一样，暂缓和继续之间也有互锁地点，在图 17-12 中标为"s"。一个活动只有在被暂缓之后才能继续，所以"s"是暂缓和继续动作之间的互锁。而且，暂缓动作和中间阶段动作因为中间动作的输入而处于 Petri 网竞争状态。由此可以得出，一个暂缓后边通常紧接着另一个必要动作的触发器，这一动作完成后是一个继续提示符。

1993 年 11 月事件是一个关于暂缓 / 继续提示符用法的极好范例。在抵达航班和出发航班之间没有直接通信，所以地面上

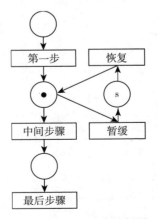

图 17-12　ESML 中的暂缓、
继续和暂停

的飞行员联络了奥黑尔机场塔台，告知了即将发生的事故。塔台取消了降落（暂缓），然后在问题已经解决后，塔台发布了继续命令。

17.4.2   泳道 Petri 网中的新提示符

受控式和应答式综合系统的特点是具有一个强大的，通常位于中心的控制组件。协作式和虚拟式综合系统没有这种强大岗位；这些组件倾向于自治。这些综合系统中的一个组件能控制另一个吗？当然可以，但这种通信更有可能是协作而不是控制。在这里我们提出四种基本单元来表示这种协作成分更多的通信——请求、同意、拒绝和推迟。与 ESML 提示符一样，它们可以也应该交互。

并行活动在 UML 里被表示为"泳道"，言外之意是这些活动像游泳运动员一样，与相邻泳道的运动员之间是隔离的。在 17.4.1 节中，我们把每一个 ESML 提示符映射到 Petri 网中。我们知道泳道是面向设备的，与状态图中的垂直区域非常接近。具体来讲，我们将使用泳道图来表示组件系统，这些通信提示符用来表示组件之间通信的种类。最后，我们将使用泳道 Petri 网来说明 1993 年 11 月事件中综合系统的通信。在本节中，组件系统全部是一个协作式或虚拟式综合系统的成员。

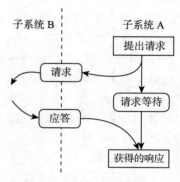

图 17-13   Petri 网中的请求

1. 请求

在图 17-13 中，组件 A 向组件 B 请求一项服务，并收到回应。该图只从组件 A 的角度展示了这次交互因为此时无法知道组件 B 的响应。总体来说，一个响应只能是同意、拒绝或推迟中的一种。

2. 同意

同意和拒绝这两个基本单元几乎完全一致，除了这个响应的性质不同（见图 17-14 和图 17-15）。

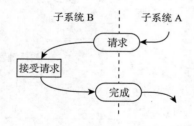

图 17-14   Petri 网中的同意

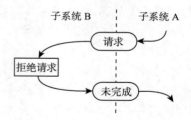

图 17-15   Petri 网中的拒绝

3. 拒绝

一个拒绝响应的"未完成"部分对于测试者来说是一个问题。如何才能测试一个没有发生的事呢？同意和拒绝响应常常受制于接收组件中的 Petri 网冲突，如图 17-16 所见。

图 17-17 展示了一个相当完整的两个组件系统中的 Petri 网冲突。组件 A 向组件 B 发出请求。然后组件 B 要么同意请求，要么拒绝，所以"完成"和"未完成"两个地点中的一个将被标记，这就解决了组件 A 中的 Petri 网冲突。

4. 推迟

如果组件 B 正在忙于一个内部高优先级工作时接收到一个来自组件 A 的请求应该怎么

办？组件 B 使用互锁模式，在回复组件 A 之前先完成自己的任务（见图 17-18）。

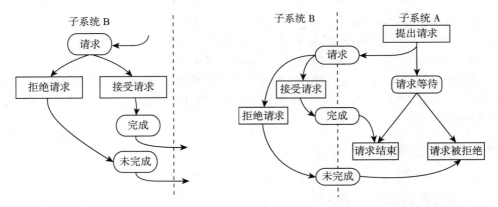

图 17-16 同意和拒绝 Petri 网冲突   图 17-17 在请求、同意和拒绝 Petri 网中的连接

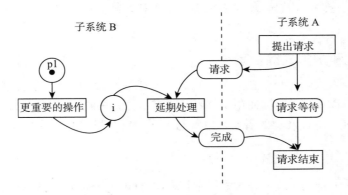

图 17-18 Petri 网中的推迟

5. 1993 年 11 月事件的泳道图描述

1993 年 11 月事件的泳道图描述，如图 17-19 所示。

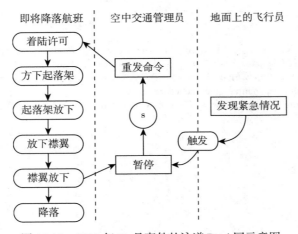

图 17-19 1993 年 11 月事件的泳道 Petri 网示意图

17.5   综合系统等级对提示符的影响

当 ESML 委员会最初定义 5 个提示符时，对于提示符的顺序有一些不清楚的地方。例如，一个暂缓提示符能够在触发器提示符之前出现吗？这个困惑的一部分来源是 ESML 委员会没有考虑到综合系统。在某种程度上，综合系统的四个层次解答了这些问题。

一种澄清这件事的方法是假设两种通信：命令和请求。前边提到的四种新提示符属于请求，但是原始的 ESML 提示符呢？触发器、暂缓、禁用和继续提示符全部都是命令，只有启用更像是请求。

17.5.1   受控式和应答式综合系统

在受控式和应答式综合系统中的中央控制器很显然被设计拥有对于其他组件的触发器、暂缓、禁用和继续命令权。那么反过来呢？一个组件"控制"中央控制器是否有意义？当一个组件与一个软件系统的中断进行通信时，这看起来很合理。设想一下车库门控制器中的安全功能：当遇到一个障碍物，或光束传感器被遮挡，马达会立刻停止，并反向运转打开车库门。

17.5.2   协作式和虚拟式综合系统

因为它们缺少强大的中央控制组件，两种综合系统可以使用所有提示符。在 RSFCU 例子中，美国政府可以使用（的确使用了）触发器提示符。在同一时刻，信贷联盟可以立即向它的组件发出要求。在 GVSU 的雪暴紧急状态系统中也有同样的关系。

17.6   习题

1. 讨论禁用提示符是否应该和暂缓提示符有一样的终止权力。可以举例说明。

问题 2 和问题 3 回顾了第 2 章介绍的车库门控制器和第 4 章中相对应的有限状态机。

2. 选取一种最适合的综合系统类型来描述车库门控制器。
3. 使用泳道 Petri 网来表示车库门控制器中的互动。

17.7   参考文献

Bruyn, W., Jensen, R., Keskar, D. and P. Ward., An extended systems modeling language based on the data flow diagram, *ACM Software Engineering Notes*, Vol. 13, No. 1, 1988, pp. 58–67.

Lane, J.A., *System of Systems Capability-to-Requirements Engineering*, Viterbi School of Engineering, University of Southern California, webinar given February 2012.

Maier, M., Architecting principles for systems-of-systems, *System Engineering*, Vol. 1, No. 4, 1999, pp. 251–315.

探索式测试

设想一个人呼吸困难，他来到医院急诊室。此时急诊医生的任务就是找出病人最关键的问题，然后确定治疗措施。急诊医师如何着手呢？首先要收集病人相关病史的信息。接下来可能的步骤是进行一些广谱的测试，目的是排除引发呼吸困难的常见原因。从一个测试中获得的知识通常会导致后续、更具体的测试。在这一过程中，急诊医生主要凭借自身经验和领域知识做出决策。这种模式同样适用于这里要讨论的软件测试，称之为探索式测试。

18.1 探究探索式测试

Andy Tinkham 和 Cem Kaner（2003）曾详细总结了构建探索式测试的主要工作成果和代表人物。他们确定了探索式测试的 5 个基本特征：它是交互进行的，它包括协同认知与执行，它富有创造性，它能够迅速给出测试结果，以及它降低了传统测试技术中强调的正规测试文档的要求。前两个特征也是计算机科学中经典的学习系统所具备的。从测试的角度看，探索式测试人员首先要学习和了解被测的系统，应用获得的新知识构建更具针对性的测试，从而更加深入地探索被测系统。这很像教授对学生进行口试的过程。由于探索式测试极富创造性，所以很难精确地表述和定义什么是探索式测试。对探索式测试的定义显然取决于测试人员的态度和动机，当然也取决于被测系统的性质和厂商对系统优先程度的看法。例如，设想一下有这样两个具有不同优先程度的系统：一个是具有高可靠性的电话程控系统，另一个是市场急需的电子商务系统。

从表面上看，探索式测试好像只是第 5 章中所讨论的特殊值测试的一个复杂的别名。但这里则是"双关语"，因为本章中我们是在"探索"探索式测试，但首先我们要探究"探索"中的深意。"探索"的一个含义是发现未知。这会使我们的脑海中浮现出实验室中的科学家或是走向世界的探险家的形象。实际上，这两种情况是统一的——想想那些著名的探险家为全人类的知识宝库所做出的贡献就知道了。深入到路易斯安纳赎买地的 Lewis & Clark 探险队就是一个非常好的例子。美国总统托马斯·杰弗逊想要了解他从法国人手里买来的这一大片北美土地方方面面的详细情况，于是 Lewis 和 Clark 就组建了一支组织完备的探险队，其中有武装人员、猎人和设陷阱高手、技术人员、自然学家以及一名女探险队员 Sacajewea，也是历史上第一名女探险队员，她对密苏里河谷地大部分情况了如指掌。

探险队带着国会的批准和由时任美国总统的托马斯·杰斐逊制定的详细计划出发了。在1803 年 6 月 20 日致探险队的一封信中，托马斯·杰弗逊总统写道（Jackson，1978）：

"你们此行的任务是探索密苏里河及其主要水系，弄清它的流域和它到太平洋的入海口，探索哥伦比亚河、俄勒冈河、科罗拉多河以及其他河流能否为这块大陆提供最直接可行的水路交通，发现其中的商业价值。

从密苏里河口开始，你们就要仔细观测和记录经度和纬度坐标来作为以后的观察点，这包括河流每一处有明显标志的地方，特别是对河口、激流、岛屿以及其他特殊地点和物体。这些地点和物体应该由可以长期存在的自然标记和特征作为标志，而且在以后要能容易准确地认出来。这些观察点之间的河流流域，要由流向、流经里程和流经时间来标识，并在各个观察点来校正。各个地点上方向的差别也要注明。

对流入密苏里河口的河流之间各部分以及密苏里河通向太平洋最好入口的各个特殊地点，也要详细地观测和记录，这些水域汇入到太平洋的具体流域也要同密苏里河一样地加以记录。

你们所做的每项记录都来自极艰辛的和精益求精的工作，每项记录对你们和他人要一样清晰和易于理解，要包含所有必要的材料，要利用常见的工具和表格来定位各个地点的经度和纬度，这些记录汇报给政府作战部门，以便由美国政府派专人同时进行核对计算。在你们工作之余要将记录以及你们的其他笔记复制成多份副本，交给你们当中最信得过的人来看管和保护，多分几份以应对任何意外损失。为了进一步保护资料，还要复制一份在白桦树皮纸上，因为这种纸比普通纸张更能抵御潮湿带来的损害。

在你们途径的路线上，可以通过与当地的居民做生意，获得关于"这些人"的重要信息。因此在旅途中，你们要尽可能地搜寻当地人的信息，让自己了解和熟悉该国的名字，他们领地的范围，他们同该国其他部落的关系，他们的语言、传统、纪念物，他们在农业、渔业、狩猎、战争、艺术等方面的活动情况以及活动办法，他们的食物、衣着和居家条件，他们中间的流行性疾病和他们使用的药物，他们区别于我们目前所掌握部落的人文和物质环境，他们在法律、风俗和社会阶层方面的特性，他们可能需要以及可能供应的贸易商品和贸易能达到的范围。"

Lewis & Clark 探险队的探险活动持续了 28 个月，带回了这个地区大量的详细资料。他们发现哥伦比亚河与现在的俄勒冈河是相连的，从两河汇合处看太平洋近在咫尺。绝大多数人（除了总统）都认为此次探险取得了巨大的成功。探险队开辟了新移民潮的道路。从探索式测试的角度来看，这其中的重要启示是，探险队落实杰弗逊总统指示的过程就同探索式测试的目标和技术极其相似：

- 他们知道要寻找什么（通向太平洋的航线）；
- 他们配置了合适的团队和其他资源；
- 他们边探索边学习；
- 他们有足够多的时间；
- 要求他们仔细记录下所见到的一切。

"探索"的第二层含义表现在探索性测试的"学习部分"上，就如同一个教授对一名学生进行面试时那样，二者具有一些相似之处。第一点，教授显然具备丰富的领域知识；第二点，教授期望搞清楚学生掌握目标事物的程度；第三点也是最能说明问题的一点，即每当学生表现出一个弱点来，教授会继续针对这个弱点提出相关问题，考查学生在这个弱点上的具体掌握程度，这样从对一个问题的解答引发出另一个相关问题，教授可以获得对这个学生的进一步了解。这种模式也叫作自适应测试。

"探索"的这些形式有助于解释特殊值测试和探索式测试之间的区别。如第 5 章所述，特殊值测试取决于测试人员的技术、视野、领域知识和经验。测试人员评判测试用例的重要性是基于它们能否发现软件的故障。在某种意义上这就是探索，但是缺少测试信息反馈机制（有的只是测试用例执行成功或失败的结果）。这就如同给学生面试的教授，过去的经验是测试人员最大的财富。相比之下，探索式测试人员更专注于研究发现故障的技术——使用更好的技术，就像 Lewis & Clark 探险队一样应用更先进的设备和技术。正如这个名词的发明人之一 James Bach（2003）所说，探索式测试的精髓在于它"同时进行学习、测试设计和测试执行"。亦如 Bach 所说，探索式测试人员就是给学生面试的教授。当探索式测试人员发现了程序中的一个可疑行为时，他（或她）会设计和执行更多的测试以便将问题孤立出来。故障可能存在于程序正常运行的部分，因此特殊值测试很难发现问题。一些测试的结果会决定后续测试该如何进行，保证每一步测试的正确非常重要。探索式测试的学习属性是区别特殊值测试和探索式测试的根本所在。

18.2   探索一个常见示例

我们利用佣金问题来研究一下探索式测试。这里我们假设：已知现有的软件实现方式是有问题的，那么传统的软件测试的目的仅仅是要证实故障的存在，而探索式测试的目的不仅是找到故障，更要试图去揭示所发现故障的性质。在佣金问题中，销售人员出售可拆卸的步枪配件：枪机（locks）、枪托（stocks）和枪管（barrels）。枪机售价 45 美元，枪托售价 30 美元，枪管售价 25 美元；购买一支完整的步枪需要 100 美元。销售人员每个月上报销售总额，根据销售额计算佣金的方式体现了这样一个激励机制：1000 美元以下（含 1000 美元）的佣金为 10%，1000 ～ 1800 美元的佣金为 15%，超过 1800 美元的佣金为 20%。

在起初的几个月中，这个新销售人员始终没有突破 1000 美元的目标，所得的佣金就正常计算。后来当销售额终于超过 1000 美元，达到了 15% 的佣金水平线时，销售人员所得的佣金反而不如预期的多。又有一个月，当销售额达到近 2000 美元时，得到的佣金比预期值又多了一些。如果这个不断进步的销售人员能够看到一个汇总表的话，那她看到的就是如表 18-1 所示的内容。

表 18-1   第一轮探索

用例编号	枪机	枪托	枪管	销售额	期望佣金	计算结果	通过与否？	预期缺少量
1	1	1	1	100.00 美元	10.00 美元	10.00 美元	通过	0.00 美元
2	8	8	8	800.00 美元	80.00 美元	80.00 美元	通过	0.00 美元
3	10	10	10	1000.00 美元	100.00 美元	100.00 美元	通过	0.00 美元
4	11	11	11	1100.00 美元	115.00 美元	100.00 美元	未通过	15.00 美元
5	17	17	17	1700.00 美元	205.00 美元	190.00 美元	未通过	15.00 美元
6	18	18	18	1800.00 美元	220.00 美元	205.00 美元	未通过	15.00 美元
7	19	19	19	1900.00 美元	240.00 美元	260.00 美元	未通过	−20.00 美元

这个好奇的销售人员开始研究以下 4 个计算公式（其中 locks、stocks 和 barrels 分别代表每种配件的销售量）。

（1）$sales = 4 \times locks + 30 \times stocks + 35 \times barrels$

（2）$commission = 0.10 \times sales$（对于 $0 \leqslant sales \leqslant 1000$）

（3）$commission = 100 + 0.15 \times (sales - 1000)$（对于 $1000 < sales \leqslant 1800$）

（4）$commission = 220 + 0.20 \times (sales - 1800)$（对于 $sales > 1800$）

公式 1 会有出错的地方吗？销售量的各项都是正确的，那可能是各个系数出现了错误。所以第二次探索就是要看看如果只卖出了一样，结果会怎么样（如表 18-2 所示）。显然各个系数都是正确的。

表 18-2　第二轮探索

用例编号	枪机	枪托	枪管	销售额	期望佣金	计算结果	通过与否？	预期缺少量
1	10	0	0	450.00 美元	45.00 美元	45.00 美元	通过	0.00 美元
2	0	10	0	300.00 美元	30.00 美元	30.00 美元	通过	0.00 美元
3	0	0	10	250.00 美元	25.00 美元	25.00 美元	通过	0.00 美元

再来研究一下公式 3，我们这个无畏的销售人员想要设计出接近 1000 美元这个激励点的销售额来。这很方便（谁说这是一个人为的示例？），这些系数可以很好地完成了这个任务。结果如表 18-3 所示。

表 18-3　第三轮探索

用例号	枪机	枪托	枪管	销售额	期望佣金	计算结果	通过与否？	预期缺少量
1	22	0	0	990.00 美元	99.00 美元	99.00 美元	通过	0.00 美元
2	21	0	2	995.00 美元	99.50 美元	99.50 美元	通过	0.00 美元
3	21	1	1	1000.00 美元	100.00 美元	100.00 美元	通过	0.00 美元
4	21	2	0	1005.00 美元	100.75 美元	85.75 美元	未通过	15.00 美元

哈！这回我们这个"代数"销售人员发现问题了，在公式 3 中，可能出问题的唯一地方是从 *sales* 中减去的"那个数"。求解这个问题的过程如下：

（公式 3 的结果应该是）　　　　$100.75 = 100 + 0.15 \times (1005 - 1000)$

（而实际上计算的结果是）　　　　$85.25 = 100 + 0.15 \times (1005 - x)$

$$x = 1100$$

销售人员推断得出，实际上这个故障来自计算公式：

（公式 3 错误）　　　　$commission = 100 + 0.15 \times (sales - 1100)$

请注意在这个人为构造的例子中探索的过程是怎么样的。销售员了解关于佣金的领域知识，并调查出了什么地方可能出了问题。在排除了一种可能性（不正确的系数）之后，他尝试了其他测试。最后，通过一些代数分析，销售员发现了问题所在。

作为一个后记，可想而知，这个勤奋的销售员上报了这个错误，并被告知，其原因在于佣金程序还没来得及更新。

18.3　观察与结论

James Bach 曾指出，任何一个进行软件测试的人，实际上都在做一定程度的探索性测试。更确切地说，调试你自己编写的代码就是在进行探索性测试。目前，对这些测试形式的表述不太专业，所以难以得出对这两种方法研究的精确的结论。我自己的几个观点如下：

（1）在敏捷编程环境下，探索式测试和上下文驱动测试都不适用。而建立在前一测试结果基础上的跟踪测试思想，却有一个完整的应用。

（2）探索式测试和上下文驱动测试这两种方法在本质上都依赖于测试人员的领域知识和测试经验。这类似于让一位计算机科学教授来完成一个历史专业的面试，会有什么好的效果吗？

（3）这两种方法都要假设测试人员具有高度主动性、好奇心和创造力。一个平庸的、对测试毫无兴趣的测试人员是不可能做出有意义的跟踪测试的。

（4）探索式测试和上下文驱动测试方法都在挑战各个预测指标。这不仅是对软件测试而言，对任何创新活动都是如此。即使是一个成果卓著的探索式测试人员也无法估计出还需要多少后续测试，而且从理论上讲估计出还剩下多少故障也是根本不可能的。一个尽职的探索式测试人员能估计出何时不会再发现故障了。

（5）对两种测试的管理都被简化成坚持不懈地利用文档来记载测试过程和结果。

（6）这两种方法所带来的有效性都与被测系统的规模和复杂度成反比。每种方法都不适合团队实施，而任何人对系统的了解都是有限的。探索式测试人员当然可以探究一个大型的复杂系统，但是却很难跟踪所有的跟踪测试。

18.4　习题

1. 下面是一件真事儿（为保护隐私，使用的是化名）。

　　Ralph 是项目经理，他负责开发一个小型电话程控系统。他以前是一名电气工程师，值得一提的是他做过逻辑电路设计师。随着事业越来越成功，他渐渐掌握了大量的电话程控系统方面的知识。当项目原型完成，第一批软件被加入到系统中时，Ralph 决定用 3 个小时来测试尚不完善的系统。在测试即将结束时，他将整个团队召集在一起，宣布说系统存在大量的漏洞，还有许多工作要做。当有人询问具体细节时，Ralph 只是说他试了一大堆东西，发现绝大部分都不工作。对发现的故障没有任何记录，对执行的测试没有任何说明，而且也无法重现任何测试来锁定故障。

　　请你讨论一下，Ralph 的测试同探索式测试的符合之处和不同之处。

2. 如果你仔细研究表 18-1 就会发现还有另外一个故障，这次这个故障是对销售人员有利的。本章中的销售人员，她是诚实地通报了第二个故障，还是贪婪地什么都没说？你可以利用 exploreCommission.xls 数据表来检测这个故障。

18.5　参考文献

Bach, J., *Exploratory Testing Explained*, Vol. 1.3, April 2003, available at www.satisfice.com/articles/et-article.pdf.

Jackson, D., ed. *Letters of the Lewis and Clark Expedition with Related Documents*, 2nd ed., University of Illinois Press, Urbana, IL, 1978 (2 volumes).

Kaner, C., *The Context-Driven Approach to Software Testing*, STAR East, Orlando, FL, 2002.

Tinkham, A. and Kaner, C., Exploring exploratory testing, 2003, available at www.testingeducation.org/a/explore.pdf.

测试驱动开发

"挑出一点儿（毛病），就唠叨一阵子，挑一点儿，唠叨一阵儿，挑啊，挑啊，挑，唠叨一大堆，然后又继续挑。"

——摘自 Meredith Willson 的音乐剧《音乐人》

如果我们把此处的"挑"这个词换成"测试"，把"唠叨"换成"编码"，那这首歌正好抓住了测试驱动软件开发的本质：把测试与编码这两步交替地、逐渐扩大地进行。首先编写一个测试用例，由于缺少相应的代码，测试用例执行时肯定会失败。立刻着手编码，编写到此测试用例刚好通过为止。（注意：通过是指观察到的实际输出同期望输出相一致。）随着开发出的代码量的增长，我们允许重构，但是必须保证全部已有的测试都通过了（否则重构就会漏洞百出的）。测试驱动开发（test-driven development，TDD）在敏捷编程社区中十分流行。在本章中，我们将利用现成的 NextDate 函数的例子来仔细研究一下这种软件开发过程。

19.1 "测试然后编码"的软件开发周期

测试驱动开发已经相当成熟，目前已有许多商业产品和免费工具支持这种开发过程。人们可以清楚地看到，在测试驱动开发中清晰地体现了极限编程的两项内容：只做到够用（意思是说"你用不着做多了"）和永远保证一个可能不完整但却可用的程序版本。花些时间仔细研究一下下面这个实例。在此例中我们约定：源程序中刚刚添加进来的部分用粗体字表示，这部分源代码的作用是使所对应的测试用例能够运行通过。测试驱动开发的倡导者马上就声称在测试驱动开发过程中，故障的隔离是易如反掌的。因为这种软件开发过程中的任何时间点，前期的所有测试用例都必须测试通过。如果某个新的测试用例测试失败，那么故障就只能出现在最近添加的代码之中。这种观点一般情况下是对的，但是对那些"更深层次"的故障（例如，需要采用数据流测试才能发现的故障）来说，就不是那么显而易见了。

测试驱动开发是由一系列从客户 / 用户那里获取的用户故事[一]来指导的。表 19-1 给出了本节中涉及的一系列用户故事。所有形式的敏捷编程的一个假设是：用户可能确实不知道想要的是什么，所以当用户看到已实现（或已测试的）部分应用系统后，常常又会引发出一些附加的用户故事。用户故事驱动的整个过程非常依赖给出 / 接受这些用户故事的顺序。本例的用户故事是严格地按照自底向上的顺序出现的——对测试驱动开发而言这是非常理想的，但在实际工作中可能并不是这样。还有用户故事粒度大小的问题，这会在 19.3.3 节中讨论。

表 19-1　NextDate 程序的用户故事

用户故事
1. 程序通过编译

[一] 用户故事（User Story）在结构和表现形式上同测试用例（Test Case）类似，也可包含上下文、预期目标、细节描述、输入、期望输出等内容，但更贴近用户，容易被用户理解和确认，从而帮助开发人员有效地实现需求分析、任务划分和测试用例设计等。——译者注

（续）

用户故事
2. 能够输入并显示日
3. 能够显示输入的月份
4. 能够显示输入的年份
5. 能够检查出小于最小值的日
6. 能够检查出大于最大值的日
7. 能够检查出小于最小值的月份
8. 能够检查出大于最大值的月份
9. 能够检查出小于最小值的年份
10. 能够检查出大于最大值的年份
11. 30 天月份中的第 31 天（$Day = 31$）
12. 2 月中的第 30 天（$Day = 30$）（注意：还需要检查 2 月中的第 31 天（$Day = 31$））
13. 平年的 2 月中的第 29 天（$Day = 29$）
14. 闰年的 2 月中的第 29 天（$Day = 29$）
15. 能够被 4 整除的年份是闰年（世纪年份除外）
16. 不能够被 4 整除的年份是平年
17. 不能够被 400 整除的世纪年份是平年
18. 能够被 400 整除的世纪年份是闰年
19. 从一个月份的非最后一天递增一天
20. 从 30 天月份的最后一天递增一天
21. 从 31 天月份的最后一天递增一天
22. 从 12 月 31 日递增一天
23. 从平年的 2 月 28 日递增一天
24. 从闰年的 2 月 28 日递增一天
25. 从闰年的 2 月 29 日递增一天

在这种用户故事的顺序中，只给出了最近的测试（以节省空间）情况。在实际工作中，所有的测试用例都是自动提交并运行的。这里使用粗体字表示为了使新的测试用例能够通过而加入的新代码。

```
User Story 1 The program compiles.
      Input: the NextDate source code.
      Expected Output: OK
   Pseudocode
   Program NextDate
   End NextDate


User Story 2 A day can be input and displayed
      Input: 15
      Expected Output: day = 15
Pseudocode
Program NextDate
  dim thisDay As Integer
  Input (thisDay)
  Output ("day =", thisDay)
End NextDate

User Story 3 An input month can be displayed
```

```
        Input: 15, 11
        Expected Output: day = 15
              month = 11
```

Pseudocode
```
Program NextDate
  dim thisDay As Integer
  dim thisMonth As Integer
  Input (thisDay)
  Output ("day = ", thisDay)
  Input (thisMonth)
  Output ("month = ", thisMonth)
End NextDate
```

User Story 4 An input year can be displayed
```
        Input: 15, 11, 2005
        Expected Output: day = 15
              month = 11
              year = 2005
```

Pseudocode
```
Program NextDate
  dim thisDay As Integer
  dim thisMonth As Integer
  dim thisYear As Integer
  Input (thisDay)
  Output ("day =", thisDay)
  Input (thisMonth)
  Output ("month =", thisMonth)
  Input (thisYear)
  Output ("year =", thisYear)
End NextDate
```

Refactor Code (this one is trivial, but it saves space)
```
Program NextDate
  dim thisDay, thisMonth, thisYear As Integer
  Input (thisDay, thisMonth, thisYear)
  Output ("day =", thisDay, "month =", thisMonth, "year =", thisYear)
End NextDate
```

User Story 5 A day below minimum can be detected
```
        Input: 0, 11, 2005
        Expected Output:
        day = 0 is below minimum
        month = 11
        year = 2005
```

Pseudocode
```
Program NextDate
  dim thisDay, thisMonth, thisYear As Integer
  Input (thisDay, thisMonth, thisYear)
  If (thisDay < 1) Then
  Output ("day =", thisDay, "is below minimum")
  Output ("month =", thisMonth, "year =", thisYear)
  Else
  Output ("day =", thisDay, "month =", thisMonth, "year =",
      thisYear)
  EndIf
End NextDate
```

User Story 6 A day above maximum can be detected
```
        Input: 32, 11, 2005
        Expected Output:
        day = 32 is above maximum
        month = 11
        year = 2005
```

Pseudocode

```
Program NextDate
    dim thisDay, thisMonth, thisYear As Integer
    Input (thisDay, thisMonth, thisYear)
    If (thisDay < 1) Then
    Output ("day =", thisDay, "is below minimum")
    Output ("month =", thisMonth, "year =", thisYear)
    Else
    Output ("day =", thisDay, "month =", thisMonth, "year =",
        thisYear)
    EndIf
    If (thisDay > 31) Then
    Output ("day =", thisDay, "is above maximum")
    Output ("month = ", thisMonth, "year = ", thisYear)
    Else
    Output ("day = ", thisDay, "month = ", thisMonth, "year = ",
        thisYear)
    EndIf
End NextDate
```

Refactor Code (Refactor the sequential tests of thisDay into a nested IF statement.)

```
Program NextDate
    dim thisDay, thisMonth, thisYear As Integer
    Input (thisDay, thisMonth, thisYear)
    If (thisDay > = 1) AND (thisDay < = 31) Then
    Output ("day =", thisDay, "month =", thisMonth, "year =", thisYear)
    Else
        If (thisDay < 1) Then
        Output ("day =", thisDay, "is below minimum")
        Output ("month =", thisMonth, "year =", thisYear)
    EndIf
    If (thisDay > 31) Then
        Output ("day =", thisDay, "is above maximum")
        Output ("month =", thisMonth, "year =", thisYear)
    EndIf
    EndIf
End NextDate
```

User Story 7 A month below minimum can be detected
>Input: 15, 0, 2005
>Expected Output: day = 15
>month = 0 is below minimum
>year = 2005

User Story 8 A month above maximum can be detected
>Input: 15, 13, 2005
>Expected Output: day = 15
>month = 13 is above maximum
>year = 2005

User Story 9 A year below minimum can be detected
>Input: 15, 11, 1811
>Expected Output: day = 15
>month = 11
>year = 1811 is below minimum

User Story 10 A year above maximum can be detected
>Input: 15, 11, 2013
>Expected Output: day = 15

```
        month = 11
        year = 2013 is above maximum
```

Pseudocode (after adding code similar to that for day validity, and
refactoring)

```
Program NextDate
   dim thisDay, thisMonth, thisYear As Integer
   Input (thisDay, thisMonth, thisYear)
   If (thisDay > = 1) AND (thisDay < = 31) Then
        Output ("day =", thisDay)
   Else
      If (thisDay < 1) Then
        Output ("day =", thisDay, "is below minimum")
      Else
        If (thisDay > 31) Then
           Output ("day =", thisDay, "is above maximum")
      EndIf
   EndIf
   If (thisMonth > = 1) AND (thisMonth < = 12) Then
        Output ("month =", thisMonth)
   Else
      If (thisMonth < 1) Then
        Output ("month =", thisMonth, "is below minimum")
      Else
        If (thisMonth > 12) Then
           Output ("month =", thisMonth, "is above maximum")
      EndIf
   EndIf
   If (thisYear > = 1812) AND (thisYear < = 2012) Then
        Output ("year =", thisYear)
   Else
      If (thisYear < 1812) Then
        Output ("year =", thisYear, "is below minimum")
      Else
        If (thisYear > 2012) Then
           Output ("year =", thisYear, "is above maximum")
      EndIf
   EndIf
End NextDate
```

至此，输入数据值的范围已经全部检测完成。下一轮迭代将要处理给定月份中存在不可能日子的问题。为节省空间，这里删去了对数据有效性进行检查的代码。当然，在测试驱动开发的具体实践中，这部分是必不可少的。

User Story 11 Day = 31 in a 30-day month
```
        Input: 31, 11, 2005
        day = 31 cannot happen when month is 11
        month = 11
        year = 2005
```
Pseudocode
```
Program NextDate
   dim thisDay, thisMonth, thisYear As Integer
   Input (thisDay, thisMonth, thisYear)
   'data validity checking code would normally be here
   If (thisDay = 31) AND thisMonth IN {2, 4, 6, 9, 11} Then
   Output("day =", thisDay, "cannot happen when month is",
        thisMonth)
   EndIf
End NextDate
```

User Story 12 Day > = 29 in February

```
Input: 30, 2, 2005
Expected Output:
day = 30 cannot happen when month is February
month = 2
year = 2005
```

Pseudocode

```
Program NextDate
    dim thisDay, thisMonth, thisYear As Integer
    Input (thisDay, thisMonth, thisYear)
    'data validity checking code would normally be here
    If (thisDay = 31) AND thisMonth IN {2, 4, 6, 9, 11} Then
    Output("day =", thisDay, "cannot happen when month is", thisMonth)
    EndIf
    If (thisDay > = 29) AND thisMonth = 2 Then
        Output("day =", thisDay, "cannot happen in February")
    EndIf
End NextDate
```

User Story 13 Day = 29 in February in a common year

```
    Input: 29, 2, 2005
    Expected Output:
    day = 29 cannot happen when month is February in a
    common year
    month = 2
    year = 2005
    day = 29
```

Pseudocode

```
Program NextDate
    dim thisDay, thisMonth, thisYear As Integer
    Input (thisDay, thisMonth, thisYear)
    'data validity checking code would normally be here
    If (thisDay = 31) AND thisMonth IN {2, 4, 6, 9, 11} Then
    Output("day =", thisDay, "cannot happen when month is", thisMonth)
    EndIf
    If (thisDay > = 29) AND thisMonth = 2 Then
    Output("day =", thisDay, "cannot happen in February")
    EndIf
    'Note: isLeap is a Boolean function that returns true when the
    'argument corresponds to a leap year. Cannot run this test case until
    'Function isLeap is tested.
    If (thisDay = 29) AND thisMonth = 2 AND NOT(isLeap(this year))
    Then Output("day =", thisDay, "cannot happen in February in a
        common year")
    EndIf
End NextDate
```

程序运行到这里产生一个异常。开发人员假设此处有一个布尔函数 isLeap，这个函数根据输入的年份是闰年还是平年给出 True（真）和 False（假）结果。在运行当前的测试用例之前，我们应该先行测试这个函数。所以这可能成为又一个需要重构的地方。isLeap 函数是以下几个用户故事的测试目标。

User Story 14 A year divisible by 4 is a leap year (except for century years)

```
    Input: 2004
    Expected Output: True
```

Pseudocode

```
Function isLeap(year) As Boolean
    dim year As Integer
    '1812 < = year < = 2012 is given, and tested in main program
    isLeap = False
    'MOD is the modulo arithmetic built-in operator in most languages
```

```
    If ((year MOD 4) = 0) Then
    IsLeap = True
    EndIf
End isLeap
```

User Story 15 A year not divisible by 4 is a common year.
   Input: 2005
   Expected Output: False
Pseudocode
```
Function isLeap(year) As Boolean
    dim year As Integer
    '1812 < = year < = 2012 is given, and tested in main program
    isLeap = False
    'MOD is the modulus built-in operator in most languages
    If ((year MOD 4) = 0) Then
    IsLeap = True
    Else
        IsLeap = False
    EndIf
End isLeap
```

User Story 16 A century year not divisible by 400 is a common year.
   Input: 1900
   Expected Output: False
Pseudocode
```
Function isLeap(year) As Boolean
    dim year As Integer
    '1812 < = year < = 2012 is given, and tested in main program
    isLeap = False
    'MOD is the modulus built-in operator in most languages
    If (((year MOD 4) = 0) AND NOT(year MOD 100 = 0)) Then
        IsLeap = True
    Else
        IsLeap = False
    EndIf
End isLeap
```

User Story 17 A century year divisible by 400 is a leap year.
   Input: 2000
   Expected Output: True
Pseudocode
```
Function isLeap(year) As Boolean
    dim year As Integer
    '1812 < = year < = 2012 is given, and tested in main program
    isLeap = False
    'MOD is the modulus built-in operator in most languages
    If (((year MOD 4) = 0) AND NOT(year MOD 100 = 0)) OR
            ((year MOD 400) = 0) Then
        IsLeap = True
    Else
        IsLeap = False
    EndIf
End isLeap
```

说明：在开发 isLeap 函数的过程中，测试驱动开发表现出了其优越性。在每次实验课上，没有几个学生能够从函数定义就直接编写出函数的全部条件（见用户故事 17）。而测试驱动开发构建过程却能很好地简化这些令人迷糊的条件。至此，用户故事就可以回到对日子有效性的测试中。

```
User Story 18 Day = 29 in February in a leap year
    Input: 29, 2, 2004
    Expected Output: day = 1
        month = 3
        year = 2004
Pseudocode
Program NextDate
    dim thisDay, thisMonth, thisYear As Integer
    Input (thisDay, thisMonth, thisYear)
    'data validity checking code would normally be here
    If (thisDay = 31) AND thisMonth IN {2, 4, 6, 9, 11} Then
        Output("day =", thisDay, "cannot happen when month is", thisMonth)
    EndIf
    If (thisDay = 30) AND thisMonth = 2 Then
        Output("day =", thisDay, "cannot happen in February")
    EndIf
    If (thisDay = 29) AND thisMonth = 2 AND NOT(isLeap(this year))
        Then Output("day =", thisDay, "cannot happen in February in a
            common year")
    Else
        Output(day = 1, month = 3, year = this year)
    EndIf
End NextDate
```

前 10 个用户故事检测日、月份和年份各个值是否在正确范围之内。用户故事 11 至 18 处理有效日和无效日。余下的用户故事保证正确的日递增。至此，基本的"测试一点儿、编码一点儿"软件开发原则就已经非常明确了。还有一些用户故事将在 19.3.3 节中介绍，到时我们还要进一步讨论用户故事的粒度问题。

19.2　自动化测试执行（测试框架）

测试驱动开发依赖于能够方便地构造和实施测试的开发环境。为使测试驱动开发容易实施，多数主流编程语言都开发了测试执行框架（环境）。大多数此类环境都要求测试人员编写一个测试驱动程序，提供当前测试用例的相关数据——输入和期望输出。在 19.3 节将介绍 Jave/JUnit 环境下的一个示例。下面列出了部分编程语言的测试驱动开发框架，其中的信息来自维基百科（http://en.wikipedia.org/wiki/XUnit）。从中可以看出提供测试驱动开发框架的编程语言比比皆是。

AUnit——Ada 语言的单元测试框架。

AsUnit——ActionScript 语言的单元测试框架。

AS2Unit——ActionScript 2.0 的单元测试框架。

As2libUnitTest——ActionScript 2.0 的单元测试框架。

CUnit——C 语言的单元测试框架。

CuTest——一个小巧的 C 语言单元测试框架。

CFUnit——ColdFusion 的单元测试框架。

CPPUnit——C++ 的单元测试框架。

csUnit——.NET 的单元测试框架。

DBUnit——JUnit 的拓展，用于进行数据库的单元测试框架。

DUnit——Delphi 的单元测试框架。

FoxUnit——Visual FoxPro 的单元测试框架。

FRUIT——Fortran 单元测试框架。

　　fUnit——Fortran 的单元测试框架。

　　FUTS——单元测试 SAS 的框架。

　　GUnit——GNOME 支持下的 C 语言单元测试框架。

　　HttpUnit——Web 应用的单元测试框架，通常同 JUnit 结合在一起使用。

　　jsUnit——JavaScript 客户端（在浏览器下）的单元测试框架。

　　JUnit——Java 的单元测试框架。

　　JUnitEE——Java EE 的单元测试框架。

　　MbUnit——Microsoft .NET 的单元测试框架。

　　NUnit——Miscrosoft .NET 的单元测试框架。

　　ObjcUnit——Objective-C 的单元测试框架，类似于 JUnit。

　　OCUnit——Objective-C 的单元测试框架。

　　OUnit——Ocaml 的单元测试框架。

　　PHPUnit——PHP 的单元测试框架。

　　PyUnit——Python 的单元测试框架。

　　RBUnit——REALbasic 的单元测试框架。

　　SimpleTest——PHP 的单元测试框架。

　　SUnit——Smalltalk 的单元测试框架（最初的 xUnit 框架）。

　　Test::Class——另一种 Perl 的单元测试模块。

　　Test::Unit——Perl 的单元测试模块。

　　Test::Unit——Ruby 的单元测试模块。

　　Testoob—— 一种扩展的单元测试框架，同 PyUnit 一同使用。

　　TSQLUnit——Transact-SQL 的单元测试框架。

　　VbaUnit——Visual Basic 应用开发的单元测试框架。

　　VbUnit——Visual Basic 的单元测试框架。

19.3　Java 和 JUnit 示例

　　JUnit 程序是一个典型的测试驱动开发测试框架。这里给出的 Java 代码涵盖了 19.2 节中涉及的示例中大部分内容。

19.3.1　Java 源代码

```
//class ValidDate checks if a date is correct, by Dr. Christian Trefftz
public class ValidDate

{public static boolean isLeap(int year)
     {if (((year%4) ==0) && !((year%100) ==0) || ((year%400) ==0))
          return true;
     else
          return false;}
  //validRangeForDay will return true if the parameter thisDay is in the
valid range
   public static boolean validRangeForDay(int thisDay)
      {if ((thisDay > = 1) && (thisDay < = 31))
     {System.out.println("Day = "+thisDay);
         return true;}
```

```
        else {if (thisDay < 1)
             {System.out.println("Day = "+thisDay+" is below minimum.");
                     return false;}
                 else
                       if (thisDay > 31)
                     {System.out.println("Day = "+thisDay+" is above maximum.");
                         return false;}
                 }
         return false;}
//validRangeForMonth will return true if the parameter thisMonth is in
the valid range
    public static boolean validRangeForMonth(int thisMonth) {
        if ((thisMonth > = 1) && (thisMonth < = 12))
     {System.out.println("Month = "+thisMonth);
             return true;}

       else
       {if (thisMonth < 1)
             {System.out.println("Month = "+thisMonth+" is below minimum.");
                     return false;}
             else
                 if (thisMonth > 12)
                 {System.out.println("Month = "+thisMonth+" is above maximum.");
                         return false;}
                 }
         return false;}
   //validRangeForYear will return true if the parameter thisYear is in
the valid range
    public static boolean validRangeForYear(int thisYear) {
        if ((thisYear > = 1812) && (thisYear < = 2012))
     {System.out.println("Year = "+thisYear);
         return true;}
         else
             {if (thisYear < 1812) {
                 System.out.println("Year = "+thisYear+" is below minimum.");
                 return false;}
             else
                     if (thisYear > 2012)
                         {System.out.println("Year = "+thisYear+" is above maximum.");
                         return false;}
             }
         return false;}
   //validCombination will return true if the parameters are a valid combination
   public static boolean validCombination(int thisDay,int thisMonth,int
thisYear){
         if ((thisDay = = 31) && ((thisMonth = = 2) || (thisMonth = =4) ||
(thisMonth = = 6) || (thisMonth = =9) || (thisMonth = = 11)))
         {System.out.println("Day = "+thisDay+" cannot happen when month is
"+thisMonth);
             return false;}
         if ((thisDay = = 30) && (thisMonth = = 2))
             {System.out.println("Day = "+thisDay+" cannot happen in February");
             return false;}
         if ((thisDay = = 29) && (thisMonth = = 2) && !(isLeap(thisYear)))
             {System.out.println("Day = "+thisDay+" cannot happen in February.");
             return false;}
         return true;}
//validDate will return true if the combination of the parameters is valid
public static boolean validDate(int thisDay,int thisMonth,int thisYear)
        {if (!validRangeForDay(thisDay))
             {return false;}
         if (!validRangeForMonth(thisMonth))
             {return false;}
```

```
if (!validRangeForYear(thisYear))
    {return false;}
if (!validCombination(thisDay,thisMonth,thisYear)) {
    return false;}
//If this point is reached, the date is valid
return true;}}
```

19.3.2 JUnit 测试代码

要测试一个 Java 单元，测试人员必须首先编写一段如下所示的测试程序。该程序建立起被测 Java 单元与 JUnit 框架之间的联系。实际的测试用例采用的是 assertEquals 方法，其中的断言（assertion）都包含了利用测试用例的参数来调用执行该单元所得到的通过 / 失败（pass/fail）结果。例如，断言语句：

```
assertEquals(true, ValidDate.validDate(29, 2, 2000));
```

要求 JUnit 使用 2000 年 2 月 29 日作为测试用例参数来运行 ValidDate 类的 validDate 方法。由于这是一个有效日期，所以期望 JUnit 返回 true。类似地，断言语句：

```
assertEquals(false, ValidDate.validDate(29, 2, 2001));
```

将测试一个无效的 2 月份日子。下面是本例中的实际 JUnit 测试代码。

```
//The test class ValidDateTest, by Dr. Christian Trefftz
public class ValidDateTest extends junit.framework.TestCase
{
    //Default constructor for test class ValidDateTest
    public ValidDateTest()
    {}
    //Sets up the test fixture. Called before every test case method.
    protected void setUp()
    {}
    //Tears down the test fixture. Called after every test case method.
    protected void tearDown()
    {}
     public void testIsLeap()
            {assertEquals(true, ValidDate.isLeap(2000));
            assertEquals(false, ValidDate.isLeap(1900));
            assertEquals(false, ValidDate.isLeap(1999));}
    public void testValidRangeForDay()
            {assertEquals(false, ValidDate.validRangeForDay(-1));
            assertEquals(false, ValidDate.validRangeForDay(32));
            assertEquals(true, ValidDate.validRangeForDay(20));}
    public void testValidRangeForMonth()
            {assertEquals(false, ValidDate.validRangeForMonth(0));
            assertEquals(false, ValidDate.validRangeForMonth(13));
            assertEquals(true, ValidDate.validRangeForMonth(6));}
    public void testValidRangeForYear()
            {assertEquals(false, ValidDate.validRangeForYear(1811));
            assertEquals(false, ValidDate.validRangeForYear(2013));
            assertEquals(true, ValidDate.validRangeForYear(1960));}
    public void testValidCombination()
            {assertEquals(false, ValidDate.validCombination(31, 4, 1960));
            assertEquals(false, ValidDate.validCombination(29, 2, 2001));
            assertEquals(true, ValidDate.validCombination(29, 2, 2000));
            assertEquals(true, ValidDate.validCombination(28, 2, 2001));}
    public void testValidDate()
            {assertEquals(true, ValidDate.validDate(29, 2, 2000));
```

```
assertEquals(false, ValidDate.validDate(29, 2, 2001));
assertEquals(true, ValidDate.validDate(11, 10, 2006));
assertEquals(false, ValidDate.validDate(04, 30, 1960));
assertEquals(true, ValidDate.validDate(30, 04, 1960));}
```
}

19.4　其他待解决的问题

19.4.1　基于规格说明还是基于代码

　　测试驱动开发是基于代码还是基于规格说明？从某种意义上说，一个测试用例就是一个低层的规格说明，因此测试驱动开发似乎应该被看成是基于规格说明的。但是，测试用例又与代码紧密相连，故其又表现出是基于代码的测试。当然至少在 DD 路径层面上，代码覆盖性问题是无法回避的。更进一步看，能否认为全部测试用例的集合也构成了一个需求规格说明呢？当客户试图通过测试用例集合来理解一个测试驱动开发程序时，想象一下客户的反应就明白了。然而，从敏捷编程的意义上看，每个测试用例的意图均可看成一个用户故事，而用户故事是可以被客户所接受的。这实际上是一个详细级别的问题，并且还引发测试驱动开发的一种变体。那些反对一小步一小步逐渐扩充式开发的人建议最好采用更大的测试用例和更大的代码段。其好处在于引进小的代码设计元素，以减少重构的频度。"纯"测试驱动开发中的严格的自底向上方法是靠自顶向下的思考才得以实现的。

19.4.2　需要配置管理吗

　　从表面上看，测试驱动开发对配置管理来说就如同一场噩梦。即使对小得像 NextDate 这样的程序来说，从开始开发到开发完成也会有几十个版本。这就是为什么会需要重构。测试驱动开发强制在代码开发过程中采用自底向上的方式。尽责的程序员在某些时候可以发现，代码还可以被组织成更优雅的形式。尽管对何时应该进行代码重构并没有固定的规则，但在代码重构时，重要的是要保证在此之前的测试用例都要被保留下来。如果重构的代码不能通过所有的测试，证明在重构过程中一定出了问题。这里我们又看到了简单的故障分离。一旦所有测试用例均通过，代码重构的地方就成了进行配置管理的很好选择。这里也是使设计目标能够或有可能被升级为配置事项的地方。如果这之后的代码使前期的测试用例失败，那么这又是另一个明显的配置管理点。配置事项应该被降级成为设计目标，而设计目标按定义要服从于变化。

19.4.3　粒度应该多大

　　19.3.1 节中示例的一系列用户故事呈现出了非常细粒度的详细级别。另一种可选的处理方法是采用表 19-2 中所示的粗粒度的用户故事。对粗粒度用户故事来说，某个具体的用户故事又可以进一步分裂成一系列更细小的任务，然后为每个小任务开发代码。这样故障分离能力就被保留下来。为了区分这些粒度选择方法，有时又把使用粗粒度的情况称为故事驱动开发。

表 19-2　用户故事的粒度

粗粒度用户故事	细粒度用户故事
1. 程序通过编译	1. 程序通过编译
2. 能够输入并显示日期	2. 能够输入并显示日
	3. 能够显示输入的月份
	4. 能够显示输入的年份

（续）

粗粒度用户故事	细粒度用户故事
3. 能够检查出无效日	5. 能够检查出小于最小值的日
	6. 能够检查出大于最大值的日
4. 能够检查出无效月份	7. 能够检查出小于最小值的月份
	8. 能够检查出大于最大值的月份
5. 能够检查出无效年份	9. 能够检查出小于最小值的年份
	10. 能够检查出大于最大值的年份
6. 能够检查出无效日	11. 30 天月份中的第 31 天（$Day = 31$）
	12. 2 月中的第 30 天（$Day = 30$）
	13. 平年中 2 月中的第 29 天（$Day = 29$）
	14. 闰年中 2 月中的第 29 天（$Day = 29$）
7. 能够辨别出闰年	15. 能够被 4 整除的年份是闰年（世纪年份除外）
	16. 不能够被 4 整除的年份是平年
	17. 不能够被 400 整除的世纪年份是平年
	18. 能够被 400 整除的世纪年份是闰年
8. 有效日能够正确递增	19. 从一个月份的非最后一天递增一天
	20. 从 30 天月份的最后一天递增一天
	21. 从 31 天月份的最后一天递增一天
	22. 从 12 月 31 日递增一天
	23. 从平年的 2 月 28 日递增一天
	24. 从闰年的 2 月 28 日递增一天
	25. 从闰年的 2 月 29 日递增一天

19.5   测试驱动开发的优缺点及其他相关问题

与大部分新生事物一样，测试驱动开发有着它自己的优点、缺点、主张和未能解决的问题。测试驱动开发的优点是非常明显的。这归功于极其紧密的测试/编码的循环迭代，以至于始终有一个可以工作的程序版本。这就意味着一个测试驱动开发项目无论何时都可以提交给他人，通常转交给一起开发的合作者，继续开发。TDD 的最大优点是其卓越的故障分离能力。如果某个测试用例失败，那原因一定出在最新加入的代码之中。最后，TDD 被大量（包括 19.2 节中所列出的）测试框架支持。

如果没有测试框架的支持，实施测试驱动开发几乎是不可能的，即使是可能的也是困难重重的。但是这不能成为放弃测试驱动开发的借口，因为对多数编程语言来说这类框架都是唾手可得的。若测试人员无法为软件项目语言找到一个测试框架，那采用测试驱动开发就是个馊主意了。（这时考虑换一种编程语言会更好。）更进一步分析，测试驱动开发不可避免地依赖于测试人员的创造型和灵活性。好的测试用例是必不可少的，但想用测试驱动开发创造出好的代码，仅有这些还远远不够。部分原因在于测试驱动开发的自底向上的性质，这没有给精美的代码设计留下多大的空间。测试驱动开发的支持者对此的回答是，他们确信一个好的设计最终是要由一系列的重构来实现的。每次重构都会提高一些代码质量。测试驱动开发的最后一个缺点是这个自底向上过程使得深层故障（如那些只能通过数据流测试才能发现的故障）只能由逐步增长的测试用例来发现。这些故障要求对代码有更加透彻的理解，第 17章中讨论的线索交互故障的可能性又会进一步突显了测试驱动开发的缺点。

就像任何新技术或新方法都会有一大堆开放问题一样，测试驱动开发也是如此。最简单的是大型应用系统开发时的规模升级问题。看起来似乎会存在一个实际实现的极限的问题：一个人的大脑在软件开发过程中能容纳下多少东西？这个问题是程序模块化和信息封装的最初动因，而这两个概念正是面向对象编程体系的基石。如果规模都成了问题，那么系统复杂性的问题就更严重了。测试驱动开发所构建的系统能够有效地处理可靠性和安全性之类的问题吗？处理这些问题通常需要有更完善的模型，但这些模型在测试驱动开发中却无法构造。最后还有一个对系统长期维护的支持问题。敏捷编程社区和测试驱动开发的支持者一直都认为对传统开发方法来说没有必要建立文档。最极端人士甚至还对源程序中的注释也提出质疑。他们的观点是：测试用例本身就是规格说明，而好的源代码加上表意明确的变量名和方法名就起到了文档的作用。不管怎样，时间将证明一切。

19.6　模型驱动开发与测试驱动开发对比

对北美洲平原上的第一批居民来说，他们的知识来自他们对大自然的观察。当他们研究医药时，他们把动物按照 4 个方向分成 4 类，每种动物被赋予了在大自然中所呈现出的属性。一对有趣的动物是鹰和鼠。鹰能够看到大的场景，从而了解事物之间的重要关系。而鼠只能看到它们跑来跑去的大地和遇到的草木，这是非常具体的视角。在这样的医药观念指导下，对每个视角都要给予重视，每种视角对更好地理解事物都是必要的。

初期人们不一定会对模型驱动式软件开发（MDD）和测试驱动式软件开发（TDD）进行深入的思考，但是获得的教训是明确的：要想更好地理解要开发的程序，两种方法都是必要的。这没什么可奇怪的。20 世纪 70 年代和 80 年代，软件界的各个阵营之间都一直在激烈地争论基于文档测试与基于代码测试各自的优缺点。稍动一点儿脑筋的人很快就发现对两种方法进行折中是必要的。为了进一步描述这两种方法，让我们来考察前面提到的布尔函数 isLeap，它用来判断给定年份是闰年还是平年。闰年的定义为：如果年份值是 4 的倍数，该年就是闰年；但是世纪年份则要是 400 的倍数才是闰年。

在此定义下，2000 年和 2004 年都是闰年，1900 年和 2006 年都是平年。采用模型驱动的方法来开发 isLeap 函数会从一个决策表入手，表 19-3 给出了定义中每句话之间的关系。

表 19-3　isLeap 函数的决策表

条件	r1	r2	r3	r4	r5	r6	r7	r8
c1. 年份是 4 的倍数	T	T	T	T	F	F	F	F
c2. 年份是世纪年份	T	T	F	F	T	T	F	F
c3. 年份是 400 的倍数	T	F	T	F	T	F	T	F
动　作								
逻辑上不可能			×		×	×	×	
a1. 该年是平年		×						×
a2. 该年是闰年	×			×				
测试用例：year =	2000	1900		2008				2011

利用决策表建模的优点在于决策表的完备性、一致性和非冗余性。规则 r1 指是闰年的世纪年份，规则 r2 指是平年的世纪年份，规则 r4 描述非世纪年闰年，规则 r8 描述非世纪年平年。其他规则是逻辑上不可能的情况。如果从此决策表出发编写 isLeap 的代码，得到的结果会是类似于下面的 Visual Basic 函数的形式（见图 19-1）。

在图 19-1 中，从源节点到汇节点共有 4 条路径。经过节点 8 的路径对应于规则 r1，经过节点 9 与 10 的路径对应于规则 r2，依次类推。对普通开发人员来讲，一般不会直接编写具有 3 层嵌套的 If 逻辑语句，至少在第一轮开发时是不会直接尝试这么做的。（而且在第一轮开发中，能够一次就正确编写出代码来实现这样复杂功能的可能性很小。在此要为模型驱动开发加一分，因为它能实现。）

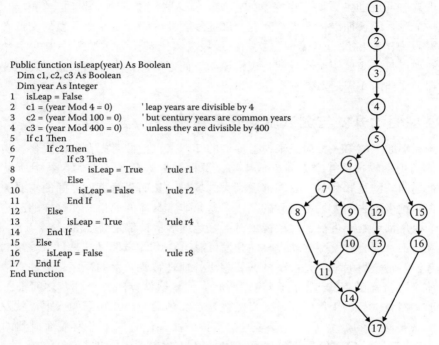

```
Public function isLeap(year) As Boolean
    Dim c1, c2, c3 As Boolean
    Dim year As Integer
1   isLeap = False
2   c1 = (year Mod 4 = 0)      ' leap years are divisible by 4
3   c2 = (year Mod 100 = 0)    ' but century years are common years
4   c3 = (year Mod 400 = 0)    ' unless they are divisible by 400
5   If c1 Then
6       If c2 Then
7           If c3 Then
8               isLeap = True      'rule r1
9           Else
10              isLeap = False     'rule r2
11          End If
12      Else
13          isLeap = True      'rule r4
14      End If
15  Else
16      isLeap = False     'rule r8
17  End If
End Function
```

图 19-1　isLeap 的模型驱动开发版本

测试驱动的方法所产生的复杂性表现出另外一种形式。为了与模型驱动开发形成鲜明对照，在 19.1 节重写了用户故事 14 至 17 的代码。可以发现测试驱动开发的代码逐渐发展成了一条复合条件 if 语句，而不是模型驱动开发中的嵌套 If 逻辑语句（在图 19-2 中还能在看到）。

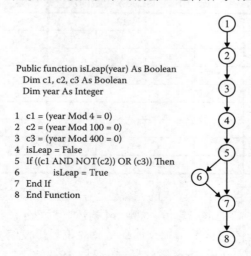

```
Public function isLeap(year) As Boolean
    Dim c1, c2, c3 As Boolean
    Dim year As Integer

1   c1 = (year Mod 4 = 0)
2   c2 = (year Mod 100 = 0)
3   c3 = (year Mod 400 = 0)
4   isLeap = False
5   If ((c1 AND NOT(c2)) OR (c3)) Then
6       isLeap = True
7   End If
8   End Function
```

图 19-2　isLeap 的测试驱动开发版本

为了复核一下上述逻辑关系，用下面的真值表来验证复杂的复合条件。

`(c1 AND NOT(c2)) OR (c3)`

c1	c2	c3	NOT (c2)	c1 ANDNOT (c2)	(c1 ANDNOT (c2)) OR c3	年份
T	T	T	F	F	T	2000
T	T	F	F	F	F	1900
T	F	T	T	T	T	不可能
T	F	F	T	T	T	2008
F	T	T	F	F	T	不可能
F	T	F	F	F	F	不可能
F	F	T	T	F	T	不可能
F	F	F	T	F	F	2011

可见，同样的测试用例和不可能输入项同时出现在真值表的最后一列和决策表的最下面一行中。所以这两个版本的 isLeap 函数在逻辑关系上是等价的。看一下两种实现的程序图。模型驱动开发版本似乎更复杂一些，事实上模型驱动开发版本的圈复杂度是 4，而测试驱动开发的却只有 2。但是从测试的观点来看，测试驱动开发版本下的复合条件要求能够覆盖多个条件。两个版本最终都需要同样的 4 个必要的（也是充分的）测试用例。

如果我们能够从中得出什么结论的话，又会是什么呢？模型驱动开发方法产生了整幅场景的鹰视角。我们从决策表的工作形式上就可以推知结果肯定是正确的。对测试驱动开发方法来说，要建立起同样的自信心，我们还要做进一步的细致工作。但最终，这两种实现方法在逻辑上是等价的。两者在圈复杂度上的明显区别被多条件覆盖度测试的要求所抵消。嵌套 If 语句逻辑的复杂度只不过是被转化成了条件复杂性，但并没有被消除。

这两种方法有什么局限性吗？模型驱动开发方法最终依赖于建模技术，测试驱动开发方法依赖于测试技术。二者并无本质区别。那么在程序规模方面呢？模型驱动开发版本的程序更长一些，有 17 个语句片段，测试驱动开发版本的程序只有 9 个语句片段。但测试驱动开发过程要求更多的键盘输入工作（测试与调试）。所以对此二者也没有什么本质区别。

那么最大的区别似乎就应该在后期维护方面了。最初的想法会认为建模对维护人员来说更有帮助——这又是鹰的视角。但是测试驱动开发方法中的测试用例能帮助维护人员重新激发和隔离故障——这就是鼠的视角了。

全对测试详述

全对测试（完全偶对测试）技术是一种很受欢迎的软件测试技术。根据 James Bach 和 Schroeder（2003）的说法，已有 40 多篇期刊论文和会议论文阐述了这项技术，而且最新的软件测试专著也在不断地讨论这个问题。可以这么说，目前发表的关于全对测试的内容比人们所知的还要多一些。本章将详细研究全对测试技术并试图回答如下问题。

- 什么是全对测试技术？
- 它为何如此受欢迎？
- 它何时表现最佳？
- 它何时不再适用？

本章最后将给出正确使用全对测试技术的一些建议。

20.1 全对测试技术

全对测试技术的基本思想是从统计学角度对测试实验进行设计。这里，正交矩阵是产生实验变量全部偶对的一种方法，而且每个偶对的发生概率均相等。从数学角度看，这种统计技术来自于拉丁方块（Mandl，1985）。Wallace 和 Kuhn 发表在美国国家标准与技术协会（NIST）期刊上的论文引起了软件开发界的注意，尤其是在敏捷软件开发领域。在经过了大量的调查后，他们的结论是：在软件控制的医疗系统中，98% 的故障是由变量对之间的交互所导致的。

给定一个具有 n 个输入变量的程序，利用全对测试技术可以获得任意一组变量对。在数学上这是一个常见的从 n 个事件中每次任取两个组合问题，其产生组合总数可以通过下面的公式计算得到：

$$C_n^2 = (n!)/((2!)(n-2)!)$$

这就是众所周知的组合爆炸问题。图 20-1 中给出了组合数 C_n^2 的前 20 个组合值。例如，在全对测试中，单独一个测试用例就需要对 12 个变量间的 66 个交互对进行测试。

目前，引用频率最高的全对测试示例可能是 Bernie Berger 开发的，并在 2003 的 STAR East 会议上给出了详细的介绍（Berger，2003）。他在论文中给出了一个具有 12 个输入变量的借贷应用程序示例。（在一封私人电子邮件里，他提到具有 12 个变量的应用程序只是一种简化形式的示例。实际的应用程序可以从网上获得，网址为：http://mortgage02.chase.com/pages/shared/gateway.jsp。在这个示例中，Berger 为 12 个变量标识出等价类，用数字表示从 2 个变量的 7 个等价类到 6 个变量的 2 个等价类可变

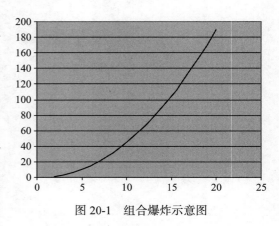

图 20-1　组合爆炸示意图

形式。等价类的叉乘产生出 725 760 个测试用例。而应用全对测试技术，能够将测试用例的数目降低到 50 个——大大减少了测试用例数！

目前有商用工具支持全对测试技术。例如，自动高效测试生成器（Automatic Efficient Test Generator，AETG）系统（Cohen 等人，1994）。另一个是由 James Bach 开发的免费程序也支持这项技术（参见 http://www.satisfice.com）。全对测试技术应用基于下面的这些假设。

- 对于每个程序输入来说，均能够构建有意义的等价类。
- 程序的输入是彼此独立的。
- 程序的输入是没有顺序的。
- 故障仅取决于一对程序输入间的交互。

下面将利用反例来证明以上每个假设的必要性。

20.1.1　程序输入

通过前面几章的介绍我们已经知道，程序输入不是事件就是数据。全对测试技术仅仅针对数据，即程序输入的是变量的值而不是事件。这对于区分物理变量和逻辑变量是很有用的，如表 10-13 所示。一般来说，物理变量通常是与一些测量单位相关的，如速度、高度、温度或密度；逻辑变量几乎与测量单位没有关联，相反，它通常表示一些枚举类型，如电话号码或员工工号等。通常对逻辑变量构建等价类会更容易一些。

作为反例，我们考虑一下三角形问题。三角形的三条边 a、b、c 都是整数，并且随机地限制在 [1, 200] 范围之内。（注意：边长上限可以是任何值，但下限不行。）边长都是物理变量，用某个长度单位来测量。对于 a、b、c 来说，什么是等价类呢？只有传统的等价类可以处理边的有效和无效输入值：

EqClass1（side）= { x: x 是整数并且 $x < 1$ }　　　　　　　　（无效值）

EqClass2（side）= { x: x 是整数并且 $1 \leqslant x \leqslant 200$ }　　　（有效值）

EqClass3（side）= { x: x 是整数并且 $x > 200$ }　　　　　　（无效值）

为 Bach 的全对测试程序提供实际输入的记事本文件如下：

```
side a    side b    side c
a < 1    b < 1    c < 1
1 ≤ a ≤ 200    1 ≤ b ≤ 200    1 ≤ c ≤ 200
a > 200    b > 200    c > 200
```

感兴趣的测试人员还可能设计出两条边恰好相等的等价类，但是这样的类是同时处理 3 个三角形程序输入变量而不是针对 1 个输入变量的。表 20-1 给出了为这些等价类生成的全对输出，表 20-2 列出了实际的测试用例。

表 20-1　allpairs.exe 程序的输出

用例号	边 a	边 b	边 c	配对数
1	$a < 1$	$b < 1$	$c < 1$	3
2	$a < 1$	$1 \leqslant b \leqslant 200$	$1 \leqslant c \leqslant 200$	3
3	$a < 1$	$b > 200$	$c > 200$	3
4	$1 \leqslant a \leqslant 200$	$b < 1$	$1 \leqslant c \leqslant 200$	3
5	$1 \leqslant a \leqslant 200$	$1 \leqslant b \leqslant 200$	$c < 1$	3
6	$1 \leqslant a \leqslant 200$	$b > 200$	$c < 1$	2

（续）

用例号	边 *a*	边 *b*	边 *c*	配对数
7	$a > 200$	$b < 1$	$c > 200$	3
8	$a > 200$	$1 \leq b \leq 200$	$c < 1$	2
9	$a > 200$	$b > 200$	$1 \leq c \leq 200$	3
10	$1 \leq a \leq 200$	$1 \leq b \leq 200$	$c > 200$	2

表 20-2　由 allpairs.exe 生成的三角形程序的测试用例

用例号	边 *a*	边 *b*	边 *c*	期望输出
1	−3	−2	−4	非三角形
2	−3	5	7	非三角形
3	−3	201	205	非三角形
4	6	−2	9	非三角形
5	6	5	−4	非三角形
6	6	201	−4	非三角形
7	208	−2	205	非三角形
8	208	5	−4	非三角形
9	208	201	7	非三角形
10	6	5	205	非三角形

正如 allpairs.exe 程序的输出所示，我们没有机会去选择与实际三角形相对应的边值。因为 9 个等价类中有 6 个是处理无效值的，而这仅仅是检测数据的有效性，还没有检测输入有效值后是否具有正确功能。

20.1.2　独立变量

NextDate 函数违反了独立变量的假设。*day* 和 *month* 这两个变量间存在依赖关系（30 天月份就不能有 *day* = 31），并且 *month* 和 *year* 之间也存在依赖关系（2 月的最后一天取决于年份是闰年还是平年）。*year*、*month* 和 *day* 变量是逻辑变量，服从于等价类的使用原则。在第 7 章中已经构造了如下等价类，并采用一个决策表来处理变量之间的依赖关系。表 20-3 是扩展输入的决策表，是通过对第 6 章中的完全决策表进行代数简化而得到。这在一定程度上是正确的，因为它精确地表达了变量有效值的全部组合。在 NextDate 函数中，*day*、*month* 和 *year* 变量之间的信赖关系也被充分地表达在这个规范决策表中。

表 20-3　NextDate 函数有效变量的规范决策表

	规则 1	规则 2	规则 3	规则 4	规则 5	规则 6	规则 7	规则 8	规则 9	规则 10
day	D_6	D_4	D_7	D_5	D_7	D_5	D_1	D_2	D_2	D_3
month	M_1	M_1	M_2	M_2	M_3	M_3	M_4	M_4	M_4	M_4
year	−	−	−	−	−	−	−	Y_1	Y_2	Y_2
day = 1		×		×		×		×		×
day ++	×		×		×		×		×	
month = 1						×				×
month ++		×		×				×		
year ++						×				

第 6 章中的基本等价类在这里又一次出现了：

对变量 *day*：

$D_1 = \{\ 1 \leqslant day \leqslant 27\ \}$

$D_2 = \{\ 28\ \}$

$D_3 = \{\ 29\ \}$

$D_4 = \{\ 30\ \}$

$D_5 = \{\ 31\ \}$

对变量 month：

$M_1 = \{\ 30\ 天月份\ \}$

$M_2 = \{\ 31\ 天月份，12\ 月除外\ \}$

$M_3 = \{\ 12\ 月\ \}$

$M_4 = \{\ 2\ 月\ \}$

对变量 year：

$Y_1 = \{\ 平年\ \}$

$Y_2 = \{\ 闰年\ \}$

表 20-3 给出了把 day 等价类与一个完整的扩展入口决策表相组合的规则结果：

$D_6 = D_1 \cup D_2 \cup D_3 = \{1 \leqslant day \leqslant 29\}$

$D_7 = D_1 \cup D_2 \cup D_3 \cup D_4 = \{1 \leqslant day \leqslant 30\}$

NextDate 函数的 allpairs.exe 程序的测试用例如表 20-4 所示。注意，这 10 个规范测试用例仅仅是 20 个全对测试用例的一部分。由于全对算法没有进行决策表规则的合并，因此一些生成的测试用例是与规范决策表中的同一条规则相对应的。例如，全对测试用例 1、3 和 15 对应于规则 1，测试用例 2、4、16 和 18 对应于规则 3，测试用例 6、8、12 和 14 对应于规则 5。这种冗余是可以理解的。更严重的问题在于缺失测试用例（如规则 8）和无效测试用例（如用例 7、9 和 19）。缺失测试用例包括 3 个变量间的所有交互，因此不能期望全对算法能找出这样的用例。无效测试用例是因为变量对间的依赖关系。上述这些都证明了变量独立假设的必要性。

表 20-4　NextDate 函数的全对测试用例

用例号	day	month	year	配对	有效否?	DT 规则
1	1～27	30 天月份	闰年	3	是	1
2	1～27	31 天月份	平年	3	是	3
3	28	30 天月份	平年	3	是	1
4	28	31 天月份	闰年	3	是	3
5	29	2 月	闰年	3	是	10
6	29	12 月	平年	3	是	5
7	30	2 月	平年	3	否	
8	30	12 月	闰年	3	是	5
9	31	30 天月份	闰年	2	否	
10	31	31 天月份	平年	2	是	4
11	1～27	2 月	～闰年	1	是	7
12	1～27	12 月	～平年	1	是	5
13	28	2 月	～平年	1	是	9
14	28	12 月	～闰年	1	是	5

（续）

用例号	day	month	year	配对	有效否?	DT 规则
15	29	30 天月份	~平年	1	是	1
16	29	31 天月份	~闰年	1	是	3
17	30	30 天月份	~闰年	1	是	2
18	30	31 天月份	~平年	1	是	3
19	31	2 月	~闰年	1	否	
20	31	12 月	~平年	1	是	6

20.1.3　输入的顺序

使用图形用户界面（GUI）的应用程序通常假设用户按一定的顺序进行输入。一个简化的货币转换器的简单 GUI（来自第 16 章和第 19 章），如图 20-2 所示。用户输入一个不超过 $10,000 美元的值，选择三种转换货币类型中的一种，并且点击"计算"按钮，程序就会显示出与输入美元等值的所选货币的金额。用户可以在任何时刻点击"清除全部"按钮，以实现重置美元金额和重置已选货币类型的目的。一旦用户输入一个美元金额，即可完成一系列操作：首先选择转换货币类型，点击"计算"按钮来实现货币转换金额计算，还可以重复上述过程以实现对其他货币类型的转换操作。"退出"按钮用来结束整个程序。

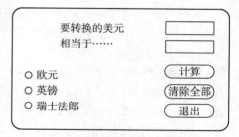

这里没有对用户输入事件的顺序进行控制，所以"计算"按钮必定会遇到无效的用户输入顺序。它会产生以下 5 种出错消息。

- 出错消息 1：没有输入美元金额。
- 出错消息 2：没有选择转换货币类型。
- 出错消息 3：没有输入美元金额，并且没有选择转换货币类型。
- 出错消息 4：美元金额不能是负数。
- 出错消息 5：金额不能超过 10 000 美元。

图 20-2　货币转换器的 GUI

由此可见，单击"计算"按钮是上下文敏感的输入事件，这里共有 6 种上下文：其中 5 种会产生出错信息，另外一种是有效范围内的输入美元金额。很显然，一个输入事件与其数据上下文所构成的"偶对"才是测试人员感兴趣的东西，因此这个问题非常适合利用全对测试技术来解决。

乍看起来，货币转换器的 GUI 似乎很适合用全对技术来处理。因为从上面的叙述中可知，我们可以很自然地推导得到下面这些等价类，如表 20-5 所示。

```
USdollar1 = {No entry}
USdollar2 = {<$0}
USdollar3 = {$1-$10K}
USdollar4 = {>$10K}
Currency1 = {Euros}
Currency2 = {Pounds}
Currency3 = {Swiss francs}
Currency4 = {Nothing selected}
Operation1 = {Compute}
Operation2 = {Clear All}
Operation3 = {Quit}
```

表 20-5 货币转换器 GUI 的 allpairs.exe 输入

美元输入数	转换货币	操作
没有输入	欧元	计算
< $0	英镑	清除全部
$1 ~ $10 000	瑞士法郎	退出
> $10 000	没有选择	

如表 20-6 所示，表中前 4 列是 allpairs.exe 程序的输出。最后一列是测试人员提供的期望输出。测试用例 15 和 16 中的"~计算"是一个全对输出，它指示测试人员选择除"计算"功能之外的其他操作。（这是决策表中"忽略"条目的扩展。）需要注意的是，这里仅仅出现了出错消息 1 和 4 或出错消息 2 和 5 中的一个。测试用例 9 产生第四个上下文——计算出等价的英镑金额。这是系统进行的唯一一次实际计算——全对测试用例没有进行美元向欧元或美元向瑞士法郎的转换测试。

表 20-6 货币转换 GUI 的 allpairs.exe 测试用例

用例号	美元输入金额	货币类型	操作	期望输出
1	没有输入	欧元	计算	出错消息 1
2	没有输入	英镑	清除全部	英镑重置
3	没有输入	瑞士法郎	退出	应用程序结束
4	< $0	欧元	清除全部	美元数量和欧元重置
5	< $0	英镑	计算	出错消息 4
6	< $0	瑞士法郎	计算	出错消息 4
7	< $0	没有选择	退出	应用程序结束
8	$1 ~ $10 000	欧元	退出	应用程序结束
9	$1 ~ $10 000	英镑	计算	等价的英镑
10	$1 ~ $10 000	瑞士法郎	清除全部	美元数量和欧元重置
11	> $10 000	英镑	退出	应用程序结束
12	> $10 000	没有选择	计算	出错消息 5 或 2
13	> $10 000	欧元	清除全部	美元数量和欧元重置
14	没有输入	没有选择	清除全部	GUI 不变化
15	$1 ~ $10 000	没有选择	~计算	?
16	> $10 000	瑞士法郎	~计算	?

全对算法还有一个细小问题——尽管输入顺序对算法应该是无关紧要的，但却能产生一些令人惊讶的不同结果。如表 20-7 所示，这里我们仅仅改变了输入美元的顺序，表 20-8 列出了根据此顺序所得到的测试用例结果。虽然仅仅是如此细微的改变，但是系统却进行了两种货币类型的转换（英镑和瑞士法郎），并且产生的出错消息变成了 3、4 和 5。

表 20-7 不同顺序的 allpairs.exe 输入

美元输入金额	货币类型	操作
< $0	欧元	计算
$1 ~ $10 000	英镑	清除全部
> $10 000	瑞士法郎	退出
没有输入	没有选择	

表 20-8   allpairs.exe 测试用例（注意与表 20-6 的区别）

用例号	美元输入金额	货币类型	操作	期望输出
1	< $0	欧元	计算	出错消息 4
2	< $0	英镑	清除全部	美元金额和英镑重置
3	< $0	瑞士法郎	退出	应用程序结束
4	$1 ~ $10 000	欧元	清除全部	美元金额和欧元重置
5	$1 ~ $10 000	英镑	计算	等价的英镑
6	$1 ~ $10 000	瑞士法郎	计算	等价的瑞士法郎
7	$1 ~ $10 000	没有选择	退出	应用程序结束
8	> $10 000	欧元	退出	应用程序结束
9	> $10 000	英镑	计算	出错消息 5
10	> $10 000	瑞士法郎	清除全部	美元数量和瑞士法郎重置
11	没有输入	英镑	退出	应用程序结束
12	没有输入	没有选择	计算	出错消息 3
13	没有输入	欧元	清除全部	欧元重置
14	< $0	没有选择	清除全部	美元金额重置
15	> $10 000	没有选择	~计算	?
16	没有输入	瑞士法郎	~计算	?

这种变化是由算法选择变量对的方式所造成的。前一种情况下的测试用例包含了最多的变量对，而后一种包含得最少。这就意味着进行全对测试的工作人员必须能对提交给算法变量类的顺序灵活处理。

20.1.4   完全由输入所引发的失效

由全对测试的定义可知，这项技术只能发现由两个变量的交互所产生的故障。NextDate 函数这个反例使我们清楚，3 个变量之间的交互所产生的故障是不会被检测出来的（如平年 2 月 28 日）。对于这个问题，我们不能怪全对技术——因为这项技术的倡导者已经明确指出：这项技术的目的在于找出仅仅由变量对之间的交互所产生的故障。正交矩阵可以用来找出 3 个或更多变量间的交互。只要被测试程序使用的是逻辑变量，就不会有太大的风险。但是，如果程序包含了一些物理变量间的运算，那么就可能需要深入的思考。例如，假设我们要计算一个比值，并且分子和分母来自于不同的类。对于一般值计算，可能不会出现什么问题，但是如果用一个非常大的分子除以一个很小的分母，计算就可能会导致系统产生溢出故障。为了发现这样的故障，人们一般采用最差边界测试方法。

20.2   对 NIST 研究成果的进一步分析

大部分逻辑学导论课程都会讨论一类被称为非形式化谬误的论点。延伸型谬误（也称稻草人谬误）就是其中之一，它在某个论点从一种简单情况扩展到极端情况时发生，因为在极端情况下更容易说明问题。之后结论又会回推到最初的简单情况。延伸型谬误通常发生在有人要求特别考虑时，而对此的回答类似于这样："如果允许每个人对问题都表示异议会是怎样呢？"

众多论文都在强调全对算法是如何将大量测试用例压缩到较少且容易管理的用例集合中去的，但是在这些论文中却看到了延伸型谬误的影子。虽然很多广为流传的论文都将 NIST

的研究成果作为全对测试技术的基础，但是 NIST 的论文（Wallace 和 Kuhn，2000，2001）却从来没有强调过这种压缩的思想；相反，他们强调由两个以上变量产生的故障是相对罕见的（在他们研究的样本中所占的比例是 2%）。这两篇论文所关注的都是如何描述故障，发现其根源并建立一套相当标准的软件工程技术，以便避免在未来的系统中再出现类似的故障。

在分析了 109 份失效报告之后，最近 NIST 论文才开始倾向于全对技术，强调对测试用例压缩这一主流思想。他们写道（Wallace 和 Kuhn，2000）："109 份失效报告中仅有 3 份表明了导致失效需要两个以上条件存在。"他们更进一步说明："这三例失效中最复杂的一个涉及 4 个条件。"报告中对于这部分的结论是："在这 109 份详细报告中，其中 98% 的测试结果表明：如果采用全部的参数设置偶对来测试系统，这类问题就可以被检测出来。"报告中写道：绝大多数医疗设备系统仅仅有"相对较少的输入变量，每个变量取值不是来自一个很小的离散集合，就是在一个有限范围之内"。于是延伸型谬误就出现了。引用 Wallace 和 Kuhn（2000）的话：

> 医疗设备随治疗领域的不同而千差万别，但通常都只有相对较少的几个输入变量，每个输入变量的取值不是来自一个很小的离散集合，就是在一个有限范围之内。例如，设想某个设备有 20 个输入，每个输入有 10 种取值，则系统会有 10^{20} 种取值的组合。限于大多数项目的开发经费有限，往往仅能构造几百个测试用例，显然测试也就只能覆盖这些可能组合的一小部分。实际上，其输入值产生的偶对数目并不大，而且由于每个测试用例必须要对 10 个变量中的任意一个设置取值，所以每个测试用例中就可能包含不止一个变量对。我们可以利用一些基于正交拉丁方块的算法，这些算法可以用合理的代价来为所有偶对（或更高阶的组合）生成测试数据。这样就能够找到一种只使用 180 个测试用例，而且测试有可能覆盖本问题的所有取值偶对的方法[8]。

上文中有些让人匪夷所思的地方，他们预先假设：绝大多数设备都只有有限的几个输入，所以文章中把变量组合数量扩展到 10^{20} 种情况就没有多少实际意义了。

20.3　全对测试的适用范围

要判断给定应用是否适合采用全对测试技术，需要考虑两个因素，如表 20-9 所示。首先考虑该应用系统是静态的还是动态的。在静态应用中，所有输入在计算开始之前就设置完毕。Darid Harel 称其为变换性应用，因为这样的应用将输入数据变换为输出数据（Harel，1988）。对经典的 COBOL 程序来说，其输入、处理过程和输出泾渭分明，这是非常好的静态应用示例。

表 20-9　适用于全对测试的应用程序

	单处理器	多处理器
静态	全对测试可能可以适用	全对测试不能处理输入顺序的问题
动态	全对测试可能会有问题	全对测试不能处理输入顺序的问题

在动态应用中，并非所有的输入在计算一开始就都完成了设置，尽管这些输入都决定了程序的最终执行路径。"反应"这个术语表达了动态应用是按照时间顺序对各个输入做出反应的事实。动态应用和静态应用间的差异类似于组合电路和时序电路之间的区别。对动态应用来说输入数据的顺序非常重要，但却没有措施保证感兴趣的数据对按照必要的顺序进行

输入，所以全对测试技术不适用于动态应用。而且，动态应用经常包含一些同上下文密切相关的输入事件；在这种情况下，物理变量输入的逻辑含义由该事件发生时的上下文确定。20.1.3 节的货币转换示例中就包含一些与上下文密切相关的输入事件。

第二个需要考虑的因素是，应用程序是运行在单处理器上还是多处理器上。全对测试技术不能保证输入数据对在多处理器上都是合适的。竞争条件、事件实时发生的持续时间、异步输入顺序等因素在多处理器应用中是很常见的，而全对测试技术却难以满足这些条件。因此对动态应用来说，不论是在单处理器上还是多处理器上，都不适合采用全对测试技术。

对剩下的这个应用领域，即多处理器环境中的静态应用，是否适合于用这项技术还不是很明确。因为此类系统一般都是计算密集型的（因此需要并行处理）。若将它们放在一个处理器上执行时系统确实是静态的，那么全对测试技术就是适用的。

20.4　对全对测试的建议

全对测试仅仅是一种捷径。当用于测试的时间被不断缩减时——实践中经常是这样的，那么就会选择走捷径，这既充满诱惑也充满风险。如果对下面这些问题都能够给出肯定的回答，那么采用全对测试技术的风险就会大大降低。

- 输入是单纯的数据吗（而不是数据或事件的混合）？
- 都是逻辑变量吗（而不是物理变量）？
- 变量间是相互独立的吗？
- 变量具备有效的等价类吗？
- 输入是与顺序无关的吗（特别是，应用程序是静态的、单处理器的）？

因为全对算法只能够产生测试用例的输入部分，所有最后还有一个问题：能确切地给出全对测试的期望输出吗？

20.5　习题

请从 James Bach 的网页上下载 allpairs.exe 程序，利用改程序来测试你的 YesterDate 代码。

20.6　参考文献

Bach, J. and Schroeder, P.J., Pairwise testing: A best practice that isn't, *STARWest*, San Jose, CA, October 2003.

Berger, B., Efficient testing with all-pairs, *STAREast*, Orlando, FL, May 2003.

Cohen, D.M., Dalal, S.R., Kajla, A. and Patton, G.C., The Automatic Efficient Test Generator (AETG) system, *Proceedings of the 5th International Symposium on Software Reliability Engineering*, IEEE Computer Society Press, 1994, pp. 303–309.

Harel, D., On visual formalisms, *Communications of the ACM*, Vol. 31, No. 5, May 1988, pp. 514–530.

Mandl, R., Orthogonal Latin squares: An application of experiment design to compiler testing, *Communications of the ACM*, Vol. 28, No. 10, 1985 pp. 1054–1058.

Wallace, D.R. and Kuhn, D.R., *Converting System Failure Histories into Future Win Situations*, available at http://hissa.nist.gov/effProject/handbook/failure/hase99.pdf, 2000.

Wallace, D.R. and Kuhn, D.R., Failure modes in medical device software: An analysis of 15 years of recall data, *International Journal of Reliability, Quality, and Safety Engineering*, Vol. 8, No. 4, 2001, pp. 351–371.

测试用例的评估

就像罗马讽刺作家 Juvenal 提出的问题"谁来守卫卫兵"一样,无论一组测试设计得多么精密,软件测试人员总应该反问他们自己这些测试用例到底有多好。Edsger Dykstra 观察到,测试可以检测到缺陷的存在,但不能察觉它们不存在的情况。谁来检查测试用例呢?更确切地说,如何测试一组测试用例呢?有一个答案已经存在了 30 多年了——变异测试。最近又多出来一种名为"fuzzing"的随机扰动法,更接近于随机测试。另外还有一种估计测试用例成功比例的鱼篓统计法,也是非常新颖和有效的。在本章中我们将简要介绍这三种测试方法。

21.1 变异测试

有一个反复提到的故事,现在被认为只是个传闻,是说在早期太空计划的 FORTRAN 程序中出现过一个使用句号代替了逗号的错误(Myers,1976)。该语句(据称)本应该是:

$$DO\ 20\ I = 0,\ 100,\ 2$$

被错误输入成了:DO 20,$I = 0$,100.2,这条语句本来是要定义一个终止于语句 20 的循环,其中循环控制变量 I 以步长 2 从 0 递增到 100。其他版本的错误是删除了语句中的空白,结果成了赋值语句:

$$DO20I = 100.2$$

由于打字的错误,循环控制使用了默认步长 1。据说,就是这个错误导致了水手 I 号金星探测器的失败。这种故障本来是可以用变异测试来捕获的。

这里变异这个词是从生物学中借用过来的,指原始有机体的微小改变。变异测试从一个程序单元及其一组测试用例开始,首先要使该单元的所有测试用例都能执行通过。然后对原始单元进行微小的改动,并在这个突变体上运行测试用例。如果所有测试用例都运行通过了,那我们就知道存在未被检测到的变异。这里存在两种可能性——或者这个小改动产出的是一个逻辑上等效的程序,或者该组测试用例不具备检测这个改变的能力。这里还提出了一个变异测试的核心问题——如何识别等效的变异。我们需要首先给出一些定义。

21.1.1 程序变异的规范化表达

定义:程序 P 的突变体 P' 是改变原始程序 P 的源代码的结果。

变异测试对 P 的源代码做小改变,通常只有一个。变异测试的开始条件是,对于给定 P 的测试用例集合 T,使得对于每个测试用例 $t \in T$,均测试通过;具体来说,执行 t 后 P 的期望输出同观察到的输出相互匹配。变异测试的目的是考察集合 T 是否能检测到任何突变体中的小变化。

定义:给定程序 P,突变体 P',一组测试用例 T,且任何 $t \in T$ 均测试通过 P,如果存在至少一个测试用例 $t \in T$ 失败,则突变体 P' 被"杀死"。

定义:给定程序 P,突变体 P',一组测试用例 T,如果每个 $t \in T$ 均通过 P 和 P',则突

变体 P' 被认为可以"存活"。

可存活突变体是变异中最难的部分。只有两种可能性——存活突变体 P' 在逻辑上等效于 P，或者 T 中的测试用例不足以揭示这里的差异。为什么这会是一个难题呢？因为确定 P 和 P' 是否在逻辑上等价在形式上是不可判定的。在这一点上，变异测试的理论定义了一个指导性的指标，为被杀突变体的数目与突变体总数（其包括不可确定数目的等效突变体）的比率。

定义：给定程序 P 和 P 的突变集合 M，测试用例集 T 导致 M 中的 y 个突变体有 x 个被杀死，则比率 x/y 是 P 关于 M 的变异分数。

较高的变异分增加了原始测试集 T 效用的置信度。在这一点上，很明显同突变相关的是大量的计算。直到最近，计算规模的下降才使变异测试引起学术界的关注。目前仅有少数几个工具可用，大都是免费的软件。

21.1.2　突变算子

Ammann 和 Offut（2008）长期从事变异测试的研究。在他们的书中给出了 11 类突变算子。下面来看看这些替代都是什么，最常见的突变是用相同语法元素集合的一个成员替换另一个成员。例如，算术运算符集合 A 为：

$$A = \{+, -, *, /, \%\}$$

（如果需要，我们可以添加幂运算或其他的基本运算。）类似地，关系运算符集合 R 为：

$$R = \{<, <=, ==, \neq, >, >=\}$$

第三个常用的替换集 L 涉及在第 3 章中遇到的逻辑连接符：

$$L = \{ \wedge, \vee, \oplus, \sim, \rightarrow \}$$

在这一点上，变异测试者的创造性表现在将基本思想扩展到特定单元的选择。如果程序使用三角函数，则它们都可以被其他 trig 函数替代，类似情况也适用于统计函数。当我们在第 16 章中讨论 Halstead 的指标时，可以对这个问题讨论得更深入一些。这里，所有这些只是集中在一个程序中的操作集。接下来的三个小节我们将使用一个免费的在线变异测试工具（PIT）来分析我们先前采用的三个示例：isLeap（来自 NextDate 程序），isTriangle（来自 Triangle 程序），以及另一个版本的佣金问题。变异测试人员可以让他们的想象力伴随"突变爆发"而奔驰。现在我们从前面用到的布尔函数 isLeap 开始。

```
Public Function isLeap(year) As Boolean
   Dim year As Integer
   Dim c1, c2, c3 As Boolean
1. c1 = (year% 4 == 0)
2. c2 = (year% 100 == 0)
3. c3 = (year% 400 == 0)
4. isLeap = False
5. If ((c1 AND NOT(c2)) OR (c3)) Then
6.    IsLeap = True
7. Else
8.    IsLeap = False
9. EndIf
End Function
```

在这里可以看出"突变爆发"的趋势。在完全突变中，语句 1 中有"%"操作的四个突变，以及五个"=="的替换。由于突变是单独进行的，因此语句 1 将有 9 个突变，语句 2 和 3 各有 9 个突变。语句 5 中的复合条件包含三个逻辑连接，每个可以由四个其他连接替换。然后，我们可以对常量进行轻微的改动：我们可以用 {1-4，3，0，5} 中的任何一个和 {101，0，99，-100} 中的任何一个来代替它。总之，我们可以想象出几十个基本 isLeap 的突变体。

1. isLeap 的变异测试

这里 isLeap 被编码为一个 Java 方法、一个 isLeapYear 方法和一个支持类测试运行的方法 TestisLeap。我的同事兼朋友 Christian Treffz 博士开发并运行了本节中的示例。

```java
public class IsLeap
{
    public static boolean isLeapYear(int value)
    {
        return (value % 4 == 0 && value % 100 != 0)||value % 400 == 0;
    }
}

import org.junit.Test;
import static org.junit.Assert.*;

public class TestIsLeap
{
    @Test
    public void testIsLeapYear()
     {
       assertTrue(IsLeap.isLeapYear(2012));
       assertTrue(IsLeap.isLeapYear(2000));
       assertTrue(!IsLeap.isLeapYear(2013));
       assertTrue(!IsLeap.isLeapYear(1900));
     }
}
```

PIT 是一个免费的突变程序，可以很好地与 Java 集成，下面是 0.29 版 PIT 程序的报告结果：

1. 用乘法替换整数取模：KILLED -> TestIsLeap.testIsLeapYear(Test IsLeap)

2. 用乘法替换整数取模：KILLED -> TestIsLeap.testIsLeapYear(Test IsLeap)

3. 用 (x == 0 ? 1 : 0) 替换有整数大小值的返回：KILLED -> TestIsLeap.testIsLeapYear(TestIsLeap)

4. 取消条件：KILLED -> TestIsLeap.testIsLeapYear(TestIsLeap)

5. 取消条件：KILLED -> TestIsLeap.testIsLeapYear(TestIsLeap)

6. 取消条件：KILLED -> TestIsLeap.testIsLeapYear(TestIsLeap)

7. 用乘法替换整数取模：KILLED -> TestIsLeap.testIsLeapYear(TestIsLeap)

PIT 通过检查源代码并选择可能的突变操作来执行选定的突变。在本例中，PIT 使用了以下这些突变操作：

- INCREMENTS_MUTATOR
- CONDITIONALS_BOUNDARY_MUTATOR
- RETURN_VALS_MUTATOR
- VOID_METHOD_CALL_MUTATOR
- INVERT_NEGS_MUTATOR
- MATH_MUTATOR
- NEGATE_CONDITIONALS_MUTATOR

2. isTriangle 的变异测试

```
public class IsTriangle
{
    public static boolean isATriangle(int a, int b, int c)
    {
        return ((a < (b + c)) && (b < (a + c)) && (c < (a + b)));
    }
}

import org.junit.Test;
import static org.junit.Assert.*;

public class TestIsTriangle
{
    @Test
    public void testIsTriangle()
    {
        assertTrue(IsTriangle.isATriangle (3,4,5));
        assertTrue(!IsTriangle.isATriangle (5,2,3));
        assertTrue(!IsTriangle.isATriangle (6,2,3));
        assertTrue(!IsTriangle.isATriangle (2,5,3));
        assertTrue(!IsTriangle.isATriangle (2,6,3));
        assertTrue(!IsTriangle.isATriangle (3,2,5));
        assertTrue(!IsTriangle.isATriangle (3,2,6));
    }
}
```

摘自 PIT 报告:

1. 取消条件: KILLED -> TestIsTriangle.testIsTriangle(TestIsTriangle)

2. 改变条件边界: KILLED -> TestIsTriangle.testIsTriangle(TestIsTriangle)

3. 取消条件: KILLED -> TestIsTriangle.testIsTriangle(TestIsTriangle)

4. 取消条件: KILLED -> TestIsTriangle.testIsTriangle(TestIsTriangle)

5. 用减法代替整数加法: KILLED -> TestIsTriangle.testIsTriangle(TestIsTriangle)

6. 用 (x == 0 ? 1 : 0) 替换有整数大小值的返回: KILLED -> TestIsTriangle.

7. 用减法代替整数加法: KILLED -> TestIsTriangle.testIsTriangle(TestIsTriangle)

8. 改变条件边界: KILLED -> TestIsTriangle.testIsTriangle(TestIsTriangle)

9. 用减法代替整数加法: KILLED -> TestIsTriangle.testIsTriangle(TestIsTriangle)

10. 改变条件边界: KILLED -> TestIsTriangle.testIsTriangle(TestIsTriangle)

使用的突变符:

- INCREMENTS_MUTATOR

- CONDITIONALS_BOUNDARY_MUTATOR

- RETURN_VALS_MUTATOR

- VOID_METHOD_CALL_MUTATOR

- INVERT_NEGS_MUTATOR

- MATH_MUTATOR

- NEGATE_CONDITIONALS_MUTATOR

测试检查:

- TestIsTriangle.testIsTriangle(TestIsTriangle) (92 ms)

3. Commission 的变异突变测试

这个例子更加有趣。在 PIT 报告中，我们看到有两个突变体（11 和 17）存活了下来，遗憾的是并没有关于存活突变更多的信息。此次运行将给出突变得分为 19/21 或 0.905。而前两个例子的突变分数很完美，都是 1.0。

```java
public class SalesCommission
{
    public static int calcSalesCommission (int locks, int stocks, int barrels)
    {
        int sales,commision;
        sales = 45*locks + 30*stocks + 25*barrels;
        if (sales <= 1000)
            commission = sales*0.10;
        if ((sales > 1000) && (sales <= 1800))
            commission = 100 + (sales - 1000)*0.15;
        if ((sales > 1800)
            commission = 100 + 800*0.15 + (sales - 1800)*0.20;

        return commission;
    }
}


import org.junit.Test;
import static org.junit.Assert.*;

public class TestSalesCommission
{
    @Test
    public void testCommission()
    {
        assertEquals(SalesCommission.calcSalesCommission (1,1,1), 10);
        assertEquals(SalesCommission.calcSalesCommission (8,8,8), 80);
        assertEquals(SalesCommission.calcSalesCommission (10,10,10), 100);
        assertEquals(SalesCommission.calcSalesCommission (11,11,11), 115);
        assertEquals(SalesCommission.calcSalesCommission (17,17,17), 205);
        assertEquals(SalesCommission.calcSalesCommission (18,18,18), 220);
        assertEquals(SalesCommission.calcSalesCommission (19,19,19), 240);
        assertEquals(SalesCommission.calcSalesCommission (10,0,0), 45);
        assertEquals(SalesCommission.calcSalesCommission (0,10,0), 30);
        assertEquals(SalesCommission.calcSalesCommission (0,0,10), 25);
    }
}
```

摘自 PIT 报告：

1. 用减法替换整数加法：KILLED - > TestSalesCommission.testCommission（TestSales-Commission）

2. 用除法替换整数乘法：KILLED - > TestSalesCommission.testCommission（TestSales-Commission）

3. 用除法替换整数乘法：KILLED - > TestSalesCommission.testCommission（TestSales-Commission）

4. 用减法替换整数加法：KILLED - > TestSalesCommission.testCommission（TestSales-Commission）

5. 用分区替换整数乘法：KILLED - > TestSalesCommission.testCommission（TestSales-Commission）

6. 改变条件边界：KILLED - > TestSalesCommission.testCommission（TestSalesCommission）

7. 取消条件：KILLED - > TestSalesCommission.testCommission（TestSalesCommission）

8. 将双乘法替换为除法：KILLED - > TestSalesCommission.testCommission（TestSales-Commission）

9. 改变的条件边界：KILLED - > TestSalesCommission.testCommission（TestSalesCommission）

10. 取消条件：KILLED - > TestSalesCommission.testCommission（TestSalesCommission）

11. 改变条件边界：SURVIVED

12. 取消条件：KILLED - > TestSalesCommission.testCommission（TestSalesCommission）

13. 将双乘法替换为除法：KILLED - > TestSalesCommission.testCommission（TestSales-Commission）

14. 用加法替换整数减法：KILLED - > TestSalesCommission.testCommission（TestSales-Commission）

15. 用减法代替双重加法：KILLED - > TestSalesCommission.testCommission（TestSales-Commission）

16. 取消条件：KILLED - > TestSalesCommission.testCommission（TestSalesCommission）

17. 改变的条件边界：SURVIVED

18. 用减法代替双重加法：KILLED - > TestSalesCommission.testCommission（TestSales-Commission）

19. 用加法替换整数减法：KILLED - > TestSalesCommission.testCommission（TestSales-Commission）

20. 替换双乘法除以：KILLED - > TestSalesCommission.testCommission（TestSales-Commission）

21. 用（x == 0？ 1：0）替换整数大小的值的返回：KILLED - > TestSalesCommission。测试委员会

所使用的突变符：

- INCREMENTS_MUTATOR
- CONDITIONALS_BOUNDARY_MUTATOR
- RETURN_VALS_MUTATOR
- VOID_METHOD_CALL_MUTATOR
- INVERT_NEGS_MUTATOR
- MATH_MUTATOR
- NEGATE_CONDITIONALS_MUTATOR

测试检查：

- TestSalesCommission.testCommission(TestSalesCommission) (112 ms)

21.2 随机扰动法

随机扰动法（fuzzing）的概念来源于威斯康星大学 Miller 等人对学术探索的好奇心（Miller 等人，1989）。在最初的开创性报告中完全呈现于一种浪漫小说的形态，写道"在一个黑暗和风雨交加的夜晚"这个想法突然就冒出来了。当时 Barton Miller 教授同两个研究生 Lars Fredriksen 和 Bryan So 正在暴风雨中使用拨号上网。线路上的电子噪声产生了一些乱

码，导致几个 UNIX 实用程序出现故障。 这激发了他们的好奇心，并演变成一项长期的研究。他们的研究检查了在 7 个 UNIX 版本上运行的 88 个实用程序，以及由随机字符串所带来的故障。

此后，干扰的想法已经扩展到几个操作系统上。干扰源是对命令行界面和交互式应用程序呈现随机字符串作为输入的程序。随机字符串的一个优点是它们可以揭示测试人员从来不会想到的情况。缺点是不能定义测试用例的预期输出部分。这个问题不大，因为通常对错误输入的响应也是错误消息。

这非常类似于在电话交换系统原型中使用的"自动拨号器"（但是它们生成多频率数字，而不是拨号脉冲数字）。这些设备对随机原型号码簿发出大量的呼叫，目的是确定丢失呼叫的比例。这些系统也作为交通流量研究的数据源。

21.3　鱼篓统计法和故障注入

各州的鱼类与野生动物管理办采用一种基于捕鱼情况的鱼篓统计法来评估调控鱼类保有量的政策效果。比如在密歇根州罗克福德附近的罗格河，人们重点监控鳟鱼。每年会投放一些放养鱼，去除了这些鱼靠近尾部的脂鳍作为标记。在捕鱼季节，钓鱼者被要求参与鱼篓统计活动，让大家自愿报告他们的捕获成果。在这些数据的基础上，河流管理处就可以对野生鱼（有脂鳍）和放养鱼的相对群体做出估计。举个例子，假设我们在罗格河放养了 1000 头有标记的鳟鱼，而在捕鱼季节期间，捕获报告总数为 500 条，其中有 300 条是放养的鳟鱼。于是河流管理处就可以得出这样的结论：罗格河中的鳟鱼有 60% 是放养的。同时对鱼类的总量也可以做出这样的估计：人们已经捕获的 500 条鱼占鱼类总量的 30%。显然这种估计方法假定的是放养鱼与野生鱼是均匀分布的。

同样的想法可以应用于估计测试用例的成功率和未被现有测试用例集合捕获的剩余故障的数量。如果一个检测部门保有关于开发程序中所发现的故障数量和类型的信息。假设新开发的程序大致相似，就可以通过把一组已知故障以"通配符"的形式注入系统中，然后考察现有测试用例集在"库存"代码上的运行情况。如果该组测试用例能够发现所有注入的错误，那么这个检测部门就可以确信这些测试用例是可接受的。但如果只检测到了一半的注入故障，那就可以断定"野生故障"的数量也只发现了一半。

显然，故障注入法效果的前提是注入故障的群体在统计上能够有效代表"野生故障"的种群。

21.4　习题

讨论是否可以使用故障检测的鱼篓统计法来优化测试用例的初始集。当发现一组测试用例能够检测出所有的插入错误后，是否可以减少测试用例的数量？

21.5　参考文献

Ammann, P. and Offutt, J., *Introduction to Software Testing*, Cambridge University Press, New York, 2008.

Juvenal (*Satire VI*, lines 347–8), ca. late 1st century, a.d.

Miller, B. et al., *An Empirical Study of the Reliability of UNIX Utilities*, 1989, ftp://ftp.cs.wisc.edu/paradyn/technical_papers/fuzz.pdf

Myers, G.J., *Software Reliability: Principles & Practice,* Wiley, New York, 1976, p. 25.

软件技术评审

"防患于未然"这句英国天文学弗朗西斯·贝利总结出来的老话儿，体现在日常生活中的方方面面，从及时给小汽车换机油到预防性的软件维护都是如此。从很多方面上讲，我们都依赖于各种各样的检查，比如：在决定是否手术时听取一下第二位专家的意见，对电影和餐馆的评论，对居家安全的检查，航空管理局对飞机的检查，等等（你还可以举出很多类似的评审）。

那么对软件来说，技术评审是另一种形式的软件测试么？普遍的观点认为是的。特别地，鉴于在国际软件测试认证委员会（ISTQB: International Software Testing Certification Board）颁布的基本和高级软件测试大纲中（ISTQB 2007，2012）都包含了软件技术评审的章节，这种观点就更加为人所接受。软件测试力求通过引发失效来发现各种故障（如第 1 章所述）。技术评审则着眼于故障本身（而不是软件的失效）。然而，技术评审所发现的故障也典型地表现为错误代码，一旦被执行也就引发了失效。

本章中的很多内容都来源于作者在开发电话交换机系统软件过程中所积累的经验。此类软件可能要有一个 30 年的服役期，所以软件的维护也要持续这么长时间。作为一种自我保护措施，该公司以 15 年为周期把技术评审优化调整为一个"工业化的技术评审"模式。这里工业化这个词指的是一个逐步优化的过程，会包含很多精细的检查和巧妙的平衡。

应该这样来理解软件技术评审：对软件产品来说，技术评审是具有决定意义的，需要由技术专家来实施，而且应该被视为一项有计划、有经费支撑的软件开发活动，具有正规的进入和退出标准。

22.1　软件技术评审的经济价值

很多软件开发商都不愿意开展软件技术评审，这主要源于对所需费用的一种短见的认识。实际上早在 1981 年，美国国家工程院院士、软件工程学家巴利·玻姆（Barry Boehm）就驳斥了这种观点，他给出了一张故障排除的成本与故障被发现时间之间关系的关系曲线图（见图 22-1）。这张图是非常具有说服力的，因为其中的信息来源于三个截然不同的机构。垂直方向上的相对成本轴是按照对数尺度绘制的。所以图中的最优拟合直线说明了故障排除的成本随时间是按指数速度增长的。（有意思的是，当时应玻姆博士的要求，本书作者为他提供了一些 GTE AEL 项目的数据，而这一数据在验收阶段正好落在了关系曲线上面。）

早在 1982 年，罗格·普雷斯曼（Roger Pressman）（Pressman 1982）在 IBM 系统科学研究所的讲课中就曾推出了一个缺陷放大模型。该模型介绍了瀑布模型中某个阶段的缺陷可能会在后续阶段中被如何放大。一些缺陷也可能会顺利地通过后续各个阶段，但有的缺陷却会在其后各阶段的工作中被不断放大。这些缺陷会形成一种它们自己的瀑布，而这是瀑布模型中所不期望的。通常的观点是假设存在一个缺陷检测的步骤，在此开展技术评审会发现一定比例的缺陷而不让它们继续传递到后续阶段。普雷斯曼给出了一个假想示例来表现两种基于瀑布模型的软件开发方式：包含和不包含技术评审的开发方式。结果是这样的：假设有 12

个缺陷，那么如果在三个开发阶段中实施技术评审就可以把它们减少到 3 个。尽管这是一个假设的示例，但却清晰地印证了一个已被普遍接受的事实：软件技术评审可以减少缺陷，结果也就降低了总开发成本。

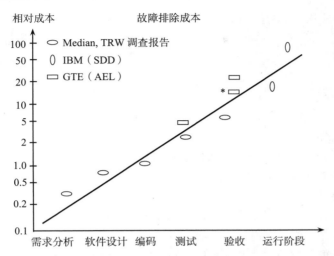

图 22-1　故障排除的相对成本示意图（引自：Bany. Boehm. Software Engineering Economics, Englewood Cliffs, NJ: Prentice-Hall, 1981.）

最近，卡尔·维格斯（Karl Wiegers）（Wiegers 1995）报出在某个德国公司中的情况是，排除一个通过测试所发现缺陷的成本大概是技术评审的 14.5 倍；而且如果是用户发现了这个缺陷，其排除成本将会上升至技术评审的 68 倍。维格斯进一步引用了一个 IBM 的最新统计数据：排除一个已发售软件中缺陷的成本是在设计阶段解决的 45 倍。维格斯指出，技术评审可能会占总开发成本的 5% ～ 15%，"喷气推进实验室 JPL 估计在他们为 NASA 所开发的软件中，通过所实施的 300 次技术评审，曾挽回了 750 万美元的净损失"，而"另一家公司每年挽回的损失达到 250 万美元"。维格斯给出的最后一个数据是这样的：在另一家公司中，排除一个技术评审所发现的缺陷的费用是 146 美元，而排除一个用户所发现的缺陷的费用要高达 2900 美元，由此产生的成本收益率为 0.0503。

究其本质，软件开发机构的人也是要出错的，越早发现错误，纠正的成本就越低。技术评审能够奏效，需要流程和技术人员可靠性两个方面的共同作用，还必须要考虑到人为因素的影响。在后续几节中，将介绍技术评审中的各种角色，之后考察和比较三种类型的技术评审，还要介绍实施一次完整的技术评审所需要的材料、时间测试评审的过程以及技术评审的相关规范等。最后本章还将介绍一项在密歇根州雄谷州立大学（Grand Valley State University，GVSU）开展的重要研究，将其出人意料的结果作为本章的结论。

22.2　技术评审中的各种角色

在全部三种类型技术评审中，各种角色都是类似的。技术评审小组的人员包括待评审产品的开发人员、若干评审专家、一个评审组组长和一名记录员。这些角色也可能会有一定的重叠，有些时候也可能会缺少部分角色。技术评审在软件开发项目中是一个非常特别的活动，因为技术角色和管理角色在此要交汇在一起了。技术评审的结果是要形成一份提交给管理负责人的技术建议书。这也是最关键的一环，在此责任从开发人员转移到管理人员身上。

22.2.1　产品开发人员

顾名思义，产品开发人员是开发此待评审产品的人。开发人员参加技术评审会议，但是其贡献却不如评审专家那么大。原因很简单：人们都觉得校对别人写的东西比校对自己的要容易得多。在技术评审中也是一样的。在 22.3 节中，将进一步讨论在不同类型的技术评审中开发人员角色起到的作用。各种技术评审的最后，是开发人员要来实施技术评审会上所提出的各项处理建议。

22.2.2　评审组组长

评审组组长关系到此次评审的成败，其职责为：

- 制定技术评审会议的日程
- 保证每个评审小组成员都有适当的评审材料
- 掌控技术评审会议的进程
- 撰写技术评审报告

要完成上述任务，组长必须有足够的技术水平、组织能力、领导责任心，还要能分清轻重缓急。最重要的是，组长要有能力主导一个既有序又步调一致的商务会议。人们已经从糟糕的会议中吸取了很多教训。糟糕的会议一般有以下几个或全部的问题：

- 与会人员把会议看成是浪费时间。
- 参会人员不恰当。
- 没有会序，或者根本就不遵照会序进行。
- 会前准备工作缺乏。
- 没有明确的议题。
- 讨论很快就偏离了主题。
- 时间花在了解决问题上，而不是集中在找出问题上。

以上任何一个问题都会扼杀一次会议。组长的职责就是要避免此类情况的发生。

22.2.3　记录员

记录员这个词儿可能会使人联想到"秘书"，所以此处最确切的表述是评审过程的记录员。也就是，记录员要记录技术评审会议的全过程。要做到这一点，记录员需要能够跟上会上的讨论，并同步做出记录。这需要很高的技巧，不是每个人都能做得到。记录笔记如果能写得十分清晰和简洁，那对撰写正式的技术评审报告是非常有益的。通常记录员要协助组长来撰写技术报告。一个很好的做法是在技术评审会议的最后，给记录员一点时间来过一遍全部记录，以发现是不是遗漏了什么。

22.2.4　评审专家

各位评审专家负责客观地审查该软件产品。为此，在技术上他们要能胜任这个工作，同时不能有任何偏见，也不能有任何私人事务的干扰。评审专家要发现问题，还要对每个问题给出一个严重程度的评估。在技术评审会上要讨论这些问题，其严重性也会被调整到被大家一致认同。在评审会议上，每位专家要提交一张评审意见单，上面包括以下内容：

- 评审专家姓名
- 评审准备时间

- 发现问题的列表，并包括每个问题的严重性
- 对该产品的总体评审意向性意见（通过，可以通过但要少量返工，大量返工后再审）

22.2.5　角色的多重性

在小公司里，可能每个人要同时担当两种评审角色。以下是常见的角色重叠情况及其特点：

- 组长就是开发人：在演练时就是这种情况。但通常情况下这不是个好主意，特别是当开发人在技术上不怎么可靠时。
- 组长也是记录员：可行，但难度很大。
- 组长也兼评审专家：可以很好地工作，但是却非常耗时。

22.3　技术评审的分类

最基本的软件技术评审主要有三类：演练、技术检验和审计。下面将逐一加以介绍并进行相互比较。在开始介绍之前，首先给出实施技术评审的动机，以下是一些最经常提到的原因：

- 促进开发人员之间的交流
- 培训，特别是对新人或新加入项目的人员
- 管理进度的报告
- 发现缺陷
- （产品开发人员的）绩效评估
- 团队精神
- 客户保证与再保证

对于软件的技术评审来说，以上原因都可能会涉及，但其中最重要（也有人认为是唯一）的理由就是要发现缺陷。从这个角度来说，其他所有动机都分散了技术评审的注意力，也都会影响对缺陷的发现。

22.3.1　演练

演练是最常见的评审形式，也最不正规。演练通常只要两个人就够了，开发人和一个同事。通常在演练前没有任何准备，一般之后形成的文档也很少（或没有）。开发人就是评审组长，所以演练的作用也就取决于开发人的实际目标。很容易发生的情况是，开发人／组长会把演练导向整个产品中最安全的部分，而回避其他没把握的部分。这显然不是技术评审的本意，但却经常发生，特别是在技术人员讨厌这些评审时。演练在源代码层面上和对小产品来说通常是有效的。

22.3.2　技术检验

20 世纪 70 年代，迈克尔·费根（Micheal Fagan）在 IBM 首先倡导技术检验应成为一种最有效的软件评审形式。技术检验是一个非常正规的过程，其细节将在 22.4 节和 22.5 节详细介绍。技术检验的有效性是若干成功因素共同作用的结果，这些因素包括：

- 文档化的检验流程
- 正规的评审培训
- 有经费支持的评审准备时间
- 充足的时间

- 深思熟虑的检验团队组织
- 反复推敲的评审项目列表
- 技术上过硬的参与人员
- 同时吸纳技术和管理人员

22.3.3   审计

审计通常是由外部力量而不是开发团队来实施。完成审计的可以是一个软件质量保证组、其他项目组或外部机构，也可能是政府的标准化组织。审计最初的目的不是发现缺陷，而主要是评审能否达到某些内部的或外部的要求。这么说并不是要削弱审计的重要性。由于需要大量的准备时间，审计的成本可能很高。一般的技术检验会可能只需要 60 至 90 分钟，而一次审计却能耗时一整天甚至更长时间。在合同当中可能会对审计做出具体要求。而如果没通过审计，其后整改的代价会非常高昂。

22.3.4   各类评审的比较

表 22-1 综合了三类技术评审的主要特点。鉴于技术检验对尽早发现缺陷是最为有效的，本章后续内容将详细讨论它。

表 22-1   各类技术评审的比较

观察点	演练	检验	审计
覆盖面	宽、粗略	深入	取决于审计人
主导者	开发人员	遵循评审事项列表	相关标准
所需准备时间	少	多	可能会非常多
正规化程度	低	高	严格
有效性	差	高	差

22.4   一个检查包的内容

技术检查的成功因素之一是检查小组在准备过程中使用的材料包。每份检查包内的材料都将在下面的小节里分别讲解。附录里包含了一个用于用例检查的检查包示例。

22.4.1   工作成果需求

正如前文所述，技术检查很有价值因为它们在开发过程中找到故障。在瀑布生命周期和它的许多变体中早期阶段有紧密的"是什么 / 怎么办"循环，在这里一个阶段中必须描述下一个阶段必须完成什么，以及下一个阶段需要表述它"如何"应对"什么"的定义。这些紧密的"是什么 / 怎么办"循环可以理想地适用于技术检查；因此，在检查包里一个重要的元素是工作产品需求。没有这个，评审小组无法确定"怎么办"部分是否如实完成了。

22.4.2   冻结工作成果

一旦检查小组被组建起来，每一个成员都会收到完整的检查包。在这一时刻三个软件项目的管理科目开发、管理和配置管理交汇于一处。从配置管理的角度看，一个工作成果被称作一个设计条目。一旦一个设计条目被审查并且通过，它变成一个"配置条目"。设计条目可以通过调整负责的设计师（制作人）来修改，但是配置条目是被冻结的，这意味着任何人都无法改动除非首先降级为设计条目。一旦设计条目进入审查阶段，制作人不可以再对它做出改动。这保证了全体检查小组进度一致。

22.4.3 标准和清单

当给定一个工作成果来进行检查时，一个审查人员如何知道应该干什么呢？应该寻找什么呢？在一个成熟的审查过程中，机构拥有用于不同种类工作成果审查的清单。一个清单将审查人员应该寻找的不同种类问题区别开来。清单随着时间逐渐精炼，而且许多公司认为它们的检查清单属于专有信息。（这世上有谁会愿意共享自己产品的弱点和问题呢？）

一个好的清单会随着使用而修改。实际上，检查工作会议的议程之一就是询问清单是否需要修改。在开发组织里，清单应该是公开的。一个间接的好处是清单可以改进开发流程。这与学术领域的评分量表非常相似。如果学生知道了评分标准，他们非常有可能提交一份更好的作业。当开发人员参考清单时，他们知道何种情形容易导致错误，因此能够预防性地处理这些潜在的问题。

在网上有丰富的材料用于开发清单。一篇论文调查了 24 个来源的 117 份清单（http://portal.acm.org/citation.cfm?id=308798）。文中讨论了不同类别的清单条目并列举了好的清单条目和应该避免的条目。Karl Weigers 的网站是另一个好的清单来源（http://www.processimpact.com/pr_goodies.shtml）。

可应用标准的作用与清单相似。举例来说，开发组织也许会有用代码命名的标准，或者用于测试用例定义的必须使用的模板。与可应用标准相一致通常是必须的，因此也是检查清单里简单的一项。与清单一样，标准也可能改变，只是更新更慢。

22.4.4 评审问题电子表格

独立的评审人鉴别问题并把它们提交到评审组长那里。如表 22-2 中展示的一样，一个电子表格极大地促进了评审组长把全检查组的输入内容进行合并的过程。

表 22-2　评审员单独的问题记录电子表格

< 工作产出信息 >					
< 评审员姓名 >					
< 准备日期 >					
< 评审员准备时间 >					
		位置		清单	
问题编号	页码	行号	项目	严重程度	描述
1	1	18	拼写错误	1	把 "accound" 修改为 "account"

独立评审员的问题电子表格中的信息由评审组长合并到一个主问题表格（见表 22-3）。这个电子表格可以按照不同方式。（如位置、清单项目、严重程度等）进行组合。这使得评审组长可以提高某些问题的优先级，并确定评审会议的议题。这个针对全部被鉴别问题的概览可以减少评审会议的时长。在极端例子里，错误可能会包括"表演打断"时刻——错误如此严重以至于工作产出没有准备好被评审并被退回给开发者。开发者接下来可以用混合的问题列表来指导修订工作。

表 22-3　评审报告表

< 工作产出信息 >						
评审团队成员	< 报告日期 >					
队长						
记录人						
评审人						
评审人						
评审人						
评审人						
用时						
开会日期						
<评审建议 >						
		位置		检查表		
编号	评审人	页号	行号	事项	严重程度	注释
1		1	18	打字错误	1	把"accound"改为"account"

22.4.5　评审报告表格

　　一旦评审员完成了工作产出的检验，他们提交一个独立评审报告表给评审组长。这个表格包含如下信息。

- 评审员姓名
- 评审的工作产出
- 花费的准备时间
- 评审问题电子表格的总结，包括每种严重程度的问题数量
- 全部"表演打断"问题
- 评审员建议（合格，或者需要小修补，或者大改并需要再次评审）

　　这一信息可以被用来分析评审过程的有效性。当我在产业界工作时，软件质量保障小组研究了缺陷严重程度和准备时间的关系。他们证明了明显的事实，但是结果很有趣：四个严重程度等级中，唯一找到严重错误的那些评审员花了 6～8 小时准备。在其他的严重程度上，那些只找到最轻微错误的评审员一般只花费了一到两个小时。

　　有一些可能的分析而且它们都与开放和问责有关。基础的假设是全部评审文档都是开放的，意思是它们对组织里所有人都可用。可问责性是开放的理想结果。考虑那些花费大量准备时间但是没有报道更多严重错误的评审员，如果这里有某种模式，那么主管的干预就有必要了。相反，那些经常找到严重错误的评审员可以被看作高效率的评审员，而且这一项可以列在年度表现评审里。

22.4.6　错误的严重等级

　　给检查清单里的条目分配严重等级是非常有用的做法。附录列出了一个用例的严重等级的示例定义。最近，IEEE 软件异常标准分类工作组发布了 1044-2009 IEEE 软件异常标准分类（IEEE，2009）。虽然例子都很好，但是详细的错误严重等级在实践中非常难以使用。与其争论一个发现的错误是等级 7 还是等级 8，使用简单的三等级或四等级分类通常更有效率（就像附录中一样）。

严重等级的顺序更无趣：通常最简单的错误是严重等级 1，最复杂的错误是标尺最高端（3 或者 4）。这避免了与优先级等级发生的混淆。（试想一下优先级 4 和优先级 1：是 4 代表高优先级，还是 1 代表第一优先级？）

22.4.7　评审报告大纲

评审报告是技术职责结束，管理职责开始的地方，所以评审报告必须满足两方面的需要。因为管理层依赖评审队伍的技术性判定，所以评审报告变成了问责性的基础。

下面是一个评审报告的示例大纲：

（1）介绍

　　a. 工作产出辨认

　　b. 评审队伍成员和职责

（2）初步问题列表

　　a. 潜在错误

　　b. 严重性

（3）优先行动列表

　　a. 发现的错误

　　b. 严重性

（4）独立报告的总结

（5）评审统计

　　a. 总花费时间

　　b. 按照严重程度排序的错误

　　c. 按照位置排序的错误

（6）评审建议

（7）全部评审包的附录

22.5　一个工业强度的检查过程

本节介绍了技术审查在 12 年时间里逐渐进化的过程。这一过程发生在一个开发电话交换系统的硬件和软件的研究和开发实验室里。由于这些系统的商业寿命可达到 30 年，所以开发组织必须生产几乎无故障的系统，这一点有经济上的必要性。正如他们所说，必要性是发明之母——当然对这个“工业强度的检验过程”肯定是真的。这里将重点突出一些制衡取舍，也将介绍一些困难问题的解决方法。

图 22-2 展示了工业强度的检验过程的几个阶段。这些阶段都经过了仔细设计。正如图中所展示的，它恰巧与瀑布生命周期模式常见图形描绘相似，但也有几个重要的不同之处。阶段的顺序是重要的，并且顺序的偏差根本无法起作用。每个阶段的活动以

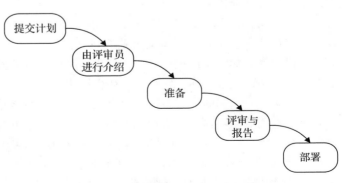

图 22-2　Stages in industrial-strength inspection process

及它们的起因，将在下一小节中描述。

22.5.1   提交计划

技术评审过程开始于工作产出的制作人与其主管之间的一个会议。通过一起工作，他们组建了一个合适的评审队伍，选出评审组长。在一个差劲的例子里，这可能是和善的对抗——制作人可能愿意与亲近的朋友组队而主管可能会希望向制作人表达一种态度。两种可能都是令人遗憾的，但是它们可能发生。从好的方面看，如果制作人和主管都认同审查的价值，他们都会把它看作提升自己价值的方式。在一番商讨之后，双方都需要同意并批准建立起来的评审队伍。在一个正式的过程中，双方甚至需要签署协议。

一旦评审队伍建立起来，主管会完成一切必要的管理审批。这时可能会有一个令人好奇的问题。如果一个评审队伍成员来自另一个主管小组会怎么样？甚至更糟，如果另一个主管感觉被调走的评审员正在工作的关键时刻不能脱身？这变成了一个企业文化问题。一个好的回答是，如果这个组织真的对技术审查非常重视，每一个人都能理解这样的冲突可能发生。应该在项目开始的时候就对此进行讨论，以避免未来的冲突。

如有必要，评审主管应与其他主管进行一个碰头会，以便为明确地委任所有评审小组成员。本次会议也要明确各项任务。这些工作完成后，结果将提交给评审组长。在此，行政权力移交给技术人员。管理也与检查过程分离开来。

22.5.2   由评审员进行介绍

一旦评审过程被转交给评审队伍，评审队长就要集结队伍开始简介会议。在会议的准备阶段，制作人准备好全部的评审包并冻结工作产出以待检验。在初次会议上，评审队长会分发评审包并对工作产出进行简要介绍。这可能是一个对于工作产出的简要介绍，包括特殊的考虑。因为评审队伍负责技术推荐，队伍应该决定这个评审包是否完整。会议流程中的一项是选择一名评审记录员并安排评审会议日程。全部队员要么确认参加这一过程，要么取消自己的资格。在后一种情况下，评审过程可能返回承担规划阶段（这种情况是，或者应该是很少见的）。

22.5.3   准备

评审队员有被批准的准备时间，这一点很重要。只是依赖一名队员花费个人时间（也就是没有额外工资）进行评审准备的良好意愿是不现实的。一般时长 60 到 90 分钟的评审需要的准备时间为 5 个全天工作日，每个工作日每个评审队员花费 8 小时准备。5 天时间应该足够评审员处理其他任务。

作为准备的一部分，评审员根据评审清单和自己的专业检验工作产出。一旦问题被发现，评审员将它们记录到评审员单独的问题记录电子表格（参见表 22-2）。评审员应该描述问题，提供简短的解释或描述并评估严重程度。评审员最迟应在评审会议的前一天把他们各自的电子表格，包含实际花费时间和初步推荐的选票一起发给评审队长。

一旦接收到全部的独立报告，评审队长会把它们合并到单独的电子表格中并给问题分配优先级。这需要一些洞察力，因为经常有两个评审员可能对同一问题提供稍微不同的描述。位置信息通常足以发现这些问题。根据最终的问题列表中问题的数量和严重程度，评审队长可以做出通过或者不通过的决定。（评审取消决定很少见，但是保留这种可能性是明智的做法。）考虑到评审即将开始，评审队长要通过为合并后的问题设定优先级来准备最终会议的议程——一种分类诊断形式。

22.5.4 评审会议

实际的评审会议应该按照一个有效的业务会议的形式进行。在 22.2.2 节中，有一个很差的业务会议的特点列表。有些评审过程中的步骤已经被用来保障一个有效的业务会议：

- 评审队伍是经过挑选的，所以只有相关的人参会。
- 议程由问题的优先级列表决定，所以应该不会感到会议是浪费时间。
- 评审过程要求有预算的准备时间，所以问题在会议之前就已经被发现了。

通常，首先要决定的是会议是否应该推迟。推迟的主要原因最有可能是缺席或者队员没有准备。假设评审继续进行，评审队长的主要职责是遵循议程，并确保问题被发现，取得共识但是不解决。一旦议程完成了，评审队长要为评审推荐意见取得一致。回想一下可能的选项包括同意现状，同意但是需要小修改并不需要额外评审，以及拒绝。评审会议结束时由记录员总结哪些问题，收集独立选票然后团队确认有没有遗漏事项。

22.5.5 报告的准备

编写评审报告是评审队长的主要职责，但是也肯定需要记录人的帮助。这个报告是给管理层的技术建议，并且代表着技术责任的结束（但不是问责制）。如果有任何问题，他们会被标注为行动事项，需要生产者的一些额外工作。评审报告和其他全部材料都应该向整个单位开放，因为这样做有利于问责。

22.5.6 部署

一旦制作人的主管收到报告，它就变成了管理决定的基础。这时可能有迫切的理由来忽略技术层面的发现，但是如果这种情况发生了，这明显是一个管理决定。假设推荐意见是接受这件工作产出，那么它就受配置管理功能管辖，不再是一件设计产物；它是一个配置项目。因此，它可以作为一个可靠的组件被用于项目的剩余部分，并且不能修改。如果推荐意见里包含需要采取的行动，制作人的主管和制作人要估算采取这些行动需要的工作量，然后由制作人进行这项工作。一旦需要采取的行动都完成了，主管要么结束这次评审，要么开始一次新评审。

22.6 有效评审文化

所有形式的评审都是社交过程；因此，它们属于合作文化考虑的范畴。除此之外，评审员也可能压力非常大，这也需要社交关怀。评审是小组活动，所以小组的规模也值得商榷。总体来说，技术审查组应该包含四到六名成员。较少的成员在小型开发组织里可能很有必要。多余六名成员可能会降低生产力。

有效合作文化的一部分是评审必须被管理层和技术人员双方看成一种有价值的活动。评审必须有预先分配的时间给 22.5 节提到的全部活动。人的因素是非常重要的。长时间的评审很少起效果——心理学家认为大多数成年人保持注意力集中的时间约为 12 分钟。想一想这对于一个两小时的会议有什么影响。大多数评审会议时长应该在 60 到 90 分钟，越短越好。而且，评审会议应该被看成重要的会议，不能中途打断（包括接听电话！）

开评审会议最好的时间是什么时候呢？大概是工作时间开始后的一个小时。这段时间里评审员可以处理一些琐碎事情，否则会造成注意力分散。最差的时间呢？应该是午饭后，或者是在周五下午三点开会。

22.6.1　规矩

为了减少伴随评审而来的压力，应该遵守以下评审规矩：

（1）做好准备，否则会降低评审的效率。在某种意义上讲，一个没做准备的队员不尊重其余成员。

（2）有礼貌。评审产品，而不是评审制作人。

（3）避免讨论风格。

（4）在会议结束时给制作人提出小的建议（例如改进拼写）。

（5）有建设性。评审并不是进行个人批评或表扬的地方。

（6）保持专注。发现问题，不要试图解决它们。

（7）积极参与，但是不要控制讨论。深思熟虑后的建议会经由评审小组选择。

（8）要开发。全部的评审信息都应该提供给整个开发组。

22.6.2　管理层参与评审会议

许多组织都在纠结管理层是否应参加评审会议。总之，这是一个坏主意。管理层出席评审会给全体评审成员带来额外的压力，尤其是制作人。如果管理层经常参会，那么整个过程很容易退变成技术人员之间心照不宣的协议（你不让我出丑，我就不让你出丑）。另一个可能的结果是管理层不希望公开负面结果——明显是利益冲突。一个管理人员作为一个评审人能有多可信呢？他愿意做正常的准备吗？有能力做正常的准备吗？两个问题中有一个回答是否定的，那么这个管理人员就会成为评审会议的拖累。公平地讲，有些管理人员在技术上是非常有能力的，他们也非常守纪律愿意尊重这个过程。会议的入场券应该是做正常的准备，并把管理相关目标放在一旁。

22.6.3　两个评审的故事

Scott Adams 创作的"Dilbert"系列四格漫画经常包含对于软件开发情境的深刻见解。下文是两个可能变成 Dilbert 漫画场景的两次评审。

1. 一个见识短浅主管的评审

（1）制作人挑选熟悉的评审员。

（2）几乎没有提前期。

（3）几乎没有认可的准备时间。

（4）工作项目没有冻结。

（5）评审会议推迟了两次。

（6）一些评审员缺席，另一些在会议中接听电话。

（7）一些设计师从来不参加因为他们没有空闲时间。

（8）没有清单。

（9）没有发现和报告行动条目。

（10）评审队长按照页码顺序进行，而不是按照分类顺序。

（11）错误"在脑海里还记着"的时候被解决了。

（12）需要喝咖啡和吃午饭时间。

（13）评审员不停进出会议室。

（14）制作人的主管是评审队长。

（15）一些人被邀请作为旁观者。

想象一下这个糟糕的评审！

2．一个理想的评审

以下是在令人满意的评审文化中，评审应有的性质。

（1）制作人不害怕评审。

（2）评审员有认可的准备时间。

（3）在充足的时间内提交完整的评审包。

（4）全体参加人员都经过正式的评审训练。

（5）技术人员认为评审是有用的。

（6）管理人员认为评审是有用的。

（7）评审会议有很高的优先级。

（8）清单被积极维护。

（9）顶级开发者经常是评审员。

（10）评审效率作为表现评估的一部分。

（11）评审材料可以公开获取并被使用。

22.7 检查案例分析

其中一件能在大学里干却不能在工业界里干的事是重复。工业开发小组不能忍受重复干一件事很多次。这一节主要介绍在雄谷州立大学的一门关于软件测试的研究生课程里进行的研究。五组研究生每人进行一次用例技术评审，使用附录中的评审包（附录中的用例已经被简化）。班级里的队伍成员代表着工业界里典型的开发小组——成员开发经验从新职员到有 20 年软件开发经验的老员工。表 22-4 总结了五个评审队伍的经验档案。

表 22-5 用在工业领域有从业经验的时间表示经验的层次，以年为单位。

表 22-4　评审队伍的经验等级

小组	经验
1	1 人非常有经验，3 人有一定经验
2	4 人有大量经验
3	2 人有大量经验，2 人有少许经验
4	2 人有大量经验，2 人有少许经验
5	2 人有少许经验

表 22-5　评审队伍的经验等级

经验等级	年数
少许	0～2
一些	3～6
大量	7～15
非常多	＞15

这个班级有三个小时的介绍，基于之前章节的内容。评审队伍在班级会议的时候组建起来。他们使用了附录中的评审包。这些队伍有一整周事假进行评审准备，并通过电子邮件进行交流。接下来的一周，每队进行 50 分钟的技术检查。

表 22-6 的最后两列需要解释一下。报告给评审队长的问题总数通常会减少到一个更短的需要额外工作的行动项目列表。例如在第三小组的案例里，许多低严重程度的问题只需简单更正。而且，报告的问题里会有重复——评审队长必须发现这种重复并添加为一项议程。

表 22-6   每队准备时间和错误的严重程度

小组	总准备时间（小时）	低严重程度	中等严重程度	高严重程度	发现问题总数	评审行动项目
1	7		33		33	18
2	6	32	27		59	26
3	36	66	27		93	12
4	21	24	20	9	53	46
5	22	13	4	10	27	10

如果用一个维恩图表示每一个评审队伍的最终行动项目是最好不过了。从拓扑的角度看，图里不可能有五个圈。表 22-7 描述了小组之间的重叠。全部 32 个小组的子集中，只有有重叠的部分列了出来。评审会议之后，五个小组找到了 116 个行动项目。

表 22-7   检查小组找到的问题统计

小组	问题数量	小组	问题数
只有 1	4	只有 2 和 4	6
只有 2	9	只有 3 和 4	1
只有 3	6	1、2 和 4	3
只有 4	27	1、2 和 5	1
只有 5	4	2、4 和 5	1
只有 1 和 2	2	1、2、4 和 5	1
只有 1 和 3	1	1、3、4 和 5	1
只有 1 和 4	3	2、3、4 和 5	1
只有 2 和 3	1	全部	1

当全部内容都整理完毕后（消除同一个错误的不同的单独表现），表 22-7 很令人担忧。看看前几行，里面有 50 个错误只被一个小组找到了。更糟的是，看看最后四项，只有一个错误被全部五个小组找到了，而且只有四个错误被五个小组中的四个找到了。

这一现象给我们的启发是很大的——公司承担不起对同一个工作产出的重复检查，所以公司有必要提供评审训练，而且检查队伍要尽可能地有效利用他们有限的时间。

22.8   参考文献

Boehm, B., *Software Engineering Economics*, Englewood Cliffs, NJ: Prentice-Hall, 1981.

Pressman, R.S., *Software Engineering: A Practitioner's Approach*, New York: McGraw-Hill, 1982.

Wiegers, K., Improving quality through software inspections, *Software Development*, Vol. 3, No. 4, April 1995, available at http://www.processimpact.com/articles/inspects.html.

尾声：软件测试精益求精

要结束一本书几乎和开始一本书的写作一样困难。那些无处不在的诱惑总是怂恿你回到已经写好的章节，再添一点儿什么内容，再改动点儿什么地方，或者干脆删掉一部分。这也是写书和软件开发过程相类似的地方，并且两者都在临近最后期限时使人变得有点焦躁不安。

编写本书最初的想法是与 Myers 的《The Art of Software Testing》一书相呼应；因此这本书最早的名字实际上是《The Craft of Software Testing》，遗憾的是 Brian Marrick 先出版了一本同名的书。从 1978 年（Myers 的书出版）至 1995 年（本书的第 1 版），软件测试的技术与工具已经成熟起来，可以称得上是一种技艺了。

想象一个连续的发展过程，以艺术为开端，创新到工艺，然后是科学，最后是工程实现。软件测试应该属于这个过程的哪一个阶段呢？测试工具厂商当然愿意把它定位在工程阶段，并声称只要利用他们的工具，就不需要在其他阶段必需进行的思考。而强调过程的群体则试图把它定位为一门科学，声称只要遵从一种定义良好的"软件测试过程"一切就万事大吉了。上下文驱动学派可能会将软件测试视为一门艺术，因为其中需要创造性和个人天赋。就我个人而言，我始终认为软件测试是一种技艺。无论对它如何定位，软件测试所追求的永远都是"精益求精"。

23.1 软件测试是一种技艺

首先，我放弃了一个努力：因为想用一个词来确切表达清楚这其中的含义实在不是件容易的事。这里，我们就采用"工匠"这个词的"从事某个行当的人"这个普通含义来代表"精通一种技艺的手艺人"吧。什么东西能使一个人成为工匠？我的祖辈中有个在丹麦制作家具的人，这个层次的木工活儿显然是一种技艺。我父亲是制作工具和模具的——这是另外一种有着非常严格标准的技艺。他们及其他被称为工匠的人都有什么共同点呢？下面列出的这些共同点就很说明问题：

- 对用料了如指掌；
- 对工具了如指掌；
- 对技术了如指掌；
- 具有选择适合的工具和技术的能力；
- 对用料经验丰富；
- 曾经用这种材料完成过一系列高质量作品。

自从 Juran 和 Deming 的时代以来，部分软件开发社区已经将目光集中在软件质量方面。人们自然要追求软件的高质量，但问题是软件的质量不仅难以定义，而且对软件质量的测量更是难上加难。简单的质量属性，如简单性、可扩展性、可靠性、易测性、可维护性等都存在上述这两个问题。所有这些属性差不多都同样难以定义和测量。注重过程的群体认为：好的过程就会得到高质量的软件，但是这一点同样难以证实。高质量软件能不能以一种"特别的过程"进行开发？答案是有可能，并且敏捷社区很相信这一点。"标准"能保障软件的质量吗？这看起来也有问题。可以想象：一个程序遵守了一系列定义好的标准，但是质量却很低下。那么，人们应该如何定义软件质量呢？我认为：应用"技艺"这个概念来回答这个问题，将得到很好的答案，这也正是杰出的作品诞生的地方。真正的巨匠对自己的作品会感到骄傲——在创作中，他知道什么时候他完成了一个最好的作品，并且自豪感油然而生。对作品感到骄傲的同时也挑战着传统的行业标准，但是每个对自己诚实的人都知道什么时候他真正完成了一项漂亮的工作。因此拥有了技能、自豪感和杰作的"技艺"（我们是认同的，但是难以定义，也就更难以衡量）所有这些都是与最佳实践紧密联系在一起的。

23.2 软件测试的最佳实践

任何声称的最佳实践都有主观性，并且总会受到批判。下面给出了最佳实践应具备的一些特征。

- 通常是由专业人员定义的。
- 经过尝试并证明是正确的。
- 取决于具体的问题。
- 获得过巨大的成功。

软件开发界对如何解决软件开发中的难题已经进行了很长时间的研究。Fred Brooks 在他 1986 年发表的著名论文中写道"天下就没有灵丹妙药"，他认为软件业界永远也不可能找到一个技术来解决软件开发中的所有难题。下面列出了一部分最佳实践，其中的每一个都曾经被奉为"灵丹妙药"。各项是按照时间的大致顺序进行排列的。

- 高级编程语言（Fortran 和 COBOL）。
- 结构化程序设计。
- 第三代编程语言。
- 软件评审和审查。
- 软件开发生命周期的瀑布模型。
- 第四代编程语言（针对领域的）。
- 面向对象范型。
- 瀑布模型的各种替代模型。
- 快速原型法。
- 软件度量。
- CASE（辅助计算机软件工程）工具。
- 进行项目、变更和配置管理的商用工具。
- 集成开发环境。
- 软件过程成熟度（及其评估）。
- 软件过程改进。
- 可执行的规格说明。
- 自动代码生成。
- UML（及其变种）。
- 模型驱动开发。
- 极限编程（缩写为 XP）。

- 敏捷编程。
- 测试驱动开发。
- 自动测试框架。

很不错的一个列表，不是吗？这里可能会丢失一些条目，但关键是已经说明了软件开发目前还是一项复杂艰巨的工作，并且献身于软件开发的工作者将会永不停歇地改进现有方法和探索全新的方法。

23.3　让软件测试更出色的 10 项最佳实践

由软件测试专家来进行软件测试，这是实现最佳测试实践的最基本假设。根据前面的讨论，这就意味着测试人员必须具有丰富的知识，而且有时间和工具来出色地完成测试任务。测试员是否应该是优秀的程序员成为永恒的辩论。我认为答案是肯定的，但除了编程之外，测试人员还需要的品质包括创造性、灵活性、好奇心、纪律性、批判性以及某些挑战性地"推翻设计"等。下面简单总结一下我认为最好的 10 项最佳实践，它们中的大多数都已在相应的章节中做了详细介绍。

23.3.1　模型驱动的敏捷开发

模型驱动的敏捷开发（见第 11 章）已经成为传统模型驱动开发（MDD）和敏捷开发世界中自底向上增量开发的有力结合。MDD 的一个主要优点是，如果使用得好，该模型可能会识别出其他方法所忽略的细节。此外在应用程序的有效期内，模型本身对改动的维护也是非常有用的。敏捷开发可以将测试驱动开发（TDD）的优势引入到敏捷 MDD 项目中。

23.3.2　慎重地定义与划分测试的层次

对任何应用程序（除非它非常小）都至少应该进行两个层次的测试——单元测试和系统测试。对更大的程序一般最好加上集成测试。有效地控制这些层次上的测试是至关重要的。每一层测试都有其明确的目标，并且这些目标应该是可以观察的。应用系统测试用例进行单元测试不仅荒谬可笑而且还浪费了宝贵的测试时间。

23.3.3　基于模型的系统级测试

如果模型中使用了可执行的规格说明，那么就能够自动生成大量的系统级测试用例。这样可以大大地消减用于创建可执行模型所带来的额外工作量。此外，这还能够根据需求模型直接对系统测试进行追踪。由于可执行规格说明通常是假设性的，所以自动生成的系统测试用例能够涵盖其他方法所不能详尽的问题。

23.3.4　系统测试的扩展

对于复杂的任务优先的应用程序来讲，单线索测试是必要的，但却是不够的，最低限度还需要进行线索间交互测试。尤其是在复杂系统中，线索间交互不仅非常重要而且难以识别。压力测试是确认线索交互的一种蛮力方法。很多时候只有通过真正的海量压力测试才能够发现以前无法发现的故障（Hill，2006）。Hill 指出，压力测试的注意力集中在软件中已知的（或怀疑的）弱点上，而且与其他常规测试方法相比，所给出的"测试是否通过"判断要更加主观一些。基于风险的测试可能是线索交互测试中一条必要的捷径。基于风险的测试是

第 14 章中所讨论的操作剖面方法的延伸。它不同于仅仅测试最常用（高概率）的线索，基于风险的测试用失败开销（惩罚）来修正线索概率。当测试时间十分有限时，根据风险而不是简单的概率来测试线索。

23.3.5 利用关联矩阵指导回归测试

传统的和面向对象的软件项目的开发都受益于关联矩阵。对于过程性软件，其基本功能（有时候称为特性）和过程实现之间的关联关系会被记录在矩阵中。因此，对于软件的一个具体功能来说，能够很容易地识别出支持它所必要的一组过程。面向对象软件的情况与此类似，用例和类之间的关联关系会被记录下来。这两种情形下，关联矩阵中的信息都可以用来：

- 决定构建（或增加）的顺序和内容；
- 当发现故障时（或有故障报告）时，帮助隔离故障；
- 指导回归测试。

23.3.6 利用 MM 路径实现集成测试

第 13 章所给出的 3 种基本集成测试方法中，MM 路径被证明是最好的一种。MM 路径也可以与关联矩阵方法相结合，共同进行系统级测试。

23.3.7 把基于规格说明的测试和基于代码的单元级测试有机地结合起来

无论是基于规格说明的测试还是基于代码的单元测试，每一种独立而言都是不充分的，但是结合起来却能取长补短。最好的方法是根据单元的属性选择一种基于规格说明的方法（见第 10 章），使用某种测试工具来运行测试用例并得出测试覆盖指标，然后根据覆盖指标报告去掉冗余的测试用例，并新增测试用例以达到覆盖指标的要求。

23.3.8 基于单个单元特性的代码覆盖指标

没有"放之四海而皆准"的测试覆盖指标。最好的方法是根据源代码的特点来选择相应的覆盖指标。

23.3.9 维护阶段的探索式测试

当被测试代码不是由测试人员所编写时，探索式测试是一种强有力的方法。特别是在遗留代码的维护方面更是如此。

23.3.10 测试驱动开发

敏捷编程社区已证明：在适用敏捷方法的应用中采用测试驱动开发（TDD）方法是成功的，因为具有出色的故障隔离能力是 TDD 的最大优势。

23.4 针对不同项目实现最佳实践

最佳实践必定是依赖于项目的。管理 NASA 空间任务的软件显然与用来给某些主管领导提供所需信息的简单粗陋的程序完全不同。本节给出 3 类不同的项目类型，简单介绍每类项目的特点之后，表 23-1 给出了前面 10 项最佳实践分别适用于哪一类项目。

表 23-1　适合于各种不同项目的最佳测试实践

最佳实践	任务关键型	时间关键型	遗留代码
模型驱动开发	×		
慎重定义和划分测试的层次	×	×	×
基于模型的系统级测试	×		
系统测试的扩展	×		
用关联矩阵指导回归测试	×		×
用 MM 路径实现集成测试	×		
将基于规格说明和基于代码的单元级测试有机结合	×		×
基于不同单元特性的代码覆盖指标	×		
维护阶段的探索式测试			×
测试驱动开发		×	

23.4.1　任务关键型项目

　　任务关键型项目对系统的稳定性和性能都有很严格的要求，并且通常都是很复杂的软件。项目的规模一般都很大，所以一个人不可能彻底理解整个系统以及其内部的所有相互关系。

23.4.2　时间关键型项目

　　尽管任务关键型项目也可能对时间有严格要求，但这里，时间关键型是指那些要求在短时间里必须快速完成的项目。尽快推向市场和避免失去市场份额是此类项目的着眼点。

23.4.3　对遗留代码的纠错维护

　　对现有软件的纠错维护是软件维护的一种最普通形式。纠错维护为的是处理在现有软件中发现的故障。在大多数机构中，软件维护的工作量通常会占到总编程工作量的 3/4；由于完成修改与维护工作的人员通常不是被修改代码的开发人员，因此这部分工作所占的比重还在进一步扩大。

23.5　参考文献

Brooks, F.P., No silver bullet—Essence and accident in software engineering, *Proceedings of the IFIP Tenth World Computing Conference*, 1986, pp. 1069–1076, also found at No silver bullet—Essence and accidents of software engineering, *IEEE Computer*, Vol. 20, No. 4, April 1987, pp. 10–19.

Hill, T.A., Importance of performing stress testing on embedded software applications, *Proceedings of QA & TEST Conference*, Bilbao, Spain, October 2006.

完整的技术评审文档集

这一部分针对第 22 章中所介绍的技术评审，给出了用例集中所涉及的全部子项。每个子项的内容以一个独立的小节呈现。

A.1　顾客的需求：简单 ATM 模拟器

简易自动柜员机（Simple Automated Teller Machine，STAM）通过 15 个屏幕（如图 2-4 所示）和信用卡顾客交互。在此为了方便再次给出相关的信息：使用如图 2-2 所示的终端，SATM 顾客可以进行三种交易操作：存款、取款和余额查询。为了方便这里的讨论和用例定义，我们假设这些交易都只在一个存款账户上进行。

当顾客来到 STAM 前，会看到屏幕 1。顾客通过一张带有个人账户号码（PAN）的卡片进入 SATM 系统，这相当于是进入内部顾客账号文件的钥匙，顾客账号文件包含顾客的姓名和账户信息以及其他的信息。如果顾客的 PAN 和顾客账户文件中的信息相对应，那么系统就会向顾客展示屏幕 2。如果没有找到顾客的 PAN，则会向顾客展示屏幕 4，并回收卡片。

在屏幕 2 时，顾客被要求输入他的个人身份密码（PIN）。如果密码正确（即和顾客账户文档中的信息一致），系统展示屏幕 5；否则，展示屏幕 3。顾客有三次机会输入正确的密码；三次失败后，会展示屏幕 4，卡片被回收。从技术角度上讲，这要求有另一个屏幕来显示一条特殊的信息。这里我们权且假设这是一个对用户不够友好的 ATM 系统。

进入屏幕 5 后，顾客从屏幕中给出的选项中选择自己想要的交易。如果要查询余额，则展示屏幕 6。如果要存款的话，存款槽的状态可以通过访问终端控制文件中的某个域来获得。如果没有问题，系统显示屏幕 7 获得交易金额。如果存款槽出现问题，系统展示屏幕 12。一旦输入了存款金额，系统展示屏幕 13，接受和处理存款。接着系统展示屏幕 14。

如果要进行取款的话，系统检查终端控制文件中取款槽的状态（被占用或者可使用）。如果被占用，展示屏幕 10；否则，展示屏幕 7，这样顾客就可以输入取款额了。输入了取款额度后，系统检查终端状态文件判断是否有足够的现金可以支付。如果没有，展示屏幕 9；否则，取款可以进行。系统检查顾客余额（在余额查询交易中描述）；如果账户中的余额不够，展示屏幕 8。如果余额足够，展示屏幕 11，并且支付现金。余额被打印在交易凭证上，这个操作和余额查询交易相同。当现金被取走之后，系统展示屏幕 14。

当显示屏幕 10、12 或者 14 时，按下"否"按键，系统显示屏幕 15 并且退出顾客的 ATM 卡。图 2-2 中屏幕右边的按键和不同的、屏幕相关的选项相联系。在屏幕 5，它们和交易选项相对应。当显示屏幕 10、12 或者 14 时，它们和"是"与"否"相对应。当卡片从卡槽中取出时，显示屏幕 1。当处于屏

Welcome to

Rock Solid Federal Credit Union

Please insert your ATM card

Printed receipt

| 1 | 2 | 3 |　Card slot

| 4 | 5 | 6 |　Enter

| 7 | 8 | 9 |　Clear

| 0 |　Cancel

Cash dispenser　　　Deposit slot

幕 10、12 或者 14 时，按下"是"按键，系统展示屏幕 5，这样顾客就可以选择下一次交易。

Screen 1 Welcome Please insert you ATM card	Screen 2 Please enter your PIN	Screen 3 Your PIN is incorrect. Please try again.
Screen 4 Invalid ATM card. It will be retained.	Screen 5 select transaction: balance> deposit> withdrawal>	Screen 6 Balance is $dddd.dd
Screen 7 Enter amount. Withdrawals must be multiples of $10	Screen 8 Insufficient Funds! Please enter a new amount	Screen 9 Machine can only dispense $10 notes
Screen 10 Temporarily unable to process withdrawals. Another transaction?	Screen 11 Your balance is being updated. Please take cash from dispenser.	Screen 12 Temporarily unable to process deposits. Another transaction?
Screen 13 Please insert deposit into deposit slot.	Screen 14 Your new balance is being printed. Another transaction?	Screen 15 Please take your receipt and ATM card. Thank you.

S1：欢迎，请插入您的 ATM 卡　　　　　　　　　S2：请输入您的密码 PIN

S3：您的密码错误，请再输入一次　　　　　　　　S4：无效 ATM 卡，它将被回收

S5：选择交易类型：余额查询、存款、取款

S6：余额是 ××××　　　　　　　　　　　　　S7：请输入取款金额，取款必须是 10 的整数倍

S8：余额不足，请输入新的取款金额　　　　　　　S9：本机只能支付 10 元的纸币

S10：暂时不能进行取款交易，是否还进行其他交易？

S11：您的余额正在被更新，请取走您的现金

S12：暂时不能进行存款交易，是否还进行其他交易？

S13：请将存款放入存款槽

S14：您的余额正在被打印，是否还进行其他交易？

S15：请取走您的交易凭证和 ATM 卡，谢谢

SATM 系统中存在如下的高层输入事件：

e1：接受到了有效的 ATM 卡

e2：接受到了无效的 ATM 卡

e3：正确的密码

e4：错误的密码

e5：选择了余额查询交易

e6：选择了存款交易

e7：将存款放入存款槽中

e8：选择取款交易

e9：取款数额有效

e10：取款数额不是 10 的倍数

e11：取款数额大于余额

e12：取款数额大于每日上限

e13：取走现金

e14：是

e15：否

输出事件只有这 15 个屏幕。（这是一个模拟器，没有实际的现金也没有实际的 ATM 卡。）

Screen1：欢迎界面

Screen2：输入密码

Screen3：密码输入错误

Screen4：不可用的 ATM 卡

Screen5：选择交易类型（余额、存款、取款）

Screen6：余额是……

Screen7：输入取款金额

Screen8：现金不足

Screen9：只有面值为 10 元的纸币

Screen10：不能进行取款

Screen11：请取走现金

Screen12：不能进行存款

Screen13：放入存款

Screen14：是否还进行其他交易？

Screen15：请取走您的交易凭证和 ATM 卡

A.2 基础用例

技术评审的目标就是设计出这些基础用例。其中有意地留下了一些错误。

行	用例 ID，名称	用例 1：提供有效的 ATM 卡
1	描述	顾客插入了一张有效的 ATM 卡
2	先决条件	1. 显示屏幕 1
3	事件序列	
4	输入事件	输出事件
5	1. e1：接受到了可用的 ATM 卡	2. 显示屏幕 2
6	事后结果	1. 显示屏幕 2
7		

行	用例 ID，名称	用例 2：提供了无效的 ATM 卡
1	描述	顾客插入了一张无效的 ATM 卡
2	先决条件	1. 显示屏幕 1
3	事件序列	

（续）

行	用例 ID，名称	用例 2：提供了无效的 ATM 卡
4	输入事件	输出事件
5	1. e2：接受到了无效的 ATM 卡	2. 显示屏幕 4
6	事后结果	1. 显示屏幕 4
7		

行	用例 ID，名称	用例 3：输入了正确密码
1	描述	顾客输入了正确密码（本用例适用于三次进行密码输入的尝试）
2	先决条件	1. 显示屏幕 2
3	事件序列	
4	输入事件	输出事件
5	1. e3：输入了正确密码	2. 显示屏幕 5
6	事后结果	1. 显示屏幕 6
7		

行	用例 ID，名称	用例 4：输入了错误密码
1	描述	顾客在第三次输入的密码仍错误
2	先决条件	1. 显示屏幕 2
3		2. 之前两次密码输入错误
4	事件序列	
5	输入事件	输出事件
6	1. e4：输入了错误密码	2. 显示屏幕 1
7	事后结果	1. 显示屏幕 1
8		

行	用例 ID，名称	用例 5：选择交易：余额查询
1	描述	顾客选择进行余额查询交易
2	先决条件	1. 显示屏幕 5
3	事件序列	
4	输入事件	输出事件
5	1. e5：选择余额	2. 显示屏幕 6
6	事后结果	1. 显示屏幕 5
7		

行	用例 ID，名称	用例 6：选择交易：存款
1	描述	顾客选择进行余额查询交易
2	先决条件	1. 显示屏幕 5
3	事件序列	
4	输入事件	输出事件
5	1. e6：选择存款	2. 显示屏幕 6
6	3. 将存款放入存款槽中	4. 显示屏幕 14
7	事后结果	6. 显示屏幕 1
8		

行	用例 ID，名称	用例 7：存款槽被占用
1	描述	顾客选择进行存款；存款槽被占用
2	先决条件	1. 显示屏幕 5
3	事件序列	
4	输入事件	输出事件
5	1. e6：选择存款	2. 显示屏幕 12
6	3. e15：否	4. 显示屏幕 1
7	事后结果	1. 显示屏幕 1
8		2. 账户余额被更新
9		

行	用例 ID，名称	用例 8：正常取款
1	描述	顾客选择进行取款；取款金额有效
2	先决条件	1. 显示屏幕 5
3	事件序列	
4	输入事件	输出事件
5	1. e8：选择取款	2. 显示屏幕 7
6	3. e9：输入的是有效的取款金额	4. 显示屏幕 11
7		5. 显示屏幕 14
8	6. e15：否	
9	事后结果	1. 显示屏幕 1
10		

行	用例 ID，名称	用例 9：取款金额不是 10 的整数倍
1	描述	顾客选择进行取款；取款金额有效
2	先决条件	1. 显示屏幕 5
3	事件序列	
4	输入事件	输出事件
5	1. e8：选择取款	2. 显示屏幕 12
6	3. e10：取款金额不是 10 的整数倍	4. 显示屏幕 9
7		5. 显示屏幕 1
8	事后结果	1. 显示屏幕 1
9		

行	用例 ID，名称	用例 10：资金不足
1	描述	顾客选择进行取款；取款金额大于账户余额
2	先决条件	1. 显示屏幕 5
3	事件序列	
4	输入事件	输出事件
5	1. e8：选择取款	2. 显示屏幕 7
6	3. e11：取款金额大于账户余额	4. 显示屏幕 8
7		5. 显示屏幕 1
8	事后结果	1. 显示屏幕 1
9		

行	用例 ID，名称	用例 11：超过每日提款上限
1	描述	顾客选择进行取款；取款金额大于每日提款上限
2	先决条件	1. 显示屏幕 5
3	事件序列	
4	输入事件	输出事件
5	1. e8：选择取款	2. 显示屏幕 7
6	3. e12：取款金额大于每日提款上限	4. 显示屏幕：10
7		5. 显示屏幕 11
8	事后结果	1. 显示屏幕 1
9		

A.3　基础用例标准

模板

用例 ID：名称	
描述	
先决条件	
事件序列	
输入事件	输出事件
事后结果	

1. 用例名称

用例名称要简短且为陈述语气。因为用例描述了一个系统的行为，如果它们的名字以动词开头会十分方便（但不是强制要求的）。

2. 用例 ID

用例 ID 必须十分简短，并且和主要功能或者应用中的一个动作相关联。

3. 描述

这是一个叙述型的描述，必须能让顾客清楚地理解。为了提高顾客 / 用户和开发者之间的沟通，特定的系统术语需要在附录中以术语对照表的形式加以解释。

4. 先决条件

先决条件描述了本用例执行前系统的状态。这个部分很容易变得过于笼统。先决条件对于本用例来说必须是紧密相关的、切题的。

5. 事件序列

事件序列包括两个部分：系统输入和系统响应。不管这些是出现在两列或者一列中，都必须要用标号来表示出输入和响应的交错顺序。因为这个标准是对于基本用例的，所以在一个用例中不应该出现用伪代码逻辑来表示的选择情况。

6. 事后结果

事后结果描述本用例执行后系统的状态。这个部分很容易变得过于笼统。这些事后结果对于本用例来说必须是紧密相关的、切题的。

A.4 基础用例检查事项清单

1. 格式是否完整?

- 用例名称
- 用例 ID
- 叙述型的描述
- 先决条件
- 输入序列
- 输出序列
- 事后结果

2. 是否存在逻辑问题?

- 是否缺少先决条件?
- 是否缺少事后结果?
- 输入序列是否正确?
- 输出序列是否正确?
- 是否存在"正确性"问题(缺少面值 5 元的钞票)

3. 一致性

- 命名惯例是否是可接受的?
- 是否出现了同义词?
- 是否同义词可以"标准化"为同一个术语?

4. 完整性

- 是否缺少用例?
- 存在跨用例的流转?
- 先决条件与事后结果是否匹配?
- 是否有多余的用例?
- 是否可追踪到规格说明?

5. 同基础用例标准的符合程度

A.5 基础用例的错误严重等级

从评审活动的目标出发,只需定义三个错误的严重等级就够了。这些错误严重等级的定义是基于用例审查的检查事项列表。

错误等级 1(最不严重)

- 用例格式正确
  - 用例名称
  - 用例 ID
  - 叙述型的描述
  - 先决条件
  - 输入序列
  - 输出序列
  - 事后结果

- 排版打字错误
- 语法错误
- 与用例标准的一致性

错误等级 2

- 一致性错误
  - 命名的惯例
  - 同义词
  - 引起歧义的 / 太过笼统的
- 逻辑错误
  - 是否缺少先决条件？
  - 是否缺少事后结果？
  - 输入序列是否正确？
  - 输出序列是否正确？
  - 正确性（比如，没有 5 元钞票）

错误等级 3（最严重的）

- 完整性
  - 是否缺少先决条件？
  - 是否缺少用例或者特征？
- 是否存在跨用例的流转？
- 先决条件与事后结果是否匹配？
- 是否存在多余的用例？
- 是否可追踪到规格说明？
- 是否缺少步骤 / 用例？
- 是否存在多余的步骤 / 特征？（这些应该被去掉，因为这并不包含在客户需求中。）

A.6 基础用例技术评审表

评审人员，包含评审组长和记录人，用类似表 A-1 所示的表格给出他们的工作产出检查结果。各个报告由评审组长汇总在一起，形成基本事项列表（见表 A-2）。

表 A-1 独立评审选票

工作产出信息					
评审人姓名					
准备日期					
评审人准备时间					

	位置		检查事项列表		
问题	页	行	项目	严重程度	描述
1	1	18	Typo	1	将 "accound" 改为 "account"
2					
3					

表 A-2 检查总结

工作产出信息		
评审团队成员		
组长		
记录人		
审核人		
审核人		
审核人		
出品人		
会议时间		
全部准备时间		
团队的建议		

		位置		检查事项列表		
操作项目 #	操作人?	页	行	项目	严重程度	描述
1		1	18	Typo	1	将"accound"改为"account"

A.7 评审报告提纲范本

技术评审报告

评审内容：DemoATM 系统模拟器的用例描述

编制：<评审小组成员的姓名>

目录

一、绪论和技术评审的过程

二、基本事项列表

三、重要活动项目列表

四、个人投票和产品指标的总结

五、过程评估总结

六、结论

参考资料

附件

附件 A：DemoATM 模拟器的用例

附件 B:DemoATM 模拟器的用户要求

附件 C：技术评审查表

    1 评审报告

    2 个人选票

附件 D：错误分类（基于严重程度）

附件 E：用例评审清单

附件 F：技术评审日程